U0155140

信息安全与密码学教程

卫宏儒 编

机械工业出版社

信息化的快速发展大力推动了网络信息安全技术的研究与应用，密码学是网络信息安全技术的关键基础。本书在介绍密码学的相关背景、基本概念、古典密码和数学基础的前提下，全面分析了流密码、分组密码和公钥密码体制，阐述了数字签名、身份证明、安全协议、计算机病毒、防火墙、入侵检测技术，以及访问控制技术等网络信息安全实用技术，同时，还介绍了无线局域网安全、信息隐藏、支付安全技术与物联网信息安全的基本理论和发展趋势。

本书内容丰富，编排合理，结构清晰，循序渐进，简明易懂，可作为高等院校数学、计算机、信息以及网络空间安全等专业相关课程的教材，也可作为科技工作者的参考书。

图书在版编目（CIP）数据

信息安全与密码学教程/卫宏儒编 . —北京：机械工业出版社，2022.6（2024.1 重印）

ISBN 978-7-111-70339-6

Ⅰ.①信⋯　Ⅱ.①卫⋯　Ⅲ.①信息安全−安全技术−高等学校−教材②密码学−高等学校−教材　Ⅳ.①TP309②TM1

中国版本图书馆 CIP 数据核字（2022）第 042695 号

机械工业出版社（北京市百万庄大街 22 号　邮政编码 100037）
策划编辑：韩效杰　　　　责任编辑：韩效杰　侯　颖
责任校对：王明欣　张　薇　封面设计：王　旭
责任印制：郜　敏
中煤（北京）印务有限公司印刷
2024 年 1 月第 1 版第 2 次印刷
184mm×260mm · 18.25 印张 · 451 千字
标准书号：ISBN 978-7-111-70339-6
定价：55.00 元

电话服务　　　　　　　　　　网络服务
客服电话：010-88361066　　　机 工 官 网：www.cmpbook.com
　　　　　010-88379833　　　机 工 官 博：weibo.com/cmp1952
　　　　　010-68326294　　　金 书 网：www.golden-book.com
封底无防伪标均为盗版　　机工教育服务网：www.cmpedu.com

前　言

随着计算机和通信技术的发展，用户对信息的安全存储、安全处理和安全传输的需求越来越迫切。尤其是随着 Internet 的广泛应用，以及个人通信、多媒体通信、办公自动化、电子邮件、电子自动转账支付系统和自动零售业务网的建立与实现，信息的安全保护问题就显得更加重要，解决这一问题的有效手段之一是使用现代密码技术。从远古时代到 1948 年是科学密码学的"前夜发展"时期。1949 年，以香农（Shannon）发表的《保密系统的信息理论》一文为起点，密码学成为一门科学。1949 年到 1975 年，这一时期属于对称密码学的早期发展时期。1976 年，迪菲（Diffie）和赫尔曼（Hellman）发表了《密码学的新方向》一文，引发了密码学领域的一场革命。《密码学新方向》的发表和美国数据加密标准（DES）的颁布实施标志着现代密码学的诞生，从此揭开了商用密码研究的序幕。1976 年至 1996 年，这一时期属于现代密码学的发展时期。此后，实用密码的研究基本上沿着两个方向进行，即以 RSA 为代表的公开密钥密码和以 DES 为代表的秘密密钥分组密码。分组密码具有速度快、易于标准化和便于软/硬件实现等特点，通常是信息与网络安全中实现数据加密、消息鉴别、认证及密钥管理的核心密码算法，它在计算机通信和信息系统安全领域有着广泛的应用。信息安全与密码学课程正好把信息安全和密码学有机结合起来，为学生介绍相关知识，有利于学生将来从事相关领域的研究或者继续深造。

本书内容可以分为两部分。第 1~6 章是第一部分，这一部分主要讲述的是信息系统安全的理论，主要介绍了密码学的相关知识。其中，第 1 章是绪论，重点讲述了发展信息安全的意义、信息安全的发展趋势和需要解决的问题。第 2 章重点讲述了密码学的相关概念。密码学是研究密码系统和通信安全保密的学科，是信息系统安全的理论基础。第 3 章讲述的是与密码学相关的数学知识。第 4 章重点讲述流密码，它是密码学的一个重要分支。人们对流密码的研究比较充分，并且有比较成熟的数学理论支持。流密码具有软件实现简单、便于硬件实现、速度快和效率高的特点。目前，流密码是世界各国军事和外交等领域使用的主要密码体制之一。随着物联网技术的快速应用，流密码成为主流加密算法。第 5 章是分组密码。它在通信网络（尤其是计算机通信）和系统安全领域有着广泛而重要的应用。第 6 章是公钥密码体制。它既能用计算机来进行高速加解密，又能使密钥通用，且在不换密钥的情况下密钥仍可反复使用，且很难被密码分析者破译。目前，它在网上政府、VPN、电子商务等领域都比较流行。

第 7~13 章是第二部分，这一部分主要讲述的是网络与信息安全实用技术。第 7 章是数字签名。数字签名是电子商务安全的一个非常重要的分支，是实现电子交易安全的核心技术之一。它在实现身份认证、数据完整性、不可否认等功能方面都有重要的应用，尤其在大型网络安全通信中的密钥分配、公文安全传输以及电子商务和电子政务等方面有重要应用价值。第 8 章是身份证明，主要讨论了几种可能的技术，如口令认证系统、个人特征的身份证明，以及 X.509 证书系统等。第 9 章是安全协议，主要介绍了 IPsec、密钥交换协议和传输层几个协议。第 10 章是网络安全技术，主要讲述了关于计算机病毒及其防范、防火墙技术、入侵检测技术以及访问控制技术的原理及应用。第 11 章是无线局域网安全。无线网络的安全问题已经成为制约无线网络技术发展的"软肋"。无线网络由于传输的开放性，使得受攻击的可能性比起有线网络更大。本章讨论了无线局域网安全标准，主要涉及无线局域网系统安全结构、安全机制和实现安全策略的各种途径和方案。第 12 章主要介绍了信息隐藏与支付安全技术，主要阐述了信息隐藏技术、电子支付技术、智能卡安全技术的相关知识。第 13 章是物联网信息安全，简要介绍了物联网、物联网安全以及物联网信息安全发展。物联网信息安全是信息安全与密码学课程的有机组成部分，有兴趣的读者可以参考其他相关教材和著作。

感谢 2016 年国家自然科学基金项目"认证加密算法的设计与分析"（No. 61672509）、2017 年国家自然科学基金项目"面向网络空间的大数据安全与隐私保护研究"（U1603116），以及北京科技大学 2019 年度校级规划教材（JC2019YB030）对本书编写和出版的大力支持！

由于编者水平有限，书中难免出现一些错误或者不完善之处，敬请读者批评指正。

编　者

目　录

V

VII

X

第 **1** 章 绪论

随着传统的资源经济在全世界范围内大规模地向知识经济转变，人类社会在全方位地接受着信息化的洗礼。特别是步入 20 世纪 90 年代之后，高速信息传输网络的建设，将人们带进了一个极具魅力和活力的网络环境，也在社会信息化的进程中树立了一座新的里程碑。高速信息传输网络是一个遍布各地的、易于使用的、安全的、多功能的、信息丰富的和开放的系统，从技术的角度看，它是现代信息技术不断发展与集成的结果。

在高度发展的信息社会，信息已成为一种社会资源，它被看作与材料和能源同等重要的、支持社会发展的三大支柱之一，它对现代社会的生存和发展有着重要作用。作为信息传输媒体的信息系统已经成为一个国家、一个行业、一个企业、一个集团寻求发展的基础设施。计算机网络是信息传播的平台，构成了网络信息系统的基础。由于信息网络具有国际化、社会化、开放化、个人化的特点，从而给人类带来了巨大的益处，例如，缩小了人们彼此间的空间，缩短了信息传输时间，共享信息资源等，这些都强有力地促进了人类社会的发展。人类在感受到网络信息系统对社会文明的巨大贡献的同时，也认识到网络信息安全问题已成为影响国家、企业大局和长远利益而亟待解决的重大问题。随着人们对信息化依赖度的增加，计算机黑客的猖獗、计算机病毒的泛滥、有害内容的恶性传播、国际信息间谍的潜入、网络恐怖活动的威胁以及信息战争的阴影等网络攻击和犯罪呈明显上升趋势，如不采取坚决的对策将产生严重后患，面临巨大的风险。对国家而言，没有网络安全解决方案，就没有信息基础设施的安全保证，就没有网络空间上的国家主权和国家安全，国家的政治、军事、经济、文化、社会生活等将处于信息战的威胁之中。因此，必须加强信息安全保障工作，全面提高信息安全防护能力，创建安全、健康的网络环境，从而保障和促进信息化发展，保护公众利益，维护国家安全，构筑国家信息安全保障体系。同样，信息系统安全关系到企业的生存与发展。

2000 年以来，我国在信息安全方面做出了很多努力。科技部最早启动了"863 计划信息安全主题"，成立了国家 863 计划信息安全主题专家组，全面部署和宏观统筹信息安全工作；在四川成都、湖北武汉和上海，建立了信息安全成果产业化的西部、中部和东部基地；组建了三家信息安全研究中心和教育培训中心，加强自主开发和创新能力；在上海实施国家信息安全应用示范工程（S219）。经过多年的投入和实施，信息安全产业化基地、研究和教育培训中心、人才培养等都取得了重大突破和成就。

信息系统安全是一个综合性交叉学科领域，它广泛涉及数学、密码学、计算机科学、通信工程、控制科学与工程、人工智能、安全工程、人文科学等诸多学科，是迅速发展的一个热点学科领域。

1.1 信息技术与信息系统

1.1.1 信息技术的概念

人类对信息的应用已有数千年的历史，人类信息活动的演进与信息技术的发展是密不可分的。可以说，人类信息活动的每次演进都会引起信息技术的革命性变化，而信息技术的每次发展同样会促进人类信息活动能力的提高。

信息技术是一个含义广泛、复杂而又时刻变化着的概念。所谓信息技术，大而言之，是指应用信息科学的原理和方法同信息打交道的技术；小而言之，就是指有关信息的产生、检测、变换、存储、传递、处理、显示、识别、提取、再生、控制和利用等技术。

20 世纪 40 年代以来，从最富创造力的电子计算机问世，到已渗入人类生活方方面面的高速信息传输网络的建设，信息技术得到了空前的发展。现代信息技术的综合性很强，它包括的技术十分广泛，但从根本上看，它以微电子技术为主要基础，以电子计算机技术和通信技术为主要标志。

微电子技术是实现信息高速传递和交换的一种良好手段，是信息技术发展的重要基础。微电子技术与信息技术结合还产生出一门重要的技术，即电子信息技术。微电子技术也是其他高科技技术的基础，它渗透力强、影响面广，可以应用于生产、生活、科研领域的诸多方面。

电子计算机技术既是现代信息技术的开端，也是现代信息技术的核心。计算机的出现从根本上改变了人类处理信息的手段，突破了人类大脑及感觉器官加工处理信息的局限性，人类借助计算机可脱离人脑有效地加工处理信息。

通信技术的飞速发展为迅速、准确、有效地传输信息提供了坚实的基础。特别是计算机与通信的结合，不仅使现代通信系统在计算机的控制下实现了传输的自动化和高效化，使各种通信方式一体化，而且使计算机借助通信线路实现了网络化，同时，也使信息技术进入了信息传输、处理、存储综合化的新境界。

1.1.2 信息技术的特点

1）信息具有不灭性。信息的不灭性是指一条信息产生后，其载体可以变换，可以被毁掉，如一本书、一张光盘，但信息本身并没有被消灭。所以，信息的不灭性是信息的一个很重要的特点。

2）信息可以廉价复制，可以广泛传播。尽管信息的创造可能需要很大的投入，但复制只需要载体的成本，可以大量复制，并被广泛传播。

3）某些信息的价值具有很强的时效性。一条信息在某一时刻价值非常高，但过了这一时刻，可能一点价值也没有。现在的金融信息，在需要知道的时候，会非常有价值，但过了这一时刻，这一信息就会毫无价值。又如战争时的信息，敌方的信息在某一时刻有着非常重要的价值，可以决定战争的胜负，但过了这一时刻，这一信息就变得毫无用处。所以说，相当一部分的信息有非常强的时效性。

1.1.3　信息技术对社会发展的影响

信息技术对人类社会的影响是广泛而深刻的。现代信息技术的最显著成就是建立了不断被完善的面向全社会的信息网络，它与信息社会的生产力水平相对应。现代信息技术在高技术群体中居于先导与核心的地位，已成为当今世界发展科学技术、提高生产力、经济繁荣和社会发展的巨大力量。

信息技术的发展不仅影响经济的发展，而且在企业管理、生活、文化、科学研究、人类思维和政治领域也产生了深远的影响。

1）对经济的影响。信息技术的发展使生产要素得到优化，达到生产要素的优化配置与合理流动，形成劳动者操作的知识化和间接化；使传统产业得到改造，减少了物质资源和能源的消耗，环境污染等弊端将随之减少。

2）对企业管理的影响。信息技术促使管理者和被管理者不断更新管理思想，提高素质；使高层决策者与基层执行者可直接进行信息交流，使得管理结构由金字塔型变为矩阵型；同时有助于管理方法的完善，以适应虚拟办公、电子商务、软式制造、即时生产等新的运作方式；增强管理功能，加强管理的科学化和民主化，促进管理业务的合理重组。

3）对科学研究的影响。信息技术有利于科学研究前期工作的顺利开展，检索学术信息的范围和线索更全更广，通过电子邮件、线上交谈更便于与同行、跨行业专家交流；通过计算机可以快速完成大规模的数据处理，提高了科研工作效率。

4）对文化的影响。信息技术将使文化更加开放化，它促进了不同国度、不同民族之间文化的碰撞与交流、学习与借鉴；信息技术还将使文化更加大众化，人们可以方便地在网上发表文学作品，利用网上图书馆和博物馆等。

5）对思维的影响。信息技术的进步促进了人们思维方式的科学化、现代化、多元化，以及创造性、前瞻性、灵活性，人们对信息大量和快速的摄取，将不断促进人类思想产生新的见解、新的发现、新的突破等。

6）对生活的影响。电子购物、电子金融、电子邮政、电子书刊、电子娱乐、远程医疗、远程教育等丰富多彩的服务项目使人们足不出户而尽为天下事。人们的生活中心将发生空前转移，从原来的社会转向家庭，使家庭成为人们生活的新中心。

7）对政府的影响。信息技术从技术手段上强化了国家功能，它可为政府做科学决策提供实时、全面、可靠的数据和信息依据，大大降低了决策的不确定性和盲目性；它可使各部门及时沟通和协调，以利于政府直接、及时、有效地进行指导、管理、控制和监督，提高国家宏观调控的能力和效率。

信息技术的飞速发展，有力地促进了社会经济的发展，但是也存在一些负面影响。

1）信息爆炸。这是一个名副其实的"信息爆炸"时代，美国加利福尼亚大学伯克利分校研究人员发现，全球新产生的信息量成倍增长，而且增长速度越来越快。在信息量加大的同时，也导致大量垃圾信息的产生，如何清理这些垃圾信息是个很大的难题。

2）信息犯罪。信息犯罪越来越严重，小到磁卡的伪造，大到金融系统的信息犯罪以及黑客犯罪等，已成为不容忽视的问题。例如，利用计算机网络贩卖色情图片/视频，搞经济诈骗，窃取银行资金，使他人系统失灵而导致机构运转瘫痪，甚至在网络上传授组装危险武器的知识等。通过计算机网络，还能够比较容易地获取他人计算机中的信息，也就使得一些别有用心之人通过计算机网络窃取个人、企业、机构、政府的商业、军事、政治机密，造成信息失窃，甚至威胁国家安全。

3）信息病毒。计算机病毒给整个信息网络，乃至整个社会带来的危害是无法估量的。据报道，世界上大约有几千种计算机病毒在传播流行，同时每天有 5~10 种新病毒在不断地产生和蔓延。它们轻则降低计算机的运行速度和效率，重则销毁系统中的所有数据、删除文件、对磁盘进行格式化等。编制、设计各种计算机病毒不仅造成了信息利用障碍，而且在信息技术领域掀起了恐怖风潮。据报道，计算机黑客每年给全世界网络带来约 100 亿美元损失。

4）信息渗透。信息渗透是指西方发达国家向第三世界输出影视作品、广告、艺术品、信息网络的同时，也在潜移默化地输出他们的生活方式、伦理道德、文化观念和行为规则。在这种情况下，各民族文化的独特性和差异性也受到了挑战，一些古老的风俗、纯朴的生活方式、社会理想等民族文化有被瓦解的可能。

5）安全保密问题。安全保密问题涉及很多方面，包括国家机密、企业机密、个人隐私等。在安全方面，除了军事安全外，经济安全也是一个很大的问题，在当今技术条件下，几秒钟内可以把上亿的资产从一个地方转移到另一个地方，这是相当危险的。全球一天的金融交易量达到 1 万多亿美元，而全世界货物实物交易量一年还不到 10 万亿美元。所以说，金融安全问题是一个非常严重的问题，而其基础就是信息技术的安全性。

所以，在发展信息技术的同时，也要解决信息的安全性问题，这样才能使信息技术更好地为社会发展服务。

1.1.4 信息系统

信息系统是与"信息"有关的"系统"，就像"信息"和"系统"的定义具有多样性一样，人们对其定义也远未达成共识。这里给出信息系统的定义是：一个能为其所在组织提供信息，以支持该组织经营、管理、制定决策的集成的人机系统。

与网络协议中的七层结构相似，信息系统也有自己的七层结构见表 1-1。

表 1-1　信息系统的七层结构

层号	名称	说　　明	层号	名称	说　　明
1	用户层	用户面向对象操作	5	工具层	信息系统开发工具
2	业务层	信息系业务模型	6	OS层	网络操作系统
3	功能层	信息系统功能模型	7	物理层	网络与通信硬件
4	数据层	信息系统数据模型	—	—	—

1. 工作机制

信息系统七层结构从宏观上揭开了信息系统的内部"秘密"，从微观上给设计者、实现者和用户指明了航向。

工具层、OS 层和物理层这三层的有机组合与合理配置，属于系统硬件与系统软件的集成问题，是多数系统集成商所能胜任的工作，也是系统集成中最容易做的事情。它是整个信息系统集成的物质基础。

数据层的最高目标是实现数据集成，它是信息系统集成的核心，是系统集成的重点和难点，是多数系统集成商想做而不敢做或不能做的事情。实现数据集成的方法是采用面向数据而非面向功能的设计方法。

只要企业的业务方向和业务内容不变，其元数据（Metadata）就是稳定的，而对元数据的处理是可变的。用可变的处理方法对付不变的元数据，就是面向数据设计的基本原理。面向数据设计的实现方式是使用 CASE 工具，如 PowerDesigner 或 Designer/2000 等。它的关键技术是用 E-R 图来组织所有的元数据，产生信息系统的概念数据模型（CDM），然后由 CASE 工具自动将概念数据模型转化为物理数据模型（PDM）。

物理数据模型生成后，就可以用工具层中面向对象的开发工具，设计并实现功能模型中的各种功能，如录入、删除、修改、统计、查询、报表等各种操作。每项功能在用户界面中分别对应相应的图标或窗口，用户根据业务层的业务模型，随心所欲地进行操作，轻松愉快地实现企业网上的各种需求。

信息系统的七层结构也揭示了信息系统建设的基本方法：系统分析是从第 1 层开始，由上向下直至第 7 层结束；而系统设计与实现是从第 7 层开始，由下向上直至第 1 层结束。由上向下的分析和由下向上的实现，就是七层结构的内部逻辑。作为开发信息系统的软件公司，主要工作是在第 3、4 两层。第 4 层是面向数据设计，第 3 层是面向对象实现。只要这两层工作规范有序，信息系统的零维护理想就能逐步实现。

2. 需要探讨的几个问题

1）对于在数据层中设计数据模型的方法，到底是用面向数据的方法还是用面向对象的方法？

在 CASE 工具出现前，人们手动或用其他 Office 工具来建立数据模型。在 CASE 工具出现后，人们才开始用它来建立数据模型。工具虽然不一样，但目标却是一致的，都是为了在数据库管理系统（DBMS）上建立稳定、可靠的数据结构和相应的数据字典，与面向对象设计方法无关。建立数据模型的方法在面向对象方法提出前就已经存在了。在面向对象方法出现之前，建立数据模型的方法是在面向数据设计和面向功能设计中选择。因为面向功能设计不能构成稳定、可靠的数据模型，当功能变更时模型跟着变更，给开发与维护带来了不便，因此这种方法很快就被淘汰。在数据层建立数据模型是信息系统设计的中心工作。这项工作以面向数据开始，到面向对象结束。这种观点必须坚持下去，绝对不能动摇，直到关系数据库管理系统完全退出历史舞台、面向对象数据库管理系统完全占领数据库市场为止。

2）面向对象设计、面向对象编程、面向对象实现、分布式对象、多层结构、COM/DCOM、CORBA 等标准、部件（Component）新生事物，到底在信息系统七层结构中的哪几层发挥作用？

主要是在第 3 层即功能层发挥作用。在客户机/服务器（C/S）结构中，功能层的工作完全由客户机来实现，这样的客户机被称为"胖"客户机。当出现了 Web 浏览器和 Web 服务器后，Web 与数据库服务器形成三层或多层结构，客户机上的功能层工作向 Web 服务器或应用服务器上迁移，使得客户机上的工作量大大减少，并由"胖"变"瘦"，成为"瘦"客户机。客户机瘦了，服务器就胖了吗？不一定，因为服务器由通用走向了专用，出现了专做某一类事情的服务器，如通信服务器、OA 服务器、应用服务器、数据库服务器等。只要明确了这个问题，信息系统的设计者与实现者在面向对象与中间件的操作中，才不会迷失方向。

1.2 网络的基本结构和特点

1.2.1 网络的发展历史

信息化已经成为 21 世纪社会发展的基本趋势，以 Internet 为代表的信息网络正得到广泛的应用和深入的发展。

所谓计算机网络，是指通过外部的互联介质把分布在不同地理区域而又具有独立功能的计算机互联成一个规模大、功能强的网络系统，按照约定的协议进行信息交换，使众多的计算机可以方便地互相传递信息，共享硬件、软件、数据信息等资源。

网络技术首先是从军事领域的应用发展起来的，然后才逐渐地商业化用于民用。

20 世纪 60 年代末，为了保障爆发核战争时全国军事指挥的通信联络，由美国国防部高级研究计划局（DARPA）资助，加州大学分校的贝拉涅克领导的研究团队建立了世界上第一个分组交换试验网 ARPANET，实现了几个美国军事机构和研究机构的互联。ARPANET 的建成和发展标志着世界进入了网络时代。

从 20 世纪 70 年代末到 80 年代初，计算机网络技术得到蓬勃发展，各种各样的网络技术应运而生，例如 MILNET、USENET、BITNET、CSNET 等，在网络的规模和数量上也得到了很大的发展，建立了一系列网络，但同时也产生了不同网络之间互联的需求，并最终导致了 TCP/IP 的产生。

TCP/IP 最初是为美国 ARPA 网设计的，目的是可以使不同厂家生产的计算机可以在共同网络环境下运行。后来发展成为 DARPA 网际（Internet），要求 Internet 上的计算机均采用 TCP/IP。TCP/IP 协议族确立了 Internet 的技术基础。

1986 年，由美国国家科学基金会（NSF）资助建成的基于 TCP/IP 的主干网 NSFNET，连接了美国的若干超级计算中心、主要大学和研究机构，世界上第一个互联网应运而生，并迅速连接到世界各地。

1992 年，由于 Internet 的发展太快，美国政府负担不起 NSFNET 的费用，要求私营公司分担一部分费用。商业公司的介入，促进 Internet 巨大发展，使 Internet 在通信、客户服务及资源共享等方面得到广泛、深入的应用。

1993 年，美国克林顿政府推出信息高速公路计划，它的目标是建立一个以宽带大容量光纤、卫星和微波通信为主干线，以高速异步交换机为节点，联结所有通信系统、数据库系统，同各种计算机主机和用户终端（主要是个人计算机）联结在一起的，能传输视频、音频、数据、图像等多种媒体信息的高速通信网络。信息高速公路计划的提出引起了很大的反响，极大地推动了网络技术的发展。

我国的网络技术虽然起步较晚，但是发展很迅速。1986 年，中科院通过长途电话拨号的方式实现了国际联机数据库的检索；1987 年，北京计算机应用研究所首先开通了连接德国的 X.25 网络；1990 年，中科院等单位开始把计算机与 X.25 网络进行连接，实现了中国客户与国际互联网客户间的电子邮件服务；到 1995 年，我国已建成四大骨干网络，即国家计算机与网络设施（NCFC）、中国教育和科研计算机网（CERNET）、中国公用计算机互联网（ChinaNet）和中国金桥信息网（ChinaGBN）。

计算机网络技术正在成为社会信息化的基础。信息化已经成为一个国家综合国力的标志之一。我国于 1998 年成立了信息产业部，并制定了信息化建设的 24 字指导方针"统筹规划，国家主导；统一标准，联合建设；互联互通，资源共享"。到 2010 年，已建成健全的、具有相当规模的、先进的国家信息体系。进入 21 世纪以来，我国的计算机网络技术得到了快速发展，网民数量世界第一，同时，随着各方面监管机制的不断完善，计算机网络技术的应用越来越广泛。

1.2.2 网络的体系结构

计算机网络体系结构采用的是分层配对结构，定义和描述了一组用于计算机及其通信设施之间互连的标准和规范的集合，遵循这些标准和规范就可以实现不同计算机之间的通信。

按照结构化设计方法，可以按计算机网络的功能将网络划分为若干个层次，较高层次建立在较低层次的基础之上，同时为更高层次提供所需要的服务。网络中的每一层都相互独立起着隔离的作用，低层功能实现方法的改变不会影响到较高层次所执行的功能。

ISO（国际标准化组织）于 1978 年提出了开放系统的互联参考模型，即著名的 OSI（参考系统互联）参考模型。它将计算机主机间的通信过程规定为物理层、数据链路层、网络层、传输层、会话层、表示层和应用层共七层，如图 1-1 所示。协议中的每一层只与相邻的上下两层交换信息，通过不同层的分工合作来完成任意开放系统间的通信。OSI 参考模型受到了极大的关注，通过十多年的发展和推进，成为各种计算机网络结构的标准。

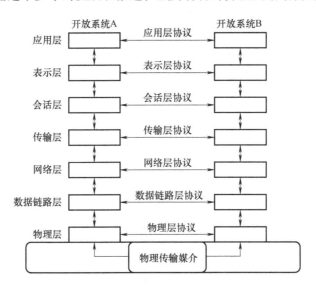

图 1-1 OSI 参考模型

1）物理层。物理层是 OSI 网络模型中最低的一层，是用于实现系统通信媒体的物理接口。这一层详细规定了在数据传输过程中的各种机械、电气特性和物理传输介质。开放系统互连时必须通过传输媒体，传输媒体是建立物理链接的基础，但物理链接的建立、保持和拆除都需要通过物理层来实现。

目前，用于物理层的协议标准已有很多，也比较成熟，主要包括美国电子工业协会

（EIA）的 RS-232-C、RS-449 以及国际电报电话咨询委员会（CCITT）的 V 系列和 X 系列，如 X. 21 等。

2）数据链路层。当计算机与终端通信时，由于传输媒体存在着衰减、杂音、传输延迟和信号干扰等问题，对传输质量影响较大。为了在现实的非理想的通信条件下，能够可靠地传输数据，需要设立数据链路层，用于对物理层传输中所发生的差错进行检测并纠正。

3）网络层。设立网络层的主要目的是在互连的网络节点之间提供路由选择和数据交换等操作。网络层处在数据链路层与传输层之间，接受来自数据链路层的服务，同时向传输层提供服务。数据链路层是在相邻的两个开放系统间传送数据，而网络层所传送的数据不一定是相邻两个开放系统间的，可以是跨网络的。

4）传输层。物理层、数据链路层和网络层属于通信子网，会话层、表示层和应用层则属于资源子网，即信息处理系统。传输层位于通信子网和资源子网之间，起着桥梁作用，填补了通信子网所提供的服务和资源子网所要求的服务之间的距离，使得高层实体不需要考虑进行有效数据传输的具体方法。传输层的数据传输分连接方式和无连接方式。传输层的功能主要着眼于提高服务质量。

5）会话层。会话层的任务是提供一种有效的方法，以组织并协调两个表示实体之间的对话，并管理它们之间的数据交换。也就是说，会话层负责在应用进程之间建立、组织和同步对话，检查和恢复与语义及上下文有关的传输差错。

6）表示层。网络各系统传输信息的表示方法随系统而异。表示层负责信息表示方法的转换，通过一个具体的语言学习方法描述给应用实体提供服务。也就是说，表示层为信息传输提供表示方法，如代码转换、字符集转换、数据排列方法转换等。

7）应用层。应用层是参考模型中的最高层，为用户提供工作环境，是直接面向用户的，它为用户提供了一个交换信息的窗口，为应用进程提供了访问 OSI 环境的方法。应用层主要解决不兼容的终端类型问题和文件传输问题。

1. 2. 3　TCP/IP

TCP/IP（Transmission Control Protocol/Internet Protocol，传输控制协议/因特网互联协议）协议是 Internet 最基本的协议，是用于互联网的第一套协议，也是实现网络互联的基础，它由底层的 IP 和 TCP 组成的。目前，有很多攻击都是针对 TCP/IP 的，如 IP 欺骗等，给网络安全造成了很大的威胁。这些攻击一部分是利用了 TCP/IP 的不完备性，一部分是利用了协议实现软件的漏洞，所以，充分理解 TCP/IP 对网络安全管理很重要。

1. TCP/IP 参考模型
TCP/IP 参考模型包括四个层次。

1）网络接口层：是 TCP/IP 的最底层，负责将资料组成正确帧的规程和在网络中传输帧的规程。网络接口一般是设备驱动程序，如网卡驱动程序。该层在功能上等价于通信子网的功能技术层，对应 OSI 参考模型中的网络层中的与子网有关的下部子层、数据链路层以及物理层。

2）网络层（IP）：负责定义互联网中传输的数据包格式，以及从一个用户通过路由器到最终目标的数据包转发机制。在功能上，该层等价于 OSI 参考模型网络层中与通信子网无关的部分。

3）传输层（TCP）：负责提供两个用户进程间的通信，为这两个用户进程建立、管理和拆除可靠而又有效的端到端的连接。在功能上，该层等价于 OSI 参考模型的传输层。

4）应用层：负责向用户提供一组常用的应用程序，如电子邮件等。这一层将 OSI 参考模型中的应用层、表示层和会话层的功能结合了起来。

2. 应用层协议

目前，有很多 TCP/IP 的应用层协议，下面主要介绍比较重要的四种协议：FTP、Telnet、SMTP 和 HTTP。

1）FTP，即文件传输协议。该协议可以为用户提供一个有效的途径远程登录一个系统，并对系统内的文件进行上传和下载的操作。

2）Telnet，即远程终端服务协议。该协议为用户提供登录远程系统的方法，并在远程系统上进行操作，而当前系统只相当于远程系统的一个终端而已。

3）SMTP，即简单邮件传输协议。该协议为用户提供远程传输电子邮件的方法，用户可以以电子邮件的方式，快速、方便地传输信息。

4）HTTP，即超文本传输协议。该协议为用户在 WWW 服务器上得到用超文本标记语言所书写的页面。这样，公司、政府或个人都可以把信息做成 HTML 的形式，而其他用户可以通过浏览器对信息进行远程使用。

3. 网际协议

要使两台计算机之间能够进行通信，通信双方在通信时必须遵守事先的约定，即遵守一个共同的通信协议。网际协议，即通常所称的 IP，就是这样一个协议。它给出了一个共同遵守的通信协议，从而使 Internet 可以为使用不同类型计算机和不同操作系统的用户提供通信。

IP 对计算机彼此通信过程中的所有细节都给出了精确的定义。例如，在计算机所发送的信息格式和含义、在特殊情况下应发送规定的特殊信息以及接收方的计算机应该做出什么应答等都给出了详细的规范定义。如果通信双方希望在 Internet 上进行通信，则所有连到 Internet 的计算机都必须遵守 IP。所以，使用 Internet 的计算机都必须运行 IP 软件，以便进行信息的发送和接收。

IP 具有很好的灵活性，能够适应各种各样的网络硬件环境，而且对底层网络的硬件环境几乎没有任何要求。一个网络只要能够向异地传输以二进制数据表示的信息，就可以使用 IP 来加入 Internet。

在网络通信中，IP 有着重要的作用：局域网中的计算机通过安装的 IP 软件就可以把世界上所有的局域网都通过 Internet 连接起来，使得它们彼此之间都能够通信，构成了一个庞大而又严密的通信网络。

所有连接到 Internet 上的计算机都称为主机。为了实现各主机间的通信，所有主机都有一个唯一的网络地址，用网络地址来唯一地标识一台计算机，这个地址就是 IP 地址，即用 Internet 协议语言表示的地址。

IPv4 地址包括两个部分：网络号和主机号。网络号和主机号的组合是唯一的。IPv4 地址的长度是 32 位，一般将 32 位二进制数分为 4 组，每组 8 位，用 4 个字节来表示，各字节间由小数点分开，每个字节的范围是 0~255，如 202. 27. 56. 1。

IPv4 地址可以分为 A、B、C、D、E 五类，一般使用的是其中的 A、B、C 三类。

（1）A 类地址

A 类地址的表示范围为 0.0.0.0~126.255.255.255。其中，用第一个字节表示网络本身的地址，后面三个字节作为连接于网络上的主机的地址。A 类地址第一个字节的最高位为 0，因此 A 类地址最多可以表示 126 个网络，每个网络可以拥有 2^{24} 台主机，所以 A 类地址适用于具有大量主机而局域网络个数较少的大型网络，如 IBM 公司的网络。

（2）B 类地址

B 类地址的表示范围为 128.0.0.0~191.255.255.255。B 类网络用第一、二个字节表示网络的地址，后面两个字节代表网络上的主机地址，即 B 类网络地址有 2^{16} 个网络，每个网络最多能容纳 2^{16} 台主机。因此，B 类地址适用于中型网络。

（3）C 类地址

C 类地址的表示范围为 192.0.0.0~223.255.255.255。C 类网络用前三个字节表示网络的地址，最后一个字节表示网络上的主机地址，即有 2^{24} 个网络，每个网络最多能容纳 2^8 台主机。因此，C 类地址适用于小型网络，例如，一般的局域网和校园网。它可连接的主机数量是最少的，采用把所属的用户分为若干网段进行管理。

IPv4 有一个主要缺陷，其 IP 地址只有 32 位，在网络快速发展的情况下，IP 地址不能满足需要，因此就产生了 IPv6，它是 IPv4 的后续版本，有三种类型的地址：单播、任意播、多播。单播地址是分配给单个主机的地址，任意播地址用于标识不一定位于同一主机上的一组接口，发给任意播地址的数据包会被传送给离原节点最近的接口。任意播地址是从单个地址空间中取出的，与单播地址在语法上没有区别。多播地址指的是一组主机，发送给多播地址的数据包会传送给该地址识别的所有接口。

4. 传输控制协议

计算机通过安装 IP 只能保证计算机之间可以进行信息资料的传输，但 IP 无法解决资料分组在传输过程中有可能出现的问题。所以，如果要解决在传输过程中可能出现的问题，进行联网通信的计算机还需要安装 TCP 以提供可靠的、没有差错的通信服务。

TCP 是一个面向连接的传输协议，也被称作一种端对端协议。它在需要通信的计算机之间起着重要的连接作用，当一台计算机需要与另一台远程计算机进行信息的传输时，TCP 会在它们之间建立一个连接、发送或接收资料的通道，传输完成后终止连接。

在网络暂时出现堵塞的情况下，TCP 可以利用它的重发技术和拥塞控制机制，为应用程序提供可靠的通信连接，从而保证通信的可靠性。当主机的速度较慢时，TCP 可以进行流量控制，避免因发送过快而使主机发生拥堵。

Internet 是一个世界性的网络，网络上的拥挤和空闲总是交替出现的，而通信双方的距离又是远近不同的，所以信息传输所用的时间也会变化不定。TCP 具有自动调整"超时值"的功能，能很好地适应 Internet 上各种各样的变化，确保数据传输的正确性。

总之，IP 只能保证计算机之间可以进行信息传输，而 TCP 则可提供一个可靠的、流量可控的、全双工的信息流传输服务。虽然 IP 和 TCP 这两个协议的功能不尽相同，并且可以分开单独使用，但它们是在同一时期作为一个协议来设计的，且在功能上也是互补的。只有当两者结合时，才能保证 Internet 在复杂的环境下正常运行。凡是要联网到 Internet 上的计算机，都需要同时安装和使用这两个协议，所以在实际中常把这两个协议统称作 TCP/IP。

1.3 信息安全

信息安全包括信息的保密性以及信息的完整性、可用性、可控性、不可否认性等。主要涉及密码技术、防火墙技术、入侵检测技术、网络安全、数据库和操作系统的安全、计算机病毒及防治、信息安全标准、信息安全管理、安全信息系统安全评估等几方面内容。随着网络信息技术的不断发展与应用，网络与信息安全的内涵也在不断地延伸。

信息安全是一个广泛和抽象的概念，人们一般把涉及计算机网络安全、计算机通信系统安全和因特网接入安全等与信息相关的安全称为信息安全。

1.3.1 密码技术和防火墙技术

1. 密码技术

现代社会对信息安全的需求大部分可以通过密码技术来实现。密码技术是信息安全技术中的核心技术。信息的安全性主要包括两个方面，即信息的保密性和信息的认证性。信息的保密性和信息的认证性是信息安全性的两个不同方面，认证不能自动地提供保密性，而保密也不能自然地提供认证功能。用密码技术保护的现代信息系统的安全性主要取决于对密钥的保护，而不是依赖于对算法或硬件本身的保护，即密码算法的安全性完全寓于密钥之中。可见，对密钥的保护和管理在信息系统安全中是极为重要的。人们目前特别关注的是密钥托管技术。

1）信息的保密性是信息安全性的一个重要方面。保密的目的是防止对手破译信息系统中的机密信息。加密是实现信息保密性的一种重要手段，就是使用数学方法来重新组织数据，使得除了合法的接收者外，任何其他人要想恢复原先的"消息"（将原先的消息称作"明文"）或读懂变化后的"消息"（将变化后的消息称作"密文"）是非常困难的。密文变换成明文的过程称作解密。

所谓加密算法就是对明文进行加密时所采用的一组规则，解密算法就是对密文进行解密时所采用的一组规则。加密算法和解密算法的操作通常都是在一组密钥控制下进行的，分别称为加密密钥和解密密钥。根据加密密钥和解密密钥是否相同，可将加密体制分为两种：一种是私钥或对称加密体制，这种体制的加密密钥和解密密钥相同，其典型代表是美国的数据加密标准（DES）；另一种是公钥或非对称加密体制，这种体制的加密密钥和解密密钥不相同，并且从其中一个很难推出另一个，加密密钥可以公开，而解密密钥可由用户自己秘密保存，其典型代表是RSA加密算法。

2）信息的认证性是信息安全性的另一个重要方面。认证的目的有两个：一是验证信息的发送者是真正的，而不是冒充的；二是验证信息的完整性，即验证信息在传输或存储过程中是否被窜改、重放或延迟等。

对密码系统的攻击主要有两类：一类是被动攻击，对手只是对截获的密文进行分析；另一类是主动攻击，对手通过采用删除、增添、重放和伪造等手段主动向系统注入假消息。认证是防止他人对系统进行主动攻击（如伪造、窜改信息等）的一种重要手段。政治、军事、外交等活动中签署文件，商业上签订契约和合同以及日常生活中在书信、从银行取款等事务中的签字，传统上都采用手写签名或印鉴。签名起到认证、核准和生效的作用。随着信息时代的来临，人们希望通过数字通信网络进行远距离的贸易合同的签名，数字签名应运而生，并开始用于商业通信系统，如电子邮件、电子转账、办公自动化等系统中。

通信和信息系统的安全性常常取决于能否正确识别通信用户或终端的个人身份。例如，银行的自动取款机（ATM）可将现款发放给经它正确识别的账号持卡人。对计算机的访问和使用、安全地区的出入和放行、出入境等都是以准确的身份识别为基础的。身份识别技术能使被识别者让对方识别自己的真正身份，确保被识别者的合法权益。但是从更深一层意义上来看，它是社会责任制的体现和社会管理的需要。

进入电子信息社会，虽然有不少学者试图使用电子化生物唯一识别信息（如指纹、掌纹、声纹、视网膜、脸形等），但由于代价高、准确性低、存储空间大和传输效率低等原因，不适合计算机读取和判别，只能作为辅助措施应用。而使用密码技术，特别是公钥密码技术，能够设计出安全性高的识别协议，受到人们的青睐。

根据密码假设，一个密码系统的安全性取决于对密钥的保护，而不是对系统或硬件本身的保护。密钥的保密和安全管理在信息系统安全中是极为重要的。密钥管理包括密钥的产生、存储、装入、分配、保护、丢失、销毁等。其中，密钥的分配和存储可能是最棘手的问题。密钥管理不仅影响系统的安全性，而且涉及系统的可靠性、有效性和经济性。当然，密钥管理过程中也不可能避免物理上、人事上、规程上的一些问题。

2. 防火墙

防火墙是指设置在不同网络（如可信任的企业内部网和不可信的公共网）或网络安全域之间的一系列安全控制部件的组合。它是不同网络或网络安全域之间信息的唯一出入口，能根据企业的安全政策控制（允许、拒绝、监测）出入网络的信息流，且本身具有较强的抗攻击能力。它是提供信息安全服务、实现网络和信息安全的基础设施。

从技术上讲，防火墙是一个系统或系统组，它在两个网络之间实施安全政策要求的访问控制。它具有如下基本特点：所有从内部通向外部或从外部通向内部的通信业务都必须经过它；能够根据安全政策提供需要的安全功能；只有经过授权的通信业务才允许通过它进出；系统自身对入侵是免疫的。

防火墙是网络安全的屏障，一个防火墙（作为阻塞点、控制点）能极大地提高一个内部网络的安全性，并通过过滤不安全的服务而降低风险；防火墙可以强化网络安全策略，通过以防火墙为中心的安全方案配置，将所有安全软件（如口令、加密、身份认证、审计等）配置在防火墙上；对网络存取和访问进行监控审计，防火墙能记录下访问并做日志记录，同时也能提供网络使用情况的统计数据；防止内部信息的外泄，通过利用防火墙对内部网络的划分，还可实现内部网重点网段的隔离，从而限制局部重点或敏感网络安全问题对全局网络造成的影响。除了安全作用之外，防火墙还支持具有 Internet 服务特性的企业内部网络技术体系 VPN。

防火墙技术根据防范的方式和侧重点的不同可分为很多种类型，但总体来讲可分为两大类：分组过滤和应用代理。分组过滤作用在网络层和传输层，它根据分组包头中的源地址、目的地址、端口号和协议类型等标志确定是否允许数据包通过。只有满足过滤逻辑的数据包才被转发到相应的目的地出口端，其余数据包则被丢弃。应用代理作用在应用层，其特点是完全"阻隔"了网络通信流，通过对每种应用服务编制专门的代理程序，实现监视和控制应用层通信流的作用。复合型防火墙由于对更高安全性的要求，常把基于分组过滤的方法与基于应用代理的方法结合起来，形成复合型防火墙产品。

1.3.2 入侵检测技术

随着个人、企业和政府机构日益依赖 Internet 进行通信、协作及销售，对安全解决方案的需求也急剧增长。这些安全解决方案应该能够阻止入侵者同时又能保证客户及合作伙伴的安全访问。虽然防火墙及强大的身份验证能够保护系统不受未经授权访问的侵扰，但是它们对专业黑客或恶意的经授权用户却无能为力。企业经常在防火墙系统上投入大量的资金，通过在 Internet 入口处部署防火墙系统来保证安全。依赖防火墙建立网络安全的组织往往是"外紧内松"，无法阻止内部人员的攻击，对信息流的控制缺乏灵活性，从外面看似非常安全，但内部缺乏必要的安全措施，对于企业内部人员所做的攻击，防火墙形同虚设。据统计，全球 80%以上的入侵来自内部。由于性能的限制，防火墙通常不能提供实时的入侵检测功能。

入侵检测是指"通过对行为、安全日志或审计数据或其他网络上可以获得的信息进行操作，检测到对系统的闯入或闯入的企图"（参见国标 GB/T 18336.1—2015/ISO/IEC）。入侵检测技术是为保证计算机系统的安全而设计与配置的一种能够及时发现并报告系统中未授权或异常现象的技术，是一种用于检测计算机网络中违反安全策略行为的技术，其作用包括威慑、检测、响应、损失情况评估、攻击预测和起诉支持。入侵检测的软件与硬件的组合便是入侵检测系统（Intrusion Detection System，IDS）。

入侵检测是对防火墙的有益补充，入侵检测系统能使在入侵攻击对系统发生危害前，检测到入侵攻击，并利用报警与防护系统驱逐入侵攻击；在入侵攻击过程中，能减少入侵攻击所造成的损失；在被入侵攻击后，收集入侵攻击的相关信息，作为防范系统的知识，添加入知识库内，增强系统的防范能力，避免系统再次受到入侵。入侵检测被认为是防火墙之后的第二道安全闸门，在不影响网络性能的情况下能对网络进行监听，提供对内部攻击、外部攻击和误操作的实时保护，从而大大提高了网络的安全性。

1.3.3 网络安全

网络安全是信息安全的一个重要部分。以 Internet 为代表的信息网络技术的应用正日益普及，应用层次也在不断深入，应用领域从传统的、小型业务系统逐渐向大型、关键业务系统扩展。随着网络技术的普及应用，网络的安全成为影响网络效能的重要问题，而 Internet 所具有的开放性、国际性和自由性在增加应用自由度的同时，对安全提出了更高的要求。网络安全已成为政府机构、企事业单位信息化所要考虑的重要问题之一。

建立在当今互联网技术基础上遍布世界各地的大大小小的网络信息系统，或多或少地存在着各种安全方面的隐患和漏洞。这些漏洞有的源于网络本身，有的源于系统本身，有的虽然采取了一些安全防护措施但是技术陈旧，抵挡不了外界的进攻，更多的则是由于应用和管理混乱，甚至根本不设防。鉴于网络系统的复杂性和地域上的广泛性，今后可能会有更多的安全问题暴露出来。

导致网络信息系统不安全的因素概括起来主要有三个原因：其一，网络的对外开放性；其二，网络信息系统本身存在着这样或那样的缺陷；其三，网络管理者不重视系统的安全管理。

随着互联网经济的飞速发展，以往的修补措施已不能从根本上解决问题。毋庸置疑，解决网络安全问题，必须未雨绸缪，坚持技术与管理并举发展。从技术上，要在以往的分散封堵已发现的安全漏洞为目的的研究基础上，把网络与信息安全视为一个整体，从各个方面开展大力度的研究。

1.3.4　数据库和操作系统的安全

一个有效而可靠的操作系统应具有优良的保护性能，操作系统必须提供一定的保护措施，因为操作系统是所有编程应用系统的基础，而且在计算机系统中往往存储着大量的信息，操作系统必须对这些信息提供足够的保护，以防止被未授权用户滥用或毁坏。只靠硬件不能提供充分的保护手段，必须将操作系统与适当的硬件相结合才能提供强有力的保护。操作系统应提供的安全服务包括内存保护、文件保护、普通实体保护（对实体的一般存取控制）、存取认证（用户的身份认证），这些服务可以防止用户软件的缺陷损害系统。

随着计算机数据库系统的广泛应用，对数据库的保护也变得越来越重要。对于数据库系统来说，威胁主要来自：非法访问数据库信息；恶意破坏数据库或未经授权非法修改数据库中的数据；用户通过网络进行数据库访问时，受到各种攻击，如搭线窃听等；对数据库的不正确访问，引起数据库中数据的错误。对抗这些威胁，仅仅采用操作系统和网络中的保护是不够的，因为数据库系统的结构与其他系统不同，含有重要程度和敏感级别不同的各种数据，并被拥有各种特权的用户共享，同时又不能超出给定的范围。它涉及的范围更广，除了对计算机、外部设备、联机网络和通信设备进行物理保护外，还要采取软件保护技术，防止非法运行系统软件、应用程序和用户专用软件；采取访问控制和加密技术，防止非法访问或盗用机密数据；对非法访问进行记录和跟踪，同时要保证数据的完整性和一致性等。

数据库系统的安全需求与其他系统大致相同，要求有完整性、可靠性、有效性、保密性、可审计性及存取控制及用户身份鉴定等。

1.3.5　计算机病毒及防治

计算机病毒随着计算机网络的发展，传播到信息社会的每一个角落，并大肆破坏计算机数据、改变操作程序、摧毁计算机硬件，给人们造成了重大损失。

计算机病毒是指编制或者在计算机程序中插入的破坏计算机功能或者数据，影响计算机使用并且能够自我复制的一组计算机指令或者程序代码。1983 年，出现了计算机病毒传播的研究报告，即世界上第一例被证实的计算机病毒，同时有人提出了蠕虫病毒程序的设计思想；1984 年，美国人汤普森开发出了针对 UNIX 操作系统的病毒程序；1988 年 11 月 2 日晚，美国康尔大学研究生罗特·莫里斯将计算机病毒蠕虫投放到网络中，该病毒程序迅速扩展，造成了大批计算机瘫痪，甚至欧洲联网的计算机都受到影响，直接经济损失近亿美元。

计算机病毒具有传染性、非授权性、隐蔽性、潜伏性、刻意编写以及不可预见性等特点。它可以攻击系统数据区，攻击文件和内存，干扰系统运行，使运行速度下降，攻击CMOS，而网络病毒可以破坏网络系统。

1.3.6　信息安全标准

信息安全标准体系是信息安全保障体系十分重要的技术体系，其主要作用突出地体现在两个方面：一是确保有关产品、设施的技术先进性、可靠性和一致性，确保信息化安全技术工程的整体合理、可用、互连互通互操作；二是按国际规则实行 IT 产品市场准入时为相关产品的安全性合格评定提供依据，以强化和保证我国信息化的安全产品、工程、服务的技术自主可控。建立科学的国家信息安全标准体系，将众多的信息安全标准在此体系下协调一致，才能充分发挥信息安全标准系统的功能，获得良好的系统效应，取得预期的社会效益和经济效益。信息安全标准体系框架描述了信息安全标准整体组成，是整个信息安全标准化工作的指南。

到目前为止，国际上制定了大量的信息安全标准，主要可分为技术与工程标准、信息安全管理与控制标准和互操作标准三大类。

技术与工程标准包括信息产品通用测评准则（ISO15408）、信息安全橘皮书（TCSEC）和安全系统工程能力成熟度模型（SSE-CMM）；信息安全管理与控制标准包括信息安全管理体系标准（BS7799）、信息和相关技术控制标准（COBIT）、IT 基础架构库（ITIL）和信息安全管理标准（ISO13335）等；互操作标准包括对称加密标准 DES、3DES、IDES 和 AES，非对称加密标准 RSA，VPN 标准 IPsec、传输层加密标准 SSL，安全电子邮件标准 S-MIME，安全电子交易标准 SET，通用脆弱性描述标准 CVE。这些都是经过一个自发的选择过程后被普遍采用的安全类算法和协议，是所谓的事实标准。

1.3.7　信息安全管理

信息安全的实现要依赖先进的安全技术，但仅有先进的安全技术是远远不够的，网络信息安全管理实践表明，大多数安全问题是由于管理不善造成的。"三分技术、七分管理"，技术是关键，管理是核心。信息安全管理必须坚持技术和管理并重，才能最大限度地减小网络环境下的信息的安全风险。

网络环境下信息安全管理的目标是管好网络中的信息、信息安全资源，确保其保密性、完整性、可用性和抗抵赖性等，提高整个信息系统的可靠性。

信息安全管理是一种动态的、持续性的控制活动。遵循管理的一般循环模式——策划、实施、检查、措施。第一步是策划，根据法律、法规的要求和组织内部的安全需求制定信息安全方针、策略，进行风险评估，确定风险控制目标与控制方式；第二步是按照既定方案实施组织所选择的风险控制手段；第三步是在实践中检查上述制定的安全目标是否合适、控制手段是否能够保证安全目标的实现，系统还有哪些漏洞；最后，采取相应的措施对系统进行改进。

信息安全管理的原则之一就是规范化、系统化，要在信息安全管理实践中落实这一原则，需要相应的信息安全管理标准。

上述的各种手段和技术构成了信息安全的统一体，缺一不可。信息安全理论也是一门伴随着技术进步不断拓展的学科。随着信息技术的发展，必将出现更多的信息安全需要，这也就要求信息安全技术能够适应信息技术的发展，提出更好、更强的信息安全策略和技术，以构造一个相对稳固的安全系统。

1.3.8　信息系统安全评估

信息安全旨在保护信息资产免受威胁。考虑到所有类型的威胁，绝对的安全与可靠的网络系统并不存在。只能通过一定的措施把风险降低到一个可以接受的程度。信息安全评估是有效保证信息安全的前提条件。只有准确地了解系统的安全需求、安全漏洞及其可能的危害，才能制定正确的安全策略，制定并实施信息安全对策。另外，信息安全评估也是制定安全管理措施的依据之一。

信息系统的安全评估是指确定在计算机系统和网络中每一种资源缺失或遭到破坏对整个系统造成的预计损失数量。安全评估提供了一个形式化的准绳，据此一个产品或系统就可由独立被授权的、可信的第三方机构来鉴定是否满足国际公认的安全标准。评估的结果可帮助购买者确定该 IT 产品或系统对他们所预期的应用来讲是否是足够安全的，以及在使用中所存在的安全风险是否是可以忍受的。此外，安全评估的标准和等级还可被用来作为 IT 安全要求的简明表示。信息系统的分析和评估是一个复杂的过程，它涉及系统中包括物理环境、管理体系、主机、网络等方方面面。对系统进行分析和评估的目的：了解系统目前与未来的风险所在，评估这些风险可能带来的安全威胁与影响程度，为安全策略的确定、信息系统的建立及安全运行提供依据。在安全评估中，标准的选择、要素的提取、评估实施的过程、评估方法的研究一直是研究的重点。

1.4 网络安全概述

1.4.1 网络安全现状

目前，世界上每年因计算机网络安全所造成的经济损失大得令人吃惊。据调查，仅美国每年因网络安全造成的经济损失就高达 150 亿美元。

由于黑客技术日益公开化、职业化，各种攻击日益频繁，病毒日益泛滥，重大网络安全事件也日益增多。特别是进入 21 世纪以来，这种攻击愈演愈烈。从以前单一利用病毒搞破坏和用黑客手段进行入侵攻击转变为使用恶意代码与黑客攻击手段结合的方式，这种攻击具有传播速度快、受害面广和穿透力强等特点，往往一次攻击就可以带来严重的破坏和损失。特别是 "9·11" 恐怖袭击以后，利用网络和信息技术，在网络上组织恐怖活动已成为各类恐怖组织的日常运作方式，譬如在网络公布杀害人质的录像等，这种扁平化的组织形态和指挥形式对传统的社会治理已形成严峻挑战，也对人类社会的安全构成严重的威胁。2003 年，在美国东部、英国伦敦和美国加州等地先后发生了多起重大的电网大面积瘫痪事故，引起全球哗然。虽然官方调查结果表明这些网络事故绝大多数皆因技术故障或管理不当造成，但人们对这类事故的危害性和基础设施自动化、网络化后所带来的脆弱性和安全风险仍心有余悸。

我国的信息安全形势也不容乐观。网上的重大失窃密案件屡有发生，我国网络金融安全隐患巨大，我国银行网络每年因外部攻击、内外勾结、内部人员违法犯罪和技术缺陷等安全问题引起的经济损失数以亿计。2003 年初至年底，我国连续遭受 "口令" "冲击波" "大无极" 等病毒袭击，这些病毒给计算机用户造成了很严重的损失。根据国家计算机病毒应急处理中心的调查显示：2003 年，我国计算机病毒的感染率高达 85.57%，因病毒感染造成经济损失的比率达到了 63.57%。2017 年，我国计算机病毒的感染率为 31.74%。

1.4.2 网络安全简介

1. 网络安全的基本概念

网络安全是一门涉及计算机科学、网络技术、密码技术、信息论等多门学科的综合性学科。网络安全是指通过网络安全技术使网络系统中的硬件、软件及数据受到保护，不受偶然的或者恶意的原因而遭到破坏、篡改、泄露，确保系统能连续、可靠、正常地运行，使得网络服务不中断。

网络安全在不同的环境和具体的应用中可以有不同的解释。例如，从一般用户的角度来看，主要是保护私人信息或商业信息不受侵犯，而不涉及网络可靠性、信息可控性等技术领域的安全。对他们来说，加密技术和防火墙技术已经足够。而对国家安全部门来说，关注的是避免涉及国家机密的信息经过网络而泄漏，同时防止不法分子或组织通过网络做有损于国家利益的事情。

2. 网络安全要素

网络安全包括五个基本要素：机密性、完整性、可用性、可控性与可审查性。

1）机密性：信息不能暴露给未经授权的实体或进程。

2）完整性：只有授权的实体才可以修改数据，并且能够判断数据是否被篡改。

3）可用性：合法用户的正常请求能及时、正确、安全地得到服务或回应。拒绝服务、破坏网络及系统的正常运行就属于对可用性的攻击。

4）可控性：可以控制授权范围内的信息及行为方式。

5）可审查性：对可能出现的网络安全问题提供可靠的调查依据和手段。用户既不能否认曾经接收到对方的信息，也不能抵赖曾经所做过的操作行为。

3. 网络安全面临的主要威胁

1）非授权访问。未经同意就擅自使用网络或计算机资源的访问被看作非授权访问，如有意避开系统的访问控制机制，对网络设备或资源进行非正常的访问，擅自扩大权限进行越权访问等。它主要有包括以下几种形式：假冒、身份攻击、非法用户进入网络系统进行违法操作、合法用户以未授权方式进行越权操作等。这些行为对网络数据构成了巨大的威胁。

2）信息泄漏或丢失。指有意或无意泄漏或丢失敏感数据，它通常包括信息在传输中以及在存储介质中丢失或泄漏、通过建立隐蔽信道来窃听敏感信息等。例如，黑客利用电磁泄漏或搭线窃听等方式来截获机密信息，或通过对信息流向、流量、通信频度和长度等进行数据分析推导出用户口令、账号等重要信息。

3）破坏数据完整性。指用非法手段取得对数据的使用权，对重要信息进行删除、修改、插入或重发，以取得有益于攻击者的响应；或者通过恶意添加、修改数据，以干扰合法用户的正常使用。

4）拒绝服务攻击。指通过对网络服务系统的不断干扰以改变其正常的流程，执行无关程序使系统响应减慢甚至瘫痪，从而影响合法用户的正常使用，甚至使合法用户不能进入计算机网络系统或得不到相应的服务。

5）利用网络传播病毒或蠕虫等。指通过网络传播计算机病毒，它的破坏性远远高于单机系统，用户很难防范。病毒可以进行自我复制，并把它所附着的程序在网络中计算机之间进行传播。

4. 网络出现安全威胁的原因

1）薄弱的认证环节。网络上的认证一般是通过口令来实现的，但口令有其薄弱的一面。有许多方法可以破译认证口令，最常用的两种方法是解密已经加密的口令和通过搭线窃取口令。

2）系统的易被监视性。当用户使用 Telnet 或 FTP 进行远程登录时，在网络上传输的口令是没有加密的。入侵者可以通过监视并获取携带用户名和口令的 IP 包，然后使用这些用户名和口令通过正常渠道登录到系统。如果被截获的是管理员的口令，那么获取特权级访问就变得更容易了。许多系统就是通过这种方式被入侵的。

3）易欺骗性。TCP 或 UDP 服务相信主机的地址。如果使用"IP Source Routing"命令，那么攻击者的主机就可以冒充一个被信任的主机或客户。

4）有缺陷的局域网服务和相互信任的主机。主机的安全管理既困难又费时。为了降低管理要求，一些站点使用了诸如 NIS（Network Information Service，网络信息服务）和 NFS（Network File System，网络文件系统）之类的服务。这些服务通过允许一些数据库（如口令文件）以分布式方式管理以及允许系统共享文件和数据，在很大程度上减轻了管理工作。但这些服务也带来了不安全因素，可以被有经验的入侵者所利用以获得访问权。

一些系统（如 Rlogin）为了方便用户并加强系统和设备共享的目的，允许主机们相互"信任"。这样，如果一个系统被侵入或欺骗，入侵者获取信任该系统的其他系统的访问权就很简单了。

5）复杂的设置和控制。主机系统的访问控制配置复杂且难于验证。因此，偶然的配置错误会使入侵者获取访问权。一些主要的 UNIX 经销商仍然把 UNIX 配置成具有最大访问权的系统，这将导致未经许可的访问。许多网上的安全事故原因是由于存在可被入侵者发现的弱点造成。

6）无法估计主机的安全性。主机系统的安全性无法很好地估计：一个因素是随着一个站点主机数量的增加，确保每台主机的安全性都处在高水平的能力却在下降。使用只具有管理一个系统的能力来管理如此多的系统就容易犯错误；另一因素是系统管理的作用经常变换并行动迟缓，这导致一些系统的安全性比另一些要低，这些系统将成为薄弱环节，最终将破坏整个安全链。

1.4.3 网络安全机制和技术

1. 加密机制

加密是提供信息保密性的核心方法。信息加密的目的是保护网络上传输的数据信息以及网络内的数据、文件和控制信息的秘密性。信息加密可以由多种多样的加密算法来实现，它以很小的代价来提供很大的安全性。在大多数情况下，加密技术是保证信息秘密性的唯一方法。另外，它还可以和其他技术相结合（例如 Hash 函数）保障信息的完整性。

加密技术不仅应用于数据信息的传输和存储，也可以对程序的运行实行加密保护，防止软件被非法复制以及软件的安全机制被破坏，这就是软件加密技术。

2. 访问控制机制

访问控制机制可以防止未经授权的非法用户使用系统资源。访问控制技术通过对访问者的有关信息进行验证来决定访问者是否具有使用系统资源的权限。访问控制分为高层访问控制和低层访问控制。

高层访问控制包括身份检查和权限确认，通过对用户口令、用户权限、资源属性的检查和对比来实现。低层访问控制是通过对通信协议中的某些特征信息的识别和判断，来禁止或允许用户访问的措施。例如，在路由器上设置过滤规则进行数据包过滤，就属于低层访问控制。

3. 数据完整性机制

数据完整性包括数据单元的完整性和数据序列的完整性两个方面。

数据单元的完整性是指组成一个单元的一段数据不被增加、删除及篡改。保证数据单元的完整性，可以利用 Hash 函数对含有数字签名的文件产生一个标记，接收者在收到该文件后利用相同的 Hash 函数对文件产生一个标记，通过比较产生的标记与接收到的标记是否相同来判断数据是否完整。

数据序列的完整性是指发出的数据被分割为按序列号编排的许多单元后，在接收时还能按原来的序列把数据串联起来，而不要发生数据单元的丢失、重复、乱序、假冒等情况。

4. 数字签名机制

数字签名机制弥补了加密机制所不能满足的防止通信中的抵赖、伪造、篡改等通信要求。

一个完善的数字签名机制应满足：

1）不可否认性：发送者事后不能否认自己的签名。

2）不可伪造性：任何其他人都不能伪造签名。

3）不可篡改性：接收者不能私自篡改文件的内容。

5. 交换鉴别机制

交换鉴别机制是通信双方根据交换的信息来确定彼此的身份。用于交换鉴别的技术包括：

1）口令：由发送方给出自己的口令，接收方根据收到的口令来判断发送方的身份。

2）密码技术：发送方通过自己的密钥把自己的信息加密后发送给接收方，而接收方在收到加密的信息时，通过自己掌握的密钥解密，能够确定信息的发送者是否是掌握了另一个密钥的人。通常，密码技术还和时间标记、数字签名、双方或多方握手协议、同步时钟、第三方公证等技术相结合，以提供更加完善的身份鉴别。

3）基于生理特征的技术：例如指纹、声音频谱等。基于用户生理特征的验证技术安全性较高，但是技术复杂，且成本高，不宜被普遍应用。

6. 公证机制

在计算机网络中，由于用户众多，而且所有的用户并不一定都是诚实可信的。同时，网络中的一些故障和缺陷也会引起信息的丢失或延误。为了解决这一问题，就需要一个大家都信任的第三方来提供公证仲裁，各方交换的信息都通过公证仲裁机构来中转。公证仲裁机构从中转的信息里提取必要的信息，日后如果发生纠纷，就可以根据提取的信息做出仲裁。

7. 流量控制机制

外部攻击者有时可以在线路上监听数据并对其进行流量和流向分析，从而提取出有用信息。流量控制机制提供针对流量和流向分析的保护。

针对流量和流向分析的技术包括：掩盖通信的频度；掩盖报文的长度和格式；掩盖报文

的地址。具体的方法包括填充报文和改变传输路径。流量控制机制能够保持流量基本恒定，观测者不能获取任何信息。

8. 路由控制机制

路由控制机制可以通过指定网络发送数据。用户可以选择那些可信的网络节点，从而确保数据不会暴露在攻击者之下。而且，如果数据进入某个没有正确安全标志的专用网络时，网络管理员可以选择拒绝该数据包。

1.4.4 网络安全策略

网络安全策略是指在特定的环境中，为保证达到一定级别的安全保护所必须遵守的规则。网络安全策略模型包括三个重要组成部分。

威严的法律：安全的基石是社会法律、法规与手段，这部分用于建立一套安全管理标准和方法。即通过建立与信息安全相关的法律、法规，使非法分子慑于法律，不敢轻举妄动。

先进的技术：先进的安全技术是信息安全的根本保障，用户对自身面临的威胁进行风险评估，决定其需要的安全服务种类，选择相应的安全机制，然后集成先进的安全技术。

严格的管理：各网络使用机构、企业和单位应建立相宜的信息安全管理办法，加强内部管理，建立审计和跟踪体系，提高整体信息安全意识。

当前制定的网络安全策略主要包括以下几个方面：

1）物理安全策略。

2）访问控制策略。

3）防火墙控制。

4）信息加密策略。

5）网络安全管理策略。

1.5 密码学发展概述

1.5.1 早期的密码学

密码技术是网络安全的核心，是解决网络上信息传输安全的主要方法。密码学的发展经历了从简单到复杂的过程。在这个过程中，科学技术的发展和战争的刺激对密码学的发展有着巨大的推动作用。

密码学的起源可以追溯到人类刚刚尝试去学习如何通信的时候，人类需要寻找能够确保通信机密的方法，于是研究秘密的、符号性的信息通信的密码学也就应运而生了。

目前所知的最早的密码是公元前 1900 年由埃及石工刻在岩石上的，利用一些特殊的符号代替了通常的象形文字，描述了书写者主人伽南·赫特伯二世的故事。

公元前 5 世纪，古希腊斯巴达出现了原始的密码器。他们把重要的信息写在一条大约 1cm 宽、20cm 长的羊皮带上，写的时候，把羊皮带一圈一圈呈螺旋状绕在特定粗细的木棍上，然后从左到右开始写，写完一行，将木棍旋转 90°，再从左到右写。这样，写完之后，从木棍上解下的羊皮带上的字，就是一段密码。收到羊皮带的人，再把它缠绕到同样粗细的木棍上，才能读出完整的信息。这是最早的换位密码术。如果不知道木棍的直径（这里作为密钥）是不可能解密里面的内容的。

公元前 1 世纪，著名的凯撒（Caesar）密码被用于高卢战争中，这是一种简单易行的单字母替代密码，即以普通的罗马字母，按照其自然顺序往下递推三个字母。而这种密码的密钥通常是常见的谚语、格言等，一般不会引起注意。

近代的密码体制是用手动机械或电动机械来实现的，最基本的部件是转轮机。一个转轮机就是一个单表代替，把多个转轮机组合起来，密码便会变得很复杂。比较著名的密码有 Enigma 码和哈格林发明的 M-209 等。

在 20 世纪发生的两次世界大战极大地促进了密码的发展，特别是一些关键密码的破译在很大程度上改变了战争的进程。

1917 年，英国破译密码的专门机构"40 号房间"利用缴获的德国密码本破译了著名的"齐默尔曼电报"，促使美国放弃中立而参战，改变了战争进程。而美国人破译了被称为"紫密"的日本"九七式"密码机密码，并根据破译的情报击毙了偷袭珍珠港的元凶——日本舰队总司令山本五十六。据军事评论家分析，盟军在密码破译上的成功，使第二次世界大战提前好几年结束。

1946 年，第一台电子计算机的诞生标志着密码学进入电子计算机时代。

1.5.2 现代密码学

虽然密码学的研究已经有几千年的历史，但初期的密码学只是作为个人的兴趣爱好和智力追求的探索，更像一门艺术而不是科学。直到 1949 年，香农（Shannon）发表了《保密系统的通信理论》一文，把密码学置于坚实的数学理论基础之上，密码学才真正成为一门科学。

在 20 世纪 70 年代中期，密码学的发展出现了两件重大的事件：一件是公开密钥密码的提出，一件是美国政府颁布数据加密标准（DES）。

传统的加密方式都是单钥密码体制，即信息的发送者和接收者所使用的密钥是一样的，或很容易相互推导出来的。这就需要管理大量的密钥，密钥管理的困难限制了单钥密码的应用。

1976 年，美国斯坦福大学的迪菲（W. Diffie）和他的导师赫尔曼（M. E. Hellman）一起发表了《密码学新方向》，提出了公开密钥密码的思想，开创了密码学发展的新时代。公开密钥密码克服了单钥密码的密钥管理困难的缺陷，特别适合于计算机网络环境中的应用，目前，已经成为网络加密的主要形式。

目前，比较流行的公开密钥密码主要有两类：

1) 基于大整数因子分解问题的密码。其中最具代表性的是美国麻省理工学院的里维斯特（R. L. Rivest）、沙米（A. Shamir）和阿德尔曼（L. M. Adleman）提出的 RSA 密码。RSA 具有良好的安全性，不仅可以用于加密，而且可以用于数字签名，是目前最好的也是使用最广泛的公开密钥密码。

2) 基于离散对数问题的密码。比如埃尔加马（ElGamal）公钥密码和影响比较大的椭圆曲线公钥密码体制。椭圆曲线上的离散对数的计算要比有限域上的离散对数的计算更困难，因而受到广泛的关注。

为了适应社会对计算机数据安全保密的需求，美国国家标准局于 1973 年向社会公开征集一种用于政府机构和商业部门对非机密敏感数据进行加密的加密算法。经过测评，最终选中了 IBM 公司提交的加密算法。并于 1977 年 1 月，由美国政府颁布了数据加密标准，即 DES。

DES 的设计目的是用于加密保护静态存储和传输信道中的数据，安全使用为 10~15 年。DES 综合运用了置换、代替、代数等多种加密技术。它设计精巧、实现容易、使用方便，堪称适应计算机环境的近代传统密码的典范。DES 的设计充分体现了香农信息保密理论所阐述的设计密码的思想，标志着密码设计与分析达到了新水平。

随着美国 DES 的正式颁布，世界各国都推出了自己的 DES 软/硬件实现产品，DES 得到了广泛的应用。

随着计算机计算能力的提高，特别是针对 DES 的差分分析和线性分析方法的出现，DES 也越来越容易被破译。1997 年 6 月，洛克·韦瑟（Rocke Verser）领导的一个工作小组通过 Internet，利用数万台计算机，通过穷举攻击历经 4 个月破译了 DES。1998 年 7 月，美国 EFF（电子前沿基金会）宣布，利用一台改装的计算机只用了 56 个小时就穷举破译了 DES。因此，从 1998 年 12 月，美国政府宣布不再支持使用 DES。

1999 年，美国国家标准与技术研究院（NIST）颁布了一个基于 DES 的新标准——3DES。3DES 可以采用两个或三个密钥，把 DES56 位密钥扩展到 112 位或 168 位，完全可以抵抗穷举攻击。但是，3DES 的实现速度非常慢。

1997 年 1 月 2 日，NIST 向社会公开征集新的数据加密标准 AES（Advanced Encryption Standard）以取代 DES。经过第一轮的筛选，从应征的 21 个算法中选择了 15 个作为候选算法；对这些算法进行评价后，从中选出 5 个算法（MARS、RC6、Rijndael、Serpent 和 Twofish）作为最后一轮的候选算法；经过第三轮的筛选，最终选择 Rijndael 算法作为 AES。之后，NIST 开始起草美国国家标准并于 2001 年 11 月由美国政府正式颁布 AES 作为美国国家标准。2002 年 5 月 26 日，美国商务部正式宣布采用 AES 作为美国政府机构的加密标准。这是密码史上的又一重要事件。

Rijndael 算法是由比利时数学家琼·戴门（Joan Daemen）和文森特·里杰曼（Vincent Rijmen）设计的，它具有安全、高效、实现容易和高性能等优点，具有很强的抗线性和抗差分分析的能力。现在，AES 将已经得到广泛的应用，并逐步取代 3DES，相信在未来的几十年中，AES 将会在保护商业敏感信息和私人信息方面发挥重要的作用。

AES 征集活动在国际上掀起了一股研究分组密码的热潮。继美国征集 AES 活动之后，欧洲和日本也启动了相关标准的征集和制定工作。同时各国为了适应技术发展的需求也加快了其他密码标准的更新，如 SHA-1 和 FIPS140-1。

上述的密码技术都是基于数学基础之上的。还有一些基于非数学的密码理论和技术，包括信息隐藏、量子密码、基于生物特征的识别理论与技术等。

信息隐藏将在未来网络中保护信息免于破坏起到重要作用，信息隐藏是网络环境下把机密信息隐藏在大量信息中不让对方发觉的一种方法。特别是图像叠加、数字水印、潜信道、隐匿协议等理论与技术的研究已经引起人们的重视。1996 年以来，国际上召开了多次有关信息隐藏的专业研讨会。

基于生物特征（如手形、指纹、语音、视网膜、虹膜、脸形、DNA 等）的识别理论与技术已有所发展，形成了一些理论和技术，也形成了一些产品，这类产品往往由于成本高而未被广泛采用。

1969 年，美国哥伦比亚大学的 Wiesner 创造性地提出了共轭编码的概念，遗憾的是他的这一思想当时没有被人们接受。十年后，源于共轭编码概念的量子密码理论与技术才取得了令人惊异的进步，先后在自由空间和商用光纤中完成了单光子密钥交换协议，英国 BT 实验室通过 30km 的光纤信道实现了 20kbit/s 的密钥分配。

从 20 世纪 90 年代开始，量子密码的研究逐渐得到广泛的关注。量子密码就是用量子状态来作为信息加密和解密技术的密钥。其原理就是被爱因斯坦称为"神秘的远距离活动"的量子纠缠。光子被分割开之后，即使相距十分遥远，也是相互联结的。只要测量出一个"被纠缠"光子的属性，就很容易推断出其他光子的属性。而这些相互纠缠的光子产生的密码，只有通过特定的发送器和接收器才能阅读。

更重要的是，这些光子之间"神秘的远距离活动"是独一无二的，只要有人非法破译这些密码，就不可避免地要扰乱光子的性质，而且，异动的光子会像警铃一样显示出入侵者的踪迹。再高明的黑客对这种加密术也将一筹莫展。这种绝对安全的量子密码将最先运用于军事、国家安全等领域，并成为各国科学家角逐的新战场。

由于在光纤传输过程中，光子很容易消耗，目前量子密码还只能在短距离内传输。一旦这个瓶颈被突破，量子密码将迎来大发展。保密与窃密就像矛与盾一样形影相随，它们之间的斗争已经持续了几千年，量子密码的出现，将成为这场斗争的终结者。

从 20 世纪 80 年代末开始，美国、法国、英国、日本等主要发达国家在量子密码实验研究上，一直处于世界领先地位。2016 年，美国建设了全美首个量子互联网，从华盛顿到波士顿沿美国东海岸总长 805km。这是美国首个州际、商用量子密钥分发网络。2020 年，东京 NEC 等公司成功演示了一种系统，该系统使用量子密码技术来加密和安全传输虚拟电子病历，还演示了该系统与高知健康科学中心之间的伪数据交叉引用。

近几年，我国也在量子保密通信技术的研究上取得了重大进展。2017 年，墨子号量子卫星发射成功，开启了地空量子通信实验的研究。同年，接收到了在距离地面 1200km 的卫星发射出来的光子。2021 年，在墨子号卫星发射完成四年之后，我国已经构建了一条跨度在 2000km 以上由北京到上海的量子通信网络。同年，我国还通过墨子量子卫星实现了北京与维也纳之间的视频通话，这是世界上首次应用量子技术实现跨国视频通信。因此，在量子通信技术的研究上，我国已经赶上了国外发展的步伐。

1.6 网络与信息安全发展趋势

网络与信息安全的概念经历了一个漫长的历史阶段，20 世纪 90 年代以来得到了进一步地深化。从信息的保密性拓展到信息的完整性、信息的可用性、信息的可控性、信息的不可否认性等。随着网络信息技术的不断发展与应用，网络与信息安全的内涵也在不断地延伸。

信息安全是一门综合的交叉学科，它综合利用了数学、物理、通信和计算机等诸多学科的知识积累和最新的研究成果，并进行自主创新研究，加强顶层设计，提出系统的、完整的、协同的解决方案。与其他学科相比，信息安全的研究更强调自主性和创新性。

现代信息系统中的信息安全的核心问题是密码理论及其应用，基础是可信信息系统的构造与评估。目前，信息安全领域内的焦点主要包括以下几个方面：

1）密码理论与技术。

2）安全协议理论与技术。

3）安全体系结构理论与技术。

4）信息对抗理论与技术。

5）网络安全与安全产品。

1.6.1 密码理论和技术的发展趋势

密码理论与技术主要包括两部分，即基于数学的密码理论与技术（包括公钥密码、分组密码、序列密码、认证码、数字签名、Hash 函数、身份识别、密钥管理、PKI 技术等）和非数学的密码理论与技术（包括信息隐藏、量子密码、基于生物特征的识别理论与技术）。

自从 1976 年公钥密码的思想提出以来，国际上已经提出了许多种公钥密码体制，但比较流行的主要有两类：一类是基于大整数因子分解问题的，其中最典型的代表是 RSA；另一类是基于离散对数问题的，比如埃尔加马公钥密码和影响比较大的椭圆曲线公钥密码。

公钥密码的快速实现是当前公钥密码研究中的一个热点，包括算法优化和程序优化。另一个人们所关注的问题是椭圆曲线公钥密码的安全性论证问题。

公钥密码主要用于数字签名和密钥分配。数字签名的研究内容非常丰富，包括普通签名和特殊签名。特殊签名有盲签名、代理签名、群签名、不可否认签名、公平盲签名、门限签名、具有消息恢复功能的签名等，它与具体应用环境密切相关。目前人们关注的是数字签名和密钥分配的具体应用以及潜信道的深入研究。

序列密码主要用于政府、军方等国家要害部门，尽管用于这些部门的理论和技术都是保密的，但由于一些数学工具（如代数、数论、概率等）可用于研究序列密码，其理论和技术相对而言比较成熟。虽然，近年来序列密码不是一个研究热点，但有很多有价值的公开问题需要进一步解决，如自同步流密码的研究、有记忆前馈网络密码系统的研究、混沌序列密码和新研究方法的探索等。另外，虽然没有制定序列密码标准，但在一些系统中广泛使用了序列密码，如 RC4，用于存储加密。事实上，欧洲的 NESSIE 计划中已经包括了序列密码标准的制定，这一举措有可能导致序列密码的研究热。

美国在 2001 年选择 Rijndael 算法作为高级加密标准（AES），AES 征集活动使得国际上又掀起了一次研究分组密码的新高潮。继美国征集 AES 活动之后，欧洲和日本也不甘落后地启动了相关标准的征集和制定工作。当时我国的做法是针对每个或每一类安全产品需要开发所用的算法，而且算法和源代码都不公开，这样一来，算法的需求量相对就比较大，继而带来了兼容性、互操作性等问题。

2005 年前后最为人们所关注的实用密码技术是 PKI 技术。国外的 PKI 应用已经开始，开发 PKI 的厂商也有多家。许多厂家，如 Baltimore、Entrust 等推出了可以应用的 PKI 产品，有些公司如 VerySign 等已经开始提供 PKI 服务。许多网络应用正在使用 PKI 技术来保证网络的认证、不可否认、加解密和密钥管理等。尽管如此，总的来说，PKI 技术仍在发展中。按照国外一些调查公司的说法，PKI 系统仅仅还是在做示范工程。IDC 公司的 Internet 安全资深分析家认为，PKI 技术将成为所有应用的计算基础结构的核心部件，包括那些超出传统网络界限的应用。B2B 电子商务活动需要的认证、不可否认等只有 PKI 产品才有能力提供这些功能。21 世纪，国际上对非数学的密码理论与技术（包括信息隐藏、量子密码、基于生物特征的识别理论与技术等）非常关注，讨论也非常活跃。

从 20 世纪 90 年代开始，量子密码的研究逐渐得到广泛的关注。到目前为止，有许多问题还有待研究。例如，寻找相应的量子效应以便提出更多的量子密钥分配协议、量子加密理论的形成和完善、量子密码协议的安全性分析方法研究、量子加密算法的开发、量子密码的实用化等。总的来说，非数学的密码理论与技术还处于探索之中。

我国在密码技术的应用水平方面与国外还有一定的差距。国外的密码技术必将对我们有一定的冲击力，特别是在加入 WTO 组织后这种冲击力只会有增无减。有些做法必须要逐渐与国际接轨，不能再采用目前这种闭门造车的做法，因此，我们必须要有自己的算法、自己的一套标准、自己的一套体系、来对付未来的挑战。实用密码技术的基础是密码基础理论，没有好的密码理论不可能有好的密码技术，也不可能有先进的、自主的、创新的密码技术。因此，首先必须持之以恒地坚持和加强密码基础理论研究，与国际保持同步，这方面的工作必须要有政府的支持和投入。另一方面，密码理论研究也是为了应用，没有应用的理论是没有价值的。我们应在现有理论和技术基础上，充分吸收国外先进经验形成自主的、创新的密码技术以适应国民经济的发展。

1.6.2 安全协议理论与技术研究现状及发展趋势

安全协议的研究主要包括两方面内容，即安全协议的安全性分析方法研究和各种实用安全协议的设计与分析研究。安全协议的安全性分析方法主要有两类：一类是攻击检验方法，一类是形式化分析方法。其中安全协议的形式化分析方法是安全协议研究中最关键的研究问题之一，它的研究始于 20 世纪 80 年代初，目前正处于百花齐放，充满活力的状态之中。许多一流大学和公司的介入，使这一领域成为研究热点。随着各种有效方法及思想的不断涌现，这一领域在理论上正在走向成熟。

从大的方面讲，在协议形式化分析方面比较成功的研究思路可以分为三种：第一种思路是基于推理知识和信念的模态逻辑；第二种思路是基于状态搜索工具和定理证明技术；第三种思路是基于新的协议模型发展证明正确性理论。第二种思路是近几年研究的焦点，大量一般目的的形式化方法被用于这一领域，取得了大量的成果。第三种思路是推广或完善协议模型，根据该模型提出有效的分析理论。正如 Meadows 所说，这一领域已出现了统一的信号，标明了该领域正走向成熟。但该领域还有许多工作需要完成，主要包括：如何把分析小系统协议的思想与方法扩充到大系统协议；如何扩充现已较成熟的理论或方法去研究更多的安全性质，使同一系统中安全性质在统一的框架下进行验证，而不是同一系统中不同安全性质采用不同系统进行验证，只有这样才能保证不会顾此失彼。

20 世纪 80 年代以来，已经提出了大量的实用安全协议，代表性的有电子商务协议、IPSec 协议、TLS 协议、简单网络管理协议（SNMP）、PGP、PEM 协议、S-HTTP、S/MIME 协议等。实用安全协议的安全性分析，特别是电子商务协议、IPSec 协议、TLS 协议是协议研究中的另一个热点。

典型的电子商务协议有 SET 协议、iKP 等。另外，值得注意的是 Kailar 逻辑，它是分析电子商务协议的最有效的一种形式化方法。

为了实现安全 IP，Internet 工程任务组（IETF）于 1994 年开始了一项 IP 安全工程，专门成立了 IP 安全协议工作组（IPSEC），来制定和推动一套称为 IPSec 的 IP 安全协议标准。其目标就是把安全集成到 IP 层，以便对 Internet 的安全业务提供底层的支持。IETF 于 1995 年 8 月公布了一系列关于 IPSec 的建议标准。IPSec 适用于 IPv4 和 IPv6，并且是 IPv6 自身必备的安全机制，处于研究发展、完善应用阶段。

在安全协议的研究中，除理论研究外，实用安全协议研究的总趋势是走向标准化。我国学者虽然在理论研究和对国际上已有协议的分析方面做了一些工作，但在实际应用方面与国际先进水平还有一定的差距，当然，这主要是由于我国的信息化进程落后于先进国家的原因。

1.6.3 安全体系结构理论与技术研究现状及发展趋势

安全体系结构理论与技术主要包括：安全体系模型的建立及其形式化描述与分析，安全策略和机制的研究，检验和评估系统安全性的科学方法和准则的建立，符合这些模型、策略和准则的系统的研制（比如安全操作系统、安全数据库系统等）。

1998 年，六国七方（美国国家安全局和国家技术标准研究所、加、英、法、德、荷）共同提出了"信息技术安全评价通用准则"（CC for ITSEC）。CC 综合了国际上已有的评测准则和技术标准的精华，给出了框架和原则要求，但它仍然缺少综合解决信息的多种安全属性的理论模型依据。CC 标准于 1999 年 7 月通过国际标准化组织认可，确立为国际标准，编号为 ISO/IEC 15408。ISO/IEC 15408 标准对安全的内容和级别给予了更完整的规范，为用户对安全需求的选取提供了充分的灵活性。

我国在系统安全的研究与应用方面与先进国家和地区存在很大差距。2000 年前后，我国进行了安全操作系统、安全数据库、多级安全机制的研究，但由于自主安全内核受控于人，难以保证没有漏洞。但是我国的系统安全的研究与应用毕竟已经起步，具备了一定的基础和条件。1999 年 10 月发布了"计算机信息系统安全保护等级划分准则"，该准则为安全产品的研制提供了技术支持，也为安全系统的建设和管理提供了技术指导。

Linux 开放源代码为我们自主研制安全操作系统提供了前所未有的机遇。作为信息系统赖以支持的基础系统软件的操作系统，其安全性是关键。长期以来，我国广泛使用的主流操作系统都是从国外引进的。从国外引进的操作系统，其安全性难以令人放心。我国的政府、国防、金融等机构对操作系统的安全都有各自的要求，都迫切需要找到一个既满足功能、性能要求，又具备足够的安全可信度的操作系统。Linux 的发展及其应用在国际上的广泛兴起，在我国也产生了广泛的影响，只要其安全问题得到妥善解决，将会得到我国各行各业的普遍接受。

1.6.4 信息对抗理论与技术研究现状及发展趋势

信息对抗理论与技术主要包括：黑客防范体系、信息伪装理论与技术、信息分析与监控、入侵检测原理与技术、反击方法、应急响应系统、计算机病毒、人工免疫系统在反病毒和抗入侵系统中的应用等。

由于在广泛应用的国际互联网上，黑客入侵事件不断发生，不良信息大量传播，网络安全监控管理理论和机制的研究受到重视。黑客入侵手段的研究分析、系统脆弱性检测技术、入侵报警技术、信息内容分级标识机制、智能化信息内容分析等研究成果已经成为众多安全工具软件的组成部分。大量的安全事件和研究成果揭示出系统中存在许多设计缺陷，存在情报机构有意埋伏的安全陷阱的可能。例如在 CPU 芯片中，在发达国家现有技术条件下，可以植入无线发射接收功能；在操作系统、数据库管理系统或应用程序中能够预先设置从事情报收集、受控激发破坏程序。通过这些功能，可以接收特殊病毒、接收来自网络或空间的指令来触发 CPU 的自杀功能、搜集和发送敏感信息；通过特殊指令在加密操作中将部分明文隐藏在网络协议层中传输等。而且，通过唯一识别 CPU 个体的序列号，可以主动、准确地识别、跟踪或攻击一个使用该芯片的计算机系统，根据预先设定收集敏感信息或进行定向破坏。

该领域正处于发展阶段，理论和技术都很不成熟，也比较零散。但它的确是一个研究热点。2000 年以来，看到的成果主要是一些产品（如 IDS、防范软件、杀病毒软件等），攻击程序和黑客攻击成功的事件，到现在该领域最引人瞩目的问题是网络攻击，美国在网络攻击方面处于国际领先地位，有多个官方和民间组织在做攻击方法的研究。该领域的另一个比较热门的问题是入侵检测与防范。这方面的研究相对比较成熟，也形成了系列产品，典型代表是 IDS 产品。国内在这方面也做了很好的工作，并形成了相应的产品。

信息对抗使得信息安全技术有了更大的用场，极大地刺激了信息安全的研究与发展。信息对抗的能力不仅体现了一个国家的综合实力，而且体现了一个国家信息安全实际应用的水平。

1.6.5 网络安全与安全产品研究现状及发展趋势

网络安全是信息安全中的重要研究内容之一，也是当前信息安全领域中的研究热点。研究内容包括：网络安全整体解决方案的设计与分析，网络安全产品的研发等。

解决网络信息安全问题的主要途径是利用密码技术和网络访问控制技术。密码技术用于隐蔽传输信息、认证用户身份等。网络访问控制技术用于对系统进行安全保护，抵抗各种外来攻击。目前，在市场上比较流行，而又能够代表未来发展方向的安全产品大致有以下几类。

1）防火墙。防火墙在某种意义上可以说是一种访问控制产品。它在内部网络与不安全的外部网络之间设置障碍，阻止外界对内部资源的非法访问，防止内部对外部的不安全访问。主要技术有包过滤技术、应用网关技术和代理服务技术。防火墙能够较为有效地防止黑客利用不安全的服务对内部网络的攻击，并且能够实现数据流的监控、过滤、记录和报告功能，较好地隔断内部网络与外部网络的连接。但其本身可能存在安全问题，可能会是一个潜在的瓶颈。

2）安全路由器：由于广域网（WAN）连接需要专用的路由设备，因而可通过路由器来控制网络传输。通常采用访问控制列表技术来控制网络信息流。

3）虚拟专用网（VPN）：VPN 是在公共数据网络上，通过采用数据加密技术和访问控制技术，实现两个或多个可信内部网之间的互联。VPN 的构筑通常都要求采用具有加密功能的路由器或防火墙，以实现数据在公共信道上的可信传递。

4）安全服务器：安全服务器主要针对一个局域网内部信息存储、传输的安全保密问题，其实现功能包括对局域网资源的管理和控制、对局域网内用户的管理，以及对局域网中所有安全相关事件的审计和跟踪。

5）电子签证机构（CA）和公钥架构（PKI）产品：CA 作为通信的第三方，为各种服务提供可信任的认证服务。CA 可向用户发放电子签证证书，为用户提供成员身份验证和密钥管理等功能。PKI 产品可以提供更多的功能和更好的服务，将成为所有应用的计算基础结构的核心部件。

6）用户认证产品：由于 IC 卡技术的日益成熟和完善，IC 卡被更为广泛地用于用户认证产品中，用来存储用户的个人私钥，并与其他技术如动态口令相结合，对用户身份进行有效识别。同时，还可利用 IC 卡上的个人私钥与数字签名技术结合，实现数字签名机制。随着模式识别技术的发展，诸如指纹、视网膜、脸部特征等高级的身份识别技术也将投入应用，并与数字签名等现有技术结合，必将使得对于用户身份的认证和识别更趋完善。

7）安全管理中心：由于网上的安全产品较多，且分布在不同的位置，这就需要建立一套集中管理的机制和设备，即安全管理中心。它用于给各网络安全设备分发密钥，监控网络安全设备的运行状态，负责收集网络安全设备的审计信息等。

8）入侵检测系统（IDS）：入侵检测作为传统保护机制（如访问控制、身份识别等）的有效补充，形成了信息系统中不可或缺的反馈链。

9）安全数据库：由于大量的信息存储在计算机数据库内，有些信息是有价值的，也是敏感的，需要保护。安全数据库可以确保数据库的完整性、可靠性、有效性、机密性、可审计性及存取控制与用户身份识别等。

10）安全操作系统：给系统中的关键服务器提供安全运行平台，构成安全 WWW 服务、安全 FTP 服务、安全 SMTP 服务等，并作为各类网络安全产品的坚实基础，确保这些安全产品的自身安全。

在上述所有主要的发展方向和产品种类上，都包含了密码技术的应用，并且是非常基础性的应用。很多的安全功能和机制的实现都是建立在密码技术基础之上的，甚至可以说没有密码技术就没有安全可言。但是，也应该看到，密码技术与通信技术、计算机技术以及芯片技术的融合正日益紧密，其产品的分界线越来越模糊，彼此也越来越不能分割。在一个计算机系统中，很难简单地划分某个设备是密码设备，某个设备是通信设备。而这种融合的最终目的还是在于为用户提供高可信任的、安全的计算机和网络信息系统。

网络安全的解决是一个综合性问题，涉及诸多因素，包括技术、产品和管理等。目前国际上已有众多的网络安全解决方案和产品，但由于出口政策和自主性等问题，不能直接用于解决我国自己的网络安全，因此我国的网络安全只能借鉴这些先进技术和产品，自行解决。可幸的是，目前国内已有一些网络安全解决方案和产品，不过，这些解决方案和产品与国外同类产品相比尚有一定的差距。

1.6.6 确保信息与网络安全，关键学科亟待突破

网络与信息安全需要综合利用诸多学科的知识；同时，它的研究和发展也将刺激、推动和促进相关学科的研究和发展。应从安全体系结构、信息安全协议、现代密码理论、信息分析和监控以及信息安全系统五个方面开展研究，各部分都提供应有的功能，相互间协同工作形成有机整体。

在安全体系结构研究方面，要创建科学的、综合的、满足需要的安全模型，建立安全系统的评测准则以及内核芯片的监管机制。急需解决的关键科学问题是对引进信息产品的安全利用和有效监管。在信息安全协议研究方面，要创建适合国情的信息安全协议，在协议的逻辑理论方面有所突破。解决的关键科学问题是协议的形式化描述和完备性证明。在现代密码理论研究方面，要创造新的密码理论基础，并为我国公钥密码基础设施建设提供理论保障和系列创新密码算法。解决的关键科学问题是深化和发展基于数学的密码理论，探索非数学的安全机制。在信息分析和监控研究方面，要为国家网络监控管理提供基础理论、高新技术和有效方法。解决的关键科学问题是对动态海量高速多媒体的信息流的采集和分析，以及对隐形信息的利用和对抗。在信息安全系统研究方面，要为密码算法和安全协议的芯片集成建立设计理论和方法。解决的关键科学问题是建立信息系统的设计理论、设计方法和抗跟踪理论。

从国家和民族利益出发，必须从事关国家安危的战略高度出发，在国家主管部门的组织下，凝聚国内相关学科的优势单位和优秀人才，从基础研究着手，在信息与网络安全体系上开展强力度的研究，为我国的信息与网络安全构筑自主的、创新的、整体的理论指导和基础构件的支撑，并为信息与网络安全的工程奠定坚实基础。

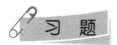 习 题

1. 简述网络的体系结构以及 TCP/IP。
2. 网络安全的定义和特征分别是什么？
3. 网络安全所面临的威胁包括哪些方面？产生这些威胁的原因是什么？
4. 网络安全机制和网络安全策略分别包括哪些方面？
5. 信息安全的定义、信息安全的核心问题是什么？
6. 国内外的网络与信息安全的发展趋势包括哪些方面？

第**2**章 密码学

2.1 密码学概述

密码学（Cryptology）是研究密码系统和通信安全保密的学科。它主要由密码编码学（Cryptography）和密码分析学（Cryptographer）组成。密码编码学的主要任务是研究如何产生安全性高的密码算法和协议，以保证消息的保密性和认证性；密码分析学的主要任务是研究密码的破译或对认证消息进行伪造，以窃取机密信息或进行破坏活动。两者相互独立而又相互促进地向前发展。

2.1.1 密码学相关概念

需要加密的信息称为明文（Plaintext），用 p 或 m 表示；明文的全体称为明文空间，用 P 或 M 表示。加密后的信息称为密文（Ciphertext），用 c 表示；密文的全体称为密文空间，用 C 表示。

在信息进行加密和解密过程中，通常用一个参数来控制加密或解密算法的操作，这个参数就称为密钥（Key），通常用 k 表示。密钥的全体称为密钥空间，用 K 表示。

将明文变换为密文的函数称为加密算法，变换的过程称为加密，通常用 E 表示加密过程，即 $c = E_{k_e}(m) \in C$。相应的，将密文变换为明文的函数称为解密算法，变换的过程称为解密，通常用 D 表示解密过程，即 $m = D_{k_d}(c) \in M$。加密算法和解密算法所对应的密码方案称为密码体制。其中，$k = (k_e, k_d) \in K$ 是一个密钥对，k_e 和 k_d 分别表示加密密钥和解密密钥。通常要求密码体制中的加密变换和解密变换互为逆变换，即 $m = D_{k_d}(c) = D_{k_d}(E_{k_e}(m))$。它们的关系如图 2-1 所示。

图 2-1 密码的加/解密过程

2.1.2 密码系统

1. 密码系统的定义

密码系统（Cryptosystem）是指用于加密和解密的系统，即把明文（密文）和密钥作为系统的输入，经过加密（解密）后的密文（明文）作为系统的输出。

除了密码系统的合法使用者接收消息外，还会有非法的攻击者对密码系统进行攻击，这些攻击分为主动攻击和被动攻击。被动攻击只是为了截取、窃听信道上传输的消息并用于分析推断原来的明文或密文；而主动攻击则会干扰、篡改信道上传输的消息，主动攻击者采用伪造、删除、添加、重放等手段对系统注入假消息。所以，密码系统一般由密码体制（明文空间、密文空间、加密算法、解密算法和密钥空间）、信源、信道和攻击者组成。

一个密码系统可以表示为图 2-2 所示。

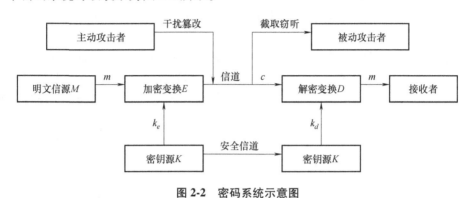

图 2-2　密码系统示意图

2. 密码系统的安全要求

对于一个密码系统，如果可以由密文推出明文或密钥，或者由明文-密文对推出密钥，就称这个系统是可以破译的，反之，则称这个系统是不可破译的。

衡量一个密码系统的安全性有两种方法，即理论安全性和实际安全性。如果一个攻击者无论得到多少密文也推不出来明文或密钥，那么这个系统就是理论上不可破译的，具有理论安全性，也称为无条件安全性。如果一个密码系统理论上是可以破译的，但是所需要的计算量是特别巨大的，在所希望的破译时间内或实际的经济条件下破译它是不可能的，就称该系统具有实际安全性。

对于一个密码系统，如果要求能够保障信息的保密性并能够抵抗密码分析的攻击，需要满足下列要求：

1）密码系统即使达不到理论上是不可破的，也至少要达到实际上是不可破的。

2）系统的安全保密性不依赖于加密体制或算法的保密，而只取决于密钥的安全保密。

3）密码系统应该易于实现和使用。

2.1.3　密码体制的分类

在现代密码学中，根据加密密钥和解秘密钥是否相同，密码体制可以分为对称密码体制和非对称密码体制。

1. 对称密码体制

对称密码体制也称为单钥密码体制或传统密码体制，它的特点是加密密钥和解密密钥相同或者彼此容易相互确定。根据这个特点，可知对称密码体制的保密性关键在于密钥的保密性，而与算法的保密性无关。

根据加密方式的不同，对称密码体制又可以分为流密码（也称为序列密码）和分组密码两种。在流密码中，明文消息按字符（或比特）逐位加密；而在分组密码中，是将明文消息分为等长的组，每组含有多个字符（或比特），逐组进行加密。

对称密码算法的优点是加密和解密简洁、快速。但当 N 个用户使用对称密码体制进行通信时，需要 $C_N^2 = N(N-1)/2$ 个密钥，这就使密钥分发过于复杂，代价太高。而且对称密码难于实现数字签名。

2. 非对称密码体制

非对称密码体制是由美国斯坦福大学的迪菲和他的导师赫尔曼在《密码学新方向》一文中首先提出的。提出这个密码体制主要是为了解决对称密码体制中密钥难于管理和分配的问题，以及用于实现数字签名。

非对称密码体制也称为公钥密码体制或双钥密码体制。它的特点是加密和解密时使用不相同的密钥，形成一个密钥对，一个密钥是公开的，称为公钥，另外一个则是保密的，称为私钥，很难从公钥推出私钥。现有的公钥密码大多属于分组密码，只有概率加密体制属于流密码。

在公钥密码体制中，仅有私钥是需要保密的，公钥、加密和解密算法都是公开的。用公钥对明文进行加密，而只有与之相对应的私钥才能解密。

公钥密码体制的安全性是基于求解数学难题的困难性，所以密钥分配简单，用户通信时不需要秘密通道来传送密钥。公钥密码体制的一个密钥是公开的，当用户进行通信时，只需要保存好自己的私钥就可以了。当网络中有 N 个用户时，只需要产生 N 对公钥-私钥对，比对称密码体制下的密钥量少得多，便于密钥的管理。公钥密码体制的缺点是加密、解密算法的处理速度很慢。所以，公钥密码一般用于数字签名、电子商务等计算资源相对宽松的领域。

2.1.4 密码攻击概述

在用户进行通信的过程中，除了合法用户接收信息外，还会有非法用户为了自己的利益采用搭线窃听、电磁窃听等方式来窃取信息，通过对窃取到的密文信息进行分析，以得到传输中的明文信息或密钥，这就是密码分析。

在设计密码系统时，都是基于柯克霍夫斯（Kerckhoff）假设的基础上达到安全性。所谓柯克霍夫斯假设就是假设所使用的密码系统是密码分析者或攻击者已经知道的，也就是说密码体制的安全性不能依赖于密码系统的保密性，而必须完全依赖于密钥的保密。这是由荷兰密码学家柯克霍夫斯最早提出的一个原则。当然，这并不等于在应用时一定要公开密码算法。世界上用于军事外交的密码算法都是不公开的。

密码分析者分析攻击密码体制的主要方法有以下三种：

1）穷举攻击：密码分析者通过尝试所有的密钥来对所得到的密文进行解密，直到得到正确的明文为止。显然，从理论上讲，只要有足够的计算资源，任何密码体制都是可以被穷举攻击所攻破的。穷举攻击所花费的时间就是一次解密所花费的时间乘上穷举攻击的次数。依此，可以通过增大密钥量和计算复杂度来对抗穷举攻击。加大密钥量可以增大穷举攻击尝试的次数，而加大计算复杂度可以增加一次解密所需要的时间。

2）统计分析攻击：密码分析者通过分析密文和明文的统计规律来破译密码。统计分析方法在历史上对破译密码做出很大的贡献。许多古典密码都可以通过分析密文字母和字母组的频率及其他的统计特性而被破译。对抗统计分析攻击的方法就是使明文的统计特性不带入密文，从而不可能进行统计分析。近代密码设计的一个基本要求就是能够抵抗统计分析的攻击。

3）数学分析方法：密码分析者通过分析加密（解密）的数学理论基础或者利用数学方法来研究密码体制的某些特性来破译密码的方法。数学分析方法是对某些基于数学难题的密码体制的主要威胁。对抗这种攻击，应该选用具有坚实数学基础和足够复杂度的加密（解密）算法。

根据攻击者可以获得的信息量可以把密码攻击分为以下四种类型：

1）唯密文攻击（Ciphertext-only Attack）：这时，攻击者只知一些密文信息，所得到的信息量最少，所以最易抵抗，这对密码分析者是最不利的。

2）已知明文攻击（Known-plaintext Attack）：此时，攻击者不仅得到了密文信息，而且还得到了这些密文所对应的明文信息。这样，密码分析者就可以通过得到的密文-明文对来破译密码。近代密码学认为，一个密码仅当它能够经得起已知明文攻击时才是安全的。

3）选择明文攻击（Chosen-plaintext Attack）：密码分析者不仅知道明文-密文对，而且可以选择明文并得到相对应的密文。这对密码分析者来说是十分有利的。

4）选择密文攻击（Chosen-ciphertext Attack）：密码分析者不仅知道明文-密文对，而且可以通过选择密文并得到相对应的明文。

上述四种攻击类型的强度按序递增，唯密文攻击是最弱的一种攻击，选择密文攻击是最强的一种攻击。如果一个密码系统能够抵抗选择密文攻击，那么就能抵抗前面的三种攻击。

2.2 古典密码

古典密码一般都比较简单而且容易破译，通过手工和机械就可以实现加密和解密过程。虽然目前很少采用，但研究古典密码的设计原理和分析方法对于理解、设计和分析现代密码还是大有裨益的。

2.2.1 换位密码

将明文中的字符顺序重新排列，但字符本身不发生变化，这种加密方法称为换位密码。

1. 倒置法

最简单的换位密码就是将报文按字符顺序依次倒置，并截成固定长度的字符组，从而形成密文。

例 2-2-1 设有明文 m = the leader was murdered by a terrorist，则用倒置加密有：

明文 m：the leader was murdered by a terrorist。

密文 c：tsirorret a yb deredrum saw redael eht。

还有一种称为分组倒置法的换位密码是将明文（不包括空格）截为固定长度的字符串，然后将每一组进行倒置，形成密文。

例 2-2-2 设有明文 m = the leader was murdered by a terrorist，则用分组倒置加密有：

明文 m：the leader was murdered by a terrorist。

将明文按 5 个字符为一组，截的字符串为 thele aderw asmur dered byate rrori st。
密文 c：eleht wreda rumsa dered etayb irorr ts。

2. 方格换位法

将明文按一定顺序写在一个方格表内，再按另外一个顺序读出得到密文。可以通过设定密钥来增加变换的复杂性。

例 2-2-3 假设先把明文按行的顺序写入一个 5×5 的方格表中，见表 2-1，然后按列的顺序读出，并用密钥单词的英文字母顺序作为按列读出的顺序。设明文 m 为 Lien Chan will visit mainland，密钥 k 为 China。则换位方格表见表 1-1。

表 2-1 换位方格表

密钥				
C	h	i	n	a
明文				
L	i	e	n	C
h	a	n	w	i
l	l	v	i	s
i	t	m	a	i
n	l	a	n	d

由表 2-1 可以看出，密钥的字符顺序是 aChin，依照此顺序按列读出的密文 c 为 Cisid Lhlin ialtl envma nwian。

2.2.2 代替密码

代替和换位一样，是古典密码中常用的两种基本技巧之一，并且现代密码学中也广泛地使用了这些技巧。所谓代替密码，就是用密文表中的字符代替明文中的字符，使用密钥 k 对代替过程进行控制。

1. 单表代替

单表代替密码对明文的所有字符都使用一个相同的映射。设 $A = \{a_0, a_1, \cdots, a_{n-1}\}$ 是包含了 n 个字符的明文字符表，$B = \{b_0, b_1, \cdots, b_{n-1}\}$ 是包含了 n 个字符的密文字符表，A 到 B 的映射关系 f：A→B，$f(a_i) = b_j$。为了保证加密的可逆性，一般要求 f 是一一映射。

1）移位替换密码。移位替换密码是一类最简单的单表密码。密钥 k 决定明文空间到密文空间的映射，密钥空间的元素个数为 n-1（因为当移位为 n 时，相当于没有移位）。所以，加密变换就是

$$b_i = E_k(a_i) = a_j, j = (i+k) \bmod n, 0 < k < n \tag{2-2-1}$$

相应的，解密变换就是：

$$a_i = D_k(b_i) = b_j, j = (i-k) \bmod n = (i-k+n) \bmod n, 0 < k < n \tag{2-2-2}$$

著名的凯撒（Caesar）密码是罗马大帝 Julius Caesar 在公元前 50 年所使用的密码，它是对 26 个英文字母进行移位替换的密码，密钥 k=3。此时，有表 2-2 所示的替换表。

表 2-2　凯撒密码替换表

a	b	c	d	e	f	g	h	i	j	k	l	m
D	E	F	G	H	I	J	K	L	M	N	O	P
n	o	p	q	r	s	t	u	v	w	x	y	z
Q	R	S	T	U	V	W	X	Y	Z	A	B	C

例 2-2-4　设有明文 $m=$ the leader was murdered by a terrorist，则用凯撒密码加密有：

明文 m：the leader was murdered by a terrorist。

密文 c：WKH OHDGHU ZDV PXUGHUHG EB D WHUURULVW。

2）乘法密码。乘法密码的本质就是一种仿射密码。它的加密变换为

$$b_i=E_k(a_i)=a_j, j=ik(\bmod n), \gcd(k,n)=1, 0<k<n \tag{2-2-3}$$

$\gcd(k,n)=1$ 表示 k 和 n 互素。如果不能保证 k 和 n 互素，也就不能保证明文字母中的字母和密文字母表中的字母是一一对应的关系，也就不能进行正确的加密和解密。例如，当 $n=26, k=13$ 时，那么大写的英语明文字母表对应的秘文字母表只有字母 M 和 Z。而且不论 k 取何值时，替代字母 a 只能是 A，代替字母 n 也只能是 A 或 N。

相应的解密过程为

$$a_i=D_k(b_i)=b_j, \quad j=ik^{-1}(\bmod n) \tag{2-2-4}$$

其中，$k \cdot k^{-1}=1 \bmod n$，$0<k<n$。

设 $n=26$，$k=7$，满足 $\gcd(7,26)=1$，所以有表 2-3 所示的明文字母到密文字母的替换表。

表 2-3　乘法密码替换表

a	b	c	d	e	f	g	h	i	j	k	l	m
A	H	O	V	C	J	Q	X	E	L	S	Z	G
n	o	p	q	r	s	t	u	v	w	x	y	z
N	U	B	I	P	W	D	K	R	Y	F	M	T

例 2-2-5　设有明文 $m=$ the leader was murdered by a terrorist，则用表 2-3 所示的乘法密码加密有：

明文 m：the leader was murdered by a terrorist。

密文 c：DXC ZCAVCP YAW GKPVCPCV HM A DCPPUPEWD。

2. 多表代替

在单表代替密码中，采用的是一对一的映射，明文中和密文中字母出现的统计特性并没有改变，因而比较容易破译。利用多表代替就可以隐蔽频率统计特性。

多表代替密码从明文到密文的代替采用多个映射来消除单字母的频率分布特性。多表代替密码就是利用两个以上的表对明文进行依次加密的方法。这样，同一个明文字母可以有不同的密文字母。从而可以将字母的自然频率进行隐藏，有利于抵抗统计分析。

维吉尼亚（Vigenere）密码是 1586 年由法国著名数学家维吉尼亚发明的，它是一个多表加密密码。维吉尼亚密码使用一个词组作为密钥，其中的每一个字母对应一个加密代替表，用这个代替表来加密对应的明文字母。如果密钥长度比明文短，密钥可以周期性地重复使用。

设密钥为 $k=k_1k_2\cdots k_n$，明文 $m=m_1m_2\cdots m_n$，则它的每个密钥 k_i 决定着明文 m_i 的位移数。加密变换可以表示为

$$c_i=(k_i+m_i)(\bmod n), i=1,2,\cdots,n \tag{2-2-5}$$

即密钥 k_i 在字母表中的位置数加上 m_i 在字母表中的位置数模上字母表长度就是密文 c_i 在字母表中的位置数。对应的解密变换为

$$m_i=(c_i-k_i)(\bmod n), i=1,2,\cdots,n \tag{2-2-6}$$

可以把所有的替代表制成一个维吉尼亚表（见表 2-4），最上面的是明文字母，水平排列，最左边的是一列是密钥字母，竖直排列。则对于一个给定的明文字母和密钥字母，它们加密后的密文字母就是明文字母所在列和密钥字母所在行交点上的那个字母。在解密过程中，则先在密钥字母所决定的行中找到密文字母，那么密文字母所在列的列首的那个字母就是对应的明文字母。

表 2-4 Vigenere 表

明文		a	b	c	d	e	f	g	h	i	j	k	l	m	n	o	p	q	r	s	t	u	v	w	x	y	z
	a	A	B	C	D	E	F	G	H	I	J	K	L	M	N	O	P	Q	R	S	T	U	V	W	X	Y	Z
	b	B	C	D	E	F	G	H	I	J	K	L	M	N	O	P	Q	R	S	T	U	V	W	X	Y	Z	A
	c	C	D	E	F	G	H	I	J	K	L	M	N	O	P	Q	R	S	T	U	V	W	X	Y	Z	A	B
	d	D	E	F	G	H	I	J	K	L	M	N	O	P	Q	R	S	T	U	V	W	X	Y	Z	A	B	C
	e	E	F	G	H	I	J	K	L	M	N	O	P	Q	R	S	T	U	V	W	X	Y	Z	A	B	C	D
	f	F	G	H	I	J	K	L	M	N	O	P	Q	R	S	T	U	V	W	X	Y	Z	A	B	C	D	E
密	g	G	H	I	J	K	L	M	N	O	P	Q	R	S	T	U	V	W	X	Y	Z	A	B	C	D	E	F
	h	H	I	J	K	L	M	N	O	P	Q	R	S	T	U	V	W	X	Y	Z	A	B	C	D	E	F	G
	i	I	J	K	L	M	N	O	P	Q	R	S	T	U	V	W	X	Y	Z	A	B	C	D	E	F	G	H
	j	J	K	L	M	N	O	P	Q	R	S	T	U	V	W	X	Y	Z	A	B	C	D	E	F	G	H	I
	k	K	L	M	N	O	P	Q	R	S	T	U	V	W	X	Y	Z	A	B	C	D	E	F	G	H	I	J
	l	L	M	N	O	P	Q	R	S	T	U	V	W	X	Y	Z	A	B	C	D	E	F	G	H	I	J	K
	m	M	N	O	P	Q	R	S	T	U	V	W	X	Y	Z	A	B	C	D	E	F	G	H	I	J	K	L
	n	N	O	P	Q	R	S	T	U	V	W	X	Y	Z	A	B	C	D	E	F	G	H	I	J	K	L	M
	o	O	P	Q	R	S	T	U	V	W	X	Y	Z	A	B	C	D	E	F	G	H	I	J	K	L	M	N
	p	P	Q	R	S	T	U	V	W	X	Y	Z	A	B	C	D	E	F	G	H	I	J	K	L	M	N	O
	q	Q	R	S	T	U	V	W	X	Y	Z	A	B	C	D	E	F	G	H	I	J	K	L	M	N	O	P
	r	R	S	T	U	V	W	X	Y	Z	A	B	C	D	E	F	G	H	I	J	K	L	M	N	O	P	Q
钥	s	S	T	U	V	W	X	Y	Z	A	B	C	D	E	F	G	H	I	J	K	L	M	N	O	P	Q	R
	t	T	U	V	W	X	Y	Z	A	B	C	D	E	F	G	H	I	J	K	L	M	N	O	P	Q	R	S
	u	U	V	W	X	Y	Z	A	B	C	D	E	F	G	H	I	J	K	L	M	N	O	P	Q	R	S	T
	v	V	W	X	Y	Z	A	B	C	D	E	F	G	H	I	J	K	L	M	N	O	P	Q	R	S	T	U
	w	W	X	Y	Z	A	B	C	D	E	F	G	H	I	J	K	L	M	N	O	P	Q	R	S	T	U	V
	x	X	Y	Z	A	B	C	D	E	F	G	H	I	J	K	L	M	N	O	P	Q	R	S	T	U	V	W
	y	Y	Z	A	B	C	D	E	F	G	H	I	J	K	L	M	N	O	P	Q	R	S	T	U	V	W	X
	z	Z	A	B	C	D	E	F	G	H	I	J	K	L	M	N	O	P	Q	R	S	T	U	V	W	X	Y

例 2-2-6　设明文 m = he is a spy from Japan，n = 26，密钥 k = tiger，即周期为 5，则有：

明文 m：h e i s a s p y f r o m J a p a n。
密钥 k：t i g e r t i g e r t i g e r t i。
密文 c：A M O W R L X E J I H U P E G T V。

在这个例子中，每五个字母组中的字母分别移动 19、8、6、4 和 18 位。

3. 多字母代替密码

所谓多字母代替密码，就是每次对多个字母而不是一个字母进行代替。多字母代替也有利于隐蔽字母的频率统计特性，抵抗统计分析。

普莱费尔（Playfair）密码就是一个二字母组的代替密码。它曾经在第一次世界大战中被使用过。它的密钥是一个由 25 个字母（字母 J 除外）组成的 5×5 表，见表 2-5。

表 2-5　Playfair 密码的密钥表

H	A	R	P	S
I	C	O	D	B
E	F	G	K	L
M	N	Q	T	U
V	W	X	Y	Z

对于二明文字母组 m_1、m_2，普莱费尔密码的加密过程遵循下述的加密规则：

1）如果 m_1、m_2 在密钥表的同一行，则对应的密文 c_1 和 c_2 分别是 m_1 和 m_2 右边的字母（第 5 列的右边列就是第 1 列）。

2）如果 m_1、m_2 在密钥表的同一列，则对应的密文 c_1 和 c_2 分别是 m_1 和 m_2 下边的字母（第 5 行的下边行就是第 1 行）。

3）如果 m_1、m_2 在密钥表不同的行和列时，则对应的 c_1 和 c_2 是以 m_1 和 m_2 为顶点组成的长方形的另外两个顶点，且 m_1 和 c_1、m_2 和 c_2 都在同一行。

4）如果 m_1 和 m_2 相同，则在它们之间插入一个无效字母，如 x；如果明文字母数是奇数个，则在明文末尾加入一个无效字母。

例 2-2-7　设明文 m = the leader was murdered by a terrorist，用普莱费尔密码加密时先进行二字母分组，即 th el ea de rw as mu r de ed by at er ro ri st，对照密钥表有

密文 c = MP FE FH IK AX RH NM PO GH KI DZ PN GH OG HO PU

2.2.3　古典密码的分析

1. 语言的统计特性

任何一种语言都存在着其内在的统计规律性，即语言中各个字符出现的概率不一样，表现出一定的统计规律性。例如，有研究表明，在英语语言中，当消息足够长时，字母 e 的出现概率最高，在 12.75% 左右；其次是字母 t、r、n、i、o、a、h 和 s；而字母 v、x、k、q、j 和 z 的出现概率非常小，一般都低于 1%。依据单字母出现频率，可以把字母分为五类，具体见表 2-6。

表 2-6　英文字母频率分类

分类	按出现频率分类的字母集合	单字母的出现频率
1 类	较高的频率字母：e	12%以上
2 类	次较高的频率字母：t, a, o, i, n, s, h, r	6%~9%
3 类	中频率的字母：d, l	4%左右
4 类	次低频率字母：c, u, m, w, f, g, y, p, b	1.5%~2.3%
5 类	低频率字母：v, k, j, x, q, z	1%以下

单字母的出现频率统计特性可以用于分析单表代替中的密钥信息。例如，字母 e 的出现频率最高，通过单表代替，代替后的字母的频率是不变的，只是字母变化了而已。那么，通过统计密文信息中字母的出现频率，频率最高的很可能就对应着字母 e。

另外，双字母或三字母组合也表现出一定的统计规律。在双字母中，频率出现最高的是 th，然后是 he、in 等。在三字母组合中，出现频率最高是 the，然后是 ing、and 等。其中，the 的出现频率几乎是 ing 出现频率的 3 倍，所以可以从密文信息的三字母组合中较快地发现 the 所对应的加密后的字母组合。

出现频率较高的前 30 个双字母的组合：

th　he　in　er　an　re　ed　on　es　st
en　at　to　nt　ha　nd　ou　ea　ng　as
or　ti　is　et　it　ar　te　se　hi　of

出现频率较高的前 20 个三字母的组合：

the　ing　and　her　ere　ent　tha　nth　was　eth
for　dth　hat　she　ion　int　his　sth　ers　ver

需要强调是，在利用字母统计特性分析密文时，密文的量必须足够大，否则可能有较大的偏差，从而增加破译的难度。

除了字母的统计特性外，在实际的通信中，明文中的标点符号、数字以及其他的一些控制符号也表现出一定的统计特性，同时，数据格式、报头信息所含有的信息在密码分析中也有着重要的作用。

在分析密文信息时，下列英文统计特性非常有用：

1）英文环境中大约一半的单词都是以 e、s、d 或 t 作为结尾。

2）英文环境中大约一半的单词都是以 t、a、s 和 w 作为开头。

3）单词 the 对统计特性具有较大的影响，它使 t、h、th、he 和 the 等字母或字母组合具有很高的出现频率。

2. 单表代替密码的分析

单表代替密码（如移位替换密码）是很简单的，极易被破译。因为明文字母出现的概率没有被隐藏起来，只要统计出出现频率最高的字母，再与明文字母表对应决定出位移量，就可以得到正确的解了。乘法密码比其他一般的仿射密码相对复杂些，但多利用几个密文字母统计表和明文字母的关系也不难破译。而且单表密码的密钥量很小，根本就不能抵抗穷尽攻击。

分析密码时，首先统计所截获的密文字母和字母组合的频率分布，并与明文的字母统计特性分布相比较，尝试找出之间的关系。如果找不到它们之间的匹配关系，就说明不是移位密码。另外，可以尝试字母组合中出现的元音字母来确定它们之间的关系，因为二个、三个或四个的字母组合中必定含有元音字母。还有一种称为猜字法的方法，即根据语言的特点，猜出关键的几个词，这样就会大大加快破译密码的进度。

例 2-2-8　设有密文 Anxnynsl Hmnsjxj Uwjxnijsy Mz Onsyft djxyjwifd xfni mj mtuji Hmnsjxj fsi Gwfenqnfs xhnjsynxyx bnqq rfnyfns ymj rtrjsyzr tk ymjnw ht-tujwfynts ns fjwtxufhj ktw ujfhjkzq zxj。

先求出密文中字母出现的频率分布如下：

字母：a b c d e f g h i j k l m n o p q r s t u v w x y z
次数：1 1 0 0 1 12 1 6 5 21 3 1 6 18 1 0 4 2 12 9 4 0 6 11 11 4

密文共有 140 个字母，其中出现频率比较高的有 f、j、n、s、x 和 y；j 的频率最高，为 21 次（15.3%），一定与 e 相对应；字母 f、n、s 和 x 则应该分别与 t、a、o、i、h、s、n 和 r 中的一个相匹配。

通过观察可知，在密文中出现频率较高的 n 从没有出现在词头或词尾，所以很可能对应着明文中的元音字母 i。

利用两个、三个的字母组合进行猜测，mj 中 j 是元音字母 e，则 mj 可能对应着 be、he、me 和 we 等词，而在下面的密文中有 ymj 的组合，所以 mj 基本上匹配着 he，又有 y 的出现频率较高，所以 y 对应着 t，即 ymj 对应单词 the。

可以发现，密文中双字母组合 ns 出现的频率较高作为单独的词出现，前面得到 n 对应着 i，而 s 对应着 a、o、s 或 n 中的一个，所以 ns 可能是 is 或 in，而 ns 曾出现在多字母单词的词尾，所以基本可以肯定 ns 对应的是 in。再由 ht-tujwfynts 的词尾为 ti·n，可以猜出密文中的 t 就是对应着明文的 o。而 tk 作为独立的单词出现在句子中，所以 tk 就是 of（不可能是 on）。

明文和密文对照如下：

密文：　Anxnynsl　Hmnsjxj　Uwjxnijsy　Mz　Onsyft　djxyjwifd　xfni　mj　mtuji　Hmnsjxj　fsi　Gwfenqnfs
明文：　·i·itin·　·hine·e　··e·i·ent　H·　·int·o　e·te····　··i·　he　ho·e·　·hine·e　·n·　····i·i·n

密文：　xhnjsynxyx　bnqq　rfnyfns　ymj　rtrjsyzr　tk　ymjnw　ht-tujwfynts　ns　fjwtxufhj　ktw　ujfhjkzq　zxj
明文：　··ienti·t·　·i··　··it·in　the　·o·ent··　of　thei·　·o-o·e··tion　in　·e·o··e　fo·　·e··ef··・e

由此可见，不难猜出 Hmnsjxj 就是 Chinese，ymjnw 就是 their，进一步可以猜出 Anxnynsl 就是 Visiting，Ktw 就是 for。将这些对应关系代入密文中，再做进一步的尝试，经过整理得到的明文为

Visiting Chinese President Hu Jintao yesterday said he hoped Chinese and Brazilian scientists will maitain the momentum of their co-operation in aerospace for peaceful use

通过上面的分析过程不难发现，每个密文字母都是通过明文移动五位得到的，这只是简单的移位密码。上述的统计过程可以通过计算机来完成。

3. 多表代替密码的分析

在单表代替密码中，除了字母名称变化外，包括出现频率、字母组合规律等字母的统计特性都没有发生改变。依据这些性质就可以破译单表代替密码。在多表代替密码中，明文字母的统计特性通过多个表的平均作用后不是那么明显，所以破译难度也比较大。分析多表代

替密码的步骤是：首先确定识别多表密码的参数；然后，确定所用密表的个数；最后，确定每个具体的代替表。有兴趣的读者，可以参阅相关的文献。

用统计分析可以破译多表代替密码。为了挫败统计分析，香农提出了两种实用的方法：扩散和混淆。所谓"扩散"就是将每一位明文序列的影响尽可能地散布到较多的输出密文序列中去，以便掩藏明文序列的统计特性。对密钥序列也应进行相同的处理。所谓"混淆"，就是使密文与明文、密钥之间的统计特性的关系复杂化。扩散和混淆的结果就是使密码分析者必须截获较多的密文才能通过统计分析的方法破译密码。但同时也带来了一个缺点：对于合法接收者，如果传输中有一位发生错误将会引起许多位的错误，即错误会扩散。

2.3 信息论与密码学

1949 年，香农发表了题为《保密系统的通信理论》的论文。这篇论文对密码学的发展产生了巨大的影响。该论文用信息论的观点对信息保密进行了系统的阐述，使信息论成为密码学研究的一个重要的理论基础。

2.3.1 保密系统的数学模型

香农用概率统计的方法研究信息的传输和保密问题，通信系统模型如图 2-3 所示，保密系统模型如图 2-4 所示。

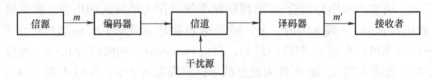

图 2-3 通信系统模型

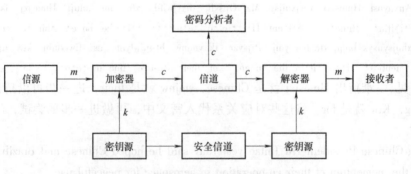

图 2-4 保密系统模型

通信系统的设计目的是在信道有干扰的条件下，使所接收到的信息无差错或使差错尽可能的小。而保密系统的设计目的是使密码分析者即使在完全准确地接收到信道上传输的信号的情况下也无法恢复出原始信号。

类似于通信系统，对保密系统的组成部分可做如下的描述。

在保密系统中，信源是产生消息的源。离散信源可以产生字母（包括字符）或字母串。

设信源字母表为 $M=\{a_i\mid i=0,1,2,\cdots,q-1\}$，设字母 a_i 出现的概率为 $p(a_i)$，则 $p(a_i)\geqslant 0$ 且 $\sum_{i=0}^{q-1} p(a_i)=1$。设 m 是由信源产生的一个包含 L 个字母的明文序列 $m=(m_1,m_2,\cdots,m_L)$，其中，$m_i\in M(1\leqslant i\leqslant L)$。设集合 $P=M^L=\{m=(m_1,m_2,\cdots,m_L)\mid m_i\in M,1\leqslant i\leqslant L\}$，它包含了 q^L 个所有长度为 L 的明文，称之为明文空间。如果信源是无记忆的，即信源产生的每个明文是独立的，则产生的明文 $m\in P$ 的概率为 $p_P(m)=p(m_1,m_2,\cdots,m_L)=\prod_{i=1}^{L} p(m_i)$。如果信源是有记忆的，则要考虑信源字母表 M 中各元素的概率分布。

密钥源是用于产生密钥序列的源。和信源一样，密钥源产生的密钥通常也是离散的。设密钥字母表为 $B=\{b_j\mid j=0,1,\cdots,S-1\}$，其中 b_j 的概率 $P(b_j)$，同样有 $p(b_j)\geqslant 0$ 且 $\sum_{j=1}^{S-1} p(b_j)=1$，设密钥是一个含 R 个字母的序列，则密钥 $k=(k_1,k_2,\cdots,k_R)$，其中，$k_i\in B(1\leqslant i\leqslant R)$，设集合 $K=B^R=\{k=(k_1,k_2,\cdots,k_R)\mid m_j\in B,1\leqslant j\leqslant R\}$，它包含了所有长度为 R 密钥序列，称之为密钥空间。

设密文的字母表为 Y，它的元素分布也满足明文字母表或密钥字母表的性质。这样，在密钥 k 的控制下，将明文 m 进行加密变换可以表示为

$$c=(c_1,c_2,\cdots,c_V)=E_k(m_1,m_2,\cdots,m_L)$$

称 c 的全体 $C=Y^V$ 为密文空间。通常，密文的字母表与明文的字母表是一样的，并且长度也是相同的，即 $X=Y$，$L=V$。

设明文为 $m\in P$ 的概率为 $p_P(m)$，密钥为 $k\in K$ 的概率 $p_K(k)$。因为在明文加密之前已经选定密钥，所以一般假定明文空间和密钥空间是相互独立的。对于密钥 $k(k\in K)$，如果令 $C_k=\{E_k(m)\mid m\in P\}$，则对密文 $c(c\in C)$ 的概率有：

$$p_C(c)=\sum_{|k\,|\,c\in C|} p_K(k)p_P(D_k(c)) \tag{2-3-1}$$

因条件概率 $p_C(c\mid m)=\sum_{|k\,|\,m=D_k(c)|} p_K(k)$，所以由贝叶斯公式得

$$p_P(m\mid c)=\frac{p_P(m)\sum_{|k\,|\,m=D_k(c)|} p_K(k)}{\sum_{|k\,|\,c\in C_k|} p_K(k)p_P(D_k(c))} \tag{2-3-2}$$

由此可以看出，密文空间的统计特性可以完全由明文空间和密钥空间的统计特性决定。柯克霍夫斯原则认为，密码系统的算法即使为密码分析者所知，也应该无助于用来推导出明文或密钥。在此假设下，密码分析者不仅知道明文的统计特性，而且知道加密体制、密钥空间及其统计特性，所不知的只是用于具体加密的密钥。所以，一个密码系统的安全性完全取决于密钥的安全性。

2.3.2 熵及其基本性质

一条信息所包含的信息量由它的熵来度量，即熵代表着一条信息在被收到或解密之前的不确定性。

定义 2-3-1 设集合 $X = \{x_i \mid i=1,2,\cdots,n\}$，$x_i$ 出现的概率为 $p(x_i)$，且 $\sum\limits_{i=1}^{n} p(x_i) = 1$。则 X 的熵定义为

$$H(X) = -\sum_{i=1}^{n} p(x_i)\log_2 p(x_i) \tag{2-3-3}$$

因为计算中采用的是以 2 为底的对数，所以熵的单位是比特（bit），在式（2-3-3）中计算求和时不包括 $p_i = 0$ 的项，当然也可以认为 $\lim\limits_{p\to 0} p\log_2 p = 0$。熵 $H(X)$ 反映的是在最优编码时所有可能信息的平均信息量。

例 2-3-1 设投掷一枚硬币正面朝上的概率为 p，反面朝上的概率为 $1-p$，则投掷硬币的结果的信息 $X = \begin{cases} p & （正面）\\ 1-p & （反面）\end{cases}$，则熵为 $H(X) = -p\log_2 p - (1-p)\log_2(1-p)$。当 $p = 0.5$ 时，熵取最大值 1bit；当 $p = 0$ 或 $p = 1$ 时，熵取最小值 0，此时 X 是一个完全确定的事件。

定理 2-3-1 对于集合 X，它的熵

$$0 \leqslant H(X) \leqslant \log_2 n \tag{2-3-4}$$

当 x_i 等概率分布，即 $p(x_i) = 1/n$ 时，$H(X)$ 取最大值 $-\log_2(1/n) = \log_2 n$。

例 2-3-2 设 X 是一个长为 n bit 的整数，则有 2^n 个等可能的整数。每个整数出现的概率为 2^{-n}，所以 X 的熵 $H(X) = -\sum\limits_{i=1}^{2^{-n}} 2^{-n}\log_2 2^{-n} = \log_2 2^n = n$。也就是说，一个 n bit 长的整数所代表的信息量就是 n bit。

考虑到密码中明文、密文和密钥之间的关系，需要定义二元变量之间的条件熵、联合熵和互信息。

定义 2-3-2 设 $X = \{x_i \mid i=1,2,\cdots,n\}$，$x_i$ 出现的概率为 $p(x_i)$；$Y = \{y_j \mid j=1,2,\cdots,m\}$，$y_j$ 出现的概率为 $p(y_j)$。二元集 $XY = \{x_i y_j \mid i=1,2,\cdots,n; j=1,2,\cdots,m\}$，$x_i y_j$ 的联合分布概率为 $p(x_i y_j)$，且 $\sum\limits_{i=1}^{n}\sum\limits_{j=1}^{m} p(x_i y_j) = 1$。$X$ 关于 Y 的条件分布概率为 $p(x_i \mid y_j)$，Y 关于 X 的条件分布概率为 $p(y_j \mid x_i)$。则 X 和 Y 的联合熵定义为

$$H(XY) = H(X,Y) = -\sum_{i=1}^{n}\sum_{j=1}^{m} p(x_i y_j)\log_2 p(x_i y_j) \tag{2-3-5}$$

X 关于 Y 的条件熵定义为

$$H(X \mid Y) = -\sum_{i=1}^{n}\sum_{j=1}^{m} p(x_i y_j)\log_2 p(x_i \mid y_j) \tag{2-3-6}$$

Y 关于 X 的条件熵定义为

$$H(Y \mid X) = -\sum_{i=1}^{n}\sum_{j=1}^{m} p(x_i y_j)\log_2 p(y_i \mid x_j) \tag{2-3-7}$$

X 和 Y 的平均互信息定义为

$$I(X,Y) = \sum_{i=1}^{n}\sum_{j=1}^{m} p(x_i y_j)\log_2 \frac{p(x_i \mid y_i)}{p(x_i)} \tag{2-3-8}$$

在通信中，通常称 $H(X \mid Y)$ 为含糊度，称 $H(Y \mid X)$ 为散布度。

熵和互信息具有下面一些基本性质：

1) $H(X,Y)=H(X)+H(Y\mid X)$

2) $H(Y\mid X)\leqslant H(Y)$，当且仅当 X 和 Y 独立时取等号。

3) $H(X,Y)\leqslant H(X)+H(Y)$

4) $I(X,Y)=H(X)-H(X\mid Y)=H(Y)-H(Y\mid X)=H(X)+H(Y)-H(XY)\geqslant 0$

2.3.3 完善保密性

完善保密性是指即使密码分析者具有无限的、可利用资源（如人力、物力、时间空间等）也无法破译的密码系统具有的性质，也称为无条件安全性。它通常是针对实际保密性而言的。实际保密性是指一个密码系统在计算上是安全的，即利用已知最好的破译方法破译一个密码系统所需要的资源能力超过了密码分析者所能得到的资源能力。当然，这只能提供系统在计算上是安全的一些证据，而无法最终证明密码系统在计算上是安全的。

设明文空间 P 的熵 $H(P)=H(M^L)$，密钥空间 K 的熵 $H(K)=H(B^R)$，密文空间 C 的熵 $H(C)=H(Y^V)$。在已知密文的条件下明文的含糊度为 $H(M^L\mid Y^V)$，在已知密文的条件下密钥的含糊度为 $H(K\mid Y^V)$。在唯密文攻击中，密码分析者的任务就是利用截取的密文提取关于明文的信息量 $H(M^L)-H(M^L\mid Y^V)$，也可以从密文中提取关于密钥的信息量 $H(K)-H(K\mid Y^V)$。对于合法的接收者，在已知密钥的条件下，从密文中提取明文信息，根据加密变换的可逆性可知 $H(P\mid CK)=0$，此时，$I(P,CK)=H(P)$。从而可知，如果 $H(K\mid C)$ 和 $H(P\mid C)$ 越大，密码分析者能够从密文中得到的关于密钥和明文的信息量就越小。

利用上述熵的基本性质可推得

$$H(P\mid C)\leqslant H(P\mid C)+H(K\mid P,C)=H(PK\mid C)$$
$$=H(K\mid C)+H(P\mid CK)=H(K\mid C)\leqslant H(K)$$

从而，$H(P)-H(P\mid C)\geqslant H(P)-H(K)$，即 $I(P,C)\geqslant H(P)-H(K)$。 (2-3-9)

这表明，保密系统的密钥量越小，则密文中所含有的关于明文的信息量就越大。至于密码分析者如何对信息进行提取，这里就不予考虑了。在设计一个密码系统时，需要的是所设计的系统具有足够多的密钥量。

对于一个密码系统，如果明文和密文之间的互信息 $I(P,C)=0$，则密码分析者从密文中提取不出任何关于明文的信息，称满足这种关系的密码系统具有完善保密性。但是这种安全性只是针对唯密文攻击而言的，它无法保证在已知明文攻击或选择明文攻击下也是安全的。

定理 2-3-2 完善保密系统是存在的。

证明：设明文、密钥和密文都是二元数字序列，分别为

明文序列：$m=(m_1,m_2,\cdots,m_L)$，$m_i\in\mathrm{GF}(2)$。

密钥序列：$k=(k_1,k_2,\cdots,k_R)$，$k_i\in\mathrm{GF}(2)$。

密文序列：$c=(c_1,c_2,\cdots,c_V)$，$c_i\in\mathrm{GF}(2)$。

设 $L=R=V$，即明文、密钥和密文长度相等。并假定 m 和 k 是相互独立的。K 是随机数字序列，即对于任意的 $k\in K$，$p_K(k)=1/2^L$，所以 $H(K)=L(\mathrm{bit})$。如果加密变换为

$$c=E_k(m)=m\oplus k \tag{2-3-10}$$

即对明文和密钥逐位进行模 2 加，$c_i=E_k(m_i)=m_i\oplus k_i$。解密变换为

$$m=D_k(c)=c-k=c\oplus k \tag{2-3-11}$$

式中的减法是模 2 减。

要证明该保密系统是完善保密的，根据熵的性质 2) 可知，只需要证明 $p_P(m \mid c) = p_P(m)$ 即可。因为

$$p_C(c) = \sum_{\{k \mid c \in C\}} p_K(k) p_P(D_k(c)) = \frac{1}{2^L} \sum_{k \in K} p_P(D_k(c)) = \frac{1}{2^L} \sum_{k \in K} p_P(c-k) \quad (2\text{-}3\text{-}12)$$

对于具体的 c，当 k 遍历 K 时，则 $c-k$ 也遍历 P，所以对于任意的 $c \in C$，$p_C(c) = 1/2^L$ 成立。又对于每一个 $m \in P$ 及每一个 $c \in C$ 都有唯一的一个密钥 $k \in K$ 使得 $c = E_k(m)$，所以 $p_C(c \mid m) = p_K(c-m) = 1/2^L$。由贝叶斯公式得

$$p_P(m \mid c) = \frac{p_P(m) p_C(c \mid m)}{p_C(c)} = p_P(m) \quad (2\text{-}3\text{-}13)$$

从而证明了在定理 2-3-2 中的保密系统在唯密文攻击下是完善保密的。但这个系统在已知明文的攻击下是不安全的。因为，如果密码分析者知道了明文-密文对 (m', c')，则由 $c' = m' \oplus k$ 可以求出 $k = c' \oplus m'$。这样，密钥就不能重复使用，否则所有密文均可被破译。这就要求每次加密都要产生一个新的和明文一样长的密钥并通过安全的信道进行传送，也就是传统上所称的"一次一密"加密体制。"一次一密"很早就在外交和军事领域中得到应用，但是它存在密钥管理困难的缺陷。

2.3.4 理论保密性

这里研究的是在唯密文攻击下，密码分析者破译一个密码系统所需密文量的下限。香农是从密钥的含糊度 $H(K \mid Y^V)$ 出发研究这一问题的。由条件熵的性质可知，$H(K \mid Y^{V+1}) \leqslant H(K \mid Y^V)$，随着 V 的增大，密钥的含糊度并没有增大。也就是说，随着所截获的密文量的增加，得到的关于明文和密钥的信息量就增加，不确定性就越来越小。如果 $H(K \mid Y^V)$ 趋于 0，则可以唯一地确定密钥 K，从而实现破译。

设密码系统为 (P, C, K, E, D)，对于 $m \in M$，$k \in K$，有 $c = E_k(m) \in C$。分析密码的目的就是确定密钥。假定密码分析者已经知道明文所使用的语言环境，例如英语，并且假定密码分析者具有无限的计算资源。在唯密文攻击下，当分析者截获到密文 c 时，他利用所有可能的密钥对 c 进行解密得到 $m' = D_k(c)$，并把有意义的信息 m' 所对应的密钥记录下来，称这些密钥集合中有可能但不是正确的密钥为伪密钥。

定义 2-3-3 假设 L 是一种自然语言，则语言 L 的熵定义为

$$H_L = \lim_{n \to \infty} \frac{H(M^n)}{n} \quad (2\text{-}3\text{-}14)$$

语言 L 的多余度定义为

$$R_L = 1 - \frac{H_L}{\log_2 \varepsilon} \quad (2\text{-}3\text{-}15)$$

其中，M 表示 L 的字母集合，ε 表示 M 中字母元素的个数，M^n 表示所有长度为 n 的明文序列的集合，H_L 表示语言 L 中每个字母的平均信息量，R_L 则是"多余字母"比例的度量。

定理 2-3-3 假设 (P, C, K, E, D) 是一个单钥保密系统，并且明文和密文长度相等，都为 ε。R_L 表示明文的自然语言的多余度，则对于一个充分长（长度为 n）的密文序列，伪密钥的期望数 S_n 满足

$$S_n \geq \frac{2^{H(K)}}{\varepsilon^{nR_L}} - 1 \qquad\qquad (2\text{-}3\text{-}16)$$

定义 2-3-4 定义一个保密系统的唯一解距离为使得伪密钥的期望数等于零的密文长度 n 的值，并记为 n_0。

令定理 2-3-3 中的 $S_n = 0$，可以得到唯一解距离的一个近似估计值，即 $n_0 \approx \dfrac{H(K)}{R_L \log_2 \varepsilon}$。也就意味着，当密码分析者所截获的密文序列的长度大于 n_0 时，则密码是可以被破译的。而截获的密文序列长度小于 n_0 时，密钥解就有多种可能性，即存在伪密钥，无法从中确定哪一个密钥是正确的。n_0 不过是一个参考的理论值，在实际的密码分析中，密文量的长度都是远大于 n_0 的。

2.4 计算复杂性与密码学

一个密码系统的破译，取决于密码分析者所采用的分析方法的计算机程序实际运行所需要的时间和所占有的硬件资源，也就是时间复杂性和空间复杂性。

计算复杂性是通过比较算法的复杂性给出分析算法所需要的计算量和破译算法的困难度，对算法的复杂性进行分类，从而确定算法的安全性。基于复杂性的密码算法的安全性是以数学难题为基础的。计算复杂度对现代密码学的发展具有重要的作用。

2.4.1 算法和问题

问题是指需要给出解答的一般性陈述，通常会包含若干个变量或未定参数。一个具体问题的描述通常含有两个部分：问题中未定变量的描述，给出问题的解或解所具有的特性。如果一个问题中的所有参数都赋上了具体的值，就称这是该问题的实例。

例 2-4-1 大整数分解问题。

对于一个大整数 n，求素数 q，使得 q 整除 n。其中，n 就是未定参数，如果给 n 赋上一个具体的值，就是大整数分解的一个实例。

算法是指解决一个具体问题的具体步骤，可以理解为解决具体问题的计算机程序。算法是针对一个具体问题而言的。解决一个问题的算法可以有好多种。如果一个问题至少存在一种解决它的算法，就称这个问题是可解的，否则就是不可解的。

算法的复杂性包括算法的空间复杂性和时间复杂性。空间复杂性就是指算法运行所需要的存储空间，而时间复杂性就是指算法运行所需要的时间。在实际的密码分析中，人们主要关心的是时间复杂性。

2.4.2 算法的复杂性

一个算法的复杂性常用时间复杂性和空间复杂性来度量。算法所需要的最大时间 T 和存储空间 S 往往取决于问题实例的规模，可以表示为 n 的函数，其中 n 表示解实例所需要输入数据的长度。一个算法用于解具有相同规模的不同实例时，所需要的时间和空间可能存在较大的差异，所以需要研究一个算法解所有规模为 n 的实例的平均时间和平均空间，即平均时间复杂性函数 $\overline{T}(n)$ 和平均空间复杂性函数 $\overline{S}(n)$。

通常用符号 "O" 来表示算法的复杂性，它代表着算法复杂性的数量级。设 $g(n)$ 是关于 n 的一个正值函数，则如果 $f(n) = O(g(n))$，即意味着存在一个常数 c 和 n_0 使得对于一切的 $n \geq n_0$，都有 $|f(n)| \leq cg(n)$。

例 2-4-2 $f(n) = 15n + 11$，当 n 足够大时，即 $n \geq 11$ 时，有 $15n + 11 \leq 16n$，这时，令 $c = 16$，$g(n) = n$，$n_0 = 11$，就得到 $f(n) = O(n)$。

如果 $f(n)$ 是关于 n 的一个 t 次多项式 $f(n) = a_t n^t + a_{t-1} n^{t-1} + \cdots + a_1 n + a_0$，则 $f(n) = O(n^t)$，即所有的常数和较低的阶项都可以忽略。

这种度量复杂度的方法与具体的处理系统无关，无须知道具体的实现程序和数据类型所用的比特数就可以估计出复杂度关于 n 的增长速度。例如，如果 $T = O(n)$，当输入长度加倍时，算法的运行时间也加倍。

按时间（或空间）可以对复杂性进行分类，见表 2-7。多项式时间算法是指时间复杂性为 $O(n^t)$ 的算法，其中 t 为常数，n 是输入数据的长度。如果 $t = 0$，则称为常数的；如果 $t = 1$，称它为线性的；如果 $t = 2$，则称它为二次的或平方的。如果时间复杂性为 $O(t^{h(n)})$，则称其为指数时间算法，其中 t 是常数，$h(n)$ 是一个关于 n 的多项式。当 $h(n)$ 是一个大于常数而低于线性函数时，称它为超多项式时间算法，如 $O(n^{\log_2 n})$ 和 $O(n^{\sqrt{n \ln n}})$。

表 2-7 算法复杂性分类

类	复杂性	运算次数（$n = 10^6$）	执行算法所需时间
常数的	$O(1)$	1	$1\mu s$
线性的	$O(n)$	10^6	$1s$
二次的	$O(n^2)$	10^{12}	11.6 天
三次的	$O(n^3)$	10^{18}	32000 年
指数的	$O(2^n)$	10^{301030}	$10^{10301016}$ 年

当 n 增长时，算法的时间复杂性在显示算法是否实际可行方面有着巨大的差别。见表 2-7，当 $n = 10^6$ 时，如果假定计算的执行时间是每 μs 一条指令，则这台计算机能够在 $1\mu s$ 完成一个常数类的算法，在 $1s$ 内完成一个线性的算法，而运行一个二次类的算法需要 11.6 天。对于一个三次类的算法，则需要 32000 年，在实际的计算中是不可行的。而对于指数类 $O(2^n)$ 的算法，即使采用上万亿个具有超强计算能力的计算机，解决这个算法在计算上也是不可能的。

利用穷举密钥的方法进行攻击时，如果 $n = 2^{H(K)}$，则算法的时间复杂性 $T = O(n) = O(2^{H(K)})$，破译时间关于密钥量线性的，但关于密钥长度则是指数的。

2.4.3 问题复杂性

由于编写算法的计算机语言、算法执行程序以及运行程序的计算机的差别，同一种算法的时间复杂性可能相差很大。为了有效地研究算法的复杂性，图灵构想了一种通用的被称为图灵机的计算模型。图灵机是一种理想化的计算机数学模型，它是具有无限读写能力的有限状态机。图灵机可以分为两类：确定型和非确定型。如果每一步的操作结果和下一步的操作内容都是唯一确定的，就称这种图灵机是确定型的，否则，就称为非确定型的。

计算复杂性理论利用图灵机来求解问题，按问题最难的实例所需要的最小时间与空间加以分类。

在确定型图灵机上用多项式时间算法可解的问题称为易处理的，简称 P 问题；否则，称为难处理的。P 问题的集合称为确定型多项式时间可解类，记为 P。

例如，$N×N$ 阶矩阵求逆以及 N 个整数的排序都是 P 问题，因为它们都是在多项式时间内可解的问题。

在非确定型图灵机上用多项式时间算法可解的问题，称其为非确定型多项式时间可解问题，简称 NP 问题。NP 问题的集合称为非确定型多项式时间可解类，记为 NP。

显然，$P \subseteq NP$，即在确定型图灵机上可解的问题在非确定型图灵机上一定可解。虽然 NP 中的问题看起来要比 P 中的问题难，但是目前还没有证明 $P \neq NP$。

可满足性问题具有下述性质，NP 中的每个问题都可以用多项式时间算法进行转化，即如果可满足性问题是易处理的，则 NP 中的每个问题都是以处理的，反之，如果 NP 中的某个问题是难处理的，则可满足性问题也是难处理的。这类问题也称为 NPC 问题或 NP 完全问题。可以表述为：如果有一类问题属于 NP，若这类中的一个问题属于 P，则意味着这个类所有的问题都属于 P，称这类问题为 NPC 问题。NPC 问题是 NP 问题中最难的问题。

例 2-4-3 背包问题。

给定一些物品，各件重量都不相同，能否把这些物品中的一部分放入承载给定重量的背包之中。抽象为数学问题就是，有 n 个整数的集合 $A = \{a_1, a_2, \cdots, a_n\}$ 和一个确定的整数 S，确定能否存在 A 的一个子集 A' 满足 $\sum_{a_i \in A'} a_i = S$。

这个问题是一个 NPC 问题。因为对于一个给定的子集，验证其和是否等于 S 是很容易的。但是，如果从中找一个子集使其和等于 S 则是很困难的。A 共有 2^n 个子集，验证所有的子集的时间复杂性为 $O(2^n)$。且背包问题满足可满足性问题的性质，所以，背包问题是 NPC 问题。

2.4.4 密码与计算复杂性理论

Shannon 曾指出，设计一个好密码的本质就是寻求一些在其他条件下难解的问题。这样，破译一个密码就等于解一个已知的数学难题。目前，大多数密码体制都是基于数学难题提出的，例如 RSA 密码的大整数分解难题。

应用计算复杂性来设计密码算法，主要是把一些 NPC 问题作为密码的备选方案，因为这些问题在目前的条件下是不可能在多项式时间内解出来的。但是计算复杂性难的问题并不意味着用这个问题所设计的密码的强度就大。计算复杂性只是密码安全的必要条件而不是充分条件。采用 NPC 问题设计的背包问题被破译就说明了利用 NPC 问题设计公钥密码体制的局限性。

计算复杂性理论还没有成为研究密码学的一门理论基础，但它是研究密码理论的一个重要工具。计算复杂性理论所研究的困难问题为密码设计提供了一种理论依据和途径，因为一个好的密码体制都是一个复杂的难题。

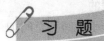 **习 题**

1. 密码体制可分为哪两类？各有何优缺点？

2. 试用统计分析的方法破译下面的密文。

Mwveip wecw mx mw amppmrk xs gs-svhmrexi e tperrih amxlhveaep jvsq xli Kedi Wxvmt mj xli Tepiwxmrmer Eyxlsvmxc gvegow hsar sr qmpmxerx kvsytw, er Mwveipm sjjmgmep wemh ciwxivhec.

3. 设明文空间共有 5 个信息 $m_i (1 \leqslant i \leqslant 5)$，并且 $p(m_1) = p(m_4) = 1/16$，$p(m_2) = 1/8$，$p(m_3) = 5/16$，$p(m_5) = 7/16$，求 $H(M)$。

4. 证明：一个密码系统 (P, C, K, D, E) 具有完善保密性当且仅当下列的条件之一成立：

（1）$I(P, C) = 0$。

（2）$H(P/C) = H(P)$。

（3）$I(K, C) = H(C) - H(P/C)$。

5. 实验题。

（1）移位密码：根据凯撒密码体制，完成对明文的加密和解密。

（2）置换密码：任取一置换，便可得到一加密函数，并给出解密函数（相应的逆置换），同时完成对明文的加密和解密。

（3）维吉尼亚密码：根据维吉尼亚密码体制，完成对明文的加密和解密。

第 3 章 密码学数学基础

密码学是一门交叉学科，它涉及数论、有限域理论等学科，这些都是设计密码系统不可或缺的工具。本章介绍密码学中用到的基本数学知识。

3.1 整除

3.1.1 整除的定义和性质

定义 3-1-1　设 a、b 都是整数，且 $a \neq 0$，如果 b/a 为整数，则称 a 整除 b，并记为 $a \mid b$。并称 a 是 b 的因子；否则，称 a 不能整除 b 或 b 不能被 a 整除，记为 $b \nmid a$。

定义 3-1-1 也可以表述为：如果存在整数 c 满足 $b = ac$，就称 a 整除 b。区别在于，此表述中允许 0 整除 0，而定义 3-1-1 中 0 不能整除 0。

例 3-1-1　$12 = 1 \times 12 = 2 \times 6 = 3 \times 4$，所以 1、2、3、4、6 和 12 都能整除 12，分别记为 $1 \mid 12$、$2 \mid 12$、$3 \mid 12$、$4 \mid 12$、$6 \mid 12$ 和 $12 \mid 12$。它们都是 12 的因子。当然，-1、-2、-3、-4、-6 和 -12 也是 12 的因子，因为这些数也能整除 12。

对于整数 a、b，具有以下的整除性质：

1）如果 $a \mid 1$，那么 $a = \pm 1$。

2）如果 $b \mid a$ 且 $a \mid b$，那么 $a = b$。

3）（传递性）如果 $a \mid b$、$b \mid c$，那么 $a \mid c$。

4）如果 $a \neq 0$，那么 $a \mid 0$。

5）如果 $a \mid b$，那么 $ac \mid bc (c \neq 0)$。

6）（线性组合）如果 $a \mid b$ 且 $a \mid c$，那么对任意整数 m 和 n 有 $a \mid (mb + nc)$。

上述性质的证明比较简单，这里只给出性质 6）的证明。

性质 6）的证明：因为 $a \mid b$ 和 $a \mid c$，所以存在整数 m' 和 n' 满足：

$$b = am', \quad c = an'$$

那么，$mb + nc = mam' + nan' = a(mm' + nn')$，所以 $a \mid (mb + nc)$。

例如，因为 $3 \mid 12$、$3 \mid 21$，所以 $3 \mid (4 \times 12 - 1 \times 21) = 27$、$3 \mid (3 \times 12 - 2 \times 21) = -6$

定理 3-1-1　设 $a, b, c \neq 0$ 是三个整数，$c \mid a$、$c \mid b$，如果存在整数 m、n 满足 $ma + nb = 1$，那么 $c = \pm 1$。

证明：因为 $c \mid a$、$c \mid b$，如果存在整数 m、n 满足 $ma + nb = 1$，根据性质 6）可知：$c \mid (ma + nb) = 1$，所以，$c = \pm 1$。

定理 3-1-2　设 a 和 b 是两个整数，且 $a > 0$，那么存在唯一的整数 q 和 r 满足

$$b = aq+r, 0 \leqslant r < a \qquad (3\text{-}1\text{-}1)$$

证明：

存在性：设 q 是小于或等于 b/a 的最大整数，则 $b/a = q+\alpha(0 \leqslant \alpha < 1)$，那么 $b = a(q+\alpha) = aq+a\alpha$。设 $r = a\alpha$，因为 $r = b-aq$，而 b 和 aq 为整数，所以 r 也是整数，又 $0 \leqslant \alpha < 1$，所以 $0 \leqslant r < a$。

唯一性：假设存在 $b = aq+r(0 \leqslant r < a)$ 和 $b = aq'+r'(0 \leqslant r' < a)$，将两式相减并除以 a，得 $q-q' = (r'-r)/a$，因为 $0 \leqslant r < a$，$0 \leqslant r' < a$，所以 $-1 < (r'-r)/a < 1$，而 $(r'-r)/a = q-q'$ 是一个整数，即 $(r'-r)/a = 0$。所以 $q = q'$，$r = r'$。

例如，设 $a = 17, b = 165$，那么 $165 = 17 \times 9 + 12$，即 $q = 9, r = 12$。

带余除法中的 q 和 r 称为 b 被 a 除的不完全商和余数。如果用 $\lfloor x \rfloor$ 来表示不大于 x 的最大整数，那么带余除法中的 $q = \lfloor b/a \rfloor$，$b = \lfloor b/a \rfloor a+r$。后面将用 $(b \bmod a)$ 来表示 r。

定义 3-1-2 设 a，b 是不同时为 0 的整数，如果 $c \mid a$，且 $c \mid b$，那么就称 c 为 a 和 b 的公因子。其中最大的那个公因子称为 a 和 b 的最大公因子，并记为 $c = \gcd(a,b)$。

定义 3-1-3 如果 $\gcd(a,b) = 1$，就称 a 和 b 互为素数。

例如，8 和 35 是互为素数的，因为 8 的因子是 $1,2,4,8$。35 的因子是 $1,5,7$。所以它们的最大公因子为 1，即 $\gcd(8,35) = 1$。

由定义可知，最大公因子 c 就是能被 a 和 b 所有公因子整除的那个公因子。并且最大公因子都是正数，所以 $c = \gcd(a,b) = \gcd(a,-b) = \gcd(-a,b) = \gcd(-a,-b)$。一般地，$\gcd(a,b) = \gcd(\mid a \mid, \mid b \mid)$。因为任一非 0 整数都能整除 0，所以可得 $\gcd(a,0) = \mid a \mid$。

定理 3-1-3 设 $g = \gcd(a,b)$，那么 a/g 和 b/g 是互为素数的。

证明：设 d 是整数 a/g 和 b/g 的一个正公因子，那么存在整数 m 和 n 满足 $a/g = md$，$b/g = nd$，即 $a = gdm, b = gdn$，所以 gd 是 a 和 b 的公因子。因为 g 是 a 和 b 的最大公因子，有 $gd \leqslant g$，即 $d \leqslant 1$，所以 $d = 1$，也就是 a/g 和 b/g 互为素数。

由定义 3-1-3 可知，一种计算两个非 0 整数最大公因子的方法就是列出它们所有的因子并找出最大的那个公有因子。例如，计算 $\gcd(6,9)$，先列出 6 的正因子 $1,2,3$ 和 9 的正因子 1，3，9，则最大的公因子就是 3，即 $\gcd(6,9) = 3$。但当整数很大时，求解整数的所有因子是很困难的。下面来介绍用欧几里得算法求解整数最大公因子的问题。

3.1.2 利用欧几里得算法求最大公因子

欧几里得（Euclid）算法见于 2300 年前欧几里得所著的 *The Elements* 一书中。欧几里得算法是数论中的一项基本技巧，它利用一个简化的过程来求出两个整数的最大公因子。它的基本原理如下：

定理 3-1-4 设 a 为正整数，b,q,r 是三个整数，如果整数 q 满足 $b = aq+r$，则 $\gcd(b,a) = \gcd(a,r)$。

证明：设 $d = \gcd(b,a)$，$d' = \gcd(a,r)$，则 $d \mid b, d \mid a$，那么 $d \mid b+(-q)a = r$。所以 d 也是 a 和 r 的公因子，也就有 $d \leqslant d'$。

同理，可证 d' 也是 b 和 a 的共因子，$d' \leqslant d$。

所以，$d = d'$，即 $\gcd(b,a) = \gcd(a,r)$。

定理 3-1-5 广义欧几里得算法。

设 $r_0 = a$，$r_1 = b(a \geqslant b > 0)$。反复利用定理 3-1-4 的算法，可以得到

$$r_i = r_{i+1} q_{i+1} + r_{i+2}, 0 < r_{i+2} < r_{i+1} \tag{3-1-2}$$

直到 $0 \leqslant i < n-1$，$r_{n+1} = 0$。则 $\gcd(a,b)$ 等于最大的非零余数 r_n。

证明：因为 $a = r_0 \geqslant r_1 > r_2 > \cdots \geqslant 0$，所以最终得到的余数为 0。利用定理 3-1-4 n 次，有

$$\gcd(a,b) = \gcd(r_0, r_1) = \gcd(r_1, r_2) = \cdots = \gcd(r_{n-1}, r_n) = \gcd(r_n, 0) = r_n$$

即 $\gcd(a,b) = r_n$。

因为 $\gcd(a,b) = \gcd(|a|, |b|)$，所以求两个整数的最大公因子就是求它们绝对值的最大公因子。然后，就可以利用定理 3-1-5 将求两个较大正整数的最大公因子转化为求两个较小整数的最大公因子，将问题转化为求一个正整数和 0 的最大公因子。

例 3-1-2　$\gcd(25,15) = \gcd(15,10) = \gcd(10,5) = \gcd(5,0) = 5$

$\gcd(52,36) = \gcd(36,16) = \gcd(16,4) = \gcd(4,0) = 4$

设 $a(\mathrm{mod}\ b)$ 表示 a 被正整数 b 除的余数 $r(0 \leqslant r < b)$，则广义欧几里得算法写成程序的形式如下：

输入：整数 $a \geqslant b > 0$

输出：$\gcd(a,b)$

　　　EUCLID(a,b)

　　　While $(b > 0)$ {

　　　　　$r = a(\mathrm{mod}\ b)$；

　　　　　$a = b$；

　　　　　$b = r$；

　　　　　}

　　　return a；

例 3-1-3　用欧几里得算法求 $\gcd(285,165)$。

$285 = 1 \times 165 + 120$　　　$\gcd(165,120)$

$165 = 1 \times 120 + 45$　　　$\gcd(120,45)$

$120 = 2 \times 45 + 30$　　　$\gcd(45,30)$

$45 = 1 \times 30 + 15$　　　$\gcd(30,15)$

$30 = 2 \times 15 + 0$　　　$\gcd(15,0)$

所以，$\gcd(285,165) = \gcd(15,0) = 15$。

3.2　素数

3.2.1　素数的定义和性质

定义 3-2-1　如果整数 $p(p>1)$ 的因子只有 ± 1 和 $\pm p$，就称 p 为素数（或质数）；否则，称 p 为合数。

例如，整数 2、3、5、7、11、13、17、19 都是素数，而 4、6、8、9、10、15、18 都是合数。

定理 3-2-1　设 a、b 和 c 为正整数。如果 $a \mid bc$ 且 $\gcd(a,b) = 1$，则 $a \mid c$。

证明：因为 a 和 b 互素，所以存在整数 x 和 y 满足 $ax + by = \gcd(a,b) = 1$。两边同乘 c 得

到 $axc+bcy=c$，而 $a\mid axc$、$a\mid bcy$，所以 $a\mid(axc+bcy)=c$。

定理 3-2-2 如果素数 p 整除正整数 $a_1,a_2,\cdots,a_n$ 的乘积，则 p 至少整除它们中的一个。

证明：（数学归纳法）

设 $n=1$，很明显成立。

设定理在 $n=k$ 时成立。那么当 $n=k+1$ 时，如果 $p\mid a_i$，得证；如果 $p\nmid a_i$，那么它们互素，即 $\gcd(p,a_i)=1$，那么由定理 3-2-1 可知，p 必整除剩下的 k 个正整数的乘积，所以 p 必至少整除它们中的一个，得证。

定理 3-2-3 算术基本定理：任何一个大于 1 的整数都可以分解成素数乘积的形式，如果不考虑素数乘积顺序的话，表达式是唯一的，即

$n=p_1p_2\cdots p_s$，其中 $p_1\le\cdots\le p_s$ 且 $p_i(1\le i\le s)$ 是素数，并且若

$n=q_1q_2\cdots q_t$，其中 $q_1\le\cdots\le q_t$ 且 $q_j(1\le j\le t)$ 是素数，则 $s=t$，$p_i=q_i(1\le i\le s)$。

证明：1）用数学归纳法证明任何大于 1 的整数都可以表示为素数乘积的形式。

当 $n=2$ 时，它是一个素数，所以可以表示为一个素数的乘积形式。

假设对于小于整数 n 的整数命题成立。那么，对于整数 n，

如果 n 是素数，命题很明显成立；

如果 n 是合数，则存在整数 a、b 满足

$$n=ab,\ 1<a<n,\ 1<b<n$$

根据归纳假设，a 和 b 都可以表示为素数乘积的形式，所以，整数 n 也可以表示为素数乘积的形式 $n=p_1p_2\cdots p_s$，得证。

2）证明唯一性

设整数 n 还有另外的分解形式为 $n=q_1q_2\cdots q_t$，其中 $q_1\le\cdots\le q_t$ 且 $q_j(1\le j\le t)$ 是素数。则

$$p_1p_2\cdots p_s=q_1q_2\cdots q_t \tag{3-2-1}$$

所以，$p_1\mid q_1q_2\cdots q_t$。根据定理 3-2-2 可知，存在 q_j 使得 $p_1\mid q_j$，但 p_1 和 q_j 都是素数，故 $p_1=q_j$。

同理，存在 p_k 满足 $q_1=p_k$，那么

$$p_1\le p_k=q_1\le q_j=p_1$$

所以 $p_1=q_1$，将式（3-2-1）两边同时消去 p_1，有

$$p_2\cdots p_s=q_2\cdots q_t$$

同理，可推得 $p_2=q_2$。

依此类推，得到 $p_3=q_3$，$\cdots$，$q_s=p_t$，$s=t$。得证。

如果把整数表示为指数的形式，那么整数 a（$a>1$）都可以唯一地分解为以下的形式：

$$a=p_1^{a_1}p_2^{a_2}\cdots p_t^{a_t} \tag{3-2-2}$$

其中，$p_1<p_2\cdots<p_t$ 都为整除 a 的素数，$a_i(i=1,2,\cdots,t)$ 是大于零的正整数。例如：

$$385=5\times7\times11,\ 13013=7\times11\times13^2$$

这一性质也称为整数分解的唯一性，即

如果用 P 表示全体素数的集合，那么任一整数 a 都可以唯一地表示为

$$a=\prod_{p\in P}p^{a_p} \tag{3-2-3}$$

其中，$a_p \geq 0$。等号右边表示所有素数的乘积，当然对于一个特定的 a 值，大部分素数的指数项 $a_p = 0$。由此可知，两个整数相乘就等价于对应的指数项相加，即如果 $k = mn$，那么对于每一个素数 p 的指数项都有 $k_p = m_p + n_p$。从而可知，如果 $a \mid b$，对每一个素数 p 都有 $a_p \leq b_p$，因为 p^i 只能被 $p^j (j \leq i)$ 整除。

如果将 a 和 b 表示为素数乘积的形式，就可以很容易地确定 $\gcd(a, b)$。例如：

$$385 = 5 \times 7 \times 11$$
$$13013 = 7 \times 11 \times 13^2$$
$$\gcd(385, 13013) = 7 \times 11 = 77$$

一般地，$c = \gcd(a, b)$，那么对于每一个素数 p 的指数项都有 $c_p = \min(a_p, b_p)$。

3.2.2 素数定理

定理 3-2-4 素数的个数是无穷多的。

证明：（反证法）

假设素数的个数是有限的，它们分别为 p_1、p_2、$\cdots$、p_k，设 $n = p_1 p_2 \cdots p_k + 1$，那么 n 必定是一个合数，则根据算术基本定理可知，它必有一个素因子 p，那么 $p \mid n - p_1 p_2 \cdots p_k = 1$，这是不可能的，故命题得证，即素数的个数是无穷多的。

虽然素数的个数是无穷多的，但是随着整数的增大，素数的密度将越来越小，即在固定长度的两个整数之间的素数越来越少。

设 $\pi(x)$ 表示不大于 x 的素数个数，例如 $\pi(10) = 4$，$\pi(100) = 25$，现在选择计算 $\pi(x)$ 的 x 已经达到 10^{20}，由定理 3-2-4 可知，随着 x 趋于无穷，$\pi(x)$ 也趋于无穷。在一些密码体制中，需要选择一些很大的素数，例如 100 位的素数。$\pi(x)$ 的增长率对于找到一个大素数具有很大的影响。例如，如果 $\pi(x) \approx \sqrt{x}$，即使 x 达到 10^{100}，也很难找到一个 100 位的素数。

定理 3-2-5 素数定理

$$\lim_{x \to \infty} \frac{\pi(x)}{x / \ln x} = 1 \tag{3-2-4}$$

这是由高斯（Gauss）在 200 多年前提出的猜想。1896 年，法国的阿达马（J. Hadamard）和比利时的德拉瓦布桑（Ch. -J. De La Vallee-Poussin）分别独立证明了素数定理。虽然 $x / \ln x$ 只是近似等于 $\pi(x)$，但它给出了在 $1 \sim x$ 之间的随机整数 n 为素数的概率，即 $(x / \ln x) / x = 1 / \ln x$。例如，一个 100 位的随机整数为素数的概率为 $1 / \ln(10^{100}) \approx 1/230$，也就是说，在 100 位整数里，只需要在 230 个随机整数里面就可以找到一个素数。如果除去偶数，那么只需要 115 个随机整数就可能有一个素数。

一些公钥密码体制都需要寻找大素数，如 RSA 算法，素数定理提供了一个大数是素数的概率可能性。至于如何判定和寻找大素数，将在后面的章节介绍。

3.3 同余

3.3.1 同余和剩余类

定义 3-3-1 对于一个正整数 m，如果存在整数 a、b 满足 $a-b$ 被 m 整除，即 $m \mid (a-b)$，

则称整数 a 和 b 模 m 同余，记为 $a \equiv b (\mathrm{mod}\ m)$；否则，称 a 和 b 模 m 不同余，并记为 $a \not\equiv b (\mathrm{mod}\ m)$。

该定义等价于，当存在整数 k 满足 $a = b + km$ 时，则 a 和 b 模 m 同余。

同余有以下的一些性质：

1）（自反性）$a \equiv a (\mathrm{mod}\ m)$。

2）（对称性）如果 $a \equiv b (\mathrm{mod}\ m)$，那么 $b \equiv a (\mathrm{mod}\ m)$。

3）（传递性）如果 $a \equiv b (\mathrm{mod}\ m)$，$b \equiv c (\mathrm{mod}\ m)$，那么 $a \equiv c (\mathrm{mod}\ m)$。

上述性质也称为模同余的等价关系。运用等价关系可以快捷地判断两个整数是否同余。根据同余的等价关系，可以对全体整数进行分类。

定义 3-3-2 称与 a 模 m 同余的数的全体为模 m 的 a 的剩余类，记为 $[a]$，即 $[a] = \{c \mid a \equiv c (\mathrm{mod}\ m), c \in Z\}$。剩余类中的任一个数叫作该类的剩余或代表元。

这样，就可以把所有的整数映射到集合 $Z_n = \{0, 1, \cdots, m-1\}$ 上来，在 Z_m 上的模运算具有以下的性质：

1) $$[a(\mathrm{mod}\ m) + b(\mathrm{mod}\ m)] = [(a+b)(\mathrm{mod}\ m)] \tag{3-3-1}$$

2) $$[a(\mathrm{mod}\ m) - b(\mathrm{mod}\ m)] = [(a-b)(\mathrm{mod}\ m)] \tag{3-3-2}$$

3) $$[a(\mathrm{mod}\ m) \times b(\mathrm{mod}\ m)] = [(a \times b)(\mathrm{mod}\ m)] \tag{3-3-3}$$

前面两个性质很明显，下面对性质 3）进行证明。

性质 3）的证明：设 $a(\mathrm{mod}\ m) = r_a$，$b(\mathrm{mod}\ m) = r_b$，即存在整数 i 和 j 使得 $a = im + r_a$，$b = jm + r_b$。那么，$(a \times b)(\mathrm{mod}\ m) = [(im+r_a) \times (jm+r_b)](\mathrm{mod}\ m) = [ijm^2 + (ir_b + jr_a)m + r_a r_b](\mathrm{mod}\ m) = [a(\mathrm{mod}\ m) \times b(\mathrm{mod}\ m)]$。

例 3-3-1 设 $Z_7 = \{0,1,2,3,4,5,6\}$，那么 Z_7 上的模加法和模乘法运算见表 3-1。

表 3-1　Z_7 上的模加法和模乘法运算

+	0	1	2	3	4	5	6	×	0	1	2	3	4	5	6
0	0	1	2	3	4	5	6	0	0	0	0	0	0	0	0
1	1	2	3	4	5	6	0	1	0	1	2	3	4	5	6
2	2	3	4	5	6	0	1	2	0	2	4	6	1	3	5
3	3	4	5	6	0	1	2	3	0	3	6	2	5	1	4
4	4	5	6	0	1	2	3	4	0	4	1	5	2	6	3
5	5	6	0	1	2	3	4	5	0	5	3	1	6	4	2
6	6	0	1	2	3	4	5	6	0	6	5	4	3	2	1

在 Z_7 的加法运算中，对于每一个 x 都存在 y 使得 $x + y \equiv 0 (\mathrm{mod}\ 7)$，则 y 称为 x 的加法逆元。

在 Z_7 的乘法运算中，如果对于 x 存在 y 使得 $x \times y \equiv 1 (\mathrm{mod}\ 7)$，则称 y 是 x 的乘法逆元。本例中，除了 0 其他元素都有乘法逆元。

定理 3-3-1 设 a、b、c 和 d 为整数，m 是一个正整数，假设 $a \equiv b (\mathrm{mod}\ m)$，$c \equiv d (\mathrm{mod}\ m)$，则

1)
$$a+c \equiv (b+d)(\bmod\ m)　　　　　　　　　(3\text{-}3\text{-}4)$$

2)
$$a-c \equiv (b-d)(\bmod\ m)　　　　　　　　　(3\text{-}3\text{-}5)$$

3)
$$ac \equiv (bd)(\bmod\ m)　　　　　　　　　(3\text{-}3\text{-}6)$$

证明：前两个性质很明显正确。对于性质 3），因为 $m\,|\,(a-b)$，$m\,|\,(c-d)$，那么 $m\,|\,(a-b)+b(c-d)=ac-bd$，所以 $ac \equiv (bd)(\bmod\ m)$。但是，当 $ac \equiv bc(\bmod\ m)$ 时，不能推出 $a \equiv b(\bmod\ m)$。

例如，$3 \equiv 12(\bmod\ 9)$，$5 \equiv 14(\bmod\ 9)$，$(3\times5)(\bmod\ 9) \equiv (12\times14)(\bmod\ 9) \equiv 6(\bmod\ 9)$，但不能根据 $3 \equiv 12(\bmod\ 9)$ 推出 $1 \equiv 4(\bmod\ 9)$。

推论　设 a 和 b 为整数，m 是一个正整数，f 是一个系数为整数的多项式。如果 $a \equiv b(\bmod\ m)$，则 $f(a) \equiv f(b)(\bmod\ m)$。

定理 3-3-2　如果 $\gcd(a,m)=1$，$0 \leq i < j < m$，则 $ai \not\equiv aj(\bmod\ m)$。

定理 3-3-3　如果 $\gcd(a,m)=1$，则存在唯一的 $x(0<x<m)$ 使得 $ax \equiv 1(\bmod\ m)$。

证明：根据定理 3-3-2，设 $1 \leq i < j \leq m$，当 i 遍历 $1\sim m$ 的整数时，$ai(\bmod\ m)$ 也遍历 $1\sim m$ 的整数。也就是说，存在唯一的整数 $x(0<x<m)$ 使得 $ax \equiv 1(\bmod\ m)$。

在例 3-3-1 中，Z_7 上的非 0 整数 a 都存在一个整数 x 使得 $ax \equiv 1(\bmod\ 7)$，因为它们都与 7 互素，即与 m 互素的整数才在 Z_m 上存在乘法逆元。

定理 3-3-4　设 $m>1$，a、b、c 为整数且 $c \neq 0$，$\gcd(c,m)=1$，如果 $ac \equiv bc(\bmod\ m)$，则 $a \equiv b(\bmod\ m)$。

证明：由定理 3-3-3 可知，存在 x 使得 $cx \equiv 1(\bmod\ m)$。由 $ac \equiv bc(\bmod\ m)$ 可知 $acx \equiv bcx(\bmod\ m)$，即 $a\times1 \equiv b\times1(\bmod\ m)$。得证。

例如，对于 $6 \equiv 30(\bmod\ 8)$，即 $(2\times3) \equiv (10\times3)(\bmod\ 8)$，因为 $\gcd(3,8)=1$，所以 $2 \equiv 10(\bmod\ 8)$。

3.3.2　剩余系

定义 3-3-3　如果 m 个整数 $r_1,\cdots,r_m$ 是模 m 的整数，且其中任何两个整数都不在一个剩余类中，则称集合 $\{r_1,\cdots,r_m\}$ 是模 m 的一个完全剩余系。其中，$\{1,2,\cdots,m\}$ 称为模 m 的标准完全剩余系。

例如，集合 $\{0,1,2,3,4,5,6\}$ 就是一个模 7 的完全剩余系，$\{7,15,9,17,25,5,20\}$ 也是一个模 7 的完全剩余系，而 $\{1,2,3,4,5,6,7\}$ 就是模 7 的标准完全剩余系。

定义 3-3-4　如果一个模 m 的剩余类中有一个剩余与 m 互素，则称该剩余类为简化剩余类。

定理 3-3-5　设 r_1、r_2 是模 m 的一个剩余类中的两个剩余，如果 r_1 和 m 互素，则 r_2 也与 m 互素。

证明：因为 r_1 和 r_2 是一个剩余类中的两个剩余，所以存在整数 k 使得 $r_1=r_2+km$，则得 $\gcd(r_1,m)=\gcd(r_2,m)$，而 $\gcd(r_1,m)=1$，所以 $\gcd(r_2,m)=1$，即 r_2 和 m 也互素。

定义 3-3-5　设 m 是一个正整数，从模 m 中的所有不同简化剩余类中取出一个整数组成一个集合，则称这个集合为模 m 的一个简化剩余系。

例如，在 Z_8 中，与 8 互素的共有四个剩余类，它们分别模 8 等于 1，3，5，7，所以，集合 $\{1,3,5,7\}$ 就是 Z_8 的一个简化剩余系，$\{9,19,13,23\}$ 也是 Z_8 的简化剩余系。

3.3.3 一次同余式

设 $f(x)$ 是一个系数为整数的多项式，即 $f(x)=c_nx_n+\cdots+c_1x_1+c_0$，其中 c_i 是整数。m 是一个正整数，则 $f(x)\equiv0(\mathrm{mod}\ m)$ 称为模 m 的同余式。若 $c_n\neq0$，$f(x)$ 称为模 m 的 n 次同余式。

如果整数 x 使得 $f(x)\equiv0(\mathrm{mod}\ m)$ 成立，则称 x 是同余式的解。事实上，如果 $f(a)\equiv0(\mathrm{mod}\ m)$，那么 $f(a+km)\equiv0(\mathrm{mod}\ m)$。也就是说，如果剩余类中的一个剩余是同余式的解，那么该剩余类中所有的剩余都是该同余式的解。因此，同余式的解通常记为

$$x\equiv a(\mathrm{mod}\ m) \tag{3-3-7}$$

在模 m 的剩余系中，使得同余式成立的剩余类的个数叫作同余式的解数。

定理 3-3-6 设 $m>1$，a，b 都是整数。当且仅当 $\gcd(a,m)$ 整除 b 时，同余式 $ax\equiv b(\mathrm{mod}\ m)$ 有解。

证明：若同余式 $ax\equiv b(\mathrm{mod}\ m)$ 有解，即存在一个整数 y 使得 $ax-b=my$。设 $g=\gcd(a,m)$，既然 $g\,|\,a$、$g\,|\,m$，则 $g\,|\,b$。也就是说，如果 g 不能整除 b 时，同余式无解。

设 $g\,|\,b$，那么 $b=gt$，其中 t 为整数。现在考虑同余式

$$\frac{a}{g}x\equiv1\left(\mathrm{mod}\ \frac{m}{g}\right) \tag{3-3-8}$$

因为 $\gcd\left(\dfrac{a}{g},\dfrac{m}{g}\right)=1$，根据定理 3-3-3 可知存在整数 x_0 使得同余式 (3-3-8) 成立，并且同余式 (3-3-8) 的解是唯一解

$$x\equiv x_0\left(\mathrm{mod}\ \frac{m}{g}\right) \tag{3-3-9}$$

因为，如果同时有同余式

$$\frac{a}{g}x\equiv1\left(\mathrm{mod}\ \frac{m}{g}\right),\frac{a}{g}x_0\equiv1\left(\mathrm{mod}\ \frac{m}{g}\right) \tag{3-3-10}$$

成立，两式相减得

$$\frac{a}{g}(x-x_0)\equiv0\left(\mathrm{mod}\ \frac{m}{g}\right) \tag{3-3-11}$$

而 $\gcd\left(\dfrac{a}{g},\dfrac{m}{g}\right)=1$，所以有 $x\equiv x_0\left(\mathrm{mod}\ \dfrac{m}{g}\right)$。

同余式 $\dfrac{a}{g}x\equiv\dfrac{b}{g}\left(\mathrm{mod}\ \dfrac{m}{g}\right)$ 的唯一解为 $x\equiv x_1\equiv x_0\dfrac{b}{g}\left(\mathrm{mod}\ \dfrac{m}{g}\right)$，此解也是同余式 $ax\equiv b(\mathrm{mod}\ m)$ 的一个特解。

因此，同余式 $ax\equiv b\ (\mathrm{mod}\ m)$ 的全部解为

$$x\equiv x_1+k\frac{m}{g}(\mathrm{mod}\ m)\equiv x_1+k\frac{m}{\gcd(a,m)}(\mathrm{mod}\ m),k=0,1,\cdots,\gcd(a,m)-1 \tag{3-3-12}$$

例 3-3-2 求解一次同余式 $6x\equiv6\ (\mathrm{mod}\ 9)$。

解：因为 $g=\gcd(6,9)=3,3\,|\,6$，即 $g\,|\,b$，所以同余式有解。

求出同余式 $2x\equiv1(\mathrm{mod}\ 3)$ 的一个特解 $x_0\equiv2(\mathrm{mod}\ 3)$，则同余式 $2x\equiv2(\mathrm{mod}\ 3)$ 的解为

$x_1 \equiv 2x_0 \equiv 1 (\bmod 3)$。

因此，同余式 $6x \equiv 6(\bmod 9)$ 全部解为

$$x \equiv 1+k\frac{9}{3}(\bmod 9) \equiv 1+3k(\bmod 9), k=0,1,2$$

从上述的推导中可以看出，当 $\gcd(a,m)=1$ 时，一次同余式 $ax \equiv 1(\bmod m)$ 有唯一解。因为，此时 $k=0$。

3.3.4　中国剩余定理

中国剩余定理，也称孙子定理，最早见于《孙子算经》中的"物不知数"题。该题如下：今有物不知其数，三三数之有二，五五数之有三，七七数之有二，问物有多少？

用同余式表示，即

$$\begin{cases} x \equiv 2(\bmod 3) \\ x \equiv 3(\bmod 5) \\ x \equiv 2(\bmod 7) \end{cases} \tag{3-3-13}$$

问题就转化为求解同余式组的解 x。

定理 3-3-7　中国剩余定理

设 $n_1, \cdots, n_r$ 是 r 个两两互素的正整数，即 $\gcd(n_i, n_j)=1(1 \leqslant i < j \leqslant r)$。设 $a_1, \cdots, a_r$ 是 r 个任意的整数，则同余式组

$$\begin{cases} x \equiv a_1(\bmod n_1) \\ x \equiv a_2(\bmod n_2) \\ \vdots \\ x \equiv a_r(\bmod n_r) \end{cases} \tag{3-3-14}$$

一定有解，且解是唯一的。

1）（一定有解）证明：设 $N=n_1 \cdots n_r$，$N_j=N/n_j$，则 $\gcd(N_j, n_j)=1$，即 N_j 和 n_j 互素。所以，存在整数 b_j 使得 $N_j b_j \equiv 1(\bmod n_j)$。因为 $n_i \mid N_j=N/n_j$，所以如果 $i \neq j$ 则 $N_j b_j \equiv 0(\bmod n_i)$。设

$$x_0 = \sum_{j=1}^{r} N_j b_j a_j \tag{3-3-15}$$

如果 $i=j$，设 $\delta_{ij}=1$；如果 $i \neq j$，$\delta_{ij}=0$，则

$$x_0 = \sum_{j=1}^{r} N_j b_j a_j \equiv \sum_{j=1}^{r} \delta_{ij} a_j \equiv a_i(\bmod n_i) \tag{3-3-16}$$

所以，同余式组有公共解 x_0。

2）（唯一性）设 x_1 是同余式的另一个解，则 $x_0 \equiv a_i \equiv x_1(\bmod n_i)$，且对每一个 i 都有 $n_i \mid (x_0-x_1)$。又 n_i 两两互素，所以 $\left(\sum_{i=1}^{r} u_i - N \right) \mid (x_0 - x_1)$，即 $x_0 - x_1 \equiv 0(\bmod N)$，所以 $x_0 \equiv x_1(\bmod N)$。

对于"物不知数"题有 $N=3 \times 5 \times 7=105$，$N_1=35$，$N_2=21$，$N_3=15$，$b_1=2$，$b_2=1$，$b_3=1$，那么该题的解就是

$$x_0 = \sum_{j=1}^{3} N_j b_j a_j = (35 \times 2 \times 2 + 21 \times 1 \times 3 + 15 \times 1 \times 2)(\bmod 105) = 23(\bmod 105)$$

3.4 欧拉定理概述

3.4.1 费马小定理

费马小定理是由法国数学家皮埃尔·德·费马（Pierre de Fermat）最早于 17 世纪中叶证明的。费马在同余理论提出之前就证明了这个定理，即 p 整除 $a^{p-1}-1$。

定理 3-4-1 （费马小定理）

设 p 是素数，a 是正整数，且 $\gcd(a,p)\equiv1$，则 $a^{p-1}\equiv1\pmod{p}$。

证明：因为 $\gcd(a,p)=1$，则当 i 遍历 $\{1,\cdots,p-1\}$ 时，$a^i\pmod{p}$ 也遍历 $\{1,\cdots,p-1\}$。所以

$$a^{p-1}\prod_{i=1}^{p-1}i=\prod_{i-1}^{p-1}(ai)\equiv\left(\prod_{i=1}^{p-1}i\right)\cdot1\pmod{p} \tag{3-4-1}$$

即

$$(p-1)!\,a^{p-1}\equiv(p-1)!\pmod{p} \tag{3-4-2}$$

因为 p 是素数，所以 1，$\cdots$，$p-1$ 与 p 均互素，就有 $\gcd\left(\prod_{i=1}^{p-1}i,\ p\right)=1$，所以式（3-4-2）两边可以消去 $(p-1)!$，从而得到 $a^{p-1}\equiv1\pmod{p}$。

费马小定理的另外一种表达形式是：如果 p 是一素数，a 是一正整数，则 $a^p\equiv a\pmod{p}$。即在 $a^{p-1}\equiv1\pmod{p}$ 两边同时乘上 a。

利用费马小定理可以求出 a 的乘法逆元。因为 $a\times a^{p-2}\equiv1\pmod{p}$，所以 a 的乘法逆元就是 $a^{p-2}\pmod{p}$。

例如，$3^{7-1}\equiv1\pmod{7}$，则 3 的乘法逆元 $3^{-1}=3^{7-2}\pmod{7}\equiv5\pmod{7}$。

3.4.2 欧拉定理

定义 3-4-1 设 m 是一正整数，则称小于 m 的整数 $0,1,\cdots,m-1$ 中与 m 互素的整数个数为欧拉函数，记为 $\varphi(m)$。

例如，$\varphi(8)=4$，$\varphi(10)=4$，$\varphi(15)=8$。

显然，当 m 为素数时，$\varphi(m)=m-1$。

定理 3-4-2 设 p、q 是两个互素的正整数，$n=pq$，则

$$\varphi(n)=\varphi(p)\varphi(q) \tag{3-4-3}$$

证明：在集合 $Z_n=\{0,1,\cdots,n-1\}$ 中，不与 Z_n 互素的数包括 $M=\{p,2p,\cdots,(q-1)p\}$，$N=\{q,2q,\cdots,(p-1)q\}$ 和整数 0。并且 $M\cap N=\Phi$，否则就存在整数 i，j 使得 $ip=jq$，其中 $1\leqslant i\leqslant q-1,1\leqslant j\leqslant p-1$，而 p 和 q 互素，所以 $p\,|\,j$，即存在 k 使得 $j=kp$，其中 $k\geqslant1$，从而得到 $ip=jq=kpq$，即 $i=kq\geqslant q$，这与 $i\leqslant q-1$ 相矛盾。所以

$$\varphi(n)=pq-\big[(p-1)+(q-1)+1\big]=(p-1)(q-1)=\varphi(p)\varphi(q)$$

例如，$\varphi(10)=\varphi(2)\varphi(5)=1\times4=4$，$\varphi(50)=\varphi(2)\varphi(5)\varphi(5)=1\times4\times4=16$。

由欧拉函数的定义可知，在 $1\sim m$ 之间与 m 互素的整数个数就等于 $\varphi(m)$，也就是说，模 m 的简化剩余系中的剩余类的个数是 $\varphi(m)$。

定理 3-4-3　设 a 是一个与 m 互素的整数，$\{r_1,\cdots,r_{\varphi(m)}\}$ 是模 m 的一个简化剩余系，则 $\{ar_1,\cdots,ar_{\varphi(m)}\}$ 也是模 m 的一个简化剩余系。

证明：

1)（反证法）证明 ar_i 也与 m 互素。

假设 ar_i 和 m 不互素，则 $\gcd(ar_i,m)>1$，存在素数 p 整除 $\gcd(ar_i,m)$，即 $p\mid m$，$p\mid ar_i$。又 $\gcd(a,m)=1$，$p\mid m$，故 p 不整除 a。所以 $\gcd(p,a)=1$，得到 $p\mid r_i$。这样，p 既整除 m 也整除 r_i，所以 $p\mid\gcd(m,r_i)$，从而 $\gcd(m,r_i)>1$。这与 $\gcd(m,r_i)=1$ 相矛盾，所以 ar_i 和 m 互素。

2) 证明 $\{ar_1,\cdots,ar_{\varphi(m)}\}$ 中的元素模 m 两两互不同余。

假设存在 $i\neq j$，使得 $ar_i\equiv ar_j(\bmod\ m)$，而 $\gcd(a,m)=1$，所以 $r_i\equiv r_j(\bmod\ m)$，这与 r_i 和 r_j 不属于一个简化剩余系相矛盾。所以，模 m 两两互不同余。

定理 3-4-4　欧拉定理

设 $m>1$ 且 $\gcd(a,m)=1$，则 $a^{\varphi(m)}\equiv1(\bmod\ m)$。

证明：设 $\{r_1,\cdots,r_{\varphi(m)}\}$ 是模 m 的一个简化剩余系，则 $\{ar_1,\cdots,ar_{\varphi(m)}\}$ 也是模 m 的一个简化剩余系，所以对于任意的 r_i 存在唯一的 r_j，使得 $r_i\equiv ar_j(\bmod\ m)$，则

$$a^{\varphi(m)}\prod_{i=1}^{\varphi(m)}r_i=\prod_{i=1}^{\varphi(m)}(ar_i)\equiv\prod_{i=1}^{\varphi(m)}r_i(\bmod\ m)\tag{3-4-4}$$

又 $\gcd\left(\prod\limits_{i=1}^{\varphi(m)}r_i,\ m\right)=1$，式（3-4-4）两边同时消去该项，得 $a^{\varphi(m)}\equiv1\ (\bmod\ m)$。

由欧拉定理可知，$a\times a^{\varphi(m)-1}(\bmod\ m)\equiv a^{\varphi(m)}(\bmod\ m)\equiv1(\bmod\ m)$。所以 $a^{\varphi(m)-1}(\bmod\ m)$ 是 $a(\bmod\ m)$ 的乘法逆元。

3.4.3　利用扩展欧几里得算法求乘法逆元

定理 3-4-5　如果整数 a 和 b 不都为 0，那么存在整数 x 和 y 满足 $ax+by=\gcd(a,b)$。

证明：设 g 是 $ax+by$ 形式的最小正整数，$g=ax+by$。则 a 和 b 的公因子都整除 $ax+by=g$，即 $\gcd(a,b)$ 整除 g，那么 $\gcd(a,b)\leqslant g$。而 g 又整除 a。因为假设 g 不整除 a，那么存在 $0<r<g$ 满足 $a=gq+r$，$r=a-gq=a-q(ax+by)=a(1-qx)+b(-qy)$，这就与 g 是 $ax+by$ 形式的最小正整数相矛盾。所以 g 整除 a。同理可证 g 整除 b。所以 $g\leqslant\gcd(a,b)$。也就有 $g=\gcd(a,b)$。

如果 $\gcd(a,b)=1$，则 b 在模 a 下有乘法逆元，即存在一个 x 满足 $bx\equiv1(\bmod\ a)$。用扩展欧几里算法先求出 $\gcd(a,b)$，当 $\gcd(a,b)=1$ 时，则返回的 y 值就是 b 的乘法逆元。

扩展欧几里得算法的程序实现如下所示。

输入：整数 $a\geqslant b>0$。

输出：$g=\gcd(a,b)$ 以及满足 $ax+by=\gcd(a,b)$ 的 x 和 y。

```
x=1; y=0; g=a; r=0; s=1; t=b;
while (t>0)
    {
        q=⌊g/t⌋;
        u=x-qr; v=y-qs; w=g-qt;
        x=r; y=s; g=t;
        r=u; s=v; t=w;
```

```
    }
return(g,x,y);
```

3.5 二次剩余

3.5.1 二次剩余的定义

定义 3-5-1 设 m 是一整数，r 是与 m 互素的一整数，如果二次同余式 $x^2 \equiv r(\bmod m)$ 有解，则称 r 是模 m 的二次剩余（或称平方剩余）。否则，称 r 是模 m 的非二次剩余。

例 3-5-1

$x^2 \equiv 1(\bmod 11)$ 的解为 $x=1$，$x=10$；

$x^2 \equiv 3(\bmod 11)$ 的解为 $x=5$，$x=6$；

$x^2 \equiv 4(\bmod 11)$ 的解为 $x=2$，$x=9$；

$x^2 \equiv 5(\bmod 11)$ 的解为 $x=4$，$x=7$；

$x^2 \equiv 9(\bmod 11)$ 的解为 $x=3$，$x=8$；

而 $x^2 \equiv 2(\bmod 11)$，$x^2 \equiv 6(\bmod 11)$，$x^2 \equiv 7(\bmod 11)$，$x^2 \equiv 8(\bmod 11)$，$x^2 \equiv 10(\bmod 11)$ 则无解。共有 5 个数（1,3,4,5,9）是模 11 的二次剩余，且每个二次剩余都有两个根。这里只讨论 m 为素数的二次同余式。

3.5.2 勒让德符号

定义 3-5-2 设 p 为素数，a 是一整数，则勒让德（Legendre）符号 $\left(\dfrac{a}{p}\right)$ 的定义如下：

$$\left(\frac{a}{p}\right) \begin{cases} 1, & \text{若 } a \text{ 是模 } p \text{ 的二次剩余} \\ -1, & \text{若 } a \text{ 是模 } p \text{ 的非二次剩余} \\ 0, & \text{若 } p \text{ 整除 } a \end{cases} \tag{3-5-1}$$

例如，$\left(\dfrac{1}{11}\right) = \left(\dfrac{3}{11}\right) = \left(\dfrac{4}{11}\right) = \left(\dfrac{5}{11}\right) = \left(\dfrac{9}{11}\right) = 1$，而 $\left(\dfrac{2}{11}\right) = \left(\dfrac{6}{11}\right) = \left(\dfrac{7}{11}\right) = \left(\dfrac{8}{11}\right) = \left(\dfrac{10}{11}\right) = -1$。

定理 3-5-1 设 p 是奇素数，则对整数 a 是否是模 p 的二次剩余有下面简单的判断方法。

$$\left(\frac{a}{p}\right) \equiv a^{\frac{p-1}{2}}(\bmod p) \tag{3-5-2}$$

若 $a^{\frac{p-1}{2}}(\bmod p) = 1$，$a$ 就是模 p 的二次剩余，若 $a^{\frac{p-1}{2}}(\bmod p) = -1$，则 a 是模 p 的非二次剩余。这个判别法则称为欧拉判别法则。

例 3-5-2 设 $p=13$，$a=9$，则 $9^{\frac{13-1}{2}}(\bmod 13) \equiv 9^6(\bmod 13) \equiv 1$；如果 $a=11$，则 $11^{\frac{13-1}{2}}(\bmod 13) \equiv 11^6(\bmod 13) \equiv -1$。所以，9 是模 13 的二次剩余，而 11 是模 13 的非二次剩余。

定理 3-5-2 设 p 是奇素数，则有

1)
$$\left(\frac{ab}{p}\right) = \left(\frac{a}{p}\right)\left(\frac{b}{p}\right) \tag{3-5-3}$$

2)
$$\left(\frac{a+p}{p}\right) = \left(\frac{a}{p}\right) \tag{3-5-4}$$

3) 若 $\gcd(a,p)=1$，则
$$\left(\frac{a^2}{p}\right)=1 \qquad\qquad (3\text{-}5\text{-}5)$$

证明：

1) 根据欧拉判别法则，有
$$\left(\frac{a}{p}\right)\equiv a^{\frac{p-1}{2}}(\bmod\ p),\left(\frac{b}{p}\right)\equiv b^{\frac{p-1}{2}}(\bmod\ p)$$

$$\left(\frac{ab}{p}\right)\equiv(ab)^{\frac{p-1}{2}}(\bmod\ p)\equiv a^{\frac{p-1}{2}}b^{\frac{p-1}{2}}(\bmod\ p)\equiv\left(\frac{a}{p}\right)\left(\frac{b}{p}\right)(\bmod\ p)$$

而 p 是奇素数，所以 $\left(\dfrac{ab}{p}\right)=\left(\dfrac{a}{p}\right)\left(\dfrac{b}{p}\right)$。

2) 因为 $x^2\equiv(a+p)(\bmod\ p)$，所以 $x^2\equiv a(\bmod\ p)$，从而 $\left(\dfrac{a+p}{p}\right)=\left(\dfrac{a}{p}\right)$。

3) 由 1) 得 $\left(\dfrac{a^2}{p}\right)=\left(\dfrac{a}{p}\right)^2$，而 $\gcd(a,p)=1$，所以 p 不能整除 a，从而 $\left(\dfrac{a}{p}\right)=\pm1$，所以 $\left(\dfrac{a^2}{p}\right)=\left(\dfrac{a}{p}\right)^2=1$。

推论：设 p 是奇素数，如果 a、b 满足 $a\equiv b\ (\bmod\ p)$，则 $\left(\dfrac{a}{p}\right)=\left(\dfrac{b}{p}\right)$。

3.5.3　雅可比符号

定义 3-5-3　设 $m=p_1^{a_1}p_2^{a_2}\cdots p_r^{a_r}$ 是奇素数的乘积，对于任意整数 a，定义雅可比（Jacobi）符号为
$$J(a,m)=\left(\frac{a}{m}\right)=\left(\frac{a}{p_1}\right)^{a_1}\left(\frac{a}{p_2}\right)^{a_2}\cdots\left(\frac{a}{p_r}\right)^{a_r} \qquad (3\text{-}5\text{-}6)$$

雅可比符号是勒让德符号的推广，其右端就是勒让德符号。可以发现，当 m 为素数时，雅可比符号就是勒让德符号。当雅可比符号等于 -1 时，它可以用于判断 a 是模 m 的非二次剩余；但是当它等于 1 时，却不能用于判断 a 是模 m 的二次剩余。例如，3 是 35 的非二次剩余，而 $\left(\dfrac{3}{35}\right)=\left(\dfrac{3}{5}\right)\left(\dfrac{3}{7}\right)=(-1)(-1)=1$。

雅可比符号具有如下一些性质。

定理 3-5-3　设 m 是正奇数，则

1) 　　　　　　　$$\left(\frac{a+m}{m}\right)=\left(\frac{a}{m}\right) \qquad\qquad (3\text{-}5\text{-}7)$$

2) 　　　　　　　$$\left(\frac{ab}{m}\right)=\left(\frac{a}{m}\right)\left(\frac{b}{m}\right) \qquad\qquad (3\text{-}5\text{-}8)$$

3) 若 $\gcd(a,m)=1$，则　　　　　$$\left(\frac{a^2}{m}\right)=1 \qquad\qquad (3\text{-}5\text{-}9)$$

当 a 取一些特殊值时，雅可比符号具有下述性质：
$$\left(\frac{1}{m}\right)=1,\left(\frac{-1}{m}\right)=(-1)^{\frac{m-1}{2}},\left(\frac{2}{m}\right)=(-1)^{\frac{m^2-1}{8}}$$

定理 3-5-4 （雅可比符号的互反律）设 m，n 是奇数，则

$$\left(\frac{n}{m}\right) = (-1)^{\frac{m-1}{2} \cdot \frac{n-1}{2}} \left(\frac{m}{n}\right) \qquad (3\text{-}5\text{-}10)$$

如果 $n \equiv m \equiv 3 (\mod 4)$，则 $\left(\dfrac{n}{m}\right) = -\left(\dfrac{m}{n}\right)$；否则，$\left(\dfrac{n}{m}\right) = \left(\dfrac{m}{n}\right)$。

引入雅可比符号对于计算勒让德符号是很有帮助的，因为在计算时并不需要求素因子的分解，在计算 $\left(\dfrac{n}{m}\right)$ 时可以用 $n(\mod m)$ 代替 n，而且用互反律可以减小 $\left(\dfrac{n}{m}\right)$ 中的 m。

3.6 离散对数

3.6.1 指数及其基本性质

定义 3-6-1 设 $m > 1$ 是整数，a 是一个与 m 互素的正整数，则使得 $a^e \equiv 1 (\mod m)$ 成立的最小正整数 e 称为 a 模 m 的指数，并记为 $\mathrm{ord}_m(a)$。

根据欧拉定理可知，当 $\gcd(a, m) = 1$ 时，$a^{\varphi(m)} \equiv 1 (\mod m)$，所以 $1 \le e \le \varphi(m)$。如果 a 的指数等于 $\varphi(m)$，那么 a 叫作模 m 的原根。

例 3-6-1 设整数 $m = 11$，则 $\varphi(11) = 10$，那么有

$1^1 (\mod 11) \equiv 1 (\mod 11)$，$2^{10} (\mod 11) \equiv 1 (\mod 11)$，$3^5 (\mod 11) \equiv 1 (\mod 11)$，$4^5 (\mod 11) \equiv 1 (\mod 11)$，$5^5 (\mod 11) \equiv 1 (\mod 11)$，$6^{10} (\mod 11) \equiv 1 (\mod 11)$，$7^{10} (\mod 11) \equiv 1 (\mod 11)$，$8^{10} (\mod 11) \equiv 1 (\mod 11)$，$9^5 (\mod 11) \equiv 1 (\mod 11)$，$10^2 (\mod 11) \equiv 1 (\mod 11)$，列为表 3-2。

表 3-2 $a\text{-}\mathrm{ord}_m(a)$ 表

a	1	2	3	4	5	6	7	8	9	10
$\mathrm{ord}_m(a)$	1	10	5	5	5	10	10	10	5	2

所以，$2, 6, 7, 8$ 都是模 11 的原根。

当然，并不是所有的整数都有原根，只有具有下面形式的整数才有原根：2、4、p^a、$2p^a$。其中，a 为正整数，p 为不等于 2 的素数。

定理 3-6-1 设 m 是大于 1 的整数，a 是与 m 互素的整数，e 是 a 模 m 的指数，则正整数 x 是 $a^x \equiv 1 (\mod m)$ 解的充要条件是 $e \mid x$。

证明：（必要性）如果 $e \mid x$，即存在整数 k 使得 $x = ek$，因为 $a^e \equiv 1 (\mod m)$，所以 $a^x = (a^e)^k \equiv 1^k (\mod m) \equiv 1 (\mod m)$。

（充分性）设 $a^x \equiv 1 (\mod m)$，根据带余除法得 $x = eq + r$，其中 $0 \le r < e$。则 $a^x \equiv a^{eq+r} (\mod m) \equiv (a^e)^q a^r (\mod m) \equiv a^r (\mod m)$。而 $a^x \equiv 1 (\mod m)$，所以 $a^r \equiv 1 (\mod m)$。又 e 是使得 $a^e \equiv 1 (\mod m)$ 成立的最小正整数，而 $0 \le r < e$，所以 r 必为 0。所以，$e \mid x$。

推论：因为 $a^{\varphi(m)} \equiv 1 (\mod m)$，所以 a 模 m 的指数整除 $\varphi(m)$。

如果 a 是模 m 的原根，则 $a, a^2, \cdots, a^{\varphi(m)}$ 在模 m 下是互不相同且都是与 m 互素的。特别

的，当 a 是素数 p 的原根时，则 $a, a^2, \cdots, a^{p-1}$ 在模 p 下都不相同。也就是说，这 $\varphi(m)$ 个数构成模 m 的一个简化剩余系。例如，在例 3-6-1 中，11 是素数，2 是 11 的原根，则 2、2^2、$\cdots$、2^{10} 模 11 时分别是 2、4、8、5、10、9、7、3、6、1，它们各不相同。

3.6.2 指标

通过对对数概念的理解引入指标的概念。在指数运算中，如果 $y=a^x (a>0, a\neq 1)$ 存在逆运算 $x=\log_a y (y>0)$，即以 a 为底的对数运算。并且在对数运算中下列性质成立：

$$\log_a 1=0, \ \log_a a=1, \ \log_a xy=\log_a x+\log_a y, \ \log_a x^y=y\log_a x$$

根据上面的讨论可知，当 r 遍历 $\varphi(m)$ 的完全剩余系时，g^r 也遍历 m 的一个简化剩余系。所以，对于整数 a，如果 $\gcd(a,m)=1$，则存在一个整数 r，$1\leqslant r\leqslant \varphi(m)$，使得

$$g^r\equiv a(\bmod m), 1\leqslant r\leqslant \varphi(m) \tag{3-6-1}$$

定义 3-6-2 设 m 是大于 1 的整数，g 是模 m 的一个原根，a 是一个与 m 互素的整数，则存在唯一的整数 r 使

$$g^r\equiv a(\bmod m), 1\leqslant r\leqslant \varphi(m) \tag{3-6-2}$$

成立，这个整数 r 就叫作以 g 为底的 a 对模 m 的一个指标，记作 $r=\mathrm{ind}_{g,m} a$。

例 3-6-2 2 是模 11 的原根，所以，$\mathrm{ind}_{2,11}1=10$，$\mathrm{ind}_{2,11}2=1$，$\mathrm{ind}_{2,11}3=8$，$\mathrm{ind}_{2,11}4=2$，$\mathrm{ind}_{2,11}5=4$，$\mathrm{ind}_{2,11}6=9$，$\mathrm{ind}_{2,11}7=7$，$\mathrm{ind}_{2,11}8=3$，$\mathrm{ind}_{2,11}9=6$，$\mathrm{ind}_{2,11}10=5$。

很明显，指标具有如下的性质：$\mathrm{ind}_{g,m}(1)=0, \mathrm{ind}_{g,m}(g)=1$。因为 $g^0\equiv 1(\bmod m), g^1\equiv g(\bmod m)$。

定理 3-6-2 设 m 是大于 1 的整数，g 是模 m 的一个原根，a 是与 m 互素的一个整数，如果整数 r 是同余式 $g^r\equiv a(\bmod m)$ 的解，则整数 r 满足 $r\equiv \mathrm{ind}_{g,m}(\bmod \varphi(m))$。

证明：因为 $\gcd(a,m)=1$，所以

$$g^r\equiv a(\bmod m)\equiv g^{\mathrm{ind}_{g,m}a}(\bmod m)$$

从而

$$g^{r-\mathrm{ind}_{g,m}a}\equiv 1(\bmod m)$$

而 g 模 m 的指数为 $\varphi(m)$，所以

$$\varphi(m)\mid(r-\mathrm{ind}_{g,m}a)$$

所以，$r\equiv \mathrm{ind}_{g,m}(\bmod \varphi(m))$。

定理 3-6-3 设 m 是大于 1 的整数，g 是模 m 的一个原根，如果 a_1, a_2 是与 m 互素的两个整数，则 $\mathrm{ind}_{g,m}(a_1 a_2)\equiv [\mathrm{ind}_{g,m}(a_1)+\mathrm{ind}_{g,m}(a_2)]\bmod \varphi(m)$。 \tag{3-6-3}

证明：设 $r_1=\mathrm{ind}_{g,m}(a_1), r_2=\mathrm{ind}_{g,m}(a_2)$，则根据指标的定义有

$$a_1\equiv g^{r_1}(\bmod m), \ a_2\equiv g^{r_2}(\bmod m)$$

所以，$a_1 a_2\equiv g^{r_1+r_2}(\bmod m)\equiv g^{\mathrm{ind}_{g,m}(a_1 a_2)}(\bmod m)$。

由定理 3-6-2 得

$$\mathrm{ind}_{g,m}(a_1 a_2)\equiv [\mathrm{ind}_{g,m}(a_1)+\mathrm{ind}_{g,m}(a_2)]\bmod \varphi(m)$$

根据定理 3-6-3 可以推得

$$\mathrm{ind}_{g,m}(a^n)\equiv n\,\mathrm{ind}_{g,m}(a)\bmod \varphi(m)$$

例 3-6-3 做模 9 的指标表。

解：已知 2 是模 11 的一个原根，$\varphi(9)=6$，计算 $2^r(\bmod 9)$ 为

$2^0 \equiv 1(\bmod 9)$，$2^1 \equiv 2(\bmod 9)$，$2^2 \equiv 4(\bmod 9)$，$2^3 \equiv 8(\bmod 9)$，$2^4 \equiv 7(\bmod 9)$，$2^5 \equiv 5(\bmod 9)$

所以，与 9 互素的数的指标见表 3-3。

表 3-3 与 9 互素的数及指标表

数	1	2	4	5	7	8
指标	0	1	2	5	4	3

3.6.3 离散对数

设 m 为素数，a 是 m 的一个原根，则当 i 遍历 $\{1,2,\cdots,m-1\}$ 时，$a^i(\bmod m)$ 也遍历 $\{1,2,\cdots,m-1\}$，即对于任意一个 $b \in \{1,2,\cdots,m-1\}$，存在唯一的 $i \in \{1,2,\cdots,m-1\}$ 满足 $b \equiv a^i(\bmod m)$。称 i 为模 m 下以 a 为底 b 的离散对数，并记为 $i \equiv \log_a b(\bmod m)$。

如果已知 a、i 和 m，则计算出 b 是比较容易的，但是如果知道 a、b 和 m 而求 i 则是非常困难的。这也是 RSA 算法加密运算安全性的保证。

3.7 素性检验

寻找大素数在公钥密码体制中是很重要的，例如在 RSA 算法中首先要选取两个大素数。素性检验是检验给定的整数是否为素数。

定理 3-7-1 设 n 是一个正合数，p 是 n 的一个大于 1 的最小因数，则 p 一定是素数，且 $p \leqslant \sqrt{n}$。

证明：（反证法）

假设 p 不是素数，则存在整数 $q(1<q<p)$，使得 $q \mid p$，又 $p \mid n$，所以 $q \mid n$，即 q 是一个小于 p 的正因数，这与 p 是 n 的最小正因数相矛盾，所以 p 是素数。

又 $p \mid n$，所以存在一整数 n_1 使得 $n=pn_1(1<p \leqslant n_1<n)$，所以 $p^2 \leqslant n$，即 $p \leqslant \sqrt{n}$。

定理 3-7-2 设 n 是一个正整数，如果对于所有小于 $\sqrt{n}$ 的素数 p 都有 $p \nmid n$，则 n 一定是素数。

上述定理对于所有小于 $\sqrt{n}$ 的整数都不能整除 n 时，n 也是素数，也成立。

利用定理 3-7-2 可以判定一个较小的整数是否为素数。程序实现如下。

输入：n。

输出：n 是素数或 n 的素因子 m。

```
m=n;
p=2;
while( p ≤ √m ){
    if( m mod p=0 ){
        print"n is composite with factor p"// n 是合数，且 p 是 n 的因子
        m=m/p}
    else {p=p+1};
```

}

　　if(m = n) ｛print" n is prime" ｝

　　else if(m>1) ｛print" the last prime of n is m" ｝；

　　这个判定素数的方法对于较小的整数是很适合的，但是当 n 很大时，这个算法就无能为力了。这里介绍索洛瓦格·斯特拉森（Solovag-Strassen）概率检验法。这个算法中使用了雅可比符号。检验 n 是否为素数的算法如下：

　　1）选择一个小于 n 的随机数 a。

　　2）如果 $\gcd(a,n) \neq 1$，那么 n 是合数。

　　3）计算 $j = a^{(n-1)/2} \bmod n$。

　　4）计算雅可比符号 $J(a,n)$。

　　5）如果 $j \neq J(a,n)$，那么 n 肯定不是素数。

　　6）如果 $j = J(a,n)$，那么 n 不是素数的可能性至多为 50%。

　　对随机数 a 选择 m 次，重复 m 次检验。通过 m 次检验后，n 为合数的可能性不超过 $1/2^m$。

　　在实际应用中，这个算法运行速度很快。首先，产生一个大的待测随机数 n。检验它是否可以被较小的素数 2，3，5，7，11，13 等整除；然后，产生另一个随机数 r，并计算 $\gcd(n,r)$ 和 $r^{(n-1)/2} \bmod n$ 进行检验；如果 n 检验通过，则产生另一个随机数 r'；重复检验，直到满意为止。

　　RSA 体制实用化研究的基础问题之一是确定性分解算法。如果算法结果为"Yes"，则 N 是素数。

　　定理 3-7-3　如果 N 满足 $b^{N-1} \equiv 1 \bmod(n)$，且对于所有小于 $N-1$ 的素因子 p_i 都有 $b^{(n-1)/p_i} \neq 1 \bmod(n)$，则 N 为素数。

　　1988 年，澳大利亚人德米特科（Demytko）提出了 Demytko 法，它利用已知的小素数通过迭代来产生一个大素数。

　　定理 3-7-4　设 $p_{i+1} = h_i p_i$，则如果满足下述四个条件，p_{i+1} 为素数。

　　1）p_i 是素数。

　　2）$h_i < 4(p_{i+1})$，h_i 为偶数。

　　3）$2^{h_i p_i} = 1 \bmod(p_{i+1})$。

　　4）$2^{h_i} \neq 1 \bmod(p_{i+1})$。

　　利用定理 3-7-4 就可以由 8bit 的小素数产生 16bit 的素数，再迭代产生 32bit 的素数，如此循环迭代，可以产生很大的素数。目前，该算法还没有完全解决产生适用于 RSA 体制的大素数。当然，还有其他的检验素数的方法，譬如拉宾-米勒（Rabin-Miller）方法。有兴趣的读者可以参阅相关文献。

3.8　有限域

3.8.1　群、环、域和有限域

1. 群

　　定义 3-8-1　群 $(G,+)$ 包含一个非空集合 G 和一个定义在该集合元素上的二元运算"+"，并且该运算满足以下条件：

1）封闭性：对于任何 $a,b \in G$，有 $a+b \in G$。

2）结合律：对于任何 $a,b,c \in G$，有 $(a+b)+c=a+(b+c)$。

3）零元素：存在一个元素 $0 \in G$，对于任何 $a \in G$，有 $a+0=a$。

4）逆元素：对于任何元素 $a \in G$，存在一个元素 b，使得 $a+b=0$。

如果一个群满足交换律，即对于任何 $a,b \in G$，有 $a+b=b+a$，那么称该群为交换群（或 Abel 群）。

交换群的一个最常见的例子是 $(Z,+)$，即整数集和"加法"运算。另一个例子就是 $(Z_n,+)$，该集合包含从 $0 \sim n-1$ 的整数，运算是模 n 下的加法。

如果一个群的元素个数是有限的，则称该群为有限群，否则称为无限群。有限群中元素的个数称为有限群的阶。

这里需要强调的是，符号"+"表示任意一个群的运算，并不一定是"加法"运算。

2. 环

定义 3-8-2 环 $(R,+,\cdot)$ 包含一个集合 R 和两个定义在该集合元素上的运算"+"和"$\cdot$"，并且运算满足以下的条件：

1）$(R,+)$ 是交换群。

2）R 上的元素对于运算"$\cdot$"满足封闭性和结合律。

3）R 关于运算"$\cdot$"存在零元素。

4）运算"+"和"$\cdot$"服从分配律，即对于任何 $a,b,c \in R$，有 $(a+b)\cdot c=(a\cdot c)+(b\cdot c)$。

运算"$\cdot$"下的零元素通常用 1 表示。如果集合 R 关于运算"$\cdot$"满足交换律，则称环 $(R,+,\cdot)$ 为交换环。

环的一个常见例子是 $(Z,+,\cdot)$，即具有"加法"和"乘法"运算的整数集。并且该环关于运算"$\cdot$"满足交换律，所以 $(Z,+,\cdot)$ 是交换环。

具有"矩阵加法"和"矩阵乘法"运算的 $n \times n$ 矩阵集也构成环。但它关于"矩阵乘法"运算不满足交换律，所以它不是交换环（$n>1$）。

3. 域

定义 3-8-3 如果满足以下条件，则称结构 $(F,+,\cdot)$ 为一个域：

1）$(F,+,\cdot)$ 是一个交换环。

2）除了 $(F,+)$ 中的零元素之外，F 中的其他所有元素关于运算"$\cdot$"在 F 中都存在逆元素。

结构 $(F,+,\cdot)$ 当且仅当 $(F,+)$ 和 $(F \backslash \{0\},\cdot)$ 都为交换群并且满足分配律。$(F \backslash \{0\},\cdot)$ 中的零元素被称为域的单位元。

域的一个常见例子是具有"加法"和"乘法"运算的实数集。具有相同运算的复数集和有理数集也是域。这些域中元素的个数是无限的。

4. 有限域

如果域 F 的元素个数是有限的，则称其为有限域。集合中元素的个数称为有限域的阶。m 阶有限域存在当且仅当 m 是某个素数的幂，即存在整数 n 和素数 p 满足 $m=p^n$。也就是说，有限域的阶必为素数的幂。对于任意整数 n 和素数 p，存在 p^n 阶域，并记为 $GF(p^n)$ 或 F_{p^n}，p 称为有限域的特征。

有限域的一个简单例子就是，当 $n=1$ 时，素数 p 阶域 $GF(p)$，那么它的元素就是整数 $1,2,\cdots,p-1$。该域上的两种运算是"模 p 的整数加法"和"模 p 的整数乘法"。

在密码学中常用到的有限域包括素数 p 阶域 GF(p) 和阶为 2^m 的 GF(2^m) 域。

3.8.2 有限域上的计算

1. 有限域 GF(p)

这种有限域也称为 Galois 域，是为了纪念 19 世纪的法国数学家伽罗瓦（Evariste Galois）。在 Galois 域上，有一个加法零元素 0 和一个乘法单位元 1。Galois 域的运算大量用于密码学中，当然在许多密码体制中，p 都是一个很大的素数。

例 3-8-1 GF(5)，在模 $m=5$ 时的 5 个剩余类对模 5 的整数加法和模 5 的整数乘法运算构成有限域，见表 3-4 和表 3-5。

表 3-4 模 5 的整数加法运算

$\oplus$	0	1	2	3	4
0	0	1	2	3	4
1	1	2	3	4	0
2	2	3	4	0	1
3	3	4	0	1	2
4	4	0	1	2	3

表 3-5 模 5 的整数乘法运算

$\otimes$	0	1	2	3	4
0	0	0	0	0	0
1	0	1	2	3	4
2	0	2	4	1	3
3	0	3	1	4	2
4	0	4	3	2	1

设 $F_P[x]$ 为 GF(p) 上的多项式集合，那么可以在 $F_P[x]$ 上定义下面多项式的加法和乘法运算。

设 x 的任意次多项式表示为

$$v(x)=v_0+v_1x+v_2x^2+\cdots+v_{N-1}x^{N-1}=\sum_{i=0}^{N-1}v_ix^i\in F_P[x],\quad v_i\in\text{GF}(p) \tag{3-8-1}$$

v_{N-1} 是 $v(x)$ 的首项系数，如果 $v_{N-1}=1$，则称多项式为首一多项式。$\deg v(x)$ 为系数不为零的最高次项的次数。

两个多项式 $a(x)=\sum_{i=0}^{N-1}a_ix^i$ 和 $b(x)=\sum_{i=0}^{M-1}b_ix^i$ 的加法定义为

$$c(x)=a(x)+b(x)=\sum_{i=0}^{\max\{N-1,M-1\}}(a_i+b_i)x^i,\quad c_i=a_i+b_i \tag{3-8-2}$$

$a(x)$ 和 $b(x)$ 的乘法定义为

$$c(x)=\sum_{i=0}^{N+M-2}c_ix^i,c_i=\sum_{x+y=i}a_xb_y,x=0,\cdots,N-1,y=0,\cdots,M-1 \tag{3-8-3}$$

在上述运算下，结构 $(F_P[x],+,\cdot)$ 构成环，并称其为多项式环。

例 3-8-2 GF(2) 上的两个多项式 $a(x)=1+x+x^4$，$b(x)=1+x+x^3$，则它们的和与积分别为

$$a(x)+b(x)=x^3+x^4$$

$$a(x)b(x)=(1+x+x^4)(1+x+x^3)=1+x^2+x^3+x^5+x^7$$

类似于整数除法，在多项式环中也有 Euclid 定理。对于给定的 $u(x)$，$q(x)\in F_P[x]$，存在唯一的 $g(x)$ 和 $r(x)$，使得

$$u(x) = q(x)g(x) + r(x) = R_{q(x)}[u(x)]$$

其中，$\deg[r(x)] < \deg[q(x)]$。

例如，GF(2) 上用 $1+x+x^3$ 除 $1+x+x^4$ 所得的余式为 $1+x^2$。因为 $1+x+x^4 = x(1+x+x^3) + (1+x^2)$。

定义 3-8-4 设 $p(x) \in F_p[x]$，如果对于除 1 外的所有次数低于 $p(x)$ 的多项式都不能除尽 $p(x)$，则称 $p(x)$ 是既约多项式。既约多项式在 $F_p[x]$ 中有着重要的作用。

2. 有限域 GF(2^m)

为了使算法更为复杂，密码设计者通常采用模 m 次既约多项式的运算。

设 $f(x) = f_0 + f_1 x + f_2 x_2 + \cdots + f_m x_m$ 为 GF(2) 上 m 次多项式。设在域 GF(2) 上的次数小于 m 的所有的多项式集合为 E，集合中共有 2^m 个元素。定义：

模 $f(x)$ 的加法 $\oplus$：$a(x) \oplus b(x) = R_{f(x)}[a(x) + b(x)] = a(x) + b(x)$。

模 $f(x)$ 的乘法 $\odot$：$a(x) \odot b(x) = R_{f(x)}[a(x) \cdot b(x)]$。

在上述运算下，结构 $[E, \oplus, \odot]$ 构成一个模 m 次多项式 $f(x)$ 的剩余类环。

定理 3-8-1 结构 $[E, \oplus, \odot]$ 构成域 GF(2^m) 的充分必要条件是 $f(x)$ 是 m 次既约多项式。

例如，由 GF(2) 上的既约多项式 $f(x) = 1+x+x^3$ 可以得到域 GF(2^3)。

如果一个多项式不能表示两个多项式的乘积（不包括 1 和它本身的乘积），则这个多项式是既约的。例如 x^2+1 就是既约多项式，因为它不可以表示为两个多项式的乘积。而 x^3+x^2+x+1 则不是既约多项式，因为它可以分解为 $(x+1)(x^2+1)$，也就不能用它得到域 GF(2^4)。

在域 GF(2^m) 上的计算能够用线性反馈移位寄存器以硬件快速地实现，所以域 GF(2^m) 上的运算通常比域 GF(p) 上的运算要快。

3. 有限域 GF(2^8)

有限域 GF(2^8) 中的元素可以用多种不同的方式来表示，AES 选择用多项式表示有限域 GF(2^8) 中的元素。GF(2^8) 中的所有元素为所有系数在 GF(2) 中并且次数小于 8 的多项式。由 $b_7 b_6 b_5 b_4 b_3 b_2 b_1 b_0$ 构成的一个字节看成多项式

$$b_7 x^7 + b_6 x^6 + b_5 x^5 + b_4 x^4 + b_3 x^3 + b_2 x^2 + b_1 x + b_0$$

其中，$b_i \in$ GF(2)，$0 \leqslant i \leqslant 7$。因此，GF($2^8$) 中的一个元素可以看成是一个字节。例如，用十六进制表示的一个字节 57（用二进制表示为 01010111）对应多项式

$$x^6 + x^4 + x^2 + x + 1$$

有限域 GF(2^8) 中的两个元素相加，结果是一个多项式，其系数是两个元素中对应系数的模 2 加。有限域 GF(2^8) 中的两个元素的乘法为模二元域 GF(2) 上的一个 8 次不可约多项式的多项式乘法，乘法用 · 表示。AES 选取的不可约多项式为

$$m(x) = x^8 + x^4 + x^3 + x + 1$$

$m(x)$ 用二进制表示为 0000000100011011（两个字节），用十六进制表示为 011b。

乘法 · 满足结合律，0x01 是乘法单位元。对任何系数在二元域 GF(2) 中并且次数小于 8 的多项式 $b(x)$，利用欧几里得算法可以计算 $a(x)$ 和 $c(x)$ 使得

$$a(x)b(x) + c(x)m(x) = 1$$

因此，$a(x)b(x) \bmod m(x) = 1$，这说明 $b(x)$ 的逆元素为 $b^{-1}(x) = a(x) \bmod m(x)$。

4. 系数在 GF(2^8) 中的多项式

多项式的系数可以定义为 GF(2^8) 中的元素。通过这一方法，一个 4 字节的字对应一个

次数小于 4 的多项式。多项式的加法就是相应系数的简单相加。乘法比较复杂。假设

$$a(x) = a_3 x^3 + a_2 x^2 + a_1 x + a_0$$
$$b(x) = b_3 x^3 + b_2 x^2 + b_1 x + b_0$$

为 $GF(2^8)$ 上的两个多项式，它们的乘积为

$$c(x) = c_6 x^6 + c_5 x^5 + c_4 x^4 + c_3 x^3 + c_2 x^2 + c_1 x + c_0$$

其中

$$c_0 = a_0 \cdot b_0$$
$$c_1 = a_1 \cdot b_0 \oplus a_0 \cdot b_1$$
$$c_2 = a_2 \cdot b_0 \oplus a_1 \cdot b_1 \oplus a_0 \cdot b_2$$
$$c_3 = a_3 \cdot b_0 \oplus a_2 \cdot b_1 \oplus a_1 \cdot b_2 \oplus a_0 \cdot b_3$$
$$c_4 = a_3 \cdot b_1 \oplus a_2 \cdot b_2 \oplus a_1 \cdot b_3$$
$$c_5 = a_3 \cdot b_2 \oplus a_2 \cdot b_3$$
$$c_6 = a_3 \cdot b_3$$

显然，$c(x)$ 不再可以表示成一个 4 字节的字。通过对 $c(x)$ 模一个 4 次多项式求余可以得到一个次数小于 4 的多项式。AES 选取的模多项式为 $M(x) = x^4 + 1$。AES 中两个 $GF(2^8)$ 上的多项式乘法定义为模 $M(x)$ 乘法，这种乘法用 $\otimes$ 表示。

设 $d(x) = a(x) \otimes b(x) = d_3 x^3 + d_2 x^2 + d_1 x + d_0$，则由上面的讨论可知

$$d_0 = a_0 \cdot b_0 \oplus a_3 \cdot b_1 \oplus a_2 \cdot b_2 \oplus a_1 \cdot b_3$$
$$d_1 = a_1 \cdot b_0 \oplus a_0 \cdot b_1 \oplus a_3 \cdot b_2 \oplus a_2 \cdot b_3$$
$$d_2 = a_2 \cdot b_0 \oplus a_1 \cdot b_1 \oplus a_0 \cdot b_2 \oplus a_3 \cdot b_3$$
$$d_3 = a_3 \cdot b_0 \oplus a_2 \cdot b_1 \oplus a_1 \cdot b_2 \oplus a_0 \cdot b_3$$

不难看出，一个固定多项式 $a(x)$ 与多项式 $b(x)$ 做 $\otimes$ 运算可以写成矩阵乘法，即

$$\begin{pmatrix} d_0 \\ d_1 \\ d_2 \\ d_3 \end{pmatrix} = \begin{pmatrix} a_0 & a_3 & a_2 & a_1 \\ a_1 & a_0 & a_3 & a_2 \\ a_2 & a_1 & a_0 & a_3 \\ a_3 & a_2 & a_1 & a_0 \end{pmatrix} \begin{pmatrix} b_0 \\ b_1 \\ b_2 \\ b_3 \end{pmatrix}$$

其中的矩阵是一个循环矩阵。由于 $x^4 + 1$ 不是 $GF(2^8)$ 上的不可约多项式，所以被一个固定多项式相乘不一定是可逆的。AES 选择了一个有逆元的固定多项式：

$$a(x) = \{03\} x^3 + \{01\} x^2 + \{01\} x + \{02\}$$
$$a^{-1}(x) = \{0b\} x^3 + \{0d\} x^2 + \{09\} x + \{0e\}$$

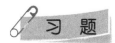 习　题

1. 求 847 和 390 的最大公约数。

2. 求 x 和 y 使得 $847x + 390y = \gcd(847, 390)$，并试求同余式 $847t \equiv 1 \pmod{390}$ 的逆元 t。

3. 求解一次同余式 $12x \equiv 8 \pmod{20}$。

4. 韩信点兵：有兵一队，若列五行纵队，则剩一人；列六行纵队，则剩五人；列七行

纵队，则剩四人；列十一行纵队，则剩十人。问这队兵的人数为多少？（提示：中国剩余定理。）

5. 设 $m>1$，x、y 和 g 都是正整数且 $\gcd(g,m)=1$。如果 $x \equiv y(\bmod \varphi(m))$，求证 $g^x \equiv g^y(\bmod m)$。

6. 设 $m=127$，试判断 84 和 91 是不是模 127 的平方剩余。

7. 求整数 14 的原根，并求每个原根下模 14 的指标。

8. 实验题

（1）欧几里得算法的计算机实验。

（2）扩展欧几里得法的计算机实验。

（3）素性检验的计算机实验。

第 **4** 章 流密码

4.1 流密码概述

4.1.1 流密码的基本概念

流密码也称序列密码，它是密码学的一个重要分支。人们对流密码的研究比较充分，并且有比较成熟的数学理论支持。流密码具有软件实现简单、便于硬件实现、速度快和效率高的特点。目前，流密码是世界各国在军事和外交等领域使用的主要密码体制之一。流密码体制也因其简洁、快速的生成特点，使其成为新一代移动通信的主流加密算法。

流密码的加密和解密思想很简单：先将明文流 m 划分成字符（如单个字母）或其编码的基本单元（如 0、1 数字），然后利用密钥 k_I（种子密钥）产生一个密钥流 k，与明文流 m 逐位地加密得到密文流 c；解密时，以同步产生的同样的密钥流 k，与密文流 c 逐位地解密来恢复明文 m。

设明文流为 $m = m_1 m_2 \cdots m_i \cdots (m \in M)$，密钥流为 $k = k_1 k_2 \cdots k_i \cdots (k \in K)$，密文流为 $c = c_1 c_2 \cdots c_i \cdots (c \in C)$，则有

$$\text{加密：} \qquad c = c_1 c_2 \cdots c_i \cdots = E_{k_1}(m_1) E_{k_2}(m_2) \cdots E_{k_i}(m_i) \cdots \qquad (4\text{-}1\text{-}1)$$

$$\text{解密：} \qquad m = m_1 m_2 \cdots m_i \cdots = D_{k_1}(c_1) D_{k_2}(c_2) \cdots D_{k_i}(c_i) \cdots \qquad (4\text{-}1\text{-}2)$$

流密码的加密和解密算法非常简单，易于实现。流密码强度完全依赖于密钥流的随机性和不可预测性，所以流密码的核心问题是密钥流生成器的设计。密钥流生成器应该能够产生随机性和不可预测性好的密钥流。如果密钥流生成器能够产生一个完全随机的非周期密钥流，就可以实现一次一密体制。但这需要无限存储单元和复杂的输出逻辑函数，而且需要保持双方通信的同步。这也是流密码实际应用中的关键技术。通信双方必须能够产生相同的密钥流，这使密钥流不可能是真正的随机序列，只能是伪随机序列。

4.1.2 流密码的分类

根据密钥流产生算法是否与明、密文有关，可以将流密码分为同步流密码和自同步流密码两种。

1. 同步流密码

密钥流独立于明、密文的流密码被称为同步流密码，即如果通信双方有相同的种子密钥和相同的初始状态，就能产生相同的密钥流。如图 4-1 所示，在同步流密码中，密钥流的产生与明文和密文无关。分组密码的 OFB 工作模式就是同步流密码的例子。

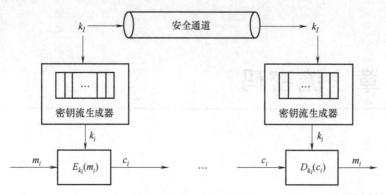

图 4-1　同步流密码模型

同步流密码的密钥流生成器如图 4-2 所示。

同步流密码的加密过程可以通过下面的方程来描述。

$$\sigma_{i+1} = f(\sigma_i, k_I) \qquad (4\text{-}1\text{-}3)$$
$$k_i = g(\sigma_i, k_I) \qquad (4\text{-}1\text{-}4)$$
$$c_i = E_{k_i}(m_i) \qquad (4\text{-}1\text{-}5)$$

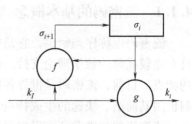

图 4-2　同步流密码的密钥
流生成器模型

式中，σ_i 是第 i 时刻密钥流生成器的内部状态，用存储单元的存数矢量描述。σ_0 由密钥 k_I 所决定的初始状态，与明文消息无关。f 是状态转移函数。g 是密钥流生成函数。E 是组合密钥流 k_i 和明文 m_i 产生密文 c_i 的函数。

对于明文而言，同步流密码的加密变换是无记忆的，但却是时变的。同步流密码的优点是无差错传播，即通信过程中产生错误的密文比特只影响对应比特的解密而不影响其他比特的解密。同步流密码的一个主要缺点就是通信双方在通信过程中必须保持精确的同步，否则将不能正确解密。但是这个缺点又由于对主动攻击异常敏感，而使通信接收方容易检测出插入、删除等主动攻击。

目前已有的同步流密码大多为二元加法流密码，即密钥流、明文流和密文流都是二进制数字，而且加/解密函数是异或（模 2 加）的流密码。

2. 自同步流密码

密钥流的产生与明、密文有关的流密码称为自同步流密码。如图 4-3 所示，在自同步流密码中，密文位 c_i 不仅和当前的明文位 m_i 有关，而且和已经产生的 t 个密文位相关。

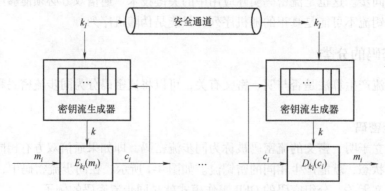

图 4-3　自同步流密码模型

自同步流密码的密钥流生成器如图 4-4 所示。它的加密过程可以通过下面的方程描述：

$$\sigma_i = (c_{i-t}, c_{i-t+1}, \cdots, c_{i-1}) \tag{4-1-6}$$

$$k_i = g(\sigma_i, k_I) \tag{4-1-7}$$

$$c_i = E_{k_i}(m_i) \tag{4-1-8}$$

其中，$\sigma_0 = (c_{-t}, c_{-t+1}, \cdots, c_{-1})$ 是非秘密的初始状态，k 是密钥，g 是产生密钥流的函数，E 是组合密钥流和明文流以生成密文的加密函数。

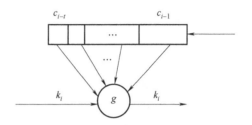

图 4-4　自同步流密码密钥流生成器模型

因为 σ_i 依赖于 k_I、σ_{i-1} 和 m_i，使密文 c_i 不仅与当前输入 m_i 有关，而且由于 k_i 对 σ_i 的关系而与以前的输入有关。一般在有限的 t 级存储下将与 $m_{i-1}, \cdots, m_{i-t}$ 有关，即与 $c_{i-1}, \cdots, c_{i-t}$ 有关。

由于自同步流密码的密钥流生成与密文流有关，具有自同步能力，所以密钥流的分析很复杂，强化了其抗统计分析的能力。但是，因为自同步流密码的状态与 t 个已有的密文位有关，所以如果一个密文位发生错误将影响后续的 t 个密文位，发生有限的错误传播。

目前，绝大多数关于流密码的研究成果都是同步流密码方面的。当然，自同步流密码具有认证功能和抵抗密文搜索攻击的优点。

4.1.3　有限状态自动机

有限状态自动机是一种具有离散输入和输出（输入集与输出集均为有限集）的数学模型。它包括以下几个组成部分：

1）有限状态集 $S = \{s_i \mid i = 1, 2, \cdots, l\}$。

2）有限输入字符集 $X = \{X_j \mid j = 1, 2, \cdots, m\}$。

3）有限输出字符集 $Y = \{Y_k \mid k = 1, 2, \cdots, n\}$。

4）转移函数 $Y_j = f_1(s_j, X_j)$，$S_{j+1} = f_2(s_j, X_j)$，其中，第 j 时刻输入 $X_j \in X$，输出 $Y_j \in Y$。

例 4-1-1　设 $S = \{s_1, s_2, s_3\}$，$X = \{X_1, X_2, X_3\}$，$Y = \{Y_1, Y_2, Y_3\}$，它的转移函数 f_1 和 f_2 见表 4-1。

表 4-1　状态转移函数

f_1	X_1	X_2	X_3
s_1	Y_1	Y_3	Y_2
s_2	Y_2	Y_1	Y_3
s_3	Y_3	Y_2	Y_1

（续）

f_2	X_1	X_2	X_3
s_1	s_2	s_1	s_3
s_2	s_3	s_2	s_1
s_3	s_1	s_3	s_2

用一个有向图来表示有限状态自动机，称为状态图。状态图的顶点表示有限状态自动机的状态，假设状态为 s_i，当输入为 X_i 时，状态转为 s_j，且输出 Y_j，那么在状态图中，从状态 s_i 到状态 s_j 有一条标为 X_iY_j 的弧线。如图 4-5 所示。

例 4-1-2 例 4-1-1 中的输入为 $X_1X_3X_2X_1X_2X_3$ X_3，初始状态为 s_2，那么得到的状态序列为

$$s_2\ s_3s_2\ s_2\ s_3\ s_3s_2s_1$$

输出序列为

$$Y_2Y_1Y_1\ Y_2\ Y_2Y_1\ Y_3$$

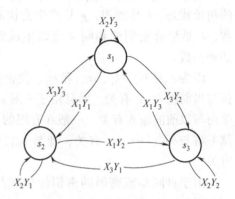

图 4-5　状态自动机的状态图

4.1.4　密钥流生成器

一个同步流密码的安全强度取决于密钥流生成器的设计。设计安全的密钥流生成器，需要在生成器中使用非线性变换。在图 4-2 所示的生成器中，状态转移函数 f 和密钥流生成函数 g 一般应为非线性函数变换。

一般可以把同步流密码的密钥流生成器看成一个参数为 k 的有限状态自动机。它包括输出集 Z、状态集 Σ、状态转移函数 ϕ、输出函数 ψ 和初始状态 σ_0，如图 4-6 所示。状态转移函数 ϕ 将当前状态 σ_i 变为一个新的状态 σ_{i+1}，输出函数 ψ 是将当前状态 σ_i 变为输出集中的元素 Z_i。设计这种密钥流生成器的关键是寻找适当的函数 ϕ 和 ψ，以使输出序列 Z 满足作为密钥流应满足的条件。为达到这一目标，也必须采用非线性函数。目前，具有非线性函数 ϕ 的有限状态自动机理论很不完善，所以通常采用线性函数 ϕ 以及非线性函数 ψ。

为了从理论上对密钥流生成器进行分析，鲁佩尔（Rueppel）将生成器分成驱动部分和非线性组合部分。如图 4-7 所示，驱动部分用于控制生成器的状态转移，为非线性组合部分提供统计特性较好的输入序列，而非线性组合部分要利用这些序列组合出满足要求的密钥流。

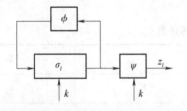

图 4-6　作为有限状态自动机的同步流密码的密钥流生成器

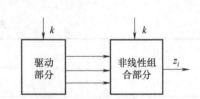

图 4-7　密钥流生成器的分解

两种常见的密钥流生成器如图 4-8 所示。其中，驱动部分为一个或多个 LFSR（线性反

馈移位寄存器），非线性组合部分为非线性组合函数。

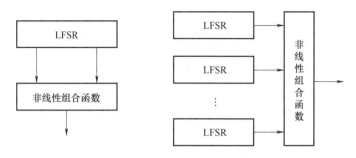

图 4-8 两种常见的密钥流生成器

密钥流生成器可以用 LFSR 来构造，但是这种方法得到的密钥流是线性的，是不安全的，只要拥有一定数量的明文-密文对，密码分析者就可以分析出密钥流，一个好的伪随机序列生成器也未必适合构造密钥流生成器，所以，设计安全的密钥流生成器是流密码的关键。

4.1.5 序列的伪随机性

定义 4-1-1 序列 $\{k_i\}$ $(i \geq 0)$ 中，称对于所有的 i，$k_{i+p} = k_i$ 都成立的最小整数 p 为序列的周期。

定义 4-1-2 序列 $\{k_i\}$ 的一个周期中，称连续的 i 个 1 为 1 的 i 游程。同样，称在一个周期内连续的 i 个 0 为 0 的 i 游程。

例 4-1-3 在序列 00111011 中，前两个数字是 00，称其为 0 的 2 游程；接着是 111，称其为 1 的 3 游程；然后就是 0 的 1 游程和 1 的 2 游程。

定义 4-1-3 在周期为 p 的序列 $\{k_i\}$ $(i \geq 0)$ 中，它的周期自相关函数定义为

$$R(j) = \frac{A-D}{p}, \quad j = 0,1,\cdots \tag{4-1-9}$$

其中，$A = |\ 0 \leq i < p：k_i = k_{i+j}\ |$，$D = |\ 0 \leq i < p：k_i \neq k_{i+j}\ |$。

当 j 是 p 的倍数，即 $p|j$ 时，称为同相自相关函数。此时 $R(j) = 1$。当 j 不是 p 的倍数时，称为异相自相关函数。

例 4-1-4 在二元序列 1110010111001011110010… 中，周期 $p = 7$，同相自相关函数 $R(j) = 1$，而异相自相关函数 $R(j) = -1/7$。

由于有限状态自动机只有有限存储和有限复杂逻辑，其输出序列本质上还是周期序列，但只要周期足够长，随机性和不可预测性足够好，也可近似地实现理想保密体制。具体来说，在二元序列中伪随机性是指周期为 p 的序列有：

1）若 p 为偶数，则 "0" 和 "1" 的出现次数相同，均为 $p/2$；若 p 为奇数，则 "0" 出现次数为 $(p\pm1)/2$。

2）游程为 l 的串占 $1/2^l$，且 "0" 串和 "1" 串的个数相等或至多差 1 个。

3）序列周期的自相关函数 $R(j)$ 为双值，即所有异相自相关函数值相等。

这三条就是哥伦布（Golomb）随机性假设，称为 PN 序列。但只有随机性的序列还是不能满足密码体制的要求。为此，再提出下面的三个条件：

4）周期 p 要足够大，如大于 10^{50}。

5）序列 $\{k_i\}$（$i \geq 0$）要易于高速生成。

6）当序列 $\{k_i\}$（$i \geq 0$）的任何部分暴露时，要分析整个序列，提取产生它的电路结构信息，在计算机上是不可行的，即具有不可预测性。

1）~3）可用简单的扰码方式实现；4）和5）也不难做到；6）决定了密码的强度，是流密码理论的核心。它包含了流密码要研究的许多主要问题，如线性复杂度、相关免疫性、不可预测性等。

目前，密钥流生成器有多种结构，但多数是用线性反馈移位寄存器或非线性反馈移位寄存器作驱动器来产生一系列状态序列，然后这些状态序列经过非线性组合后得到密钥序列。

4.2　线性反馈移位寄存器序列

4.2.1　线性反馈移位寄存器的组成

线性反馈移位寄存器（LFSR）是产生密钥流最重要的部件，它具有适合硬件实现、速率高和便于分析等优点。一个反馈移位寄存器由两部分组成：移位寄存器和反馈函数。移位寄存器的长度用级表示，如果有 n 个存储单元，称为 n 级移位寄存器。移位寄存器每次向右移动一位，新的最左边的级根据反馈函数计算得到，移位寄存器输出的级是最低位。

图 4-9 所示是一个 GF(2) 上的 n 级反馈移位寄存器，包括 n 个二元存储器和一个反馈函数 f。

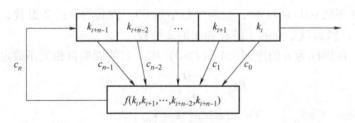

图 4-9　n 级反馈移位寄存器

其中，$k_i, k_{i+1}, \cdots, k_{i+n-2}, k_{i+n-1}$ 表示右移的寄存器，是二元值（0，1）的存储单元。某个时刻移位存储器的具体取值（$k_i, k_{i+1}, \cdots, k_{i+n-2}, k_{i+n-1}$）称为它的一个状态，它共有 2^n 个状态。初始状态由使用者确定，每一级存储器 k_{i+j} 向它的下一级 k_{i+j-1} 传递。通过反馈函数 f 计算得到的移位存储器的输出同时反馈作为下一时刻的 k_{i+n-1}。如果反馈函数 $f(k_i, k_{i+1}, \cdots, k_{i+n-2}, k_{i+n-1})$ 是 $k_i, k_{i+1}, \cdots, k_{i+n-2}, k_{i+n-1}$ 的线性函数，则称其为线性反馈移位寄存器（LFSR）；否则，称为非线性反馈移位寄存器。

设 $f(k_i, k_{i+1}, \cdots, k_{i+n-2}, k_{i+n-1})$ 为线性函数，则 $f(k_i, k_{i+1}, \cdots, k_{i+n-2}, k_{i+n-1})$ 可以表示为

$$k_{i+n} = f(k_i, k_{i+1}, \cdots, k_{i+n-2}, k_{i+n-1}) = c_0 k_i \oplus c_1 k_{i+1} \oplus \cdots \oplus c_{n-2} k_{i+n-2} \oplus c_{n-1} k_{i+n-1}$$

其中，$c_0, c_1, \cdots, c_{n-2}, c_{n-1}$ 为反馈系数，且 $c_j \in GF(2)$。此时线性反馈移位寄存器可以用图 4-10 所示的结构表示。如果 $c_j = 0$，则表示 $c_j k_{i+j}$ 项不存在，即 k_{i+j} 不连接。同理，$c_j = 1$ 表示 k_{i+j} 连接。所以，c_j 的作用相当于一个开关。

因为，$k_{i+j} \in \{0,1\}$，$c_j \in \{0,1\}$，且在模 2 加下运算，所以反馈函数可写成 n 阶线性递推关系式

$$\sum_{j=0}^{n} c_j k_{i+j} = 0$$

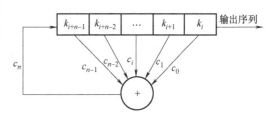

图 4-10 GF(2) 上的线性
反馈移位寄存器

线性反馈移位寄存器输出序列的性质完全由反馈函数决定。n 级线性反馈移位寄存器最多有 2^n 个不同的状态。如果初始状态为 0，那么后续状态恒为 0；如果初始状态不为 0，它的后续状态也不为 0。所以，n 级线性反馈移位寄存器的状态周期最大为 2^n-1，即输出序列的周期最大也为 2^n-1。周期达到最大值 2^n-1 的序列称为 m 序列。

例 4-2-1　$n=4$，即 4 级线性反馈移位寄存器，如图 4-11 所示，其初始状态为 $(1,0,0,1)$，那么可得 $k_{i+4}=k_i+k_{i+1}$，输出序列为 $100110101111000100 1\cdots$

序列周期为 $2^4-1=15$，是一个 4 级 m 序列。

n 级 m 序列 $\{k_i\}$（$i\geqslant 0$）循环地遍历所有的 2^n-1 个非零状态，且任一非零输出皆为 $\{k_i\}$（$i\geqslant 0$）的移位，或为其循环等价序列。

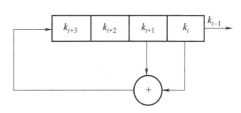

图 4-11　一个 4 级线性反馈移位寄存器

初始状态不同的 m 序列共有 2^n-1 个，它们的全体记为 $\Omega(f)$，它们的区别只是状态先后次序之别。由于目前线性反馈移位寄存器的输出序列的理论已经很成熟，只要选择合适的反馈函数就可以得到 m 序列。

4.2.2　线性反馈移位寄存器序列的特征多项式

以 x^i 和 k_{i+j} 相对应，根据反馈函数的表达式可以得到关于 x 的多项式：

$$f(x) = c_0 + c_1 x + c_2 x^2 + \cdots + c_{n-1} x^{n-1} + c_n x^n = \sum_{j=0}^{n} c_j x^j \tag{4-2-1}$$

通常称这个多项式为线性反馈移位寄存器序列的特征多项式。$f(x)$ 的互反多项式 $f*(x) = x^n f\left(\dfrac{1}{x}\right) = x^n + c_1 x^{n-1} + \cdots + c_{n-1} x + c_n$ 称为线性反馈移位寄存器连接多项式。$c_n \neq 0$，则称之为非奇异线性反馈移位寄存器。

定义 4-2-1　对于给定的 $\{k_i\}$（$i\geqslant 0$）序列，称幂级数

$$k(x) = \sum_{i=0}^{\infty} k_i x^i \tag{4-2-2}$$

为该序列的生成函数。

定义 4-2-2　设多项式 $f(x)$ 为 GF(2) 上的多项式，使 $f(x) \mid (x^p-1)$ 的最小正整数 p 称为 $f(x)$ 的周期或阶。

序列的周期与生成该序列的特征多项式是密切相关的。

定理 4-2-1　设 n 次特征多项式的周期为 p，序列 $\{k_i\}$（$i\geqslant 0$）是一 m 序列，则序列的周

期 p' 满足 $p' \mid p$。

定义 4-2-3 如果 $f(x)$ 的次数为 n，它的周期为 2^n-1，称 $f(x)$ 是 n 次本原多项式。

定理 4-2-2 当且仅当特征多项式 $f(x)$ 是本原多项式时，其线性移位寄存器的输出序列为 m 序列。

证明：若 $f(x)$ 是本原多项式，则其阶为 2^n-1，那么 $\{k_i\}$ $(i \geqslant 0)$ 的周期也为 2^n-1，即 $\{k_i\}$ $(i \geqslant 0)$ 为 m 序列。

反之，如果 $\{k_i\}$ $(i \geqslant 0)$ 为 m 序列，那么它的周期 2^n-1 整除 $f(x)$ 的阶，而 $f(x)$ 的阶不超过 2^n-1，所以 $f(x)$ 的阶为 2^n-1，即 $f(x)$ 为本原多项式。

n 次本原多项式的个数为 $\phi(2^n-1)/n$，其中 ϕ 为欧拉函数。已经证明，对于任意的正整数 n，至少存在一个 n 次本原多项式。也就表明，对于任意的 n 级线性移位寄存器，至少有一种连接方式可以使其输出序列为 m 序列。

例 4-2-2 设 $c(x) = x^4+x+1$，由于 $c(x) \mid (x^{15}-1)$，不存在小于 15 的常数 l 满足 $c(x) \mid (x^l-1)$，所以 $c(x)$ 的阶为 15 并为本原多项式。如果初始状态为 1001，那么以其为联结多项式的线性移位寄存器的输出序列为 100100011110101100100011110101…，是周期为 $2^4-1 = 15$ 的 m 序列。

4.2.3 m 序列的伪随机性和 m 序列密码的破译

1. m 序列的伪随机性

因为流密码的加密和解密算法很简单，所以流密码的安全性完全取决于密钥流的安全性，这就要求密钥流具有较好的随机性。但是要具有完全随机性是很困难的，只能使密钥流达到具有较好的伪随机性。

定义 4-2-4 设 $\{a_i\}$ 是 GF(2) 上最小周期为 T 的周期序列，称

$$C(\tau) = \frac{1}{T} \sum_{k=1}^{T-1} (-1)^{a_k+a_{k+\tau}}, 0 \leqslant \tau \leqslant T-1 \tag{4-2-3}$$

为序列 $\{a_i\}$ 的自相关函数。式（4-2-3）进行的是实数运算，$C(\tau)$ 为有理数。

m 序列 $\{a_i\}$ 具有良好的随机性：

1）在一个周期内，0 和 1 出现的次数近似相等，即 0 出现 $2^{n-1}-1$ 次，1 出现 2^{n-1} 次。

2）将序列的一个周期首尾相接，其总游程数为 $N = 2^{n-1}$，其中 1 游程和 0 游程的个数各占一半。当 $n>2$ 时，对于 $1 \leqslant i \leqslant n-2$，长度为 i 的 1 游程和 0 游程个数均为 $N/2^{i+1}$ 个；长度为 $n-1$ 的 0 游程个数为 1；长度为 n 的 1 游程的个数为 1。

3）$\{a_i\}$ 的自相关函数为

$$C(\tau) = \begin{cases} 1, & \tau = 0 \\ -\dfrac{1}{2^n-1}, & 0 < \tau \leqslant 2^n-2 \end{cases} \tag{4-2-4}$$

上述性质表明 m 序列满足哥伦布的三条伪随机假设，具有周期大、统计特性类似于随机序列等优点。

n 级 m 序列的周期为 2^n-1，只要 n 很大，周期就会呈指数地加大，例如当 $n = 166$ 时，$p = 10^{50} \approx 9.353610465 \times 10^{49}$。而且只要知道 n 次本原多项式，m 序列极易生成。这些都满足密码体制的要求。但是 m 序列是极不安全的，因为只要知道 $2n$ 位连续的明密文，就可完全

破译 m 序列密码。

2. m 序列密码的破译

虽然线性移位寄存器产生的 m 序列具有较好的伪随机性，但仍可以破译。设 S 和 S' 是 m 序列的线性移位寄存器中两个连续的状态。

$$S = \begin{pmatrix} a_1 \\ a_2 \\ \vdots \\ a_n \end{pmatrix}, \quad S' = \begin{pmatrix} a_2 \\ a_3 \\ \vdots \\ a_{n+1} \end{pmatrix} \tag{4-2-5}$$

其中，$a_{n+1} = c_1 a_1 \oplus c_2 a_2 \oplus \cdots \oplus c_{n-1} a_{n-1} \oplus c_n a_n$。

表示为矩阵的形式：

$$S' = MS \tag{4-2-6}$$

$$M = \begin{pmatrix} 0 & 1 & 0 & \cdots & 0 \\ 0 & 0 & 1 & \cdots & 0 \\ \vdots & \vdots & \vdots & & \vdots \\ c_1 & c_2 & c_3 & \cdots & c_n \end{pmatrix}$$

称矩阵 M 为特征多项式 $f(x)$ 的伴侣矩阵，它和 $f(x)$ 是一一对应、相互确定的。

假设密码分析者已知一段长为 $2n$ 的明密文对，即已知

$$m = m_1 m_2 \cdots m_{2n}, \quad c = c_1 c_2 \cdots c_{2n}$$

于是，就可以求出一段长为 $2n$ 的密钥序列 $k = k_1 k_2 \cdots k_{2n}$，其中 $k_i = m_i \oplus c_i = m_i \oplus (m_i \oplus k_i)$。由此可推出线性反馈移位寄存器的 $n+1$ 个状态：

$$S_1 = \begin{pmatrix} k_1 \\ k_2 \\ \vdots \\ k_n \end{pmatrix}, S_2 = \begin{pmatrix} k_2 \\ k_3 \\ \vdots \\ k_{n+1} \end{pmatrix}, \cdots, S_{n+1} = \begin{pmatrix} k_{n+1} \\ k_{n+2} \\ \vdots \\ k_{2n} \end{pmatrix} \tag{4-2-7}$$

做矩阵

$$X = [S_1, S_2, \cdots, S_n]^{\mathrm{T}} \tag{4-2-8}$$

$$Y = [S_2, S_3, \cdots, S_{n+1}]^{\mathrm{T}} \tag{4-2-9}$$

因为 $S' = MS$，所以有

$$\begin{cases} S_2 = MS_1 \\ S_3 = MS_2 \\ \quad \vdots \\ S_{n+1} = MS_n \end{cases} \tag{4-2-10}$$

即有

$$Y = MX$$

因为产生 m 序列的线性移位寄存器的连续 n 个状态是线性无关的，所以 X 矩阵是满秩矩阵，它存在逆矩阵 X^{-1}，于是

$$M = YX^{-1} \tag{4-2-11}$$

只要求出矩阵 M，就可以确定出特征多项式 $f(x)$，从而确定出线性移位寄存器的结构。

求矩阵 X 逆矩阵 X^{-1} 的计算复杂度为 $O(n^3)$。对于 $n=1000$ 的线性移位寄存器序列密码，利用每秒计算 100 万次的计算机，只需一天便可破译。

例 4-2-3 假设密码分析者得到流密码的密文串 1010110110 和相应的明文串 0100010001，而且还知道密钥流是用 3 级线性反馈移位寄存器产生的。那么分析者可以利用密文串和明文串先计算密钥流为 1110100111，再根据密文串和密钥串的前 6 位建立如下方程：

$$[0,1,0]=[c_1,c_2,c_3]\begin{pmatrix}1 & 1 & 1\\1 & 1 & 0\\1 & 0 & 1\end{pmatrix}$$

又

$$\begin{pmatrix}1 & 1 & 1\\1 & 1 & 0\\1 & 0 & 1\end{pmatrix}^{-1}=\begin{pmatrix}1 & 1 & 1\\1 & 0 & 1\\1 & 1 & 0\end{pmatrix}$$

从而得到

$$[c_1,c_2,c_3]=[0,1,0]\begin{pmatrix}1 & 1 & 1\\1 & 0 & 1\\1 & 1 & 0\end{pmatrix}=[1,0,1]$$

所以

$$f(k_i,k_{i+1},k_{i+2})=c_1k_i\oplus c_2k_{i+1}\oplus c_3k_{i+2}=k_i\oplus k_{i+2}$$

4.3 非线性序列密码

线性移位寄存器序列密码在已知明文的攻击下是可破译的，其根本原因在于线性移位寄存器序列是线性的。目前，研究比较多的方法有非线性移位寄存器序列和对线性移位寄存器进行非线性的组合等。

4.3.1 非线性反馈移位寄存器序列

在图 4-9 中的反馈移位寄存器中，如果反馈函数 $f(k_i,k_{i+1},\cdots,k_{i+n-2},k_{i+n-1})$ 是非线性的函数，那么便构成非线性反馈移位寄存器，所产生的序列也是非线性序列。输出序列的周期最大为 2^n，称此时的序列为 M 序列。M 序列具有良好的随机统计特性：在 n 级 M 序列的一个周期内，0 和 1 的游程分布均匀，0 和 1 的个数等于 2^{n-1}；总游程数为 2^{n-1}，对于 $1\leqslant i\leqslant n-2$，长为 i 的游程个数等于 2^{n-1-i}，其中 0 和 1 的游程各半，长度为 $n-1$ 的游程不存在，长度为 n 的 0 游程和 1 游程都只有 1 个。

GF(2) 上的 n 级反馈移位寄存器的状态共有 2^n 个，也就意味着它的反馈函数有 $2^T(T=2^n)$ 个，而线性反馈函数只有 2^{n-1} 种，所以剩下的非线性函数的数目是很多的。但是这些反馈函数不是都能产生较好的非线性序列。其中，M 序列是受到重视的一种。

4.3.2 非线性前馈序列

由于对非线性反馈移位寄存器的研究比较困难，而利用一个或多个 LFSR 进行非线性组合可以得到良好的非线性序列。线性移位寄存器产生的序列不能作为密钥流使用，但可以把它作为驱动源驱动一个非线性组合函数来产生非线性序列，这样的序列称为非线性前馈序列。利用线性移位寄存器来保证所产生密钥流的周期长度和平衡性等，非线性函数则是用于保证密钥 流的各种密码统计特性，以抵抗各种攻击。

图 4-12 所示的是格罗斯（E. J. Groth）于 1971 年提出的非线性序列生成器的一个实例。它是一个在图 4-11 所示的 4 级以本原多项式为特征多项式的线性移位寄存器的基础上，增加了一个由"与"门组成的输出网络。设其初始状态为 $[1,0,0,1]$，则从原线性移位寄存器的输出序列 1001101011110001001… 出发，易得

所以，这个非线性前馈序列生成器的输出序列为 0001000011110000…

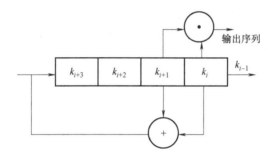

图 4-12 非线性前馈序列生成器

4.3.3 基于 LFSR 的流密码生成器

为了提高序列的线性复杂度和随机性，一种有效的方法就是利用多个 LFSR 进行组合。下面几种都是基于 LFSR 组合得到非线性序列的流密码生成器。

1. 格菲生成器

格菲（Geffe）生成器有 3 个线性移位反馈寄存器（$LFSR_1$、$LFSR_2$ 和 $LFSR_3$）和 1 个非线性函数 $g(x)$ 组成，如图 4-13 所示。其中，$LFSR_2$ 作为控制生成器使用。

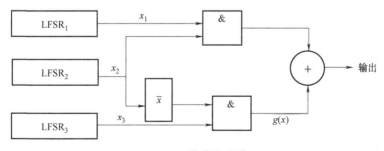

图 4-13 格菲生成器

当 $LFSR_2$ 输出为 1 时，$LFSR_2$ 和 $LFSR_1$ 相连接；当 $LFSR_2$ 输出为 0 时，$LFSR_2$ 和 $LFSR_3$ 相连接。

$g(x)$ 的函数值就是最后输出的密钥流。由图 4-13 可知，它的表达式为

$$g(x) = x_1 x_2 \oplus \bar{x}_2 x_3 \tag{4-3-1}$$

该生成器的输出序列与 $LFSR_2$ 的输出 x_2 的相关系数较高，容易受到相关性攻击。

设 $LFSR_i$ 的联结多项式分别是 n_i 次本原多项式，并且 n_i 两两互素，那么格菲生成器生成的序列周期为

$$\prod_{i=1}^{3} (2^{n_i} - 1) \tag{4-3-2}$$

它的线性复杂度为

$$(n_1 + n_3) n_2 + n_3 \tag{4-3-3}$$

格菲生成器生成的序列的周期达到了最大化，且 0 和 1 的分布基本上也是平衡的。

2. 普莱斯生成器

J-K 触发器是一个非线性器件，有两个输入端 J、K，以及一个内部状态，输出为 C_i，其逻辑真值见表 4-2。一般令 $c_{-1} = 0$。

表 4-2 J-K 触发器的真值表

J	K	C_i
0	0	c_{i-1}
0	1	0
1	0	0
1	1	$\overline{c_{i-1}}$

普莱斯（Pless）是一种基于 J-K 触发器对多个线性移位寄存器进行非线性组合得到输出序列的生成器。它由 8 个 LFSR、4 个 J-K 触发器和 1 个循环计数器组成。由循环计数器对选通进行控制，如图 4-14 所示。

$LFSR_1 \sim LFSR_8$ 是 8 个线性移位寄存器，相邻的两个产生的序列（m 序列）送入一个 J-K 触发器进行复合，四个触发器的输出送入一个循环计数器。循环计数器循环输出四个 J-K 触发器的输出。

当 8 个 LFSR 的级数两两互素时，输出序列的周期最大，为 8 个 m 序列周期的乘积。

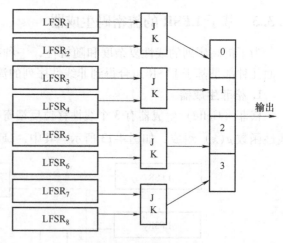

图 4-14 普莱斯生成器

3. 钟控生成器

钟控生成器通过控制线性移位寄存器的时钟来产生非线性序列。它由一个或多个 LFSR 产生的控制序列的当前值来控制一个或多个的 LFSR 产生的被采样序列的时钟。控制序列和被采样序列可以源于同一个 LFSR，也可以源于不同的 LFSR。这种方法所生成的序列的线性复杂度与生成器输入参数间是指数的关系。而且这类序列易于用硬件实现。

（1）基本钟控生成器　基本钟控生成器是用一个 $LFSR_1$ 控制另一个 $LFSR_2$ 的移位时钟脉冲，如图 4-15 所示。

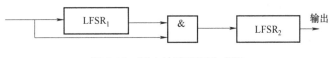

图 4-15　基本钟控序列生成器

当 $LFSR_1$ 的输出为 1 时，$LFSR_2$ 被时钟驱动，使 $LFSR_2$ 进行一次移位，生成下一位；当 $LFSR_1$ 输出为 0 时，$LFSR_2$ 没有受到影响，重复输出前一位。

（2）交错停走生成器　交错停走生成器也是一种钟控生成器。它使用了三个级数不同的 LFSR，如图 4-16 所示。当 $LFSR_1$ 输出为 1 时，$LFSR_2$ 移位。最后输出的是 $LFSR_2$ 和 $LFSR_3$ 的异或值。交错停走生成器所产生的输出序列具有周期长、线性复杂度高等优点。

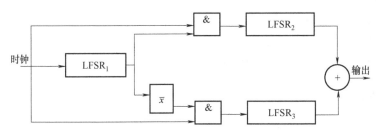

图 4-16　交错停走生成器

4.4　流密码算法

流密码算法有很多，有的易于软件实现，有的易于硬件实现，有的则是二者兼顾。比较著名的算法有 RC4 算法、A5 算法和 SEAL 算法。下面对这三个算法做一些简单的介绍。

4.4.1　RC4 算法

RC4 是罗恩·里维斯特（Ron Rivest）于 1987 年为美国 RSA 数据安全公司设计的一种流密码算法。RSA 公司将其收集在加密工具软件 BSAFE 中。RC4 算法最初是保密的，美国政府也明确限制 RC4 软件出口的密钥长度不能超过 40 位；直到 1994 年，有人在 Internet 上匿名张贴了 RC4 的源代码；在这种情况下，RSA 公司于 1997 年公布了 RC4 算法。RC4 的应用很广泛，尤其在使用了安全套接字层（SSL）协议的无线通信和 Internet 通信领域。它的优点是高效简单，适合软件实现。

RC4 是一个密钥长度可变、面向字节操作的流密码，是一种基于非线性数据表变换的密码。

在 RC4 算法中，使用了 $2^8 = 256$ 个字节构成的 S 表和两个指针（i 和 j），所以只需要 258B 存储空间。S 表的元素记为 $S_0, S_1, \cdots, S_{255}$。密钥流 K 由 S 表中的 256 个元素按一定的方式选出一个元素生成。每生成一次 K 值，S 表中的元素就重新生成一个新的状态。

在用 RC4 加解密前，首先要对 S 表进行初始化。初始化过程如下：

1）先对 S 表中的元素值进行线性填充：$S_0=0,S_1=1,\cdots,S_{255}=255$。

2）用密钥填充另一个 256 个元素的 R 表 $R_0,R_1,\cdots,R_{255}$，如果密钥的长度小于 R 表的长度，那么依次重复填充，直到填满为止。

3）$j=0$。

4）对于 i 从 0~255 重复如下操作：

① $j=(j+S_i+R_i)\bmod 256$；

② 交换 S_i 和 S_j。

RC4 下一状态函数定义为：

1）$i=0,j=0$。

2）$i=(i+1)\bmod 256$。

3）$j=(j+S_i)\bmod 256$。

4）交换 S_i 和 S_j。

输出 $k=S[(S_i+S_j)\bmod 256]$。

加密时，将 k 的值与下一个明文字节异或；解密时，将 k 的值与下一个密文字节异或即可。为了保证安全强度，RC4 的密钥至少要使用 128 位。

4.4.2　A5 算法

A5 算法是欧洲数字蜂窝移动电话系统（GSM）中采用的加密算法，用于对移动电话到基站线路上的加密。它是由法国人设计的，可以在硬件上快速实现。

A5 算法由三个级数不同的稀疏的本原多项式构成的 LFSR 组成，它们的级数分别为 19、22 和 23。它的初始状态由密钥独立给出，输出则是三个 LFSR 输出的异或。它采用可变钟控方式，从每个 LFSR 的中间附近选取控制位。如果控制位有两个以上的取值为 1，则产生这种位的 LFSR 移位；如果控制位有两个以上的取值为 0，则产生这种位的 LFSR 不移位。在这种工作方式下，每个 LFSR 移位的概率为 3/4，所以，走遍一个循环周期大约需要 $(2^{23}-1)\times 4/3\approx 1.43\times 10^9$ 个时钟。

A5 算法的设计思想是很好的，实现效率高，但是它的缺点是 LFSR 的级数短，总级数为 19+22+23=64 级，可以利用穷举攻击的方法破译。如果 A5 采用级数长的 LFSR，则会更安全一些。

A5 算法有三种变种：A5/1、A5/2 和 A5/3。A5/1 和 A5/2 两种流密码用于保证在空中语音的保密性。A5/1 是强力算法，而 A5/2 则是弱强度算法。在两种算法中严重漏洞都已经被发现，均已被破译。A5/3 算法是由 3GPP 与 GSM 联合会合作开发并用于 GSM™ 系统的，该算法将为手机用户提供更高级别的防偷听保护。

4.4.3　SEAL 算法

SEAL 算法是由美国 IBM 公司的罗加威（P. Rogaway）和史密斯（D. Coppersimith）所设计的，适合软件实现，特别适合 32 位的微处理器实现。SEAL 的算法结构如图 4-17 所示。

R、S 和 T 是预先计算好的一组表，可以加快加密和解密的运算；它们都是由 160bit 的密钥 a 经过制表器推得的。SHA 是杂凑函数，将密钥 a 经过 200 次的 SHA 运算生成一个

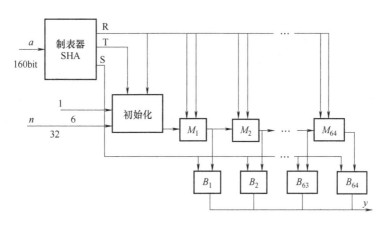

图 4-17　SEAL 算法的结构图

3kB 的表。T 是 9×32bit 的 S 盒。SEAL 需要 4 个 32bit 的寄存器：A、B、C 和 D。它们的初始值由 n 和表 R、T 所确定。在迭代过程中，寄存器的存数被不停地修改，每次迭代有 8 轮操作，在每一轮中由 A、B、C、D 中排在第一位的寄存器的前 9bit 决定表 T 的地址。从表 T 中得到的数和 A、B、C、D 中排在第二位的寄存器中的存数进行加和或异或。第一个寄存器循环移位 9 次。在后面的轮中，排在第二位的寄存器的存数将通过与移位后的第一个寄存器的加和或异或来修正。这样，经过 8 轮的操作，A、B、C、D 中的存数都已加到密钥流中，每一个都首先与来自 S 盒的某些字进行了加和或异或。再将由 n_0，n_1，n_2，n_3，n_4 所决定的附加值加到 A 和 C 中就完成了迭代过程。

　　SEAL 是长度扩展的拟随机函数，它的输出和密钥长度是可变的。a 是 160bit 的密钥，一个 32bit 的字 n 在密钥 a 控制下被映射为 Lbit 的串 $\text{SEAL}_a(n)$。L 的大小是可变的，一般在 512～4063bit。对于一个可变的密钥 a'，可以通过杂凑函数得到 $a = \text{SHA}(a')$。当密钥 a 未知时，函数 $\text{SEAL}_a(x)$ 是一个拟随机函数。这就能够保证当密钥 $a \in \{0, 1\}^{160}$ 时，32bit 的字被映射为 Lbit 的过程也是拟随机的。

　　位于 n 的字串 x 的加密过程可以表示为

$$(n, x \in \text{SEAL}_a(n))$$
$$L = |x| \tag{4-4-1}$$

其中，L 是 $\text{SEAL}_a(n)$ 的输出的长度。

　　SEAL 算法的设计和传统的流密码具有很大的区别，它依靠拟随机函数类来实现。它采用了大的密钥推导 S 盒（T 表）并交替采用加和和异或运算，具有不可换性；并且可以根据轮数来变化轮函数，根据迭代次数来变化迭代函数。

 习　题

　　1. 假设在例 4-1-1 中的输入是 $X_1 X_2 X_1 X_3 X_3 X_1 X_3$，初始状态为 s_1，求相应的状态序列和输出序列。

　　2. 设 4 级线性移位反馈寄存器的反馈函数为 $f(k_i, k_{i+1}, k_{i+2}, k_{i+3}) = k_i \oplus k_{i+3}$，初始状态为 $[1,0,0,0]$，试画出该移位寄存器的结构简图并求其输出序列，再判断输出序列是否是 m

序列。

3. 如果序列 $\{a_i\}$ 的周期为 r，且对任意的非负整数 i 都有 $a_{i+q}=a_i$，试证明 $r\mid q$。

4. 假设密码分析者得到流密码的密文串 101110110011 和相应的明文串 100101101000，而且还知道密钥流是用 4 级线性反馈移位寄存器产生的。试破译该密码系统。

5. 设 4 级非线性移位寄存器的反馈函数 $f(k_i,k_{i+1},k_{i+2},k_{i+3})=1+k_i+k_{i+1}+k_{i+2}+k_{i+3}$，其初始状态是 $[1,0,0,1]$，求该非线性移位寄存器的输出序列及周期，并判断是否为 M 序列。

第 **5** 章 分组密码

在许多密码系统中，单钥分组密码是系统安全的一个重要组成部分，它在通信网络（尤其是计算机通信）和系统安全领域有着广泛而重要的应用。分组密码易于构造伪随机数生成器、流密码、消息认证码（MAC）和散列函数等，还可以成为消息认证技术、数据完整性机构、实体认证协议以及单钥数字签名体制的核心组成部分。在实际应用中，对于分组密码或许提出许多方面的要求，如安全性、运行速度、存储量、实现平台和运行模式等限制条件，这些都需要与安全性要求进行适当的折中选择。

5.1 分组密码原理

当前使用的几乎所有的对称密码算法都基于费斯特尔（Feistel）分组密码的结构。因此，弄清楚费斯特尔密码的设计原理是很重要的。下面首先介绍流密码和分组密码的区别。

5.1.1 流密码和分组密码

流密码是将明文划分成字符（如单个字母）或其编码的基本单元（如0、1数字），字符分别与密钥流作用进行加密。解密时以同步产生的同样的密钥流实现。流密码原理如图5-1所示。图中，KG是密钥流生成器，K_I是初始密钥。流密码强度完全依赖于密钥流生成器所生成序列的随机性和不可预测性，其核心问题是密钥流生成器的设计。保持收、发两端密钥流的精确同步是实现可靠解密的关键技术。

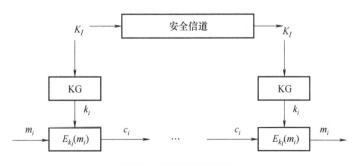

图5-1 流密码原理图

分组密码是将明文序列编码表示后的数字序列 $x_1, x_2, \cdots, x_i, \cdots$，划分成长为 m 的组 $\boldsymbol{x} = (x_0, x_1, \cdots, x_{m-1})$，各组（长为 m 的矢量）分别在密钥 $\boldsymbol{k} = (k_0, k_1, \cdots, k_{n-1})$ 控制下变换成等长的输出数字序列 $\boldsymbol{y} = (y_0, y_1, \cdots, y_{n-1})$（长为 n 的矢量）。其加密函数 $E: V_n \times K \rightarrow V_n$，其中，

V_n 是 n 维矢量空间，K 是密钥空间。分组密码原理如图 5-2 所示。

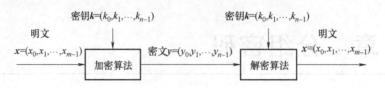

图 5-2　分组密码原理

一般来说，为了减少存储量和提高运算速度，密钥的长度是有限（如 DES 有效密钥是 56 位）的，因而加密函数的复杂性成为系统安全的关键。分组密码常用香农提出的迭代密码体制，即把一个密码强度较弱的函数经过多次迭代（如 DES 是 16 次迭代）后获得较强的密码函数。每次迭代称为一轮。每一轮的子密钥都不相同，由主密钥控制下的密钥编排算法而得到。加密函数重复地使用了代替和置换两种基本的加密变换。另外，在基本加密算法前后，还要进行移位和扩展等。

5.1.2　费斯特尔密码

费斯特尔提出可以用乘积密码的概念近似简单地替代密码。乘积密码就是以某种方式连续执行两个或多个密码以使所得到的最后结果或乘积从密码编的角度讲比其任何一个组成密码都更强。特别地，费斯特尔提出用替代和置换交替的方式构造密码。实际上，这是香农的一个设想的实际应用，香农提出用混淆和扩散交替的方法构造乘积密码。所谓扩散，就是将每一位明文及密钥数字的影响尽可能迅速地散布到多个输出的密文数字中，以便隐藏明文数字的统计特性。这一想法可推广到将任一位密钥数字的影响尽量地扩展到更多个密文数字中去。混淆的目的在于使作用于密文的密钥和密文之间的关系复杂化，使明文和密文之间、密文和密钥之间的统计相关性极小化，从而使统计分析攻击不能奏效。这里有一个值得注意的情况，费斯特尔密码结构是基于香农 1945 年的设想提出的，而现在正在使用的几乎所有重要的对称分组密码都使用这种结构。

1. 费斯特尔密码的结构

费斯特尔提出的密码结构如图 5-3 所示。加密算法的输入是一个长度为 $2w$bit 的明文分组和一个密钥 K，明文分组可被分为 L_0 和 R_0 两个部分。这两部分数据经过 n 轮的处理后组合起来产生密文分组。第 i 轮以前一轮得到的 L_{i-1} 和 R_{i-1} 为输入，另外的输入还有从总的密钥 K 生成的子密钥 k_i。一般来说，子密钥 k_i 不同于 K，它们彼此之间也不相同。

每一轮的结构都一样。对数据的左边一

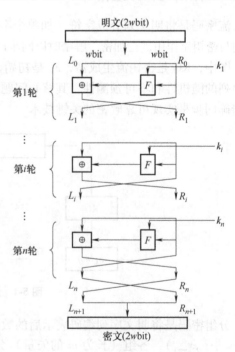

图 5-3　古典费斯特尔密码的结构

半进行替代操作，替代的方法是对数据右边一半应用 Round 函数 F，然后用这个函数的输出和数据的左边一半做"异或"。Round 函数在每一轮中有着相同的结构，但是以各轮的子密钥 k_i 为参数进行区分。在这个替代之后，算法进行一个置换操作把数据的左、右两个部分进行互换。这种结构是香农提出的替代-置换网络 SPN 的一种特殊形式。

费斯特尔结构的具体实现依赖于对下列参数和设计特点的选择。

1）分组大小：如果其他条件相同，分组越大意味着安全性越高，但是加/解密速度也越慢。64bit 的分组大小是一个合理的折中，在分组密码设计中它几乎是个通用的数值。

2）密钥大小：密钥长度越长则安全性越高，但是加/解密速度也越慢。64bit 或者更小的密钥长度被广泛认为不够安全，128bit 已经成为常用的长度。

3）循环次数：费斯特尔密码的特点是仅进行一个循环不能保证足够的安全性，而循环越多安全性越高。通常采用 16 次循环。

4）子密钥产生算法：这个算法越复杂，密码分析就应该越困难。

5）Round 函数：Round 函数越复杂，抗击密码分析的能力就越强。

6）快速的软件加密/解密：在很多情况下，加密过程被以某种方式嵌入在应用程序或工具函数中以至于没法用硬件实现，因此，算法的执行速度就成为一个重要的考虑因素。

7）便于分析：虽然大家希望自己的算法对于密码破译来说要尽可能困难，但使算法容易分析却很有好处。也就是说，如果算法能够简洁地解释清楚，那么就很容易通过分析算法而找到密码分析上的弱点，也就能够对其安全程度有更大的信心。

2. 费斯特尔解密算法

费斯特尔密码的解密过程与其加密过程实质是相同的。解密的规则如下：以密文作为算法的输入，但是以相反的次序使用子密钥 k_i。也就是说，在第一轮用 k_n，在第二轮用 k_{n-1}，依此类推，直到最后一轮使用 k_1。这个特点非常有意义，因为它意味着不必使用两个不同的算法来分别进行加密和解密。

仔细观察图 5-4，左侧是加密过程（从上到下），右侧是解密过程（从下到上），图中给出的是一个有 16 个循环的算法（无论有多少个循环，结果都是一样的）。在这里，用符号 LE_i 和 RE_i 表示加密过程中各个阶段的数据，用 LD_i 和 RD_i 表示解密过程中各个阶段的数据。由图可见，在每个循环中解密过程的中间数值就等于加密过程对应数值左右两个部分对换的结果。换一种说法，令第 i 次加密循环的输出为 $LE_i \| RE_i$，那么对应的第（$16-i$）次解密循环的输入就是 $RD_i \| LD_i$。

可以逐步观察图 5-4 来验证上述论断的正确性。加密过程最后一轮之后，输出的左右两个部分被对换，因此所得密文是 $RE_{16} \| LE_{16}$。现在以这个密文作为同一个算法的输入，第一轮的输入就是 $RE_{16} \| LE_{16}$，等于加密过程第 16 轮输出的 32bit 对换。

现在证明解密过程第一轮的输出就等于加密过程第 16 轮输入的 32bit 对换。首先考虑加密过程：

$$LE_{16} = RE_{15} \tag{5-1-1}$$

$$RE_{16} = LE_{15} \oplus F(RE_{15}, k_{16}) \tag{5-1-2}$$

在解密过程中：

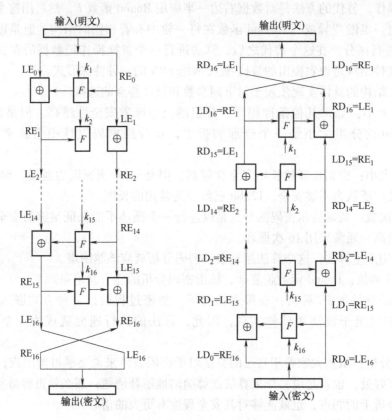

图 5-4 费斯特尔加密和解密

$$LD_1 = RD_0 = LE_{16} = RE_{15} \tag{5-1-3}$$
$$RD_1 = LD_0 \oplus F(RD_0, k_{16})$$
$$= RE_{16} \oplus F(RE_{15}, k_{16})$$
$$= [LE_{15} \oplus F(RE_{15}, k_{16})] \oplus F(RE_{15}, k_{16})$$
$$= LE_{15}$$

因此，解密过程第一轮的输出就等于 $LE_{15} \| RE_{15}$，这就是加密过程第 16 轮输入的 32bit 对换。容易证明，这种对应关系对于 16 次循环的每一个都是成立的。可以用一般术语表示这个过程。对于加密算法的第 i 次迭代有

$$LE_i = RE_{i-1} \tag{5-1-4}$$
$$RE_i = LE_{i-1} \oplus F(RE_{i-1}, k_i) \tag{5-1-5}$$

整理得

$$RE_{i-1} = LE_i \tag{5-1-6}$$
$$LE_{i-1} = RE_i \oplus F(RE_{i-1}, k_i) = RE_i \oplus F(LE_i, k_i) \tag{5-1-7}$$

这样，就把第 i 次迭代的输入表示成了输出的函数，这些方程证实了图 5-4 右边部分的安排。最后，可以看到解密过程的最后一轮的输出是 $RE_0 \| LE_0$，它经过一个 32bit 的对换就恢复了原来的明文，这就验证了费斯特尔解密过程的正确性。

注意：以上推导并不要求 F 是一个可逆函数。

5.2 数据加密标准

5.2.1 DES 的背景

数据加密标准（Data Encryption Standard，DES），作为 ANSI 的数据加密算法（Data Encryption Algorithm，DEA）和 ISO 的 DEA-1，成为一个世界范围内的标准已经 40 多年了。尽管它带有过去时代的特征，但它很好地抗住了多年的密码分析，对大部分攻击仍是安全的。

美国商业部所属国家标准局（National Bureau of Standards，NBS）在 1972 年开始了一项计算机数据保护标准的发展规划。NBS 在 1973 年 5 月 13 日的联邦记录（FR1973）中公布了一项公告，征求在传输和存储数据中保护计算机数据的密码算法，这一举措最终导致了 DES 的研制。DES 是迄今为止世界上最为广泛使用和流行的分组密码算法，它是由美国 IBM 公司研制的早期称作 LUCIFER 密码的一种发展和修改。DES 在 1975 年 3 月 17 日首次被公布在联邦记录中，在做了大量的公开讨论后于 1977 年 1 月 15 日正式批准并作为美国联邦信息处理标准，即 FIPS-46，同年 7 月 15 日开始生效。规定每隔五年由美国国家保密局（National Security Agency，NSA）做出评估，并重新批准它是否继续作为联邦加密标准。最后一次评估是在 1994 年 1 月，美国已决定 1998 年 12 月以后将不再使用 DES。2001 年 11 月，美国公布了新的高级加密标准（AES），即 FIPS-197。虽然，目前 DES 的地位已被 AES 替代，但 DES 对于推动密码理论的发展和应用起了重大作用，对于掌握分组密码的基本理论、设计思想和实际应用仍然有着重要的参考价值。

在 DES 被选为标准之前，它就遭到过猛烈的批评，这种批评现在仍然没有平息。批评者的火力集中在两个方面：第一个方面是 IBM 原来的 LUCIFER 算法的密钥长度是 128bit，而提交作为标准的系统却只有 56bit，足足减少了 72bit 的密钥长度，批评者担心这个密钥长度不足以抵御穷举式攻击；第二个方面是 DES 的内部结构（即 S 盒）的设计标准是保密的，这样用户就无法确信 DES 的内部结构不存在任何隐藏的弱点，利用这种弱点 NSA 能够在不知道密钥的情况下解密报文。后来发生的事情，尤其是在差分密码分析上所做的工作近乎说明 DES 有着非常强的内部结构。另外，据 IBM 项目的参加者透露，对提案所做的唯一修改是 NSA 建议的对于 S 盒的修改，这项修改消除了在评估过程中发现的安全隐患。

5.2.2 DES 的加密算法

DES 使用长度为 56bit 的密钥加密长度为 64bit 的明文，获得长度为 64bit 的密文。它的加密过程如下。

1）给定一个明文 x，通过一个固定的初始转换 IP 置换 x 的各位获得 x_0，记 $x_0 = IP(x) = L_0 R_0$，这里 L_0 是 x_0 的左 32bit，R_0 是 x_0 的右 32bit。

2）进行 16 轮完全相同的运算，在这里数据与密钥结合。根据下列规则计算 L_i 和 R_i（$1 \leq i \leq 16$）：

$$L_i = R_{i-1},$$
$$R_i = L_{i-1} \oplus f(R_{i-1}, K_i)$$

这种规则称为费斯特尔结构，如图 5-5 所示。其中，$\oplus$ 表示两个比特串的"异或"，f 是轮函数（f 将在下面描述），$K_1, K_2, \cdots, K_{16}$ 是 1~16 轮的轮密钥，长度均为 48bit（实际上，每一个 K_i 是来自密钥 K 的一个置换选择）。它们通过密钥扩展算法计算。

3）对比特串 $R_{16}L_{16}$ 应用初始置换 IP 的逆置换 IP^{-1}，获得密文 y，即 $y = IP^{-1}(R_{16}L_{16})$。

注意：最后一次迭代后，左边和右边未交换，而将 $R_{16}L_{16}$ 作为 IP^{-1} 的输入，目的是为了使算法的加密和解密相似。

轮函数 f 如图 5-6 所示，函数 $f(A,J)$ 的第一个变量 A 是一个长度为 32 的比特串，第二个变量 J 是一个长度为 48 的比特串，输出是一个长度为 32 的比特串。

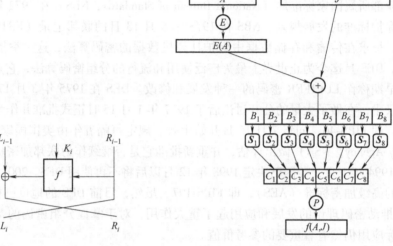

图 5-5　一轮 DES 加密示意图　　　　图 5-6　轮函数 f

f 的计算过程如下：

1）将 f 的第一个变量 A 根据一个固定的扩展函数 E 扩展成一个长度为 48 的比特串。

2）计算 $E(A) \oplus J$，并将所得结果分成 8 个长度为 6 的比特串，记为

$$B = B_1 B_2 B_3 B_4 B_5 B_6 B_7 B_8$$

3）使用 8 个 S 盒 $S_1, S_2, \cdots, S_8$。每一个 S_i 是一个固定的 4×16 阶矩阵，它的元素来自 0~15 这 16 个整数。给定一个长度为 6 的比特串，如 $B_j = b_1 b_2 b_3 b_4 b_5 b_6$，按下列办法计算 $S_j(B_j)$：用两位 $b_1 b_6$ 对应的整数 $r(0 \leqslant r \leqslant 3)$ 来确定 S_j 的行（所谓两位 $b_1 b_6$ 对应的整数 r 是指 r 的二进制表示为 $b_1 b_6$，以下的含义类同），用四位 $b_2 b_3 b_4 b_5$ 对应的整数 $c(0 \leqslant c \leqslant 15)$ 来确定 S_j 的列，$S_j(B_j)$ 的取值就是 S_j 的第 r 行第 c 列的整数所对应的二进制表示，记 $C_j = S_j(B_j)(1 \leqslant j \leqslant 8)$。

将长度为 32 的比特串 $C = C_1 C_2 C_3 C_4 C_5 C_6 C_7 C_8$ 通过一个固定的置换 P 置换，将所得结果 $P(C)$ 记为 $f(A,J)$。下面描述 DES 的轮函数 f 中所使用的具体函数。

1. 初始置换 IP 和其逆置换 IP^{-1}

初始变换 IP 把 x 的第 58 比特放在了第 1 个，把 x 的第 50 比特放在了第 2 个，依此类推。初始置换 IP 及其逆置换 IP^{-1} 没有密码意义，因为 x 与 $IP(x)$（或 y 与 $IP^{-1}(y)$）的一一对应关系是已知的。它们的作用在于打乱原来输入的明文 x 的 ASCII 码划分的关系，并将原来明文的校验位 $x_8, x_{16}, \cdots, x_{64}$ 变成 IP 的输出的一个字节。

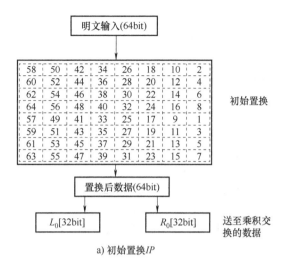

a) 初始置换IP

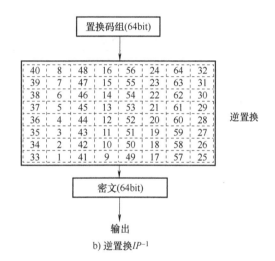

b) 逆置换IP^{-1}

2. 扩展函数 E

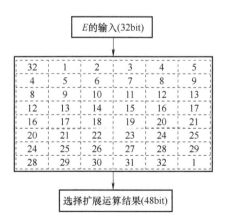

3. 置换 P

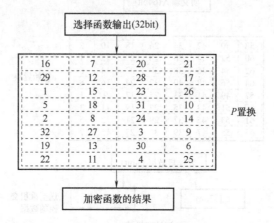

4. 8个S盒

8个S盒见表5-1。

表5-1 8个S盒

行\列	0	1	2	3	4	5	6	7	8	9	10	11	12	13	14	15	
0	14	4	13	1	2	15	11	8	3	10	6	12	5	9	0	7	
1	0	15	7	4	14	2	13	1	10	6	12	11	9	5	3	8	S_1
2	4	1	14	8	13	6	2	11	15	12	9	7	3	10	5	0	
3	15	12	8	2	4	9	1	7	5	11	3	14	10	0	6	13	
0	15	1	8	14	6	11	3	4	9	7	2	13	12	0	5	10	
1	3	13	4	7	15	2	8	14	12	0	1	10	6	9	11	5	S_2
2	0	14	7	11	10	4	13	1	5	8	12	6	9	3	2	15	
3	13	8	10	1	3	15	4	2	11	6	7	12	0	5	14	9	
0	10	0	9	14	6	3	15	5	1	13	12	7	11	4	2	8	
1	13	7	0	9	3	4	6	10	2	8	5	14	12	11	15	1	S_3
2	13	6	4	9	8	15	3	0	11	1	2	12	5	10	14	7	
3	1	10	13	0	6	9	8	7	4	15	14	3	11	5	2	18	
0	7	13	14	3	0	6	9	10	1	2	8	5	11	12	4	15	
1	13	8	11	5	6	15	0	3	4	7	2	12	1	10	14	9	S_4
2	10	6	9	0	12	11	7	13	15	1	3	14	5	2	8	4	
3	3	15	0	6	10	1	13	8	9	4	5	11	12	7	2	14	
0	2	12	4	1	7	10	11	6	8	5	3	15	13	0	14	9	
1	14	11	2	12	4	7	13	1	5	0	15	10	3	9	8	6	S_5
2	4	2	1	11	10	13	7	8	15	9	12	5	6	3	0	14	
3	11	8	12	7	1	14	2	13	6	15	0	9	10	4	5	3	

(续)

列 行	0	1	2	3	4	5	6	7	8	9	10	11	12	13	14	15	
0	12	1	10	15	9	2	6	8	0	13	3	4	14	6	5	11	
1	10	15	4	2	7	12	9	5	6	1	13	14	0	11	3	8	S_6
2	9	14	15	5	2	8	12	3	7	0	4	10	1	13	11	6	
3	4	3	2	12	9	5	15	10	11	14	1	7	6	0	8	13	
0	4	11	2	14	15	0	8	13	3	12	9	7	5	10	6	1	
1	13	0	11	7	4	9	1	10	14	3	5	12	2	15	8	6	S_7
2	1	4	11	13	12	3	7	14	10	15	6	8	0	5	9	2	
3	6	11	8	1	1	4	10	7	9	5	0	15	14	2	3	12	
0	13	2	8	4	6	15	11	1	10	9	3	14	5	0	12	7	
1	1	15	13	8	10	3	7	4	12	5	6	11	0	14	9	2	S_8
2	2	11	4	1	9	12	14	2	0	6	10	13	15	3	5	8	
3	2	1	14	7	4	10	8	13	15	12	9	0	3	5	6	11	

5.2.3　DES 的解密算法

解密采用同一算法实现，把密文 y 作为输入，倒过来使用密钥方案，即以逆序 K_{16}，$K_{15}, \cdots, K_1$ 使用密钥方案，输出将是明文 x。

5.2.4　DES 的密钥扩展算法

每一轮都使用从初始密钥（又称种子密钥）K 导出的不同的 48bit 密钥 K_i。K 是一个长度为 64 的比特串，实际上它只有 56bit 密钥，第 $8,16,\cdots,64$ 位为校验位，共 8bit，这主要是为了检错。第 $8,16,\cdots,64$ 位是按下述办法给出的：使得每一个字节（8bit）含有奇数个 1。因此，每一个字节中的一个错误能被检测出。在轮密钥的计算中，不考虑校验位。轮密钥计算如下：

1）给定一个 64bit 的密钥 K，删掉 8 个校验位并利用一个固定的置换 $PC-1$ 置换 K 剩下的 56bit，记为 $PC-1(K) = C_0 D_0$。这里，C_0 是 $PC-1(K)$ 的左 28bit，D_0 是 $PC-1(K)$ 的右 28bit。

2）对每一个 $i(1 \leqslant i \leqslant 16)$，计算

$$C_i = C_{i-1} \lll l$$
$$D_i = D_{i-1} \lll l$$
$$K_i = PC-2(C_i D_i)$$

其中，当 $i=1,2,9,16$ 时，$l=1$；当 $i=3,4,5,6,7,8,10,11,12,13,14,15$ 时，$l=2$。$PC-2$ 是另一个固定置换。

置换 PC-1 和置换 PC-2。

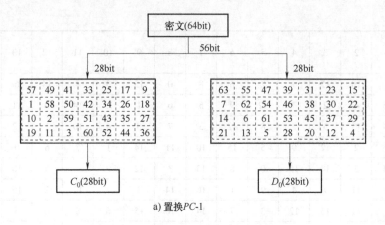

a) 置换PC-1

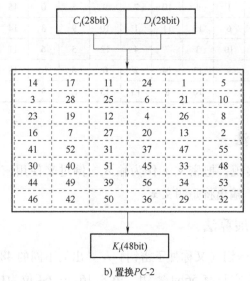

b) 置换PC-2

5.2.5 DES 的安全性分析

1. S 盒的设计

S 盒是 DES 算法的核心模块，DES 靠它实现非线性变换。S 盒的设计准则还没有完全公开。许多密码学者怀疑 NSA 设计 S 盒时隐藏了"陷门"，使得只有他们自己才可以破译算法，但没有证据表明这一点。1976 年，NSA 披露了 S 盒的几条设计原则：

1）每个 S 盒的每一行是整数 0~15 的一个置换。

2）每个 S 盒的输出都不是它的输入的线性或仿射函数。

3）改变 S 盒输入的 1 位，其输出至少有 2 位产生变化。

4）对任何 S 盒和任何输入 x，$S(x)$ 和 $S(x \oplus 001100)$ 至少有 2 位不同（这里 x 是一个长度为 6 的比特串）。

5）对任何 S 盒和任何输入 x，以及 $e, f \in \{0,1\}$，$S(x) \neq S(x \oplus 11ef00)$，其中 x 是一个长度为 6 的比特串。

6）对任何 S 盒，当它的任一输入位保持不变，而其他 5 位输入变化时，输出数字中的

0 和 1 的个数接近相等。

2. 穷尽密钥搜索攻击

在对 DES 安全性批评意见中，较为一致的看法是 DES 的密钥太短。其密钥长度为 56bit，密钥量为 $2^{56} \approx 10^{17}$ 个，不能抵抗穷尽密钥搜索攻击（所谓穷尽密钥搜索攻击是指攻击者在得到一组明文-密文对条件下，可对明文用不同的密钥加密，直到得到的密文与已知的明文-密文对中的相符，就可确定所用的密钥）。事实证明的确如此。1997 年 1 月 28 日，美国 RSA 数据安全公司在 RSA 安全年会上公布了一项 "秘密密钥挑战" 竞赛，分别悬赏 1000 美元、5000 美元和 10000 美元用于攻破不同密钥长度的 RC5，同时还悬赏 10000 美元破译密钥长度为 56bit 的 DES。发起这场挑战赛是为了调查 Internet 上分布式计算的能力，并测试不同密钥长度的 RC5 和密钥长度为 56bit 的 DES 的相对强度。到目前为止，密钥长度为 40bit 和 48bit 的 RC5 已被攻破，美国科罗拉多州的程序员洛克维瑟（Rocke Verser）从 1997 年 3 月 13 日起，用了 96 天的时间，在 Internet 上数万名志愿者的协同工作下，于同年 6 月 17 日成功地找到了 DES 的密钥，获得了 RSA 公司颁发的 10000 美金的奖励。这一事件表明依靠 Internet 的分布式计算能力，用穷尽密钥搜索攻击方法破译 DES 已成为可能。从而使人们认识到随着计算能力的增长，必须相应地增加密码算法的密钥长度。1998 年 7 月，电子边境基金会（EFF）组织研制的 25 万美元的 DES 解密机在 56h 内破解了 56bit 的 DES。1999 年 1 月 RSA 数据安全会议期间，电子边境基金会用 22h15min 就宣告完成 RSA 公司发起的 DES 的第三次挑战。

3. 差分密码分析和线性密码分析

在 DES 的 25 年使用期中，人们对分组密码的研究取得了重要的理论进展。20 世纪 90 年代初发表的差分密码分析、线性密码分析以及时间存储折中的预计算技巧等是分组密码安全性分析研究进程中最有意义的进展，具有抵抗差分密码分析和线性密码分析的能力也成为评估一个分组密码安全强度的重要指标。利用差分和线性密码分析，理论上可以破译 DES 密码，读者可以查阅有关资料。

5.3 高级加密标准

现代分组密码的研究始于 20 世纪 70 年代中期，至今已有 40 多年的历史，这期间人们在这一研究领域取得了丰硕的研究成果。大体上，分组密码的研究包括三方面：分组密码的设计原理、分组密码的安全性分析和分组密码的统计性能测试。

如 5.2 节所述，DES 的 56bit 密钥长度太短，从 20 世纪 90 年代中期起，DES 已经逐渐不能完全满足加密需求，在一些重要场合，常用三重 DES（Triple DES）来代替 DES，但这样一来，加密速度就变为原来的 1/3。同时，在一些应用中，需要密码的分组长度大于 64bit（DES 和三重 DES 的分组长度都是 64bit）。1997 年，美国国家标准技术研究所（NIST）拒绝再延长 DES 的下一个 5 年使用期限。所有的事实表明，迫切需要一个新的加密算法来代替 DES。

1997 年 4 月 15 日，NIST 发起征集高级加密标准（AES）的活动。AES 的基本要求是比三重 DES 快而且至少与三重 DES 一样安全，分组长度为 128bit，密钥长度为 128、192 和 256bit。NIST 对 AES 进行评估的主要准则是安全性、效率和算法的实现特性。安全性是第一位的，候选算法应当抵抗已知的密码分析方法，没有明显的安全缺陷；在满足安全性的条件下，效率是最重要的评估因素，包括算法在不同平台上的计算速度和对内存空间的需求等；算法的实现特性包括灵活性等，如在不同类型的环境中能够安全、有效地运行，可以作为序列密码、杂凑算法实现等。NIST 共收到 15 个候选算法，经过公开评测，2000 年 10 月，NIST 宣布最终获胜者是比利时学者递交的高级加密标准 Rijndael 算法，并于 2001 年 11 月 26 日作为美国新的数据加密标准（FIPS-197）对外公布，即 AES。自此，许多产品将不再使用 DES 或其变形算法，而逐渐转向使用 AES。

5.3.1 AES 的输入、输出和中间状态

AES 中的有些运算是按字节定义的，一个字节可以看成有限域 $GF(2^8)$ 上的一个元素。AES 中还有一些运算是按 4 个字节定义的，一个 4 字节的字可以看成系数在 $GF(2^8)$ 中且次数小于 4 的多项式。

AES 的分组长度为 128bit，加密和解密过程的中间各步的结果称为一个状态，每个状态也是 128bit。设 $s = s_0 s_1 s_2 \cdots s_{125} s_{126} s_{127}$ 是一个状态，其中 $s_i \in GF(2)$（$0 \le i \le 127$）。从左到右按顺序将 s 划分为 16 个字节

$$s_{00}, s_{10}, s_{20}, s_{30}, s_{01}, s_{11}, s_{21}, s_{31}, s_{02}, s_{12}, s_{22}, s_{32}, s_{03}, s_{13}, s_{23}, s_{33}$$

将这 16 个字节排成一个二维数组

$$\begin{pmatrix} s_{00} & s_{01} & s_{02} & s_{03} \\ s_{10} & s_{11} & s_{12} & s_{13} \\ s_{20} & s_{21} & s_{22} & s_{23} \\ s_{30} & s_{31} & s_{32} & s_{33} \end{pmatrix}$$

称之为状态数组。AES 中的各种变化都是基于状态数组来进行处理的。

AES 的分组长度为 128bit，密钥可取 128、192 或 256bit。密钥的长度以 4Byte 的字（word）为单位来表示，记为 N_k，$N_k = 4, 6, 8$；分组长度记为 N_b（4 个字）；AES 的迭代轮数记为 N_r。轮数和密钥长度的关系见表 5-2。

表 5-2 AES 的轮数和密钥长度的关系

	密钥长度（N_k 个字）	分组长度（N_b 个字）	轮数 N_r
AES-128	4	4	10
AES-192	6	4	12
AES-256	8	4	14

AES 加密算法中的轮变换由四个不同的变换组成，用伪码描述为

```
Round( byte state[4,Nb], word w[Nb * (Nr+1)])
begin
    SubBytes( state)
    ShiftRows( state)
    MixColumns( state)
    AddRoundKey( state,w[ r * Nb,(r+1) * Nb-1])
end
```

加密算法的最后一轮变换略有不同，定义为

FinalRound(byte state[4,Nb], word w[Nb * (Nr+1)])

begin

    SubBytes(state)

    ShiftRows(state)

    AddRoundKey(state,w[r * Nb,(r+1) * Nb−1])

end

AES 解密算法中的轮变换定义为

InvRound(byte state[4,Nb], word w[Nb * (Nr+1)])

begin

    InvShiftRows(state)

    InvSubBytes(state)

    AddRoundKey(state,w[r * Nb,(r+1) * Nb−1])

    InvMixColumns(state)

end

解密算法的最后一轮变换略有不同，定义为

InvFinalRound(byte state[4,Nb], word w[Nb * (Nr+1)])

begin

    InvShiftRows(state)

    InvSubBytes(state)

    AddRoundKey(state,w[0,Nb−1])

end

5.3.2 AES 的加密算法

AES 的加密算法描述如下：

Cipher(byte in[4 * Nb], byte out[4 * Nb], word w[Nb * (Nr+1)])

begin

    byte state[4,Nb]

    state = in

    AddRoundKey(state,w[0,Nb−1])

    for r = 1 step 1 to Nr−1

        SubBytes(state)

        ShiftRows(state)

        MixColumns(state)

        AddRoundKey(state,w[r * Nb,(r+1) * Nb−1])

    end for

    SubBytes(state)

    ShiftRows(state)

    AddRoundKey(state,w[Nr * Nb,(Nr+1) * Nb−1])

    out = state

end

1. 字节代替变换 SubBytes( )

字节代替变换 SubBytes( ) 是一个关于字节的非线性变换，它将状态中的每个字节非线性地变换为另一个字节。每个字节做如下两步变换：

1）将一个字节变换为有限域 $GF(2^8)$ 中的乘法逆元素。规定 00 变为 00。

2）对 1）中的结果做仿射变换。

$$
\begin{pmatrix} b'_0 \\ b'_1 \\ b'_2 \\ b'_3 \\ b'_4 \\ b'_5 \\ b'_6 \\ b'_7 \end{pmatrix} = \begin{pmatrix} 1 & 0 & 0 & 0 & 1 & 1 & 1 & 1 \\ 1 & 1 & 0 & 0 & 0 & 1 & 1 & 1 \\ 1 & 1 & 1 & 0 & 0 & 0 & 1 & 1 \\ 1 & 1 & 1 & 1 & 0 & 0 & 0 & 1 \\ 1 & 1 & 1 & 1 & 1 & 0 & 0 & 0 \\ 0 & 1 & 1 & 1 & 1 & 1 & 0 & 0 \\ 0 & 0 & 1 & 1 & 1 & 1 & 1 & 0 \\ 0 & 0 & 0 & 1 & 1 & 1 & 1 & 1 \end{pmatrix} \begin{pmatrix} b_0 \\ b_1 \\ b_2 \\ b_3 \\ b_4 \\ b_5 \\ b_6 \\ b_7 \end{pmatrix} + \begin{pmatrix} 1 \\ 1 \\ 0 \\ 0 \\ 0 \\ 1 \\ 1 \\ 0 \end{pmatrix}
$$

也可以通过查表的方式（十六进制）。

63	7c	77	7b	f2	6b	6f	c5	30	01	67	2b	fe	d7	ab	76
ca	82	c9	7d	fa	59	47	f0	ad	d4	a2	af	9c	a4	72	c0
b7	fd	93	26	36	3f	f7	cc	34	a5	e5	f1	71	d8	31	15
04	c7	23	c3	18	96	05	9a	07	12	80	e2	eb	27	b2	75
09	83	2c	1a	1b	6e	5a	a0	52	3b	d6	b3	29	e3	2f	84
53	d1	00	ed	20	fc	b1	5b	6a	cb	be	39	4a	4c	58	cf
d0	ef	aa	fb	43	4d	33	85	45	f9	02	7f	50	3c	9f	a8
51	a3	40	8f	92	9d	38	f5	bc	b6	da	21	10	ff	f3	d2
cd	0c	13	ec	5f	97	44	17	c4	a7	7e	3d	64	5d	19	73
60	81	4f	dc	22	2a	90	88	46	ee	b8	14	de	5e	0b	db
e0	32	3a	0a	49	06	24	5c	c2	d3	ac	62	91	95	e4	79
e7	c8	37	6d	8d	d5	4e	a9	6c	56	f4	ea	65	7a	ae	08
ba	78	25	2e	1c	a6	b4	c6	e8	dd	74	1f	4b	bd	8b	8a
70	3e	b5	66	48	03	f6	0e	61	35	57	b9	86	c1	1d	9e
e1	f8	98	11	69	d9	8e	94	9b	1e	87	e9	ce	55	28	df
8c	a1	89	0d	bf	e6	42	68	41	99	2d	0f	b0	54	bb	16

2. 行移位变换 ShiftRows( )

行移位变换 ShiftRows( ) 是对一个状态的每一行循环左移不同的位移量。第 0 行不移位保持不变，第 1 行循环左移 1 个字节，第 2 行循环左移 2 个字节，第三行循环左移 3 个字节。

$$
\begin{pmatrix} s_{00} & s_{01} & s_{02} & s_{03} \\ s_{10} & s_{11} & s_{12} & s_{13} \\ s_{20} & s_{21} & s_{22} & s_{23} \\ s_{30} & s_{31} & s_{32} & s_{33} \end{pmatrix} \xrightarrow{\text{ShiftRows( )}} \begin{pmatrix} s_{00} & s_{01} & s_{02} & s_{03} \\ s_{11} & s_{12} & s_{13} & s_{10} \\ s_{22} & s_{23} & s_{20} & s_{21} \\ s_{33} & s_{30} & s_{31} & s_{32} \end{pmatrix}
$$

3. 列混合变换 MixColumns ( )

列混合变换 MixColumns ( ) 是对一个状态逐列进行变换，它将一个状态的每一列视为有限域 $GF(2^8)$ 上的一个多项式。

$$
\begin{pmatrix}
s_{00} & s_{01} & s_{02} & s_{03} \\
s_{10} & s_{11} & s_{12} & s_{13} \\
s_{20} & s_{21} & s_{22} & s_{23} \\
s_{30} & s_{31} & s_{32} & s_{33}
\end{pmatrix}
\xrightarrow{\text{MixColumns ( )}}
\begin{pmatrix}
s'_{00} & s'_{01} & s'_{02} & s'_{03} \\
s'_{10} & s'_{11} & s'_{12} & s'_{13} \\
s'_{20} & s'_{21} & s'_{22} & s'_{23} \\
s'_{30} & s'_{31} & s'_{31} & s'_{33}
\end{pmatrix}
$$

令

$$s_j(x) = s_{3j}x^3 + s_{2j}x^2 + s_{1j}x + s_{0j}, 0 \leqslant j \leqslant 3$$
$$s'_j(x) = s'_{3j}x^3 + s'_{2j}x^2 + s'_{1j}x + s'_{0j}, 0 \leqslant j \leqslant 3$$

则 $s'_j(x) = a(x) \otimes s_j(x)\ (0 \leqslant j \leqslant 3)$。其中，$a(x) = \{03\}x^3 + \{01\}x^2 + \{01\}x + \{02\}$，$\otimes$ 表示模 $x^4 + 1$ 乘法。可以将 $s'_j(x) = a(x) \otimes s_j(x)$ 表示为矩阵乘法：

$$
\begin{pmatrix}
s'_{0j} \\
s'_{1j} \\
s'_{2j} \\
s'_{3j}
\end{pmatrix}
=
\begin{pmatrix}
02 & 03 & 01 & 01 \\
01 & 02 & 03 & 01 \\
01 & 01 & 02 & 03 \\
03 & 01 & 01 & 02
\end{pmatrix}
\begin{pmatrix}
s_{0j} \\
s_{1j} \\
s_{2j} \\
s_{3j}
\end{pmatrix}, \quad 0 \leqslant j \leqslant 3
$$

即

$$s'_{0j} = \{02\} \cdot s_{0j} \oplus \{03\} \cdot s_{1j} \oplus s_{2j} \oplus s_{3j}$$
$$s'_{1j} = s_{0j} \oplus \{02\} \cdot s_{1j} \oplus \{03\} \cdot s_{2j} \oplus s_{3j}$$
$$s'_{2j} = s_{0j} \oplus s_{1j} \oplus \{02\} \cdot s_{2j} \oplus \{03\} \cdot s_{3j}$$
$$s'_{3j} = \{03\} \cdot s_{0j} \oplus s_{1j} \oplus s_{2j} \oplus \{02\} \cdot s_{3j}$$

4. 子密钥加变换 AddRoundKey ( )

子密钥加变换 AddRoundKey ( ) 简单地将一个轮子密钥按位"异或"到一个状态上。轮子密钥的长度是 4word (128bit)，1word 为 4Byte (32bit)。轮子密钥按顺序取自扩展密钥。扩展密钥是原始密钥经过扩展后得到的。扩展密钥的长度为 $N_b(N_r + 1)$　word。

$$
\begin{pmatrix}
s_{00} & s_{01} & s_{02} & s_{03} \\
s_{10} & s_{11} & s_{12} & s_{13} \\
s_{20} & s_{21} & s_{22} & s_{23} \\
s_{30} & s_{31} & s_{32} & s_{33}
\end{pmatrix}
\xrightarrow{\text{AddRoundKey ( )}}
\begin{pmatrix}
s'_{00} & s'_{01} & s'_{02} & s'_{03} \\
s'_{10} & s'_{11} & s'_{12} & s'_{13} \\
s'_{20} & s'_{21} & s'_{22} & s'_{23} \\
s'_{30} & s'_{31} & s'_{32} & s'_{33}
\end{pmatrix}
$$

$$(s'_{0j}, s'_{1j}, s'_{2j}, s'_{3j}) = (s_{0j}, s_{1j}, s_{2j}, s_{3j}) \oplus (k_{0j}, k_{1j}, k_{2j}, k_{3j}), 0 \leqslant j \leqslant 3$$

其中，$(k_{0j}, k_{1j}, k_{2j}, k_{3j})$ 表示扩展密钥中的第 $r \times N_b + j$ 个字，$0 \leqslant j \leqslant N_r$。

5.3.3　AES 的解密算法

AES 的解密算法描述如下：

```
InvCipher ( byte in [ 4 * Nb ] , byte out [ 4 * Nb ] , word w [ Nb * ( Nr+1 ) ] )
begin
    byte state [ 4 , Nb ]
    state = in
```

$$\text{AddRoundKey}(\text{state}, w[\,Nr*Nb, (Nr+1)Nb-1\,])$$

for $r = Nr-1$ step -1 to 1

　　　$\text{InvShiftRows}(\text{state})$

　　　$\text{InvSubBytes}(\text{state})$

　　　$\text{AddRoundKey}(\text{state}, w[\,r*Nb, (r+1)*Nb-1\,])$

　　　$\text{InvMixColumns}(\text{state})$

end for

$\text{InvShiftRows}(\text{state})$

$\text{InvSubBytes}(\text{state})$

$\text{AddRoundKey}(\text{state}, w[\,0, Nb-1\,])$

　　out $=$ state

end

1. 逆行移位变换 InvShiftRows( )

InvShiftRows( ) 是 ShiftRows( ) 的逆变换。InvShiftRows( ) 对一个状态的每一行循环右移不同的位移量。第 0 行不移位保持不变,第 1 行循环右移 1 个字节,第 2 行循环右移 2 个字节,第 3 行循环右移 3 个字节。

$$\begin{pmatrix} s_{00} & s_{01} & s_{02} & s_{03} \\ s_{10} & s_{11} & s_{12} & s_{13} \\ s_{20} & s_{21} & s_{22} & s_{23} \\ s_{30} & s_{31} & s_{32} & s_{33} \end{pmatrix} \xrightarrow{\text{InvShiftRows( )}} \begin{pmatrix} s_{00} & s_{01} & s_{02} & s_{03} \\ s_{13} & s_{10} & s_{11} & s_{12} \\ s_{22} & s_{23} & s_{20} & s_{21} \\ s_{31} & s_{32} & s_{33} & s_{30} \end{pmatrix}$$

2. 逆字节代替变换 InvSubBytes( )

InvSubBytes( ) 是 SubBytes( ) 的逆变换。它将状态中的每一个字节非线性地变换为另一个字节。InvSubBytes( ) 首先对一个字节 $b_7 b_6 b_5 b_4 b_3 b_2 b_1 b_0$ 在 GF(2) 上做如下仿射变换:

$$\begin{pmatrix} b'_0 \\ b'_1 \\ b'_2 \\ b'_3 \\ b'_4 \\ b'_5 \\ b'_6 \\ b'_7 \end{pmatrix} = \begin{pmatrix} 1 & 0 & 0 & 0 & 1 & 1 & 1 & 1 \\ 1 & 1 & 0 & 0 & 0 & 1 & 1 & 1 \\ 1 & 1 & 1 & 0 & 0 & 0 & 1 & 1 \\ 1 & 1 & 1 & 1 & 0 & 0 & 0 & 1 \\ 1 & 1 & 1 & 1 & 1 & 0 & 0 & 0 \\ 0 & 1 & 1 & 1 & 1 & 1 & 0 & 0 \\ 0 & 0 & 1 & 1 & 1 & 1 & 1 & 0 \\ 0 & 0 & 0 & 1 & 1 & 1 & 1 & 1 \end{pmatrix}^{-1} \begin{pmatrix} b_0 \\ b_1 \\ b_2 \\ b_3 \\ b_4 \\ b_5 \\ b_6 \\ b_7 \end{pmatrix} + \begin{pmatrix} 1 \\ 1 \\ 0 \\ 0 \\ 0 \\ 1 \\ 1 \\ 0 \end{pmatrix}$$

然后,InvSubBytes( ) 输出字节 $b'_7 b'_6 b'_5 b'_4 b'_3 b'_2 b'_1 b'_0$ 在有限域 GF(2^8) 中的逆元素。也可以通过查表的方式(十六进制)。

52	09	6a	d5	30	36	a5	38	bf	40	a3	9e	81	f3	d7	fb
7c	e3	39	82	9b	2f	ff	87	34	8e	43	44	c4	de	e9	cb
53	7b	94	32	a6	c2	23	3d	ee	4c	95	0b	42	fa	c3	4e

08	2e	a1	66	28	d9	24	b2	76	5b	a2	49	6d	8b	d1	25
72	f8	f6	64	86	68	98	16	d4	a4	5c	cc	5d	65	b6	92
6c	70	48	50	fd	ed	b9	da	5e	15	46	57	a7	8d	9d	84
90	d8	ab	00	8c	bc	d3	0a	f7	e4	58	05	b8	b3	45	06
d0	2c	1e	8f	ca	3f	0f	02	c1	af	bd	03	01	13	8a	6b
3a	91	11	41	4f	67	dc	ea	97	f2	cf	ce	f0	b4	e6	73
96	ac	74	22	e7	ad	35	85	e2	f9	37	e8	1c	75	df	6e
47	f1	1a	71	1d	29	c5	89	6f	b7	62	0e	aa	18	be	1b
fc	56	3e	4b	c6	d2	79	20	9a	db	c0	fe	78	cd	5a	f4
1f	dd	a8	33	88	07	c7	31	b1	12	10	59	27	80	ec	5f
60	51	7f	a9	19	b5	4a	0d	2d	e5	7a	9f	93	c9	9c	ef
a0	e0	3b	4d	ae	2a	f5	b0	c8	eb	bb	3c	83	53	99	61
17	2b	04	7e	ba	77	d6	26	e1	69	14	63	55	21	0c	7d

3. 逆列混合变换 InvMixColumns( )

InvMixColumns( ) 是 MixColumns( ) 的逆变换。InvMixColumns( ) 对一个状态逐列进行变换，它将状态的每一列视为有限域 $\mathrm{GF}(2^8)$ 上的一个多项式。InvMixColumns( ) 将状态的每一列所对应的 $\mathrm{GF}(2^8)$ 上的多项式模 x^4+1 乘以多项式 $a^{-1}(x)=(0b)x^3+(0d)x^2+(09)x+(0e)$。

$$\begin{pmatrix} s_{00} & s_{01} & s_{02} & s_{03} \\ s_{10} & s_{11} & s_{12} & s_{13} \\ s_{20} & s_{21} & s_{22} & s_{23} \\ s_{30} & s_{31} & s_{32} & s_{33} \end{pmatrix} \xrightarrow{\text{InvMixColumns( )}} \begin{pmatrix} s'_{00} & s'_{01} & s'_{02} & s'_{03} \\ s'_{10} & s'_{11} & s'_{12} & s'_{13} \\ s'_{20} & s'_{21} & s'_{22} & s'_{23} \\ s'_{30} & s'_{31} & s'_{32} & s'_{33} \end{pmatrix}$$

令

$$s_j(x)=s_{3j}x^3+s_{2j}x^2+s_{1j}x+s_{0j},\ 0\leqslant j\leqslant 3$$
$$s'_j(x)=s'_{3j}x^3+s'_{2j}x^2+s'_{1j}x+s'_{0j},\ 0\leqslant j\leqslant 3$$

即

$$s'_j(x)=a^{-1}(x)\otimes s_j(x)\quad 0\leqslant j\leqslant 3$$

$s'_j(x)=a^{-1}(x)\otimes s_j(x)$ 可以表示为矩阵乘法：

$$\begin{pmatrix} s'_{0j} \\ s'_{1j} \\ s'_{2j} \\ s'_{3j} \end{pmatrix}=\begin{pmatrix} 0e & 0b & 0d & 09 \\ 09 & 0e & 0b & 0d \\ 0d & 09 & 0e & 0b \\ 0b & 0d & 09 & 0e \end{pmatrix}\cdot\begin{pmatrix} s_{0j} \\ s_{1j} \\ s_{2j} \\ s_{3j} \end{pmatrix},\ 0\leqslant j\leqslant 3$$

即

$$s'_{0j}=\{0e\}\cdot s_{0j}\oplus\{0b\}\cdot s_{1j}\oplus\{0d\}\cdot s_{2j}\oplus\{09\}\cdot s_{3j}$$
$$s'_{1j}=\{09\}\cdot s_{0j}\oplus\{0e\}\cdot s_{1j}\oplus\{0b\}\cdot s_{2j}\oplus\{0d\}\cdot s_{3j}$$
$$s'_{2j}=\{0d\}\cdot s_{0j}\oplus\{09\}\cdot s_{1j}\oplus\{0e\}\cdot s_{3j}\oplus\{0b\}\cdot s_{3j}$$
$$s'_{3j}=\{0b\}\cdot s_{0j}\oplus\{0d\}\cdot s_{1j}\oplus\{09\}\cdot s_{2j}\oplus\{0e\}\cdot s_{3j}$$

5.3.4　AES 的密钥扩展算法

AES 的密钥扩展算法产生 $N_b(N_r+1)$ 个字，最初的 N_k 个字为原始密钥，后面的字由前面的字递归定义。

```
KeyExpansion(byte key[4 * Nk], word w[Nb * (Nr+1)], Nk)
begin
  word temp
  i=0
  while(i<Nk)
    w[i]=word(key[4 * i], key[4 * i+1], key[4 * i+2], key[4 * i+3])
    i+i+1
  end  while
  i=Nk
  while(i<Nb * (Nr+1))
    temp=w[i-1]
    if ( imodNk=0 )
      temp=SubWord(RotWord(temp)) xor Rcon[i/Nk]
    else if( Nk>6 and i mod Nk=4)
      temp=SubWord(temp)
    end if
    w[i]=w[i-Nk] xor temp
    i=i+1
    end while
end
```

SubWord( ) 输入为一个 4 字节的字，对字中的每字节做 S 盒变换，变换后的 4 个字节所组成的字为 SubWord( ) 的输出。

RotWord( ) 的返回值为一个 4 字节的字，它是输入的 4 字节字循环左移 1 字节。

Rcon[ ] 是常数，$Rcon[j]=(c_j,00,00,00)(j\geqslant1)$；$c_1=01,c_j=\{02\}\cdot c_{j-1}(j>1)$。

5.3.5　AES 的安全性分析

AES 作为一个公开征集的加密标准，受到了公众的广泛关注。对 AES 的安全性分析，也是近年来密码学研究中的一个热门课题。下面将近几年对 AES 安全性分析的主要成果做一个简要评述。

1999 年，在提交给 NIST 的文档中，两位设计者首先对密码的安全性做了详细分析，其中最好攻击是采用积分密码分析方法，可以攻击 6 轮 AES。自此，各国的密码学研究者对 AES 的安全性分析评估进行了不断的尝试，主要包括：探寻新的针对 AES 的密码分析方法、检验 AES 抵抗各种攻击方法的强度、提高攻击技巧以获取更有效的攻击结果。在 2002 年的亚密会上，尼古拉斯·库尔图瓦（Nicolas Courtois）等人提出了针对 AES 的代数攻击，将对 AES 的破译转化成一类方程组的求解问题。现在存在好几种尝试求解这类方程组的方法，如重线性化方法、XSL 方法、格罗布纳（Grobner）基方法、连分式表示法等，但是这些方法都没有直接导致破译 AES。

对 AES 的代数攻击目前仍处于探索阶段,有许多问题尚待研究。和差分(线性)攻击等不同的是,代数攻击的复杂度不随轮数而呈指数增长。因此,如果成功解决代数攻击遇到的几个问题,则迭代分组密码的设计思想将受到冲击。

相比于代数攻击,采用其他一些分析方法,获得了若干进展,如对 AES 的碰撞攻击、积分密码分析、不可能差分密码分析、相关密钥密码分析和飞来去器密码分析(或不可能差分密码分析)的联合分析等。随着分析方法的研究、分析技巧的提高,对 AES 安全性分析的有效性也有很大提高,或是能够攻击更多轮数的 AES,或攻击相同轮数的 AES 时,攻击复杂度大大降低。读者可参考相关文献。

5.4 差分及密码线性分析

在 DES 的使用过程中,有关它的主要问题是其相对较短的密钥长度(56bit)对于穷举式攻击来说的弱点。然而,也有人对找到密码分析方法感兴趣。随着具有更长的密钥分组密码的流行,穷举式搜索变得越来越不现实,因而对于 DES 以及其他对称分组密码的密码分析更加受到重视。

5.4.1 差分密码分析

1990 年,比哈姆(Biham)和沙米尔(Shamir)公开发表了差分密码分析。利用这种方法,比哈姆和沙米尔找到了一个选择明文的 DES 攻击方法,该方法比穷举攻击更有效,这使得对 DES 一类分组密码的分析工作向前推进了一大步。

差分密码分析考查那些明文有特定差分的密文对。当明文使用相同的密钥加密时,分析其在通过 DES 的轮扩散时差分的演变。

简单地,选择具有固定差分的一对明文。这两个明文可随机选取,只要求它们符合特定差分条件,密码分析者甚至不必知道它们的值。然后,使用输出密文中的差分,按照不同的概率分配给不同的密钥。随着分析的密文越来越多,其中最可能的一个密钥将显现出来,这就是正确的密钥。

详细的过程比较复杂。图 5-7 所示为 DES 的轮函数。假定有一对输入 x 和 x',它们的差分为 Δx,则输出 y 和 y' 也是已知的,因而它们也有差分为 Δy。扩展运算 E 和置换运算 P 都是已知的,那么 ΔA 和 ΔC 也是已知的。虽然 B 和 B' 是未知的,但是它们的差分 ΔB 等于 ΔA(当考查差分时,k_i 与 A 和 A' 的"异或"可略去)。到目前为止,一切顺利。还有一个技巧:对任意给定的 ΔA,ΔC 的值不一定都相同。将 ΔA 和 ΔC 联合起来,就可以猜测出 A"异或"k_i 及 A'"异或"k_i 的位值,且 A 和 A' 是已知的,故可推出关于 k_i 的信息。

首先考虑 DES 的最后一轮(差分分析忽略了初始置换和末置换。它们除了使 DES 难以解释外,不影响对 DES 的攻击)。如果能确定 k_{16},那么就能知道 48 位的密钥,其余的 8 位可通

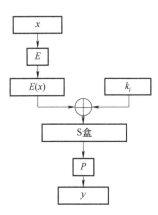

图 5-7 DES 轮函数

过穷举攻击得到。至此，通过差分分析就可以得到 k_{16}。

明文对中的差分在得到的密文对中有很高的重现率，这些差分叫作特征。特征在轮数上得以扩充，并定义了一条轮间路径。对某一个输入差分，每一轮的差分及最终的输出差分之间都有一个特定的概率。可以通过产生这样一个表来找到这些特征：行表示可能的输入"异或"（两个不同输入位集的"异或"）；列表示可能的输出"异或"；输入项表示对于给定的输入"异或"，产生特定输出"异或"的次数。对 DES 的 8 个 S 盒都可以产生这样的一个表。例如，图 5-8a 所示是一个一轮的特征。左边的输入差分为 L（可以是任意的），右边的输入差分为 0（两个输入的右半部分相同，所以差分为 0）。因为轮函数没有差分输入，所以它没有输出差分。因此，左边的输出差分为 $L \oplus 0 = L$，右边的输出差分为 0。这是一个平凡的特征，其概率等于 1。图 5-8b 所示是一个不明显的特征。左边的输入差分为任意值 L，右边的输入差分为 0x60000000，左右两个输入差分仅第二和第三位不同。轮函数的输出差分为 $L \oplus$ 0x00808200 的概率是 14/64。这意味着，左边的输出差分为 $L \oplus$ 0x00808200，右边的输出差分为 0x60000000 的概率是 14/64。

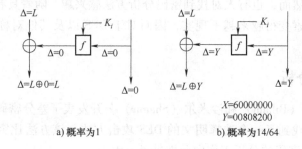

图 5-8 DES 特征示意图

不同的特征可以结合，而且假定轮与轮之间是独立的，那么轮与轮之间的输出概率可以相乘。图 5-9 所示将前面介绍的两个特征结合在一起。左边的输入差分为 0x00808200，右边的输入差分为 0x60000000。第一轮结束时，轮函数的输入差分和输出差分被略去，使其输出差分为 0。将这个值输入第二轮运算中。最后，左边的输出差分为 0x60000000，右边的输出差分为 0。具有这两轮运算的特征的可能性为 14/64。

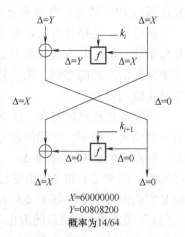

图 5-9 2 轮 DES 特征

满足特征的明文对称为正确对，不满足的称为错误对。根据正确对可以猜测正确的轮密钥（对应于特征的最后一轮），根据错误对猜测的轮密钥是随机的。为了找到正确的轮密钥，只需收集足够的猜测结果，必然有一个子密钥被猜出的频率大于其他的猜测结果。这将是很有效的。正确的子密钥将从所有的随机候选密钥中浮现出来。因而，对一个 n 轮 DES，经过 n 轮的基本差分攻击，将可以恢复 48 位子密钥，剩余的 8 位可通过穷举攻击猜测得到。

还有一些值得思考的问题。首先，要达到某个门限，否则取得成功的机会微乎其微。也就是说，即使计算了足够多的数据，也不能从所有这些随机结果中确定正确的子密钥。而且，这种攻击并不实用：必须对 2^{48} 个可能的密钥，用计数器来统计各自不同的概率。要完成这个工作，需要的数量太大。

基于上述这点，比哈姆和沙米尔改变了他们的攻击。对 16 轮 DES，他们使用了 13 轮特征，而不是 15 轮特征，并使用一些技巧来得到最后几轮的特征。具有高概率的短特征，攻击效果更好。而且，他们使用了一些技巧来得到 56 位的候选密钥，这些候选密钥可以立即被检测，从而省略了计数器的使用。一旦找到正确对，这种攻击就取得了成功，它避开了门限及给定的线性成功率的问题。如果所选择的对小于所需对的 1000 倍，那么攻击的成功率也将减小到 1/1000。这听起来很可怕，但是比门限问题要好一些。它总存在一定的立即成功的机会。

这一结论很有意义。表 5-3 所示为对不同轮数的 DES 进行攻击的最佳差分分析的一个总结。第一列表示轮数，第二、第三列为攻击必须检测的选择明文或已知明文个数，第四列为实际分析的明文数目，最后一列是找到需要的明文的分析复杂性。

对于完整的 16 轮 DES 的最佳攻击需要 2^{47} 个选择明文。也可转换为已知明文攻击，但需要 2^{55} 个已知明文，而且在分析过程中要经过 2^{37} 次 DES 运算。差分分析的攻击方法是针对 DES 和其他类似有固定 S 盒的算法的，它极大地依赖于 S 盒的结构。DES 的 S 盒恰好最适于抵抗差分分析。而且，对 DES 的任何一种工作方式 ECB、CBC、CFB 和 OFB，差分分析具有相同的复杂性。

表 5-3　DES 的差分密码攻击分析

轮数	选择明文	已知明文	实际分析明文	分析的复杂性
8	2^{14}	2^{38}	4	2^{9}
9	2^{24}	2^{44}	2	2^{32}
10	2^{24}	2^{43}	2^{14}	2^{15}
11	2^{31}	2^{47}	2	2^{32}
12	2^{31}	2^{47}	2^{21}	2^{21}
13	2^{39}	2^{52}	2	2^{32}
14	2^{39}	2^{51}	2^{39}	2^{29}
15	2^{47}	2^{56}	27	2^{37}
16	2^{47}	2^{55}	2^{36}	2^{37}

通过增加迭代的次数可改善 DES 抵抗差分分析的性能。对 17 轮或 18 轮 DES 的差分分析（选择明文）所需要的时间与穷举搜索的时间大致相等。轮数为 19 或更多时，采用差分分析将是不可能的，因为那样需要 2^{64} 个可能的明文分组。

这里有几个要点。首先，差分分析主要是理论上的。差分分析所要求的巨大时间量和数据量几乎超过了每个人的承受能力。为了获得差分分析所需的数据，需对选择明文的速度为 1.5Mbit/s 的数据序列加密达 3 年。其次，差分分析也可以进行已知明文攻击，但为了得到有用的明文-密文对，必须对所有的明文-密文对进行筛选。对于 16 轮 DES 来说，这使得穷举攻击甚至比差分分析有效一点（差分分析攻击需 $2^{55.1}$ 次运算，而穷举攻击需 2^{55} 次运算）。由此可认为，如果 DES 能够正确地实现，那么它对差分分析仍然是安全的。

5.4.2　线性密码分析

　　线性密码分析是松井（Mitsuru Matsui）提出的另一种密码分析攻击方法。这种攻击使用线性近似值来描述分组密码（在这里指 DES）的操作。这意味着，如果攻击者将明文的一些位、密文的一些位分别进行"异或"运算，然后再将这两个结果"异或"，那么攻击者将得到一个值，这一位值是将密钥的一些位进行"异或"运算的结果。这就是概率为 p 的线性近似值。如果 $p \neq 1/2$，那么就可以使用该偏差，用得到的明文及对应的密文猜测密钥的位值。得到的数据越多，猜测越可靠。概率越大，用同样数据量的成功率越高。如图 5-10 所示为 DES 的 3 轮线性逼近。

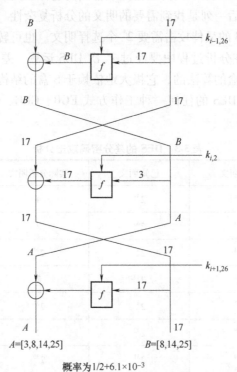

图 5-10　DES 的 3 轮线性逼近

　　如何确定 DES 的一个好的线性逼近呢？找到好的 1 轮的线性逼近，再将它们组合在一起。再来考察 S 盒。它是 6 位输入、4 位输出，因而输入位的组合"异或"运算有 $(2^6-1)=63$ 种有效方式，输出位有 15 种有效方式。那么现在，对每一个 S 盒随机选择的输入，都能计算出输入的组合"异或"等于某个输出组合"异或"的可能性。如果某个组合具有足够高的偏向性，那么线性分析可能已找到了。

　　如果线性逼近无偏向性，那么它可能有 64 种可能输入中的 32 种，最大偏差的 S 盒是 S 盒 5。实际上，对只有 12 个输入的 S 盒，第 2 个输入位等于它所有 4 个输出位的组合"异或"。该转换的可能性为 3/16，或概率为 5/16，这也是所有 S 盒的最大概率值。

图 5-10 显示了如何对 DES 的轮函数进行线性攻击。S 盒 5 的输入位是 b_{26}（一般情况下，按照从左到右，从 1 到 64 的顺序对位计数。松井忽略 DES 的这种惯例，而是按照从右到左，从 0 到 63 的顺序计数）。S 盒 5 的 4 个输出位是 c_{17}、c_{18}、c_{19} 和 c_{20}。向后追溯到 S 盒的输入端来追踪 b_{26} 的踪迹。a_{26} 与子密钥 $k_{i,26}$ 中的一位"异或"，得到 b_{26}，而位 x_{17} 通过扩展置换得到 a_{26}。经过 S 盒运算后的 4 位输出，通过置换运算 P 成为轮函数的 4 位输出：y_3、y_8、y_{14} 和 y_{25}。这意味着式（5-4-1）成立的可能性为 5/16~1/2。

$$x_{17} \oplus y_3 \oplus y_8 \oplus y_{14} \oplus y_{25} = k_{i,26} \qquad (5\text{-}4\text{-}1)$$

不同轮的线性分析可采用差分分析中讨论过的类似的组合方式。图 5-10 所示是一个可能性为 1/2+0.0061 的 3 轮线性分析。每一轮的逼近性是变化的：最后一轮非常好，第一轮较好，中间一轮差。但是这 3 个 1 轮的逼近组合起来，显示了一个非常好的 3 轮的逼近性。对 16 轮 DES 采取最佳线性逼近分析的基本攻击，需要 2^{47} 个已知明文分组才能得到 1 密钥位，这不太有用。如果将明文和密文互换，既加密又解密，就可得到 2 密钥位，但这仍然不太有用。

这里有一个改进方法。对 2~15 轮采用一个 14 轮的线性逼近分析。对 S 盒的第一和最后一轮（总共有 12 密钥位），猜测其相关的 6 位子密钥。并行地进行 2^{12} 次线性分析，挑选具有一定概率的正确密钥位。这是很有效的方法。通过这种方法得到 12 位加上 b_{26}，颠倒明文和密文可得到另外 13 位，再用穷举搜索法得到剩余的 30 位。其中有一些技巧，但不是必需的。攻击完整的 16 轮 DES，当已知明文的平均数为 2^{43} 时，线性分析攻击可得到密钥。在 12 台 HP9000/735 工作站上完成这种攻击，花费了 50 天时间。

线性攻击极大地依赖于 S 盒，这对线性分析来说不是最合适的。事实上，DES 选择的 S 盒的阶数只有 9%~16%，只具有极小的抵抗线性分析的能力。按照唐科波史密斯（Don Coppersmith）的说法，抗线性分析"不属于 DES 标准的设计范畴"。他们或许是不知道线性分析，或者是了解更有效、更高级的对抗 S 盒准则的方法。

线性分析比差分分析的技术新，在密码分析中它的性能将会得到更多的改进。

5.4.3 实际设计的准则

在差分分析公布后，IBM 公司公布了 S 盒和置换运算 P 的设计准则。

1. S 盒的设计准则

1）每个 S 盒均为 6 位输入、4 位输出（这是在 1974 年的技术条件下，单个芯片所能容纳的最大量）。

2）没有一个 S 盒的输出位是接近输入位的线性函数。

3）如果将输入位的最左端及最右端的位固定，变化中间的 4 位，每个可能的 4 位输出只能得到一次。

4）如果 S 盒的两个输入仅有 1 位的差异，则其输出必须至少有 2 位不同。

5）如果 S 盒的两个输入仅有中间 2 位不同，则其输出至少必须有 2 位不同。

6）如果 S 盒的两个输入前 2 位不同，后 2 位已知，则其输出必不同。

7）对于输入之间的任何非零的 6 位差分，32 对中至多有 8 对显示的差分导致了相同的输出差分。

8）类似于前一个准则，但是针对 3 个有效的 S 盒。

2. 置换运算 P 的设计准则

1）在第 i 轮 S 盒的 4 位输出中，2 位将影响 S 盒第 $i+1$ 轮的中间位，其余 2 位将影响最后位。

2）每个 S 盒的 4 位输出影响 6 个不同的 S 盒，但没有两个影响同一个 S 盒。

3）如果一个 S 盒的 4 位输出影响下一个 S 盒的中间 1 位，那么后一个的输出位不会影响前一个 S 盒的中间 1 位。

5.5　其他分组密码算法

5.5.1　GOST 算法

GOST 是苏联设计的分组密码算法。GOST 是 Gosudarstvennyi Standard 或 Government Standard 的缩写（实际上，全名是 Gosudarstvennyi Standard Soyuza SSR 或者 Government Standard of the Union of Soviet Socialist Republics）。它除了泛指任何标准外，其实类似于 FIPS。该标准的编号是 28147-89。苏联的政府标准会议授予了该标准。不知其是否用于机密业务还是只作为商用加密，该算法的初始陈述中表明该算法"满足所有的密码需求且对保护的信息没有任何限制"。传闻其曾用于机密级军事通信中。

1. 算法描述

GOST 是一个 64 位分组及 256 位密钥的分组密码算法，GOST 也有一些附加的密钥。该算法是一个 32 轮的简单迭代型加密算法。明文分组为左半边 L_i 和右半边 R_i，第 i 轮子密钥用 k_i 表示。加密函数为

$$L_i = R_{i-1} \tag{5-5-1}$$
$$R_i = L_{i-1} \oplus f(R_{i-1}, k_i) \tag{5-5-2}$$

GOST 的一轮变换如图 5-11 所示，函数 f 是直接的。首先，右半部分与第 i 轮的子密钥进行模 2^{32} 加，该结果分成 8 个 4 位分组，每个分组被作为不同的 S 盒的输入。在 GOST 中使用了 8 个不同的 S 盒，第 1 个 4 位进入第 1 个 S 盒，第 2 个 4 位分组进入第 2 个 S 盒，依此类推。然后，各 S 盒将输入数字（以十六进制表示）进行置换，见表 5-4。8 个 S 盒的输出重组为 32 位，而后循环左移 11 次之后与上一轮左半边 L_{i-1} 逐位"异或"作为此轮输出的右 32 位。而左 32 位则为上一轮的右 32 位。

表 5-4　GOST 的 S 盒

输出 \ 输入	0	1	2	3	4	5	6	7	8	9	10	11	12	13	14	15
S_1	4	10	9	2	13	8	0	14	6	11	1	12	7	15	5	3
S_2	14	11	4	12	6	13	15	10	2	3	8	1	0	7	5	9
S_3	5	8	1	13	10	3	4	2	14	15	12	7	6	0	9	11
S_4	7	13	10	1	0	8	9	15	14	4	6	12	11	2	5	3
S_5	6	12	7	1	5	15	13	8	4	10	9	14	0	3	11	2
S_6	4	11	10	0	7	2	1	13	3	6	8	5	9	12	15	14
S_7	13	11	4	1	3	15	5	9	0	10	14	7	6	8	2	12
S_8	1	15	13	0	5	7	10	4	9	2	3	14	6	11	8	12

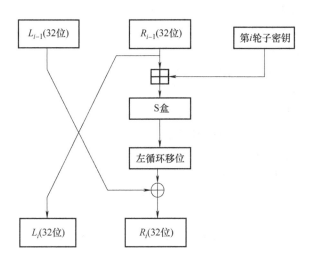

图 5-11　GOST 的轮变换

子密钥生成的 256 位密钥被划分成 8 个 32 位密钥：$k_1, k_2, \cdots, k_8$。各轮按表 5-5 所示，采用不同的子密钥。解密时子密钥的顺序相反。

表 5-5　GOST 不同轮中的子密钥

子密钥号	1	2	3	4	5	6	7	8
轮号	1	2	3	4	5	6	7	8
	9	10	11	12	13	14	15	16
	17	18	19	20	21	22	23	24
	32	31	30	29	28	27	26	25

GOST 标准并没有讨论怎样产生 S 盒，它仅提供了 S 盒。有人怀疑是当局可能将好的 S 盒给一些关键部门用，而将弱的 S 盒给其他部门使用，以便能够监听。GOST 芯片生产厂家提供的是另一种 S 盒。利用随机数产生器来生成 S 盒的置换，俄联邦中央银行以及单向散列函数使用的 S 盒都是表 5-4 所列的 S 盒。

2. 密码分析

GOST 与 DES 有以下几个主要区别：

1）在 DES 中由密钥产生子密钥的过程比较复杂，而 GOST 的过程非常简单。

2）DES 有 56 位密钥，而 GOST 有 256 位密钥。如果将 S 盒置换保密，GOST 会有 610 位的秘密信息。

3）DES 的 S 盒是 6 位输入和 4 位输出，而 GOST 的 S 盒是 4 位输入和 4 位输出。这两个算法都有 8 个 S 盒，但 GOST 的 S 盒大小仅为 DES 的 S 盒的 1/4。

4）DES 有一个非正规的置换 P，而 GOST 有一个 11 位的循环移位。

5）DES 有 16 轮，而 GOST 有 32 轮。

除了穷举攻击外还没有发现更好的攻击 GOST 的方法，它是一个非常安全的算法。GOST 有 256 位密钥，加上秘密的 S 盒将更长。在抗差分攻击和线性攻击方面，GOST 比

DES 强。虽然 GOST 的随机 S 盒可能比 DES 的固定 S 盒弱，但它增强了 GOST 阻止差分攻击和线性攻击的性能。这两个攻击也依赖于轮数：轮数越多，攻击就越困难。GOST 的轮数是 DES 的两倍，这就可能使差分攻击和线性攻击失败。

GOST 的其他部分与 DES 中的安全性等价，或者比 DES 中的要差。GOST 没有使用 DES 中的扩展置换，从 DES 中删除该置换可降低雪崩效果从而使它变得更弱。因此，有理由认为没有这个置换的 GOST 更弱。GOST 用加法取代 DES 中的"异或"，并没有降低安全性。

在它们之间的更大差别似乎是 GOST 的循环移位取代了置换。DES 的置换增加了雪崩效果。在 GOST 中改变一个输入位将影响一轮中的一个 S 盒，然后将影响下一轮的两个 S 盒，然后是三个 S 盒，依此类推。在 GOST 中，改变一个输入位要影响所有的输出位需要 8 轮，而 DES 仅需要 5 轮。这肯定是一个弱点，但 GOST 有 32 轮，而 DES 仅有 16 轮。

GOST 的设计者打算在有效性和安全性之间达到平衡，修改 DES 的基本设计以便产生一个更适宜于软件实现的算法。他们通过增大密钥长度、对 S 盒保密、增加加密轮数来提升算法的安全性。

5.5.2 Blowfish 算法

Blowfish 算法是由施奈尔（B. Schneier）设计的，其目标是用集成度大的微处理器实现。该算法是非专利的，C 代码是公开的。Blowfish 算法的设计准则如下：

1）快速。Blowfish 在 32 位的微处理器上的处理速度达到每字节 26 个时钟周期。

2）紧凑。Blowfish 能在容量小于 5KB 的存储器中运行。

3）简单。Blowfish 仅使用了一些简单运算：基于 32 位的加、"异或"和查表。它的设计容易分析，且可阻止它的错误实现。

4）可变的安全性。Blowfish 的密钥长度是可变的，最多能达到 448 位。

在密钥不需要经常更改的应用，如通信连接和自动文件加密中，Blowfish 是最优的一个算法，当在 32 位具有大的内存（如 Pentium 和 PowerPC）的微处理器上实现时，其速度比 DES 快得多。Blowfish 不适合于分组交换、经常更换密钥和单向函数，它需要大的存储器使得它不能有效地在智能卡应用中实现。

1. 算法描述

Blowfish 算法的数据分组长为 64 位，密钥长度可变。算法由两部分组成：密钥扩展和数据加密。密钥扩展可把长度可达到 448 位的密钥转变成总共 4168 字节的几个子密钥组。

（1）加密　采用 16 轮迭代，每一轮中含有由密钥控制的置换及密钥和数据控制的代换。运算包括 32 位加法和 32 位字的逐位"异或"，以及 4 个指数的阵列数据查表。输入数据划分成 64 位组，而后分成 L_0、R_0 左右两半各 32 位。

$$\text{For } i = 1 \text{ to } 16$$
$$R_i = L_{i-1} \oplus k_i$$
$$L_i = f(R_i) \oplus R_{i-1} = F(L_{i-1} \oplus k_i) \oplus R_{i-1}$$

最后输出为 $L = R_{16} \oplus k_{18}$，$R = R_{16} \oplus k_{17}$。

$L \| R$ 即为最后输出的 64 位密文，k_i 是密钥。加密函数 f 如下：将 R_i 划分成 a、b、c、d 4 个字节，分别送给 4 个 S 盒，每个 S 盒是 8 位输入、32 位输出，其输出进行相应运算，组合出 32 位输出，如图 5-12 所示。即：

$$f(R_i) = \left[\left(S_{1,i} + S_{2,i} \bmod 2\right)^{32} \oplus S_{3,i}\right] + S_{4,i} \bmod 2^{32}$$

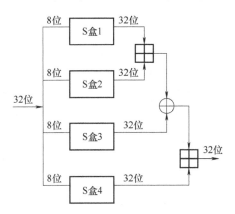

图 5-12　加密函数 f

（2）解密　和加密一致，密钥 $k_1, k_2, \cdots, k_{18}$ 以相反的顺序实施。

密钥生成：密钥阵列 $\boldsymbol{K}$ 由 18 个 32 位子密钥 $k_1, k_2, \cdots, k_{18}$ 组成。计算方法如下：

1）初始化阵列 $\boldsymbol{K}$，而后固定字串，即用十六进制表示所决定的字串依次初始化 4 个 S 盒。

2）将密钥按 32 位分段，并循环重复使用，依次与 $k_1, k_2, \cdots, k_{18}$ "异或"。

3）用 Blowfish 算法和第 1）、2）步中得到的子密钥对全零输入加密。

4）以第 3）中的结果代替阵列 $\boldsymbol{K}$ 中的 k_1 和 k_2。

5）利用第 4）所修正的阵列 $\boldsymbol{K}$ 对第 3）中的输出进行加密。

6）以第 5）步中所得到的结果代替阵列 $\boldsymbol{K}$ 中的 k_3 和 k_4。

7）重复上述过程，直到阵列 $\boldsymbol{K}$ 中所有元素均已更新，而后依次更新 4 个 S 盒的代换表中的元素，每个盒有 256 个元素：

$$S_{1,0}, S_{1,1}, \cdots, S_{1,256}$$
$$S_{2,0}, S_{2,1}, \cdots, S_{2,256}$$
$$S_{3,0}, S_{3,1}, \cdots, S_{3,256}$$
$$S_{4,0}, S_{4,1}, \cdots, S_{4,256}$$

总共需要 521 次迭代来生成所有需要的子密钥。可以将其存储，而无须每次重新计算。

2. 密码分析

沃德奈（Serge Vaudenay）检查了已知 S 盒的 r 轮 Blowfish 算法，为恢复阵列 $\boldsymbol{K}$ 需用 2^{8r+1} 个选择明文；对某些弱密钥产生的 S 盒（随机产生的概率为 $1/2^{14}$）能恢复阵列 $\boldsymbol{K}$ 的差分攻击共需要 2^{4r+1} 个选择明文；对未知的 S 盒，这种攻击能探测出是否使用了弱密钥，但不能确定该密钥的值，即不能求出 S 盒，也不能求出阵列 $\boldsymbol{K}$。这个攻击仅能对减少轮数的 S 盒有效，对 16 轮的 Blowfish 算法完全无效。

当然，弱密钥的发现是有意义的，虽然它们似乎不能揭示有用的东西。弱密钥对给定的 S 盒，其两个元素是相同的，在未做密钥扩展之前没有办法来探测弱密钥，如果使用者担心的话，那么必须做密钥扩展，并检查相同的 S 盒元素。

目前还没有攻击此算法的成功例子。此算法现在由 Kent Marsh 公司为微软的 Windows 和

Macintosh 制作安全产品，而且也是 Nautilus 和 PGP 的组成部分。

5.5.3 SAFER 算法

SAFER K-64 表示 64 位密钥的安全和快速加密算法，是詹姆斯·梅西（James Massey）为 Cylink 公司设计的非专用分组密码算法，已被用于他们的密码产品中。新加坡政府打算将 128 位密钥的该算法使用到更大范围的应用中。这一算法没有专利、版权等限制。

SAFER 算法的明文、密文分组皆为 64 位。它不属于 DES 类的费斯特尔结构，但是一个迭代的分组密码算法，采用了 r 轮迭代，适于软件实现；采用了非正则线性变换 PHT，可实现有效的混淆；采用了密钥偏置来消除弱密钥；是面向字节运算的。

1. SAFER K-64 算法描述

明文 64 位/组划分为 8 个子组 $B_1, B_2, \cdots, B_8$，通过 r 轮迭代，经输出变换得到 64 位密文，每轮子密钥为 k_{2i-1} 和 k_{2i}。每轮变换如图 5-13 所示。各子组与本轮相应子密钥进行"异或"运算或按字节（即 mod 256）加运算。所得各输出字节进行有限域 GF(257) 中的下述运算之一：

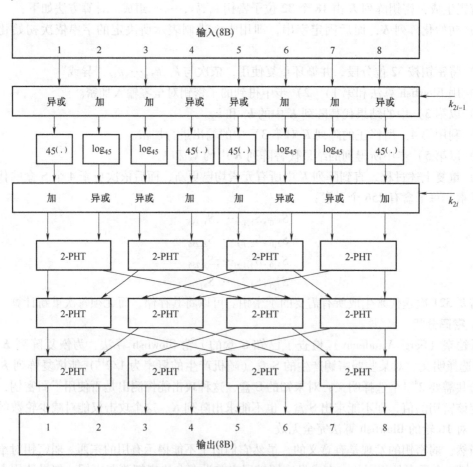

图 5-13 SAFER K-64 的加密轮变换框图

$$y = 45^x \bmod 257 \qquad （若 x = 0, 则 y = 0） \tag{5-5-3}$$

$$y = \log_{45} x \qquad (若\ x = 0, 则\ y = 0) \tag{5-5-4}$$

其中，45 是 GF(257) 的一个本原元素，实际上可以采用查表来完成，故可较快实现。而后，将所得各子组与密钥 k_{2i} 相应字节进行加法或者"异或"运算，其输出送入 4 个称为 PHT 的线性运算，按双字节实现。令 PHT 的输入字节为 a_1 和 a_2，其输出为

$$b_1 = (2a_1 + a_2)\ \mathrm{mod}\ 256 \tag{5-5-5}$$

$$b_1 = (a_1 + a_2)\ \mathrm{mod}\ 256 \tag{5-5-6}$$

r 轮之后的输出通过最后的输出变换，即各字节与密钥 k_{2r+1} 相应部分"异或"运算或者相加后给出最后的 64 位密文输出。

解密过程与加密过程类似。先进行输入变换（加密输出变换之差），再经 r 轮变换，整个子密钥的时序与加密相反。如图 5-14 所示，其中 PHT 的逆变换 IPHT 为

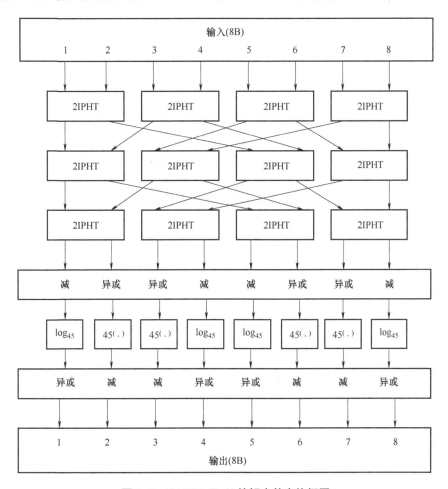

图 5-14　SAFER K-64 的解密轮变换框图

$$a_1 = (b_1 - b_2)\ \mathrm{mod}\ 256 \tag{5-5-7}$$

$$a_2 = (-b_1 + 2b_2)\ \mathrm{mod}\ 256 \tag{5-5-8}$$

詹姆斯·梅西推荐使用 6 轮，但如果需要更大的安全性可增加轮数。子密钥生成 k_1 就是用户的会话密钥，其余的子密钥由式（5-5-9）生成。

$$k_{i+1} = (k_i \lll 3) \oplus B_i \qquad (5\text{-}5\text{-}9)$$

式中，"$\lll$"表示 k_i 的各字节循环左移 3 次，B_i 是第 i 轮常数，"$\oplus$"表示各相应字节按 mod 256 相加运算。

$$B_i = b_{i1}, b_{i2}, \cdots, b_{i8} \qquad (5\text{-}5\text{-}10)$$

其中，b_{ij} 的 $i = 1, \cdots, 2r+1$，$j = 1, 2, \cdots, 8$，可按下式求出：

$$b_{ij} = 45^{(45^{(9i+j) \bmod 256} \bmod 257)} \bmod 257 \qquad (5\text{-}5\text{-}11)$$

可以预先计算好存入表中。

詹姆斯·梅西证明，SAFER K-64 在 8 轮后可以抗差分攻击，6 轮的 SAFER K-64 具有足够的安全性，而 3 轮以上线性分析对该算法无效。克努森（Knudsen）在子密钥时序表中发现了弱密钥：对每一个有效密钥，至少存在一个另外的密钥，当它们加密不同的明文时产生相同的密文，使 6 轮后加密成同一密文的不同明文数为 $2^{22} \sim 2^{28}$ 个。当该算法用于加密时，此攻击并不影响算法的安全性；当它用于单向函数时，此攻击将大大降低它的安全性。因此，克努森建议在任何情况下至少使用 8 轮迭代。沃德奈证明若以随机置换代替 S 盒的映射，SAFER K-64 将会变弱。

2. SAFER K-128

该算法初始是由新加坡内政部开发的一种密钥编制算法，后来，詹姆斯·梅西将其加入到 SAFER 中。它使用了两个密钥 k_a 和 k_b，每个都是 64 位。方法是并行地产生两个子密钥序列，然后交替地使用每个子密钥序列。这就意味着，如果选择 $k_a = k_b$，那么 128 位密钥与 64 位密钥是兼容的。

5.5.4 RC5 算法

RC5 算法是由李维斯特（Ron Rivest）设计的。RC5 的设计特性如下：

1）适合于硬件和软件实现。只应用于微处理器上常见的初等计算机操作。

2）快速。RC5 设计得很简单并且是面向字的，基本操作每次对数据的整个字进行。

3）对不同字长的处理器有适应性。字长的位数是 RC5 中的一个参数，不同的字长导致不同的算法。

4）可变的循环次数。循环次数是 RC5 的第二个参数，这个参数可以让使用者在更快的速度和更高的安全性之间做出折中。

5）可变长度的密钥。密钥长度是 RC5 的第三个参数，这个参数也可以在更快的速度和更高的安全性之间做出折中。

6）简单。RC5 的结构简单，容易实现并简化确定算法强度的工作。

7）内存要求低。由于 RC5 需要较低的内存，使其适合于智能卡和其他具有有限内存的设备。

8）高安全性。RC5 可通过选择合适的参数提供高安全性。

9）依赖于数据的循环移位。RC5 具有移位位数依赖于数据的移位操作，这似乎加强了该算法对密码分析的抵抗力。

10）一种新的密码基本变换。RC5 引入了一种新的密码基本变换，即数据相倚旋转，一个中间的字是另一个中间的低位所决定的循环移位的结果。这对于提高密码强度很有作用。

1. 算法描述

令字长为 w 位，数据分组长则为 $2w$ 位，使用 r 轮迭代。密钥的长度为 $(2r+2)\times32$ 位。按 w 位字长划分为 $S_0,S_1,\cdots,S_{2r+2}$。明文组被划分成两个 w 位字，以 L 和 R 表示（按 Little-endion（低字节序）结构中的规定，L 的第一个字节进入寄存器 L 中的低位，依此类推，第四个字节进入最高位）。

（1）加密过程

$$L=L+S_0$$
$$R=R+S_1$$

For $i=1$ to r do
$$L=((L\oplus R)\lll R)+S_{2i}$$
$$R=((R\oplus L)\lll L)+S_{2i+1}$$

所得到的密文被存放在寄存器 L 和 R 中。其中，"+"表示模 2 加法；"$\oplus$"表示逐位"异或"；"$x\lll y$"表示字 x 循环左移，移位次数由字 y 的按比特 w 个低位决定。现代的微处理器的这类旋转运算循环时间与移位次数无关，是个常数。并且由于旋转量由数据本身决定，因而不是预先定好的，而是时变的、非线性的，RC5 的强度与此有重要的依赖关系。

（2）解密过程　解密过程是加密过程的逆运算，故有

For $i=r$ to 1 do
$$R=((R-S_{2i+1})\ggg L)\oplus L$$
$$L=((L-S_{2i})\ggg R)\oplus R$$
$$R=R-S_1$$
$$L=L-S_0$$

其中，"$x\ggg y$"表示 x 按 y 所定次数进行循环右移运算。L 和 R 相互"异或"提供了雪崩效应。

（3）密钥序列的生成

利用用户的会话密钥 K 扩展成一个密钥阵 S，它由 k 所决定的 $t=2(r+1)$ 个随机二元字构成。会话密钥（Session Key）也称为数据加密密钥或者工作密钥，是保证用户跟其他计算机或者两台计算机之间安全通信会话而随机产生的加密和解密密钥，它可由通信用户之间进行协商得到。密钥序列的生成由三个步骤组成。

幻常数的定义：

$$P_w=\mathrm{Odd}((e-2)2^w) \tag{5-5-12}$$
$$Q_w=\mathrm{Odd}((\varphi-1)2^w) \tag{5-5-13}$$

其中，$e=2.718\,281\,828\,459\cdots$（自然对数的底），$\varphi=1.618\,033\,988\,749\cdots$（黄金分割率），$\mathrm{Odd}(x)$ 表示离 x 最近的奇整数，w 表示字的长度。$w=32,64$ 时，幻常数值的十六进制表示如下：

$$P_{32}=\text{b7e15163} \qquad P_{64}=\text{b7e151628aed2a6b}$$
$$Q_{32}=\text{9e3779b9} \qquad Q_{64}=\text{9e3779b97f4a7c15}$$

步骤 1：将密钥变成字的格式。

令密钥 K 为 b 个字节，$k_0,k_1,\cdots,k_{b-1}$，令 $u=w/8$ 为每个字的字节数，令 $c=\lceil b/u\rceil$ 是密

钥的字数，[·] 为取大于其中数的最小正整数。必要时填充一些二元数字 0。用密钥 K 的各个字节构造字的阵 $L=[0,\cdots,c-1]$。上述实际上是将密钥 K 经填充后依次按字节读入初始值为全 0 的存储器 A 中。

$$\text{For } i=b-1 \text{ down to 0 do}$$
$$A[i/u]=(A[i/u] \lll 8)+K[i]$$

步骤 2：初始化阵 S。

利用 mod 2^w 的线性同余算法对阵 S 填入一个特定的且与密钥独立的伪随机数。算法如下：

$$S_0=P_w$$
$$\text{For } i=0 \text{ to } r+1 \text{ do}$$
$$S_i=(S_{i-1}+Q_w) \bmod 2^w$$

步骤 3：密钥 K 即阵 A 与阵 S 中伪随机数混合。算法如下：

$$i=j=0$$
$$L=R=0$$
$$\text{Do } n \text{ times}(n \text{ 是 } \max(r,c))$$
$$L=S_i=(S_i+L+R) \lll 3$$
$$R=A_j=(A_j+L+R) \lll (L+R)$$
$$i=(i+1) \bmod 2(r+1)$$
$$j=(j+1) \bmod c$$

RC5 的两个最显著的特征是算法的简单性和使用依赖于数据的循环移位。循环移位是该算法仅有的非线性部分，李维斯特觉得由于循环移位的多少依赖于通过算法的数据，线性和差分密码分析应该更加困难。现有的几项研究已经证明了这个假设。并且此算法具有单向性，从 S 很难推出 K。

2. RC5 的安全性

RC5 是新提出的一种算法，其安全性还没有得到足够的检验。RSA 实验室曾对 RC5 32 进行过大量的分析，经过 5 轮迭代后的统计特性看来已经相当好了。经过 8 轮的迭代后，明文的每一位都会对旋转产生影响。在 5 轮迭代后，差分攻击需要 2^{24} 个选择明文；在 10 轮迭代下需要 2^{45} 个，在 12 轮迭代下需要 2^{53} 个，在 15 轮迭代下需要 2^{68} 个选择明文。而 6 轮迭代以上时就可以抵抗线性攻击。李维斯特建议至少使用 12 轮，可能 16 轮会更为合适。

RSADSI 已经为 RC5 申请了专利，并且该名称是一个商业标志。公司声明使用许可的费用将很少，但是用户使用前最好先对其进行检查。

5.5.5 "鲁班锁" 算法

随着物联网的快速发展和应用，轻量级分组密码算法越来越重要。处理数据小、吞吐量低，宜采用硬件实现，目前比较著名的轻量级分组密码算法有 PRESENT、HIGHT、CGEN、DESL、MIBS 等，以及中国科学院软件研究所吴文玲研究员设计的"鲁班锁"（LBlock）算法，既是 LuBan lock 的缩写，也含有 Lightweight Blockcipher 的意思。

"鲁班锁"的设计背景是早期的轻量级分组密码仅考虑算法的硬件实现面积，软件实现性能不能满足无线传感器等应用需求。"鲁班锁"的设计目标是算法具有优良的硬件实现效率，同时在 8 位处理器上有很好的软件实现性能。针对双系攻击的出现，设计者修改了密钥扩展算法；依据近几年分析评估结果，设计者减少了 S 盒的个数。"鲁班锁"的分组长度为 64bit，密钥长度为 80bit，加密算法的整体结构是变体费斯特尔结构，迭代轮数为 32，算法的设计思想是"混合使用不同字长的向量置换"。

1. "鲁班锁"的加密算法

加密算法由 32 轮迭代运算组成，轮变换如图 5-15 所示。记 64bit 的明文 $P = X_1 \| X_0$，加密过程如下：

对 $i = 2, 3, \cdots, 33$，计算

$$X_i = F(X_{i-1}, K_{i-1}) \oplus (X_{i-2} \lll 8)$$

$X_{32} \| X_3 3 = C$ 为 64bit 的密文。

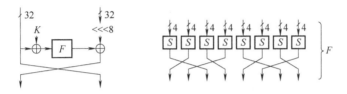

图 5-15 "鲁班锁"的轮变换

其中的基本模块定义如下：

（1）轮函数 F　函数 F 如下：

$$F: \{0,1\}^{32} \times \{0,1\}^{32} \to \{0,1\}^{32}$$
$$(X, K_i) \to U = L \circ S(X \oplus K_i)$$

S 和 L 的定义见下面的（2）和（3）。

（2）函数 S　S 由 8 个相同的 4bit S 盒并置而成，定义如下：

$$S: \{0,1\}^{32} \to \{0,1\}^{32}$$
$$Y = Y_7 \| Y_6 \| Y_5 \| Y_4 \| Y_3 \| Y_2 \| Y_1 \| Y_0 \to Z = Z_7 \| Z_6 \| Z_5 \| Z_4 \| Z_3 \| Z_2 \| Z_1 \| Z_0$$
$$Z_7 = s(Y_7), \ Z_6 = s(Y_6), \ Z_5 = s(Y_5), \ Z_4 = s(Y_4)$$
$$Z_3 = s(Y_3), \ Z_2 = s(Y_2), \ Z_1 = s(Y_1), \ Z_0 = s(Y_0)$$

4bit S 盒见表 5-6。

表 5-6　"鲁班锁"的 S 盒

x	0	1	2	3	4	5	6	7	8	9	A	B	C	D	E	F
$s(x)$	E	9	F	0	D	4	A	B	1	2	8	3	7	6	C	5

（3）函数 L　L 是 8 个 4 比特的向量置换，定义如下：

$$L: \{0,1\}^{32} \to \{0,1\}^{32}$$
$$Z = Z_7 \| Z_6 \| Z_5 \| Z_4 \| Z_3 \| Z_2 \| Z_1 \| Z_0 \to U = U_7 \| U_6 \| U_5 \| U_4 \| U_3 \| U_2 \| U_1 \| U_0$$
$$U_7 = Z_6, \ U_6 = Z_4, \ U_5 = Z_7, \ U_4 = Z_5$$
$$U_3 = Z_2, \ U_2 = Z_0, \ U_1 = Z_3, \ U_0 = Z_1$$

2. "鲁班锁"的解密算法

解密算法是加密算法的逆，由 32 轮迭代运算组成。对 64bit 的密文 $C = X_{32} \| X_{33}$，解密过

程如下：

对 $j=31,30,\cdots,1,0$，计算

$$X_j = \left(F(X_{j+1}, K_{j+1}) \oplus X_{j+2}\right) \ggg 8$$

$X_1 \| X_0 = P$ 为 64bit 的明文。

3. "鲁班锁"的密钥扩展算法

将密钥 $K = k_{79}k_{78}k_{77}k_{76}\cdots k_1 k_0$ 放置在 80bit 寄存器，取寄存器最左边的 32bit 作为轮密钥 K_1，然后，对 $i=1,2,3,\cdots,31$，更新寄存器并取寄存器最左边的 32bit 作为轮密钥 K_{i+1}。

寄存器更新方式如下：

$$K \leftarrow K \lll 24$$
$$K \leftarrow k_{79}k_{78}k_{77}k_{76}k_{75}k_{74}k_{73}k_{72}\cdots k_3 k_2 k_1 k_0$$
$$k_{55}k_{54}k_{53}k_{52} \leftarrow k_{55}k_{54}k_{53}k_{52} \oplus s\left[k_{79}k_{78}k_{77}k_{76}\right]$$
$$k_{31}k_{30}k_{29}k_{28} \leftarrow k_{31}k_{30}k_{29}k_{28} \oplus s\left[k_{75}k_{74}k_{73}k_{72}\right]$$
$$k_{67}k_{66}k_{65}k_{64} \leftarrow k_{67}k_{66}k_{65}k_{64} \oplus k_{71}k_{70}k_{69}k_{68}$$
$$k_{51}k_{50}k_{49}k_{48} \leftarrow k_{51}k_{50}k_{49}k_{48} \oplus k_{11}k_{10}k_9 k_8$$
$$k_{54}k_{53}k_{52}k_{51}k_{50} \leftarrow k_{54}k_{53}k_{52}k_{51}k_{50} \oplus [i]_5$$

其中，s 是加密算法中的 4bit S 盒，$[i]_5$ 是整数 i 的 5bit 表示。

4. "鲁班锁"的安全性分析

"鲁班锁"自 2011 年发布以来，经受住了各种攻击的考验，包括不可能差分分析、积分攻击、相关线性分析、飞来去器攻击、相关密钥飞来去器区分器攻击、相关密钥不可能差分分析的安全性、中间相遇攻击的安全性。也有研究者结合可分性和自动分析技术评估了"鲁班锁"对积分分析的安全性，读者可参考相关文献。

5.6 分组密码的操作方式

分组密码每次加密的明文数据都是固定的分组长度 n，而实际中待加密消息的数据量是不定的，数据的格式可能是多种多样的。因此，使用分组密码时需要做一些变通，灵活地运用它。再者，即使有了安全的分组密码算法，也需要采取适当的操作方式来隐蔽明文的统计特性、数据的格式等，以便提高整体的安全性，降低删除、插入、重放和伪造成功的机会。所采用的操作方式应力求简单、有效和易于实现。本节将以 DES 为例介绍分组密码的实用操作方式。美国国家标准局（National Bureau of Standards，NSB）规定了 DES 的四种基本操作方式，见表 5-7。这四种方式也可以用于其他的分组密码。

表 5-7 分组密码的操作方式

方 式	描 述	应 用
电子密码本	每个明文组独立地用同一个密钥加密	单个数据加密（例如一个加密密钥）
密码分组链接	当前一组密文与当前明文组逐位"异或"后再进行分组、加密	加密、认证

（续）

方 式	描 述	应 用
密码反馈	每次输入只处理 k 位数据，将上一次的密文反馈到输入端，从加密器的输出取 k 位，与当前的 k 位明文逐位"异或"产生相应的密文	通用传送数据的流加密、认证
输出反馈	类似于密码反馈，以加密器输出的 k 位随机数字直接反馈到加密器的输入	对有扰信道传送的数据流进行加密（入卫星信道）

5.6.1 电子密码本方式

最简单的方式就是电子密码本（Electronic Code Book，ECB）方式，如图 5-16 所示。它直接利用 DES 算法分别对各 64 位数据组加密。对于各明文组 x_i，给定密钥 k 时，分别对应于不同的密文组：

$$y_i = \mathrm{DES}_k(x_i) \tag{5-6-1}$$

在给定密钥的条件下，x 有 2^{64} 种可能取值，y 有 2^{64} 种可能取值，并且各（x, y）彼此独立，构成一个巨大的单表代替密码，因而称其为电子密码本方式。

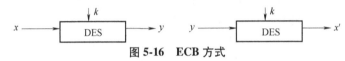

图 5-16 ECB 方式

ECB 方式的缺点是，在给定的密钥下，同一个明文组总产生同样的密文组，这会暴露明文数据的格式和统计特征。明文数据都有固定的格式，需要以协议的形式定义有大量重复和较长的零串，重要的数据常常在同一位置上出现。其最薄弱的环节是消息起始部分，其中包括格式化报头，内含通信地址、作业号、发报时间等信息。所有密码体制中都需要认真对待这类格式的规定。在 ECB 方式中，所有这些特征都将被反映到密文中，使密码分析者可以对其进行统计分析、重传和代换攻击。ECB 所以有这样的弱点，是因为它将明文消息独立处理，使密码分析者可以按组进行分析，为了克服这一弱点而提出链接等方式。

5.6.2 密码分组链接方式

在密码分组链接（Cipher Block Chaining，CBC）方式下，每个明文组 x_i 加密之前，先与反馈到输入端的前一组密文 y_{i-1} 按位模 2 求和后，再送到 DES 进行加密，如图 5-17 所示。在此图中，所有的运算均按 64 位并行执行。

在 CBC 方式下

$$y_i = \mathrm{DES}_k(x_i \oplus y_{i-1}) \tag{5-6-2}$$

由此式可知，各个密文组不仅与当前明文组 x_i 有关，而且通过反馈作用还与以前的明文组 $x_1, x_2, \cdots, x_{i-1}$ 有关。由图 5-17b 可以看出，密文经由存储器实现前馈，使解密输出为

$$
\begin{aligned}
x_i &= \mathrm{DES}_k^{-1}(y_i) \oplus y_{i-1} \\
&= \mathrm{DES}_k^{-1}(\mathrm{DES}_k(x_i \oplus y_{i-1})) \oplus y_{i-1} \\
&= x_i \oplus y_{i-1} \oplus y_{i-1}
\end{aligned}
\tag{5-6-3}
$$

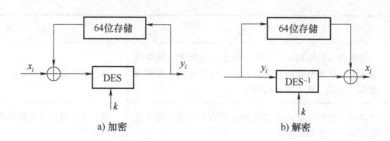

a) 加密　　　　　　　　　　　　　　　b) 解密

图 5-17　CBC 操作模式

第一组明文 x_1 加密时还没有反馈密文，为此需要在图 5-17 所示的寄存器中预先置入一个初始矢量 IV（收、发双方必须选用同一个初始矢量 IV）。此时，有

$$y_1 = \text{DES}_k(x_1 + IV) \tag{5-6-4}$$

$$x_1 = \text{DES}_k^{-1}(y_1) + IV \tag{5-6-5}$$

在通信中一般将 IV 作为一个秘密参数，可以采用 ECB 方式用同一个密钥加密后传送给接收方。实际上，IV 的完整性要比其保密性更为重要。在 CBC 方式下，传输或者存储过程中密文的变化将对解密后的输出数据产生明显的随机影响，因此很容易检测。但是对于第一组来说，如果 IV 发生改变时，只是将其解密输出第一组中的相应位发生变化而难以检测。所以，在传送 IV 时需要先加密，而且要像密钥 k 一样定期更换。更换 IV 的另一个理由是，如果用同一个 IV，那么对两个具有相同报头的消息加密所得的密文的前面部分将完全相同，从而有助于对密码进行分析。最好的办法是，每发送一个消息都改变 IV，如将其值加 2。

给定加密消息的长度是随机的，按 64 位分组时，最后一组消息长度可能不够 64 位，可以填充一些数字，如 0，凑够 64 位。当然，用随机数填充更加安全。那么对于接收者来说，如何判断哪些数字是填充的无用数字呢？这就需要加上信息，通常用最后 8 位作为填充指示符，记为 PI。它所表示的十进制数就是填充占有的字节数。数据尾部、填充字符和填充指示符一起作为一组进行加密，如图 5-18 所示。这种方法会产生一些数据扩展，当不希望产生数据扩展时，可以采取其他的方法。若消息分组最后一段只有 k 位，可将前一组加密结果 y_{n-1} 中最左边 k 位作为密钥与其逐位模 2 相加后作为密文输出。这种方法会使最后 k 位的安全性降低，但一般消息的最后部分多为校验位，因而问题不大。

图 5-18　填充与指示符

CBC 方式通过反馈使输出密文与以前的各明文相关，从而实现了隐蔽明文图样的目的。对于 $x_{i+n} = x_i$，其相应的密文输为 $y_{i+n} = y_i$。而对 ECB 来说，当密钥 k 相同时必有 $y_{i+n} = y_i$。所以，CBC 可以防止类似于对 ECB 的统计分析攻击。但是 CBC 由于反馈作用而对线路中的差错比较敏感，会出现错误传播。密文中的任何一位发生变化都会影响后边一些组的解密。这里有两种可能情况：第一种，明文有一组中有错，会使以后的密文组都受影响，但是经解密

后的恢复结果，除原有误的一组外，其后各组明文都能正确地恢复出来，这个似乎不是大问题；第二种，若在传输过程中，某组密文组 y_i 出错时，那么该组恢复出的明文 x_i' 也会出错。不仅如此，由于解密电路的前馈线路中存储器的延迟作用，还会使下一组的恢复数据 x_{i+1}' 出错。应当指出，在后面的组将不会受 y_i 中错误位的影响，系统会自动地恢复常态。因此，CBC 的错误传播只有两组长，是有限的，因此它具有自恢复能力。

CBC 方式的错误传播影响不大，但对于传输中的同步差错（增加或失掉一位或数位）却很敏感，因而要求系统有良好的帧同步。为了防止这类错误造成的严重破坏，还须采取纠错技术。

5.6.3 密码反馈方式

如果待加密消息必须按字符或位处理时，可以采用密码反馈（Cipher Feedback，CFB）方式，如图 5-19 所示。图中，x_i 和 y_i 都是 k 位段，$L=\lceil 64/k\rceil$，即 $kL\geqslant64$。x_i 取自寄存器右边的 64 位。k 可取 1~64，一般为 8 的倍数，常用 $k=8$。由图 5-19 可知，CFB 实际上是将 DES 作为一个密钥流生成器，在 k 位密文反馈下，每次输出 k 位密钥，对输入的 k 位明文进行并行加密。这就是一种自同步流密码（Self-synchronizing Stream Cipher，SSSC）。当 $k=1$ 时就退化为前面讨论的流密码了。CFB 和 CBC 的区别是，反馈的密文不再是 64 位，而是长度为 k，并且不是直接与明文相加，而是反馈至密钥产生器。

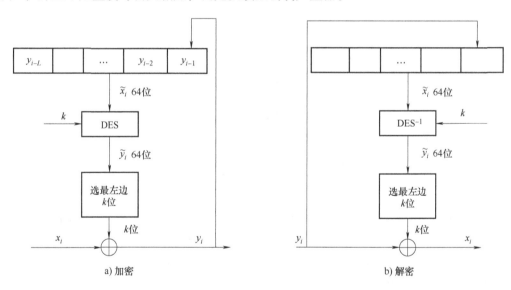

图 5-19　CFB 方式

CFB 方式的优点是它特别适于用户数据格式的需要。在密码体制设计中，应尽量避免更改现有系统的数据格式和一些规定，这是一个重要的设计原则。CFB 和 CBC 一样，由于反馈的作用而能隐蔽明文数据图样，也能检测出攻击者对于密文的篡改。

CFB 的缺点既有类似于 CBC 之处，也有不同之处。首先，它对信道错误较敏感，并且会造成错误传播。其次，CFB 每运行一次只完成对 k 位明文数据的加密，这就降低了数据加密的速率。还好的是，这种操作方式多用于数据网较低层次，其对数据效率的要求都不太高。最后，CFB 也需要一个初始矢量，并要和密钥同时进行更换，但是由于其初始矢量在起作用过程中要经过 DES 加密，因此可以以明文的形式传给接收方。

5.6.4 输出反馈方式

输出反馈（Output Feedback，OFB）方式将 DES 作为一个密钥流生成器，其输出的 k 位密钥直接反馈至 DES 的输入端，同时这 k 位密钥和输入的 k 位明文段进行对应位模 2 相加，如图 5-20 所示。这种操作方式的引入是为了克服 CBC 和 CFB 的错误传播所带来的问题。由于语言和图像编码信号的冗余度较大，可容忍传输和存储过程中产生少量错误，但 CBC 或 CFB 方式错误传播的效应，可能使偶然出现的孤立错误扩大化而造成难以忍受的噪声。

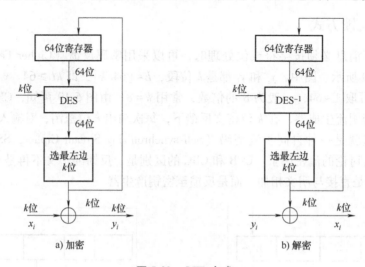

图 5-20 OFB 方式

这种密钥反馈流加密方式虽然克服了错误传播，但是由于 OFB 方式多在同步信道中运行，攻击者难以知道消息的起止点，使得这类主动攻击不易奏效。

OFB 方式不具有自同步能力，要求系统要保持严格的同步，否则难以解密。重新同步时需要新的初始矢量 IV，可以采用明文形式传送。在实际使用中还要防止密钥流重复使用，以保证系统的安全。

上面所叙述的四种操作方式各有其特点和用途。ECB 适用于密钥加密，CFB 常用于对字符加密，OFB 常用于卫星通信中的加密，CBC 和 CFB 都可以用于认证系统。这些操作方式可用于终端-主机会话加密、自动密钥管理系统中的密钥加密、文件加密、邮件加密等。

操作方式选用的原则如下：

1）ECB 方式简单、高速，但安全性最弱，易受重发攻击，一般不推荐使用。

2）CBC 适用于文件加密，但较 ECB 慢，且需要另加移位寄存器和组的"异或"运算，但安全性加强。当有少量错误时，也不会造成同步错误。软件加密最好选用此种方式。

3）OFB 和 CFB 与 CBC 相比慢很多，每次迭代只有少数位完成加密。若可以容忍少量错误扩展，则可换来恢复同步能力，此时用 CFB；若不容许少量错误扩展，则选用 OFB。

4）在以字符为单元的流密码中多选 CFB 方式，如终端和主机间通信。而 OFB 用于高速同步系统，不容忍差错传播。

总而言之，这四种基本方式可适用于大多数应用。这四种方式都不太复杂，并且都没有降低系统的安全性。虽然更复杂的方式可能增加安全性，但不少似乎只增加了复杂性，所以要谨慎选用。

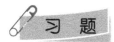

1. 流密码和分组密码有何区别？

2. 费斯特尔密码结构主要部件有哪些？基本原理是什么？

3. 证明：在 DES 中，如果 $y = \text{DES}_k(x)$，则 $\bar{y} = \text{DES}_{\bar{k}}(\bar{x})$，其中 $\bar{x}$，$\bar{y}$ 和 $\bar{k}$ 表示 x，y 和 k 逐位取反，即 0 变成 1，1 变成 0。

4. 在 DES 中，如果 $\text{DES}_k(x) = \text{DES}_{k'}^{-1}(x)$，即 $\text{DES}_{k'}(\text{DES}_k(x)) = x$，则称 k 和 k' 为对偶密钥。

（1）证明 C_0 为 $1010\cdots10$ 而 D_0 为 $00\cdots0, 11\cdots1, 0101\cdots01, 1010\cdots10$ 的密钥与 C_0 为 $0101\cdots01$ 而 D_0 为 $00\cdots0, 11\cdots1, 0101\cdots01, 1010\cdots10$ 的密钥构成对偶密钥。

（2）证明下列六个密钥对是对偶密钥（这里采用十六进制表示密钥）。

01FE01FE01FE01FE	FE01FE01FE01FE01
1FE01FE00EF10EF1	E01FE01FE10EF10E
01E001E001F101F1	E001E001F101F101
1FFE1FFE0EFE0EFE	FE1FFE1FFE0EFE0E
011F011F010E010E	1F011F010E010E01
E0FEE0FEF1FEF1FE	FEE0FEE0FEF1FEF1

5. 在 DES 中，如果 $\text{DES}_k(x) = \text{DES}_k^{-1}(x)$，即 $\text{DES}_k(\text{DES}_k(x)) = x$，则称 k 为自对偶密钥。

（1）证明当 C_0 全为 0 或全为 1 并且 D_0 也是全为 0 或全为 1 时，密钥 k 是自对偶的。

（2）证明下列四个密钥是自对偶的（这里采用十六进制表示密钥）。

$$0101010101010101$$
$$\text{FEFEFEFEFEFEFEFE}$$
$$1\text{F}1\text{F}1\text{F}1\text{F}0\text{E}0\text{E}0\text{E}0\text{E}$$
$$\text{E}0\text{E}0\text{E}0\text{E}0\text{F}1\text{F}1\text{F}1\text{F}1$$

6. 考虑下列 DES 加密方法。原始信息有 $2n$ 位，划分成长度为 n 的两组（左右各一半）M_0M_1。密钥 K 由 k 位组成，k 为任意整数。函数 $f(K, M)$ 的输入分别是 k 位和 n 位，输出为 n 位。每一轮加密用一对 M_jM_{j+1} 作为初始，输出对是 $M_{j+1}M_{j+2}$，其中 $M_{j+2} = M_j \oplus f(K, M_{j+1})$。

（$\oplus$ 表示"异或"，它是指每位模 2 加）。这里需要执行 m 轮，所以密文是 M_mM_{m+1}。

（1）如果在一台机器上按上述方式进行 m 轮加密，怎样使用同样的机器解密密文 M_mM_{m+1}（使用同样的密钥）？

（2）假设 K 有 n 位并且 $f(K, M) = K \oplus M$，加密过程由 $m = 2$ 轮组成。如果仅仅知道密文，能推测出明文和密钥吗？如果知道密文及相应的明文，能推测出密钥吗？

（3）假设 K 有 n 位并且 $f(K, M) = K \oplus M$，加密过程由 $m = 3$ 轮组成。为什么体制是不安全的？

7. 阐述差分密码分析和线性密码分析各自的特点。

8. DES 算法的实际设计准则包括哪些内容？

9. 证明 Gost 算法的解密是其加密过程的逆过程。

10. 证明 Blowfish 算法的解密是其加密过程的逆过程。

11. 证明 SAFER 算法的解密是其加密过程的逆过程。

12. 举例说明 RC5 算法中使用的三种基本操作的逆运算特征。

13. 在 RC5 算法中，其特征参数为 w、r、b。如果密钥 K 长度为字长 w 的非整数倍时，问：

（1）用户密钥 K 是如何实现字节转换的？

（2）如果 $K = (c3, 27, b2, e6, 7a, 8f, b6)$，当 $b = 7, w = 16$ 时，数组 L 等于多少？

（3）为什么不允许零字节的填充？如果所加密报文为分组长度的整数倍时，能否取消填充？

14. 证明用 CBC 和 CFB 模式的解密过程实际上得到的是有效的解密。

15. 如果在 8 位的 CFB 方式下，密文字符的传输中发生一个比特差值，这个差错会传播多远？

16. 实验题

（1）用 DES 算法完成数据的加密和解密。

（2）用 AES 算法完成数据的加密和解密。

第 **6** 章 公钥密码体制

6.1 公钥密码体制背景

随着计算机和通信技术的飞速发展，保密通信的需求越来越广泛，从网上政府、VPN、电子商务、移动通信，到电子邮件、网上聊天都需要保密通信。这些需求，需要数量巨大的密钥，所以，密钥分配成为关键环节。尤其像电子商务、移动通信、网上聊天等的保密要求，通信双方往往互不认识，更谈不上密钥互递。因此，人们一直在想，能不能编制出这样一种密码，它既能用计算机来进行高速加/解密，又能使密钥通用，且在不换密钥的情况下反复使用，而不会被密码分析者破译。

1976 年，美国斯坦福大学的迪菲（Diffie）和赫尔曼（Hellman）提出了公钥体制；1978 年，他们发表了著名论文《New directions in cryptography》，奠定了公钥密码的里程碑。自从迪菲和赫尔曼提出公钥密码的思想以来，国际上已经提出了许多种公钥密码体制，如基于大整数因子分解问题的 RSA 体制和拉宾（Rabin）体制、基于有限域上离散对数的迪菲-赫尔曼公钥体制和厄格玛尔（ElGamal）体制、基于椭圆曲线上的离散对数问题的迪菲-赫尔曼公钥体制和厄格玛尔体制、基于背包问题的默克尔-赫尔曼（Merkle-Hellman）体制和基于代数编码理论的麦克利斯（McEliece）体制、基于有限自动机理论的公钥体制等。

目前，比较流行的公钥密码体制主要有两类：一类是基于大整数因子分解问题的，其中最典型的代表是 RSA 体制；另一类是基于离散对数问题的，如厄格玛尔公钥密码体制和影响比较大的椭圆曲线公钥密码体制。由于分解大整数的能力日益增强，因此为保证 RSA 体制的安全性要不断增加模长。目前，768bit 模长的 RSA 体制已不安全。一般建议使用1024bit 模长，而要保证 20 年的安全性就要选择 2048bit 的模长。然而，增大模长带来了实现上的难度。而基于离散对数问题的公钥密码在目前技术下 512bit 模长就能够保证其安全性。特别是椭圆曲线上的离散对数的计算要比有限域上的离散对数的计算更难，目前技术下只需要 160bit 模长即可保证其安全性，适于智能卡的实现，因而受到国际上的广泛关注。国际上已制定了椭圆曲线公钥密码标准。

目前，公钥密码的重点研究方向为：

1）用于设计公钥密码的新的数学模型和陷门单向函数的研究。

2）针对实际研究环境的公钥密码的设计。

3）公钥密码的快速实现研究，包括算法优化和程序优化、软件实现和硬件实现。

4）公钥密码的安全性评估问题，特别是椭圆曲线公钥密码的安全性评估问题。

6.2 公钥体制工作原理

6.2.1 基本概念

1. 单向函数

定义 6-2-1 令函数 f 是集合 A 到集合 B 的映射，以 $f: A \rightarrow B$ 表示。若对任意 $x_1 \neq x_2, x_1, x_2 \in A$，有 $f(x_1) \neq f(x_2)$，则称 f 为单射，或 1—1 映射，或可逆的函数。

f 为可逆的充要条件是，存在函数 $g: B \rightarrow A$，是对所有的 $x \in A$ 有 $g[f(x)] = x$。

定义 6-2-2 一个可逆函数 $f: A \rightarrow B$，若它满足：

1）有 $x \in A$，易于计算 $f(x)$。

2）对"几乎所有 $x \in A$"由 $f(x)$ 求 x"极为困难"，以至于实际上不可能做到，则称 f 为一单向（One-way）函数。

注：定义中的"极为困难"是对现有的计算资源和算法而言。

2. 陷门单向函数

定义 6-2-3 陷门单向函数是满足下列条件的函数 f：

1）给定 x，计算 $y = f_k(x)$ 是容易的。

2）给定 y，计算 x 使 $x = f_k^{-1}(y)$，不可行。

3）存在 k，当 k 已知时，对给定的任何 y，若相应的 x 存在，则计算 x 使 $f_k^{-1}(y)$ 是容易的。

由上述单向函数的定义可知，满足 1）、2）两条的函数称为单向函数，k 称为陷门信息。

用抽象的观点来看，公钥密码体制就是一种陷门函数。公钥密码体制就是基于这一原理而设计的，将辅助信息（陷门信息）作为秘密密钥。这类密码的安全强度取决于它所依据的问题的计算复杂度。

6.2.2 工作原理

公钥体制的最大特点是采用两个不同的密钥将加密功能和解密功能分开：一个公开作为加密密钥，记为 e；一个为用户专用，作为解密密钥，记为 d。通信双方无须事先交换密钥就可以进行保密通信。虽然 d 是由 e 来决定的，但根据 e 来推导 d 在计算上是不可行的。它类似于具有两种性质不同的号码组合的新式保险箱。第一种号码组合用于锁箱子，第二种号码组合用于开箱子。用户可以将锁箱子的号码组合公开，任何人都可以加密信息并将箱子送给用户。但是，打开箱子的号码是保密的，也就是说只有用户本人才能解开这个信息。图 6-1 给出了公开密钥密码体制的信息流程状况。

发送者要将数据秘密地发送给接收者，首先要获取接收者的公开密钥，并利用此公钥加密要发送的数据，即可发送；接收者收到数据后，只需用自己的私钥即可将数据解密。此过程中，假如发送的数据被窃听者非法截获，由于私钥并未在网上传输，窃听者将无法解开数据，更无法对文件做任何修改，从而保证了文件的机密性和完整性。这种情况是以接收者的私钥作为解密密钥，公钥作为加密密钥，达到了通信保密的目的。另一种情况是接收者的私钥作为加密密钥，公钥作为解密密钥，可实现由一个用户加密的消息而使多个用户解读，这时可用于数字签名，如图 6-2 所示。

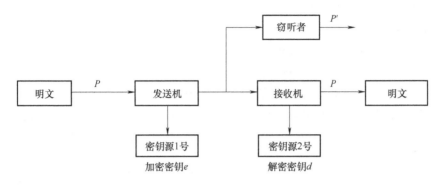

图 6-1　公开密钥密码体制的信息流程

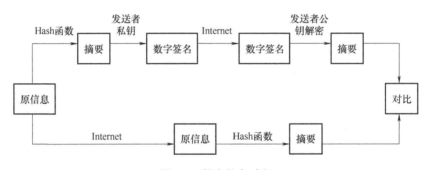

图 6-2　数字签名过程

6.2.3　迪菲-赫尔曼密钥交换协议

1976 年，迪菲和赫尔曼发表了第一个公开密钥算法。这个算法的目的是使得两个用户安全地交换一个密钥以便用于以后的报文加密，本身限于密钥交换的用途。

设 A、B 是通信的双方，p 是一个素数，α 是 p 的一个原根。

1）A 随机地选择一个整数 x_A，且 $x_A < p$，计算 $y_A = \alpha^{x_A} \bmod p$，将 x_A 保密、y_A 公开。

2）B 随机地选择一个整数 x_B，且 $x_B < p$，计算 $y_B = \alpha^{x_B} \bmod p$，将 x_B 保密、y_B 公开。

3）A 计算得公钥 $k = y_B^{x_A} = \alpha^{x_A x_B} \bmod p$。

4）B 计算得公钥 $k = y_A^{x_A} = \alpha^{x_A x_B} \bmod p$。

6.3　RSA 公钥密码体制

1978 年，美国麻省理工学院（MIT）的研究小组成员李维斯特（R. L. Rivest）、沙米尔（A. Shamir）和艾德勒曼（L. Adleman）在 IEEE 杂志上发表论文，提出了一种以幂模函数为密码算法的公钥体制，通常称为 RSA 公钥密码体制。事后，很多专家对这个算法进行了分析和研究，普遍认为是一个比较理想的公钥体制，到目前为止，其仍不失为最有希望的一种公钥密码体制。

6.3.1 体制描述

RSA 的实现是建立在对大数的素因子分解的困难性基础上的。

1. 密钥的产生

1）取两个素数 p 和 q，p、q 足够大。

2）计算模 $n = p \times q$，计算欧拉函数 $\varphi(n) = (p-1) \times (q-1)$。

3）随机选取整数 $e(1 < e < \varphi(n))$，满足 $\gcd(e, \varphi(n)) = 1$，作为加密密钥。

4）求解 d，满足 $de \equiv 1(\bmod \varphi(n))$，即 $d \equiv e^{-1}(\bmod \varphi(n))$，作为解密密钥。

5）取公钥为 n、e，秘密钥为 d，欧拉函数 $\varphi(n)$ 保密（p 和 q 不再需要，可以销毁）。

2. 加密算法

将明文分组，各组在 $\bmod n$ 下可唯一地表示（以二元数字表示，选 2 的最大幂小于 n）。密文：

$$y = x^e \bmod n \tag{6-3-1}$$

3. 解密算法

$$x = y^d \bmod n \tag{6-3-2}$$

证明：$y^d = (x^e)^d = x^{ed}$，因为 $de \equiv 1(\bmod \varphi(n))$，所以 $de = q\varphi(n) + 1$。由欧拉定理得，$\gcd(x, n) = 1$，意味着 $x^{\varphi(n)} \equiv 1 \bmod n$，所以有

$$y^d = x^{ed} = x^{q\varphi(n)+1} = x \cdot x^{q\varphi(n)} = x \cdot 1 = x \bmod n$$

陷门函数 $Z = (p, q, d)$。

例 6-3-1 选 $p = 11, q = 19$，则 $n = p \times q = 11 \times 19 = 209$，$\varphi(n) = (p-1) \times (q-1) = 10 \times 18 = 180$；若选 $e = 7$，则可计算 $d = e^{-1}(\bmod \varphi(n)) = 7^{-1}(\bmod 180) = 103$；结果得到的公开密钥为 $\{7, 209\}$，私钥为 $\{103\}$。

令明文 $x = 19$，对其加密：

$$y = x^e \bmod n = 19^7 \bmod 209 = 57$$

因此密文为 57；在解密时，明文有

$$x = y^d \bmod n = 57^{103} \bmod 209 = 19 \bmod 209 = 19$$

因此，可得到明文。

6.3.2 RSA 的安全性

1. 数学攻击

数学攻击是指对两个素数乘积的因子分解，在此基础上，可以划分出三种以数学方式攻击 RSA 的方法：

方法 1：将 n 分解为两个素数因子。可以计算 $\varphi(n) = (p-1) \times (q-1)$，可以确定 $d \equiv e^{-1}(\bmod \varphi(n))$。

方法 2：在不先确定 p 和 q 的情况下直接确定 $\varphi(n)$，可以确定 $d \equiv e^{-1}(\bmod \varphi(n))$。

方法 3：不先确定 $\varphi(n)$，而直接确定 d。

大部分关于 RSA 密码分析的讨论都集中在对 n 进行素因子分解上。给定 n 确定 $\varphi(n)$ 就等价于对 n 进行因子分解。给定 e 和 n 时，使用目前已知的算法求出 d 似乎在时间开销上至少和因子分解问题一样大。因此，可以把因子分解的性能作为一个评价 RSA 安全性的

基础。

对一个大素数因子，因子分解是一个难题，但是现在不像以前那么难，下面的例子可以清楚地说明这一点。1977 年，RSA 的三个发明者在《科学美国人》马丁·加德纳（Martin Gardner）的数学游戏专栏上印了一个密码，并对该刊的读者提出了破译该密码的挑战，悬赏 100 美元给可以提供明文的人，他们估计要得到结果至少需要 4 亿亿年。1994 年 4 月，一个通过 Internet 进行合作的小组仅仅在工作了 8 个月之后就得到了这笔奖金。这项挑战使用了一个 129 个数字或者大约 428bit（长度为 n）的公开密钥。就像他们对 DES 所做的那样，RSA 实验室也公布了有 100、110、120 等个数字的密钥密码的破译难题。下面给出一个列表，说明因子分解的进展，其工作量的大小是用 MIPS·a 为单位衡量的，这个单位的含义是：一个每秒 100 万个指令的处理器运行 1 年时间的工作量，即 $3×10^{13}$ 条指令。

例如，一个 200MHz 的 Pentium 处理器是一个大约 50MIPS·a 的机器。

表 6-1　因子分解的进展

数字个数	近似的 bit	得到的数据	MIPS·a	算法
100	332	April 1991	7	二次筛
110	365	April 1992	75	二次筛
120	398	April 1993	830	二次筛
129	428	April 1994	5000	二次筛
130	431	April 1996	500	广义数据筛

从表 6-1 可以看出一个显著的事实，是与因子分解的方法有关的。对较大密钥的攻击威胁来自两个方面：计算能力的持续增长和因子分解算法的不断改善。

为了提高 RSA 的安全性，除了指定 n 的大小，还建议采用许多其他限制。避免选择容易分解的数值 n，建议对 p 和 q 施加如下限制：

1）p 和 q 的长度应该只差几个数字。因而 p 和 q 都应该处于 $10^{75} \sim 10^{100}$ 的数量级。

2）（$p-1$）和（$q-1$）都应该包含大的素因子。

3）gcd（$p-1$, $q-1$）应该很小。

2. 定时攻击

如果读者对评估一个密码算法安全性的困难了解不够，定时攻击的出现一定会留下深刻印象。密码顾问保罗科彻（Paul Kocher）证明窥探者可以通过一台计算机解密报文所花费的时间来确定私有密钥。定时攻击不仅可以用于 RSA，还可以用于其他公开密钥密码系统。这种攻击令人担心的原因有两个：它的攻击方式与常规的方式完全不同，并且它是一种只用到密文的攻击方式。

定时攻击有点像一个窃贼通过观察一个人转动拨号盘转出一个个数字所用的时间来猜测一个保险箱的密码数字组合。可通过取模指数算法解释这种攻击方式。

假定目标系统使用了一个取模乘法函数，这个函数在几乎所有的情况下都很快，但是在一些情况下花费的时间比平均的一个整个取模指数运算时间还多得多。实际上，取模指数运算实现没有这样极端的时间花费差异，在这种极端的情况下，一次迭代的执行时间才会大于整个算法的平均执行时间。虽然如此，花费时间上的差异还是足够大，以至于这种攻击可以奏效。

虽然定时攻击是一种严重的威胁，但对其有以下几种简单的防范措施：

1）常数取幂时间：保证所有取幂操作在返回一个结果之前花费同样多的时间。

2）随机延时：通过取幂算法增加一个随机延时来迷惑定时攻击者。

3）盲化：在进行取幂运算之前先用一个随机数与密文相乘，防止攻击者了解计算中正在处理的密文。

3. 公用模攻击

对于给定的模数 n，满足 $de \equiv 1(\bmod \varphi(n))$ 的加、解密密钥对 (e,d) 有很多。若很多人共用同一模数 n，各自选择不同的 e 和 d，虽然节省了密钥的存放空间，但降低了系统的安全性。因为，相同的明文 m 发给两个不同的用户 i 和 j，i 拥有密钥对 (e_i,d_i)，j 拥有拥有密钥对 (e_j,d_j)，他们的模数相同。将 m 加密后分别发送给用户 i 和 j，则密文分别为 $c_i = m^{e_i} \bmod n$，$c_j = m^{e_j} \bmod n$。若 $(e_i,e_j) = 1$，由欧几里得算法求得两整数 r 和 s，使 $re_i + se_j = 1$。c_i 与 n 互素（否则可利用最大公因子方法求出 p 或 q，进而分解 n），则 c_i 的逆元 c_i^{-1} 存在，可以求出明文 m：$(c_i)^r \times (c_j)^s = m^{e_ir} \times m^{e_js} = m^{e_ir+e_js} \equiv m \bmod n$。

由以上分析可证明，在使用 RSA 系统时，不可使用公共的模数 n，以免造成明文泄漏。此外，选择模数 n 时应该避免某些特殊形式的数，如 $p^r - 1$ 形式（p 为素数）。

4. 低加密指数攻击

采用小的 e 可以加快加密和验证签名的速度，且所需的存储密钥空间小。但若加密 e 选择得太小，则容易受到攻击。

令通信网络中三个用户的公开密钥 e 均为 3，他们的模分别为 n_1, n_2, n_3 且两两互素（否则其公因子可被求出，系统不安全）。若传送相同明文 m 给他们，将其加密后的密文分别设为 $c_i = m^3 \bmod n_i (i = 1,2,3)$，则由孙子定理，利用各 c_i 求出

$$c = m^3 = c_1t_1t_1^{-1} + c_2t_2t_2^{-1} + c_3t_3t_3^{-1} \bmod (n_1n_2n_3)$$

其中，$t_1 = n_2n_3$，$t_2 = n_1n_3$，$t_3 = n_1n_2$，t_i^{-1} 为 t_i 模 n_i 的逆元。

因为 m 小于 n_1, n_2 及 n_3，所以，$c = m^3 < n_1 \times n_2 \times n_3$。因此，由 c 开立方后即可求出明文。

此外，若 $e-1$ 是 $p-1$ 或 $q-1$ 的倍数，则每个 m 满足 $m^e \equiv m \bmod n$（欧拉定理）。

5. 共指攻击

为了提高加密速度，加密密钥一般比较小或满足某些特别条件，最常用的有三个：3、17、65537。所以，RSA 体制中常常会出现不同模数，但有共同加密密钥的情形。

若有 e 个 RSA 体制 RSA-n_1, RSA-n_2, $\cdots$, RSA-n_e，都采用公钥 e。易见 $(n_i, n_j) = 1 (i \neq j)$，否则，可以求 (n_i, n_j)，而分解 (n_i, n_j)。如果这 e 组密钥被用作加密同一个信息 m，则

$$c_1 = m^e \bmod n_1$$
$$c_2 = m^e \bmod n_2$$
$$\vdots$$
$$c_e = m^e \bmod n_e$$

则由孙子定理可得到

$$c = m^e \bmod n_1n_2 \cdots n_e$$

由于 $m < n_1, m < n_2, \cdots, m < n_e$，所以 $m^e < n_1n_2 \cdots n_e$，于是得到 $m^e = c$，从而 $m = \sqrt[e]{c}$ 是普通开方。这样就恢复了明文。

6.3.3　RSA 的参数选择

为确定加密系统的安全，参数 n 的选择，即 p、q 的选择至关重要，而加密密钥 e 的选取与解密密钥 d 等参数也需有所限制。

1. n 的确定

（1）p 和 q 应为强素数（Strong Prime）

定义 6-3-1　任一素数 p 若满足下列条件，称为强素数或一级素数：

1）两个大素数 p_1 及 p_2，使得 $p_1 \mid p-1$、$p_2 \mid p-1$。

2）在四个大素数 r_1、s_1、r_2、s_2 使得 $r_1 \mid p_1-1$、$s_1 \mid p_1+1$、$r_2 \mid p_2-1$、$s_2 \mid p_2+1$。

RSA 的安全性基于因子分解，其 n 的质因子 p 和 q 必须选取得当，以保证因子分解在计算上（有效时间内）不可能实现。假设 p 或 q 不为强素数，即 $p-1$、$q-1$ 的所有质因子均很小，则可求解 p、q。方法如下：

不妨假设 $p-1$ 有 k 个质因子，且可以表示为 $p-1 = \prod_{i=1}^{k} p_i^{\alpha_i}$，其中，$\alpha_i$ 为非负整数，p_i 为素数，$i = 1, 2, \cdots, k$。因为 $p-1$ 的质因子 $p_1, p_2, \cdots, p_k$ 均很小，不妨假设 $p_i < A$，A 为已知小整数。令正整数 α、R 满足 $\alpha \geq \alpha_i$、$R = \prod_{i=1}^{k} p_i^{\alpha}$，则 $p-1 \mid R$。因为 p 为素数，任取小于 p 的正整数 t，不妨设 $t=2$，由费尔马定理知，$2^R \equiv 1 \bmod p$。计算出 2^R 在模数 n 中的约化数 X（$X \equiv 2^R \bmod n$），若 $X=1$，则令 $t=3$，计算 X，直到 $X \neq 1$，则 $\gcd(X-1, n) = p$，即分解 n 成功。

同理可求 q。以上表明，当 p 和 q 为强素数时，n 的因子不可能在有限时间内分解成功。

（2）p 和 q 的位数差问题

p 和 q 除了为强素数外，其数值大小也应有所限制，即还必须考虑它们的位数差问题。若 $n=pq$，且 p 和 q 的位数差不大，则存在下述方法可分解 n。

设 p 和 q 的平均值为 $t = \dfrac{p+q}{2}$，显然有 $t \geq \sqrt{n}$。因 p 和 q 差距很小，可以估计出 $t = \dfrac{p+q}{2} \approx p \approx \sqrt{n}$，与 $\sqrt{n}$ 相差不大，从大于 $\sqrt{n}$ 的正整数开始估算平均值 t，计算 t^2-n，直到其为整数的平方。利用等式 $\left(\dfrac{p+q}{2}\right)^2 - n = \left(\dfrac{p-q}{2}\right)^2$，计算 $\dfrac{p+q}{2} = t$ 及 $\dfrac{p-q}{2} = \sqrt{t^2-n}$，解方程可求出 p 和 q。

因此，p 和 q 的位数不能很接近，一般差几位为宜。当然，在选取参数 p 和 q 时，它们的位数相差并不是越大越好，否则将造成一大一小的情况，使得试除法能分解成功。

（3）$p-1$ 和 $q-1$ 的公因子问题

令 $G = \gcd(p-1, q-1)$ 为 $p-1$ 和 $q-1$ 的最大公因子。若 G 很大，密码分析者可能不用分解 n，而采用密文迭代攻击法就能还原出明文。具体方法如下：

由已获得的密文 $c = m^e \bmod n$，令 $c_1 = c$，计算递归式

$$c_2 \equiv c_1^e = (m^e)^e = m^{e^2} \bmod n$$

$$\vdots$$

$$c_i = c_{i-1}^e = (m^{e^{i-1}})^e \equiv m^{e^i} \bmod n$$

若 $e^i \equiv 1 \bmod \varphi(n)$，则 $c_i = m$，且 $c_{i+1} = c_1 = c \bmod n$。若 i 很小，则可在计算允许的范围内获得明文 m。

由欧拉定理，$i = \varphi(\varphi(n)) = \varphi((p-1)(q-1)) = \dfrac{(p-1)(q-1)}{\gcd((p-1),(q-1))}$，若令 G 尽可能的小，可使 i 较大，能有效抵抗以上攻击。此外，$p-1$ 和 $q-1$ 为偶数，即 $4 \mid \varphi(n)$。若 G 大，从而 $p-1$ 和 $q-1$ 的最小公倍数 u 比 $\varphi(n)$ 小。因此，e 模 u 的任何逆都能作为解密幂次。

由以上可知，在 p 和 q 的选择中应考虑 $\varphi(n)$。取 $p-1$ 和 $q-1$ 的最大公因子尽可能小，理想情况下为 2，以保证系统的安全性不降低。

（4）p 和 q 要足够大

p 和 q 要足够大，以使 n 分解在计算上不可行。

2. 加密密钥 e 的选择

为避免上面提到的密文攻击法，e 应选择在模 $\varphi(n)$ 中的阶尽可能大。另外，e 不可太小。满足与 $\varphi(n)$ 互素的 e 有很多，为提高加密运算时间，有人建议选用较小的参数 e 以实现"软件加速"。如此，容易造成明文的泄漏，难以保证通信安全。原因如下：

1）明文为 m，密文 $c = m^e \bmod n$，若 $m^e < n$ 时，则在加密中并无模 n 的动作，因此密文 c 仅为明文 m 的 e 次幂，可将 c 直接开 e 次方，得到明文 m。

2）低指数攻击法。

3. 解密密钥 d 的选择

为了提高解密或签名的时效，往往希望解密密钥 d 的位数较短。但是当 d 太短时，将会给系统带来隐患。密码分析者可利用已知明文 m，加密后得密文 c，再直接用"穷举法"猜测 d。判断 $c^d \equiv m \bmod n$ 是否成立，若等式成立，则 d 为真，否则继续猜测。因 d 的长度较短，故采用穷举攻击法得 d 的可能性很大。所以，为了确保系统的安全性，参数 d 的选取不应太短，一般取 $d \geqslant n^{1/4}$。另外，在设计系统时，由于加密密钥 e 与解密密钥 d 有 $de \equiv 1$（$\bmod \varphi(n)$）的制约关系，一般先确定参数 d，再求出参数 e。

6.3.4 RSA 的应用

1. 数字签名

发送者 A 用其私钥 S_{KA} 对报文 M 进行解密运算，得到 $DS_{KA}(M)$，再用 B 的公钥 P_{KB} 做加密运算得到 $EP_{KB}(DS_{KA}(M))$，然后将其传送给接收者 B；B 先用自己的私钥 S_{KB} 进行解密运算，得到 $DS_{KA}(M)$，再用 A 的公钥 P_{KA} 做加密运算恢复出明文 $EP_{KA}(DS_{KA}(M)) = M$。在此过程中，因为除 A 外没有别人能具有 A 的解密密钥 S_{KA}，所以除 A 外没有别人能产生密文 $DS_{KA}(M)$，这样，报文 M 就被签名了。若 A 要抵赖曾发送报文给 B，B 可将 M 及 $DS_{KA}(M)$ 出示给公证机关，公证机关很容易用 P_{KA} 去证明 A 确实发送了消息 M 给 B。反之，如果 B 将 M 伪造成 M'，则 B 不能在第三者面前出示 $DS_{KA}(M')$，这样就证明 B 伪造了报文。因此，用 RSA 算法实现数字签名，操作简便，且可实现对信息的加密和报文来源的鉴别。上述过程如图 6-3 所示。

2. 身份认证

首先，A 将自己的身份传送给 B，但 B 不能确定此信息是来自 A 还是窃密者 T；B 产生一个很大的随机数 R_B，用 P_{KA} 加密 R_B 得到 $EP_{KA}(R_B)$ 传送给 A，并用 S_{KB} 做 $DS_{KB}(EP_{KA}(R_B))$

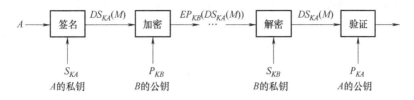

图 6-3　基于 RSA 算法的数字签名体制

运算，将结果传送给 A；A 对 $EP_{KA}(R_B)$ 解密得到 $DS_{KA}(EP_{KA}(R_B))=R_B$，由于只有 A 知道 S_{KA}，因此只有 A 才可求得 R_B，然后 A 用 P_{KB} 将 $DS_{KB}(EP_{KA}(R_B))$ 加密，得到 $EP_{KB}(EP_{KA}(R_B))=EP_{KA}(R_B)$；由于只有合法的 B 才拥有 S_{KB}，因此可以通过将计算结果与 $EP_{KA}(R_B)$ 比较，A 就可以确认通信对方是 B；合法者 A 将求得的 R_B 用 P_{KB} 加密传送给 B，因为只有合法的 A 可以求得 R_B 从而可以得到正确的 $EP_{KB}(R_B)$；B 只需用 S_{KB} 解密 $EP_{KB}(R_B)$ 即可得到 $DS_{KB}(EP_{KB}(R_B))=R_B$，将此 R_B 与原来的 R_B 对比就可确认对方是 A。整个认证过程可用图 6-4 表示。

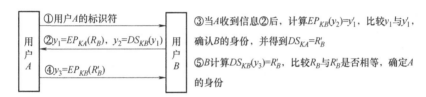

图 6-4　基于 RSA 算法的身份认证

3. 密钥管理

由密钥分发中心（Key Distribution Center）为每个用户提供 RSA 算法实现的公钥 P 和私钥 S 作为各个用户的主密钥。当用户要与其他用户通信时，由发送方随机产生一个大数，作为工作密钥，然后发送方用自己的私钥 S_k 和收方的公钥 P_j 对工作密钥进行加密，将结果传到对方。接收方用自己的私钥 S_j 和发方的公钥 P_k 进行反变换，得到工作密钥；然后双方用此工作密钥进行保密通信（这种密码体制属于传统加密体制，如 DES）。

从上述过程可以看出，这种方式既能保证工作密钥的安全性，又能实现每次通信都使用不同的密钥，做到一次一密，大大提高了通信的安全性。当然，保护好主密钥是十分重要的。

6.3.5　RSA 的速度

硬件实现时，DES 比 RSA 快大约 1000 倍。最快的是具有 512 位模数的 VLSI 硬件实现，吞吐量为 64Kbit/s。也有一些实现 1024 位 RSA 的加密芯片。比较经典的设计是具有 512 位模数的芯片，可达到 1Mbit/s，该芯片在 1995 年制成。在智能卡中已大量实现了 RSA，这些实现都较慢。

软件实现时，DES 大约比 RSA 快 100 倍。这些数字会随着技术的发展而发生相应的变化，但 RSA 的速度将永远不会达到对称算法的速度。表 6-2 给出了 RSA 软件实现的速度。

135

表6-2 具有8位公开密钥的 RSA 对于不同长度模数的加密时长（在 SPARCII 中）（单位：s）

阶　　段	模数/位		
	512	768	1024
加密	0.03	0.05	0.08
解密	0.16	0.48	0.93
签名	0.16	0.52	0.97
验证	0.02	0.07	0.08

6.4 厄格玛尔密码体制

1984 年，厄格玛尔发表了 "A public-key cryptosystem and a signatures scheme based on discrete logarithms"（《一个基于离散对数的公钥密码体制和数字签名方案》），提出了一种安全性基于离散对数的，既可用于加密又可用于数字签名的公钥密码体制。

6.4.1 厄格玛尔密码体制描述

1. 密钥的产生

令 Z_p 是一个有 p 个元素的有限域，p 是一个素数，令 g 是 Z_p^*（Z_p 中除去 0 元素）中的一个本原元。明文集 μ 为 Z_p^*，密文集 ξ 为 $Z_p^* \times Z_p^*$。

公钥：选定 p（$g<p$ 的生成元），计算公钥

$$\beta \equiv g^\alpha \bmod p \tag{6-4-1}$$

密钥：

$$\alpha < p$$

2. 加密算法

选择随机数 $k \in z_{p-1}$，且 $\gcd(k, p-1) = 1$，计算

$$y_1 = g^k \bmod p（随机数 k 被加密） \tag{6-4-2}$$

$$y_2 = M\beta^k \bmod p（明文被随机数 k 和公钥 \beta 加密） \tag{6-4-3}$$

式中，M 是发送明文组。密文是 y_1 和 y_2 级联结构，即密文组 $C = y_1 \| y_2$。

3. 解密算法

收到密文组 C 后，计算

$$M = \frac{y_2}{y_1^\alpha} = \frac{M\beta^k}{g^{k\alpha}} = \frac{Mg^{k\alpha}}{g^{k\alpha}} = M \bmod p$$

厄格玛尔体制的密文不是唯一的，是由明文和所选随机数 k 来定，因而是一种非确定性加密方式。这显然增加了系统的安全性，但是，代价是密文膨胀了一倍。

例 6-4-1 设 $p = 293$，取 $g = 30, \alpha = 200$，计算出 $\beta \equiv g^\alpha \bmod p = 30^{200} \bmod 293 = 46$，若明文组 $m = 137$，选随机数 $k = 79$，$\gcd(k, p-1) = \gcd(79, 292) = 1$，则

$$y_1 = g^k \bmod p = 30^{29} \bmod 293 = 48$$

$$y_2 = M\beta^k \bmod p = 137 \times 46^{79} \bmod 293 = 81$$

所以密文（48,81）。

解密：$\dfrac{y_2}{y_1^{\varepsilon}} \equiv y_2 \times (y_1^{\alpha})^{-1} \equiv 81 \times (48^{200})^{-1} \equiv 81 \times (84)^{-1} \equiv 81 \times 150 \equiv 137 \bmod 293$。

6.4.2　厄格玛尔密码体制的安全性

定义 6-4-1　设 p 是一个素数，$\alpha \in Z_p^*$，α 是一个本原元，$\beta \in Z_p^*$。已知 α 和 β，求满足

$$\alpha^n \equiv \beta \bmod p$$

的唯一整数 n（$0 \leqslant n \leqslant p-2$），称为有限域上的离散对数问题。常将 n 记为 $\log_{\alpha}\beta$。

关于有限域上的离散对数问题，已进行了许多深入的研究，取得了许多重要成果。但到目前为止，还没有找到一个非常有效的多项式时间算法来计算有限域上的离散对数。一般而言，只要素数 p 选取得当，有限域 Z_p 上的离散对数问题是难解的。反过来，如果已经知道 α 和 n，计算 $\beta = \alpha^n \bmod p$ 就较容易。因此，对于适当的素数 p，模 p 指数运算是一个单向函数。

在厄格玛尔公钥密码体制中，$\beta = \alpha^d \bmod p$。从公开的 α 和 β，求保密的解密密钥 d，就是计算一个离散对数。因此，厄格玛尔公钥密码体制的安全性主要是基于有限域 Z_p 上离散对数问题的难解性。

为了抵抗目前已知的一些对厄格玛尔公钥密码体制的攻击，素数 p 按十进制表示至少应该有 150 位数字，并且 $p-1$ 至少应该有一个大的素因子。

6.4.3　厄格玛尔的速度

表 6-3 给出了厄格玛尔的软件实现速度。

表 6-3　具有 160 位指数的厄格玛尔对于不同长度模数的速度（在 SPARCII 上）（单位：s）

阶　　段	模数/位		
	512	768	1024
加密	0.33	0.80	1.09
解密	0.24	0.58	0.77
签名	0.25	0.47	0.63
验证	1.37	5.12	9.30

6.5　椭圆曲线上的梅内塞斯-万斯通密码体制

近年来，椭圆曲线上的密码体制（Elliptic Curve Cryptography，ECC）越来越受到人们的关注。普遍认为 ECC 具有比较好的安全性能，并且运算速度也比较快。1993 年，梅内塞斯（A. J. Menezes）和万斯通（S. A. Vanstone）提出了梅内塞斯-万斯通（Menezes-Vanstone）公钥密码体制。它是厄格玛尔公钥密码体制在椭圆曲线上的一个有效实现。

6.5.1　基本概念

定义 6-5-1　设 $p>3$ 是一个素数。有限域 Z_p 上的椭圆曲线 $y^2 = x^3 + ax + b$ 是由一个称为无穷远点的特殊点 O 和满足同余方程

$$y^2 \equiv x^3 + ax + b \,(\bmod\ p) \tag{6-5-1}$$

的点 $(x, y) \in Z_p \times Z_p$ 组成的集合 E。其中，$a, b \in Z_p$，$4a^3 + 27b^2 \neq 0 \bmod p$。

定义 6-5-2 设 E 是有限域 Z_p 上的椭圆曲线，$P \in E$。P 的阶是满足

$$nP = \underbrace{P + P + \cdots + P}_{n} = O \tag{6-5-2}$$

的最小正整数 n，记为 $\mathrm{ord}(\alpha)$。其中，O 是无穷远点。

定义 6-5-3 设 $p > 3$ 是一个素数，E 是有限域 Z_p 上的椭圆曲线。设 G 是 E 的一个循环子群，α 是 G 的一个生成元，$\beta \in G$。已知 α 和 β，求满足

$$n\alpha = \beta \tag{6-5-3}$$

的唯一整数 $n(0 \leqslant n \leqslant \mathrm{ord}(\alpha) - 1)$，称为椭圆曲线上的离散对数问题。

椭圆曲线上的离散对数问题很难解，也就是说，至今还没有一个非常有效的算法来计算椭圆曲线上的离散对数。

6.5.2 体制描述

1. 密钥的产生

1）设 $p > 3$ 是一个素数，E 是有限域 Z_p 上的椭圆曲线。$\alpha \in E$ 是椭圆曲线上的一个点，并且 α 的阶足够大，使得在由 α 生成的循环子群中离散对数问题是难解的。p、E 以及 α 都是公开的。

2）随机选取整数 $d(1 \leqslant d \leqslant \mathrm{ord}(\alpha) - 1)$，计算 $\beta = d\alpha$。β 是公开的加密密钥，d 是保密的解密密钥。明文空间为 $Z_p^* \times Z_p^*$，密文空间为 $E \times Z_p^* \times Z_p^*$。

2. 加密算法

对任意明文 $x = (x_1, x_2) \in Z_p^* \times Z_p^*$，秘密随机选取一个整数 $k(1 \leqslant k \leqslant \mathrm{ord}(\alpha) - 1)$，密文为

$$y = (y_0, y_1, y_2)$$

其中，$y_0 = k\alpha$；$y_1 = c_1 x_1 \bmod p$；$y_2 = c_2 x_2 \bmod p$；$(c_1, c_2) = k\beta$。

3. 解密算法

对任意密文 $y = (y_0, y_1, y_2) \in E \times Z_p^* \times Z_p^*$，明文为

$$x = (y_1 c_1^{-1} \bmod p, y_2 c_2^{-1} \bmod p)$$

其中，$(c_1, c_2) = dy_0$。

证明：因为

$$(c_1, c_2) = k\beta$$
$$y_0 = k\alpha$$
$$\beta = d\alpha$$

所以

$$(c_1, c_2) = k\beta = kd\alpha = dy_0$$

又因为

$$y_1 = c_1 x_1 \bmod p$$
$$y_2 = c_2 x_2 \bmod p$$

所以

$$(y_1 c_1^{-1} \bmod p, y_2 c_2^{-1} \bmod p) = (c_1 x_1 c_1^{-1} \bmod p, c_2 x_2 c_2^{-1} \bmod p)$$
$$= (x_1, x_2) = x$$

因此，解密变换能正确地根据密文恢复出相应的明文。

容易看出，在梅内塞斯-万斯通公钥密码体制中，密文依赖于明文 x 和秘密选取的随机整数 k。因此，明文空间中的一个明文对应密文空间中的许多不同的密文，提高了此种体制的安全性。

6.5.3 梅内塞斯-万斯通密码体制的安全性

在梅内塞斯-万斯通公钥密码体制中，$\beta = d\alpha$。从公开的 α 和 β，求保密的解密密钥 d，就是计算一个离散对数。当 α 的阶足够大时，这是一个目前众所周知的难解的问题。因此，梅内塞斯-万斯通公钥密码体制的安全性主要是基于椭圆曲线上离散对数问题的难解性。

但在使用梅内塞斯-万斯通公钥密码时，超奇异椭圆曲线和异常曲线是不宜用于密码体制的椭圆曲线，它们的椭圆曲线上离散对数问题相对容易，因而易遭到特定算法的攻击。因此，在选择椭圆曲线时，一定要避免超奇异椭圆曲线和异常曲线。

6.5.4 ECC 的优点

（1）安全性能高 加密算法的安全性能一般通过该算法的抗攻击强度来反映。ECC 和其他另外几种公钥系统相比，其抗攻击性具有绝对的优势。椭圆曲线的离散对数问题计算困难性在计算复杂度上目前是完全指数级的，而 RSA 是亚指数级。这说明 ECC 比 RSA 的安全性能高。

（2）计算量小和处理速度快 虽然在 RSA 中可以通过选取较小的公钥的方法提高公钥处理速度，即提高加密和签名验证的速度，使其在加密和签名验证速度上与 ECC 有可比性，但在私钥的处理速度（解密和签名）方面，ECC 远比 RSA、DSA 快得多。因此，ECC 总的速度比 RSA、DSA 要快得多。同时，ECC 系统的密钥生成速度比 RSA 快百倍以上。因此，在相同的条件下，ECC 则有更高的加密性能。

（3）存储空间占用小 ECC 的密钥尺度和系统参数与 RSA、DSA 相比要小得多。160 位 ECC 与 1024 位 RSA、DSA 具有相同的安全强度，210 位 ECC 则与 2048 位 RSA、DSA 具有相同的安全强度。这意味着，ECC 所占的存储空间要小得多。这对于加密算法在智能卡上的应用具有特别的意义。

（4）带宽要求低 当对长消息进行加密时，ECC 与 DSA、RSA 密码算法具有相同的带宽要求，但应用于短消息时，ECC 带宽要求却很低，而公钥密码算法多用于短消息（如用于数字签名和密钥变换）。带宽要求低使得 ECC 在无线网络领域具有广泛的应用前景。

6.5.5 ECC 适用领域

由于 ECC 实现较高的安全性，只需要较小的开销和延时，较小的开销体现在计算量、存储量、带宽、软/硬件实现的规模等，延时体现在加密或签名认证的速度等方面，所以 ECC 特别适用于计算能力和集成电路空间受限（如无线通信和某些计算机网络）、要求高速实现的情况。例如：

1）无线 Modem 的实现。对分组交换数据网提供数据加密。例如，在一个通信器件上运行 4MHz 的 68330 CPU，ECC 可以实现快速的迪菲-赫尔曼密钥交换，并以极小化密钥交换占用带宽。

2）用于 Web 服务器。在 Web 服务器上集中进行密码运算会形成瓶颈，Web 服务器的带宽有限，使得带宽的费用高昂。采用 ECC 可以节省计算时间和带宽。

3）智能卡的实现。ECC 不需要协处理器就可以在标准卡上实现快速、安全的数字签名，这是 RSA 等其他体制难以实现的。ECC 可使程序代码、密钥、证书的存储空间极小化，数据帧最短，便于实现，大大降低了智能卡的成本。

6.6 其他几种公钥密码体制

6.6.1 背包密码体制

背包密码体制是由默克尔和赫尔曼于 1978 年提出的第一个公钥算法。它利用背包问题构造公钥密码，只用于加密，修正后才可用于签名。

1. 背包问题

背包问题是 1972 年卡普（Karp）提出的。当已知向量

$$\boldsymbol{A}=(a_1,a_2,\cdots,a_N) \qquad a_i \text{ 为正整数}$$

和向量

$$\boldsymbol{x}=(x_1,x_2,\cdots,x_N) \qquad x_i \in [0,1]$$

时，求和式

$$S=f(\boldsymbol{x})=\sum_{i=1}^{N} x_i a_i \qquad x_i \in [0,1] \tag{6-6-1}$$

很容易，只需求 $N-1$ 次加法。但当已知 A 和 S，求向量 x 则非常困难，称其为背包问题，又称作子集合问题。

2. 简单背包

定义 6-6-1　（超递增性）若背包向量 $\boldsymbol{A}=(a_1,a_2,\cdots,a_N)$ 满足

$$a_i > \sum_{j=1}^{i-1} a_j, i=1,2,\cdots,N \tag{6-6-2}$$

则称 A 为超递增背包向量，相应的背包为简单背包。

简单背包很容易求得，因为当给定 $\boldsymbol{A}=(a_1,a_2,\cdots,a_N)$ 及 S 后，易知

$$x_N = \begin{cases} 1, S \geqslant a_N \\ 0, S < a_N \end{cases} \tag{6-6-3}$$

由此可得出解此背包的"贪心"算法：先拣最大的放入背包，若能放入，则令相应 x_N 为 1，否则令相应 x_N 为 0；从 S 中减去 $x_N a_N$，再试 x_{N-1}；依此类推，直到决定 x_1 的取值。

例 6-6-1　若 $A=(1,4,8,9,20,22)$，$S=18$，易求得 $x=(1,0,1,1,0,0)$。

例 6-6-2　若给出的 A 的各分量次序是乱序的，可先进行排列，再求解。如给定 $A=(30,4,12,6,19,16)$，可求得 $A'=(4,6,12,19,16,30)$，给定 $S=64$，求得 $x=(0,1,1,0,1,1)$。

3. 默克尔和赫尔曼陷门背包

这一体制的基本思路是将一个简单的背包进行变换，使其对其他所有人来说是一个难的

背包，而对合法用户来说则是一个简单背包。构造方法如下：

1) 各用户随机地选择一个超递增序列 $\boldsymbol{A}^0=(a_1^0,a_2^0,\cdots,a_N^0)$。

2) 将其进行随机排列得到矢量 $\boldsymbol{A}'=(a_1',a_2',\cdots,a_N')$。

3) 随机地选择两个整数 u 和 w 使

$$u\geqslant\sum_{i=1}^{N}a_i'$$

即

$$u\geqslant 2a_N^0 \tag{6-6-4}$$

且

$$\gcd(u,w)=1,\ 0<w<u \tag{6-6-5}$$

由欧几里得算法可得出 a 和 b，使 $1=au+bw$；由此可得 $bw\equiv1\ \mathrm{mod}\ u$，即

$$w^{-1}\equiv b\ \mathrm{mod}\ u \tag{6-6-6}$$

4) 计算

$$a_i=wa_i\ \mathrm{mod}\ u,\ i=1,\cdots,N \tag{6-6-7}$$

构造出新的背包矢量 $\boldsymbol{A}=(a_1,a_2,\cdots,a_N)$。

5) 用户公布 $\boldsymbol{A}=(a_1,a_2,\cdots,a_N)$ 作为公钥，当此用户送消息 $\boldsymbol{x}=(x_1,x_2,\cdots,x_N),x_i\in[0,1]$ 时，就计算

$$S=\sum_{i=1}^{N}x_ia_i \tag{6-6-8}$$

将表示 S 的二元矢量 $\boldsymbol{y}$（密文）送出。

6) 陷门信息为 u 及 w^{-1}。用户收到 $\boldsymbol{y}$ 后，先转换成为整数 S，而后计算

$$S'=(w^{-1}S)\ \mathrm{mod}\ u \tag{6-6-9}$$

最后，可由简单背包

$$S'=\sum_{i=1}^{N}x_ia_i' \tag{6-6-10}$$

解出

$$\boldsymbol{x}'=(x_1,x_2,\cdots,x_N)$$

6.6.2　拉宾密码体制

1. 拉宾方案

拉宾算法的安全性基于求合数的模平方根的难度。这个问题等价于因子分解。下面是该方案的描述。

1) 选取两个素数 p 和 q，两个都同余 3 模 4。将这两个素数作为私钥，$n=pq$ 作为公钥。

2) 加密运算：对消息 M（M 必须小于 n）加密，计算：

$$C=M^2\ \mathrm{mod}\ n \tag{6-6-11}$$

C 就是密文。

3) 解密运算：接收者知道 p 和 q，故可以用中国剩余定理解两个同余式。计算：

$$m_1=C^{(p+1)/4}\ \mathrm{mod}\ p \tag{6-6-12}$$

$$m_2=(p-C^{(p+1)/4})\ \mathrm{mod}\ p \tag{6-6-13}$$

$$m_3 = C^{(q+1)/4} \bmod q \tag{6-6-14}$$

$$m_4 = (q - C^{(q+1)/4}) \bmod q \tag{6-6-15}$$

选择整数 $a = q(q^{-1} \bmod p)$ 和整数 $b = p(p^{-1} \bmod q)$。四个可能的等式为

$$M_1 = (am_1 + bm_3) \bmod n \tag{6-6-16}$$

$$M_2 = (am_1 + bm_4) \bmod n \tag{6-6-17}$$

$$M_3 = (am_2 + bm_3) \bmod n \tag{6-6-18}$$

$$M_4 = (am_2 + bm_4) \bmod n \tag{6-6-19}$$

这四个结果 M_1、M_2、M_3 和 M_4 中之一等于 M。如果消息是英语文本，很容易选择正确的 M_i；如果消息是一个随机位流（例如密钥产生或数字签名），就没有办法决定哪个 M_i 是正确的。解决这一问题的方法是在消息加密前加入一个已知的标题。

2. 威廉姆斯方案

威廉姆斯（Hugh Williams）重新定义了拉宾方案，以消除其缺陷。

1）选择 p 和 q，使它们满足

$$p \equiv 3 \bmod 8$$

$$q \equiv 7 \bmod 8$$

且

$$N = pq \tag{6-6-20}$$

再选择一个小整数 S，满足 $J(S, N) = -1$（J 是雅可比符号）。N 和 S 公开。私钥 k 满足

$$k = 1/2 \times (1/4 \times (p-1) \times (q-1) + 1) \tag{6-6-21}$$

2）加密运算。对消息 M 加密，计算

$$J(M, N) = (-1)^{c_1} \tag{6-6-22}$$

使 c_1 满足式（6-6-22）。

$$M' = (S^{c_1} M) \bmod N \tag{6-6-23}$$

$$C = M'^2 \bmod N \tag{6-6-24}$$

$$c_2 = M' \bmod 2 \tag{6-6-25}$$

最后的密文是三重组：

$$(C, c_1, c_2) \tag{6-6-26}$$

3）解密运算。接收者利用

$$C^k \equiv \pm M'' \bmod N \tag{6-6-27}$$

计算 M''。M'' 的符号由 c_2 给出。最后得到明文

$$M = (S^{c_1} \times (-1)^{c_1} \times M'') \bmod N \tag{6-6-28}$$

6.6.3 麦克利斯密码体制

麦克利斯（McEliece）于 1978 年研究出一种基于代数编码理论的公钥密码系统。该算法使用一类称作戈帕（Goppa）码的纠错编码的存在性，其思想是构造一个戈帕码并将其伪装成普通的线性码。解戈帕码有一种快速算法，但要在线性二进制码中找到一种给定大小的代码字，是一个 NP 完全问题。

1）令 $d_H(X, Y)$ 表示 x 和 y 之间的汉明距离，数 n、k 和 t 是系统参数。秘密密钥由三部分组成：G' 是一个能纠 t 个错的 $k \times n$ 阶戈帕码产生矩阵；P 是 $n \times n$ 阶置换矩阵；S 是 $k \times k$

阶非退化矩阵。公开密钥是 $k \times n$ 阶矩阵 $\boldsymbol{G}$，$\boldsymbol{G} = \boldsymbol{SG'P}$。

2）加密运算：明文 $\boldsymbol{m}$ 是 k 位的串，以 GF(2) 上的 n 维向量表示。加密消息时，随机选择一个 GF(2) 上的 n 维向量 $\boldsymbol{z}$，其汉明距离小于或等于 t。加密后得到密文

$$c = mG + z \tag{6-6-29}$$

3）解密运算。首先计算 $\boldsymbol{c'} = \boldsymbol{cP}^{-1}$；然后用戈帕码的解码算法寻找 $\boldsymbol{m'}$，使之满足 $d_{\mathrm{H}}(\boldsymbol{m'G}, \boldsymbol{c'})$ 小于或等于 t；最后计算 $\boldsymbol{m} = \boldsymbol{m'S}^{-1}$，即得到明文。

尽管该算法是最早的公开密钥算法之一，并且对它没有成功的密码分析结果，但是它从未获得密码学界的广泛接受。该方案比 RSA 快两到三个数量级，但亦存在着若干问题：公开密钥太庞大，数据扩展太大，密文长度是明文的两倍。

6.6.4　LUC 密码体制

LUC 是新西兰学者史密斯（P. Smith）等提出的公钥密码体制。

1. LUC 体制

选取两个素数 p 和 q，$N = pq$。选一个整数 e，使 $\gcd(e, S(N=1))$。并由下式确定出另一整数 d

$$ed \equiv 1 \bmod S(N) \tag{6-6-30}$$

类似于 RSA 体制，可以构造 LUC 体制如下：

公钥：N，e。

私钥：d（陷门信息 p, q）。

明文：m 小于 N 的某个整数。

加密：$C = V_e(P, 1) \bmod N$。

解密：$P = V_d(C, 1) \bmod N$。

体制应保证对于几乎所有 $P < N$，加、解密计算均易于实现；且在已知 C、e 和 N 的条件下，求 P 或 d 在计算上是不可行的。

2. e 和 d 的选择

1）e 与 $S(N)$ 互素，这是保证在 $\bmod S(N)$ 下有逆 d 的充要条件。

2）给定 $N = pq$，LUC 序列中有

$$D = p^2 - 4$$

$$S(N) = lcm\left\{ \left[p - \left(\frac{D}{p} \right) \right], \left[q - \left(\frac{D}{q} \right) \right] \right\}$$

式中，$S(N)$ 是 D 的函数，因而是明文 m 的函数。

3. LUC 密码体制的安全性

LUC 密码体制的安全性主要有下述两个问题决定，即

1）给定 N 和 e 下，求 d 的难度。

2）给定 C、N 和 e 下，求 P 的难度。

这本质上和 RSA 密码体制一样，要在给定 N 和 e 下求 d，需要知道 N 的素因子分解。在 LUC 密码体制下，对给定的 N 和 e，将有四个不同的 d 值满足条件，$ed \equiv 1 \bmod S(N)$，但只有一个值可以实现解密，因而比破译 RSA 似乎还要难些。若用穷举法搜索所有可能的 d，其难度与 RSA 一样。

1. 如果 $e_k(x)=x$，则称明文 x 是不变的。试证：在 RSA 公钥密码体制中，不变明文 $x\in Z_n$ 的数目为 $(1+\gcd(e-1,p-1))(1+\gcd(e-1,q-1))$，其中，$e$ 是加密密钥，p 和 q 都是素数，$n=pq$。

2. 在 RSA 公钥密码体制中，有一个公开的加密密钥 e 和一个保密的解密密钥 d，还有一个公开的模数 n。假设一个用户泄露了他的解密密钥 d，这时他需要更换新的参数，但他只是选取了新的加密密钥 e' 和解密密钥 d'，而没有更换模数 n。试问：他这样做安全吗？为什么？

3. 证明：在 RSA 公钥密码体制中，对于素数 p 和 q 的每一种选择，存在加密密钥 $1<e<\varphi(n)$，使得对任意明文 x，都有 $x^e\equiv x(\bmod\ n)$。

4. 求解下列 RSA 公钥密码体制中的问题：

（1）已知给定用户的公钥 $e=31$，$n=3599$，问该用户的私钥是什么？

（2）假设第三方截获一组信息：$n=35$，$e=5$，用户密文 $c=10$。问明文 M 是什么？

（3）使用 RSA 算法过程中，若经过少量 n 次重复编码后，又重新得到明文。请分析可能原因是什么。

5. 已知 RSA 公钥密码体制中，$n=13289$，共钥指数 $e=7849$，密钥指数 $d=2713$，试分解整数 n。

6. 在厄格玛尔公钥密码体制中，设素数 $p=71,g=7$ 是 Z_{71}^* 的生成元，$\beta=3$ 是公开的加密密钥。

（1）假设随机整数 $k=3$，试求明文 $m=30$ 所应的密文。

（2）假设选取一个不同的随机整数 k，使得明文 $m=30$ 所对应的密文为 $(59,y_2)$。试确定 y_2。

7. 设 E 是由

$$y^2\equiv x^3+x+28(\bmod\ 71)$$

所确定的有限域 Z_{71} 上的椭圆曲线。试确定 E 上的所有点，并证明 E 不是一个循环群。

8. 已知背包公钥密码体制的超递增序列为 $(3,5,11,17,35)$，模数 $m=73$，乘数 $w=19$，试对 "best coffee" 进行加密。

9. 如果背包公钥密码体制的超递增序列为 $(3,4,8,17,33)$，模数 $m=67$，乘数 $w=17$，试对密文 $25,2,72,92$ 进行解出。

10. 如果拉宾公钥密码体制修改后的参数为 $E_k(x)=x(x+B)\bmod\ n$，其中 $B\in Z_n$ 为公钥的一部分。不妨令 $p=199,q=211,n=pq$，且 $B=1357$，求解如下结果：

（1）计算加密 $y=E_k(32767)$。

（2）求出给定密文 y 的四个可能解密结果。

11. 解释麦克利斯公钥加密体制的（1）密钥生成；（2）加密过程；（3）解密过程的具体步骤描述。

12. 实验题：用 RSA 算法完成数据的加密和解密。

第 **7** 章 数字签名

数字签名是电子商务安全领域一个非常重要的分支，是实现电子交易安全的核心技术之一。它在实现身份认证、数据完整性、不可否认等方面都有重要的应用，尤其在大型网络安全通信中的密钥分配、公文安全传输以及电子商务和电子政务等有重要的应用价值。

数字签名的实现基础是加密技术，其使用公钥加密算法与散列函数。常用数字签名算法有 RSA、DSS、ECDSA、厄格玛尔、施诺尔（Schnorr）等，还有一些用于特殊用途的数字签名，如盲签名、群签名、失败-终止签名等。

7.1 数字签名的基本原理

1. 数字签名的要求

政治、军事、外交等领域的文件、命令和条约，商业中的契约，以及个人之间的书信等，传统上都采用手书签名或印章，以便在法律上能得到认证、核准和生效。随着计算机通信网络的发展，人们希望通过电子设备实现快速、远距离的交易，数字（或电子）签名便应运而生，并开始用于商业通信系统，如电子邮递、电子转账和办公自动化等系统中。

类似于手书签名，数字签名也应满足以下要求：

1) 接收方能够确认或证实发送方的签名，但不能伪造。
2) 发送方发出签名的消息送给接收方后，就不能再否认他所签发的消息。
3) 接收方对已收到的签名消息不能否认，即有收到认证。
4) 第三者可以确认收、发双方之间的消息传送，但不能伪造这一过程。

2. 数字签名与手书签名的区别

数字签名与手书签名的区别在于，手书签名是一种图像，属于模拟信息，且因人而异。而数字签名是由 0 和 1 组成的数字串，因消息而异。数字签名与消息认证的区别在于，消息认证使接收方能验证消息发送者及所发消息内容是否被篡改过。当收、发者之间没有利害冲突时，这对于防止第三者的破坏来说是足够了。但当接收方和发送方之间有利害冲突时，单纯用消息认证技术就无法解决他们之间的纠纷，此时需借助满足前述要求的数字签名技术。

为了实现签名目的，发送方须向接收方提供足够的非保密信息，以便使其能验证消息的签名。但又不能泄漏用于产生签名的机密信息，以防止他人伪造签名。因此，签名者和证实者可共用的信息不能太多。任何一种产生签名的算法或函数都应当提供这两种信息，而且从公开的信息很难推测用于产生签名的机密信息。再有，任何一种数字签名的实现都有赖于精心设计的通信协议。

3. 数字签名的分类

数字签名有两种：一种是对整体消息的签名，它是消息经过密码变换的被签消息整体；

一种是对压缩消息的签名，它是附加在被签名消息之后或某一特定位置上的一段签名图样。若按明、密文的对应关系划分，每一种又可分为两个子类：一类是确定性数字签名，其明文与密文一一对应，它对一特定消息的签名不变化，如 RSA、拉宾等数字签名；另一类是随机化的或概率式数字签名，它对同一消息的签名是随机变化的，取决于签名算法中的随机参数的取值。一个明文可能有多个合法数字签名，如厄格玛尔等签名。

一个签名体制一般包含两个组成部分，即签名算法和验证算法。对 M 的签名可简记为 $Sig(M)=S$，而对 S 的证实简记为 $Ver(S)=\{真,伪\}=\{0,1\}$。签名算法或签名密钥是秘密的，只有签名人知道。证实算法应当公开，以便让他人进行验证。

一个签名体制可由量 (M,S,K,V) 表示。其中，M 是明文空间；S 是签名的集合；K 是密钥空间；V 是证实函数的值域（由真、伪组成）。

对于每一个 $k\in K$，有一签名算法，易于计算 $s=Sig_k(m)\in S$。利用公开的证实算法：

$$Ver_k(s,m)\in\{真,伪\}$$

可以验证签名的真伪。

签名算法对每一 $m\in K$，有签名 $Sig_k(m)\in S$ 为 $M\to S$ 的映射。易于证实 S 是否为 M 的签名

$$Ver_k(s,m)=\begin{cases}真，当 Sig_k(s,m) \ 满足验证方程\\伪，当 Sig_k(s,m) \ 不满足验证方程\end{cases}$$

体制的安全性在于，从 m 和其签名 s 难于推出 k，或伪造一个 m'，使 $Sig_k(s,m')$ 满足验证方程。

消息签名与消息加密有所不同。消息加密和解密可能是一次性的，它要求在解密之前是安全的；而一个签名的消息可能作为一个法律上的文件（如合同等），很可能在对消息签署多年之后才验证其签名，且可能需要多次验证此签名。因此，签名对安全性和防伪造的要求会更高，且要求证实速度比签名速度要快一些，特别是联机在线时进行实时验证。

4. 数字签名的使用

随着计算机网络的发展，过去依赖于手书签名的各种业务都可用这种电子化的数字签名代替，它是实现电子贸易、电子支票、电子货币、电子出版及知识产权保护等系统安全的重要保证。数字签名对人们如何共享和处理网络信息以及事务处理产生巨大的影响。

例如，在大多数合法系统中对大多数合法的文档来说，文档所有者必须给文档附上一个时间标签，指明文档签名对文档进行处理和文档有效的时间和日期。在用数字签名对文档进行标识之前，用户可以很容易地利用电子形式为文档附上电子时间标签。因为数字签名可以保证这一日期和时间标签的准确性和证实文档的真实性，数字签名还提供了一个额外的功能，即它提供了一种接收者可以证明确实是发送者发送了这一消息的方法。

使用电子汇款系统的人也可以利用电子签名。例如，假设有一个人要发送从一个账户到另一个账户转存 10000 美元的消息，如果这一消息通过一个未加保护的网络，那么"黑客"就能改变资金的数量从而改变了这一消息。但是，如果发送者对这一消息进行数字签名，由于接收系统核实出错误，从而识别出对此消息的任何改动。

大范围的商业应用要求变更手书签名方式时，可以使用数字签名。其中一例便是电子数据变换（EDI）。EDI 是商业文档消息的机对机交换机制。美国联邦政府用 EDI 技术来为消费者购物提供服务。在 EDI 文档里，数字签名取代了手写签名，利用 EDI 和数字签名，只

需通过网络媒介即可进行买卖并完成合同的签订。

数字签名的使用已延伸到保护数据库的应用中。一个数据库管理员可以配置一套系统，它要求输入信息到数据库的任何人在数据库接收之前必须数字化标识该消息。为了保证真实性，系统也要求用户对消息所做的任何修改加以标识。在一个用户查看已被标识过的消息之前，系统将核实创建者或编辑者在数据库消息中的签名。如果签名核实结果正确，用户就能确认这些消息没有被未经授权的第三者改变。

7.2 散列函数

散列函数又称哈希（Hash）函数、杂凑函数，就是把任意长度的消息 M，通过函数 H，将其变换为一个固定长度的散列值 h：$h = H(M)$。其运算结果就像是数字指纹，即用一小段数据来识别大的数据对象。

散列函数的应用非常广泛，它是认证理论和数字签名应用中的重要工具，是安全协议中的重要模块。由于散列函数应用的多样性和其本身的特点，它有很多不同的名字，其含义也有所差别，如压缩（Compression）函数、紧缩（Contraction）函数、数据认证码（Data Authentication Code）、消息摘要或报文消息摘要（Message Digest）、数据指纹、数据完整性校验（Data Integrity Check）、密码校验和（Cryptographic Check Sum）、消息认证码（Massage Authentication Code，MAC）、窜改检验码（Message Detection Code，MDC）等。

密码学中使用的散列函数必须满足安全性的要求，要能防伪造、抗击各种类型的攻击。散列函数常遇到的攻击方法有生日攻击、中途相遇攻击和穷举攻击等。

7.2.1 单向散列函数

定义 7-2-1 若散列函数 H 为单向函数，则称其为单向散列函数。

单向散列函数是建立在压缩函数基础之上的：给出一个输入为 n 位长的消息，得到一个较短的散列值，但是它不要求恢复消息本身。

1. 单向散列函数的性质

1）函数 H 适用于任何大小的数据分组。

2）函数 H 产生固定长度的输出。

3）对于任何数据 M，计算 $H(M)$ 是容易的。

4）对于任何给定的散列值 h，要计算出使 $H(M) = h$ 的 M，这在计算上是不可行的。

5）对于任意给定的数据 x，要计算出另外一个数据 y 使 $H(x) = H(y)$，这在计算上是不可行的。

6）要寻找任何一对数据 (x, y)，使 $H(x) = H(y)$，这在计算上是不可行的。

其中，前三个性质是散列函数用于数据鉴别的基本要求；性质 4）是单向函数的性质；性质 5）是弱单向散列函数的性质，也称为弱抗冲突（Weak Collision Resistance），是在给定 M 下，考察与特定 M 的无碰撞性；性质 6）是强单向散列函数的性质，也称为强抗冲突（Strong Collision Resistance），是考察输入集中的任意两个元素的无碰撞性。

2. 对构造散列函数的建议

1）目前，散列值长度为 160bit 或更高。大多数散列值长度为 128bit。NIST 推荐使用

160bit 的 SHA，而较短的 64bit 的散列函数对付生日攻击的强度不足。

2）散列值中规定消息长度对安全性有影响。例如，MD5 等就是如此。该技术称为 MD 强化技术（MD Strengthening），是由默克尔和达姆加德（Damgard）提出的。

3）如果散列函数是基于某个压缩算法或加密算法，则要求该基础算法必须是安全的。如果该基础算法不安全，则该散列函数也是不安全的。

7. 2. 2 散列函数的一般结构

散列函数是建立在压缩函数的基础之上的，通过对消息分组的反复迭代压缩，生成一个固定长度的散列值。一般，迭代的最后一个分组含有消息的长度，从而在散列值中引入消息长度的影响。

下面介绍的是由默克尔提出的散列函数结构，如图 7-1 所示。

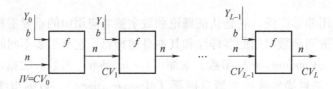

图 7-1 散列函数总体结构

图中，IV 为初始向量；CV_i 为链接变量；Y_i 为第 i 个输入分组；f 为压缩函数；L 为输入分组数；n 为散列值长度；b 为输入分组长度。

此种结构符合大多数散列函数的结构，如 MD5、SHA-1、RIPEMD-160 等。它接受一个消息，并把消息分为 L 个分组，每个分组的长度为 $b$bit。若最后一个分组的长度不足 $b$bit，可以将其填充为 $b$bit 长，并且在该分组中包含消息的总长度。由上面的叙述可知，添加消息的总长度值可以提高散列函数的安全强度。

由图 7-1 可知，散列函数重复使用相同的压缩函数 f 处理分组。压缩函数 f 有两个输入：一个是 $b$bit 的分组数据 Y_i；另一个是前一步的 $n$bit 输出，称为链接变量。在算法开始时，链接变量是一个初始化向量 IV，以后的链接变量就是散列值。一般情况是 $b>n$。

可以把该散列函数总结如下：

$$CV_0 = IV = 初始 n 的比特值$$
$$CV_i = f(CV_{i-1}, Y_{i-1}), 1 \leqslant i \leqslant L$$
$$H(M) = CV_L$$

其中，散列函数的输出是 CV_L；输入是消息 M 的分组 $Y_0, Y_1, \cdots, Y_{L-1}$。

如果压缩函数是抗冲突的，那么迭代函数的合成值也是抗冲突的，即该散列函数也是抗冲突的。因此，设计安全的散列函数的关键就是设计安全的、抗冲突的压缩函数。散列函数的密码分析重点在于压缩函数 f 的内部结构，并基于这种尝试来寻找对 f 单次运算后就能产生冲突的高效技术。

7. 2. 3 应用散列函数的基本方式

在许多信息安全系统中，通常把散列函数、加密以及数字签名结合起来使用，实现系统的有效、安全、保密与认证，其基本方式如图 7-2 所示。

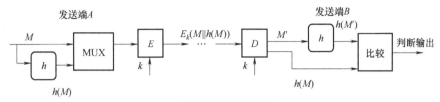

a) 提供保密和认证功能

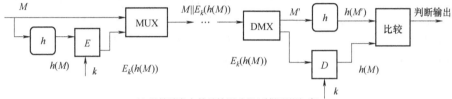

b) 提供消息完整性认证功能(对散列值加密)

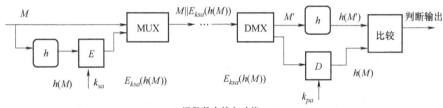

c) 提供数字签名功能

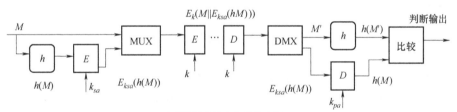

d) 提供数字签名和保密功能

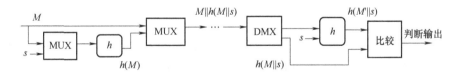

e) 提供消息完整性认证功能(增加共享的秘密值)

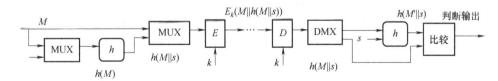

f) 提供消息完整性认证和保密功能

图 7-2　应用散列函数的基本方式

149

图 7-2a 所示的方式：发送端 A 将消息与散列值 $h(M)$ 链接，以单密钥体制加密后，发送给接收端 B。B 收到信息后，用共享密钥 k 解密，后分解出 M' 和散列值 $h(M)$，然后利用 M' 计算出散列值 $h(M')$，并通过对 $h(M)$ 和 $h(M')$ 比较完成对消息 M 的完整性认证。该方式同时提供了保密和认证。

图 7-2b 所示的方式：消息 M 不保密，只对消息的散列值 $h(M)$ 进行加解密变换。该方式只提供消息完整性认证。

图 7-2c 所示的方式：该方式在数字签名中被普遍应用。它提供了消息完整性保护和数字签名，常称为签名-散列方案。发送端 A 采用公钥密码体制，用自己的私钥 k_{sa} 对消息的散列值加密得到 $E_{ksa}(h(M))$，也就是对消息 M 进行签名。然后，与消息 M 链接发送给接收端。接收端 B 收到信息后，用 A 的公钥 k_{pa} 对 $E_{ksa}(h(M))$ 解密得到 $h(M)$。然后，利用 M' 计算出散列值 $h(M')$，并通过对 $h(M)$ 和 $h(M')$ 比较完成对消息 M 的认证，实现数字签名的功能。

图 7-2d 所示的方式：该方式就是在方式 c 的基础上加了单密钥加密保护，该方式增加了对消息 M 的保密功能。

图 7-2e 所示的方式：该方式是在散列运算中添加了通信双方共享的秘密值 s，这样增加了对手攻击的困难性。该方案仅提供了对消息完整性的认证。

图 7-2f 所示的方式：该方式是在方式 e 的基础上加了单密钥加密保护，实现了保密和消息完整性认证的功能。

在上述方案中，散列值都是由明文计算得到的，这样处理在实际应用中比较方便。

7.2.4　MD5 算法

MD5 算法是由李维斯特提出的，是 MD4 算法的改进形式。

1. 算法步骤

MD5 算法的步骤如下（如图 7-3 所示）：

1）对明文输入按 512bit 分组，最后要填充使其成为 512bit 的整数倍，且最后一组的后 64bit 用来表示消息长在 mod 2^{64} 下的值 K，所以填充位数为 1~512bit（填充比特串的最高位为 1，其余各位均为 0）。经扩展后的明文表示成 512bit 的分组序列 $Y_0, Y_1, \cdots, Y_{L-1}$，因此扩展后的明文长度等于 $L \times 512$bit。

2）每轮输出为 128bit，可用 A、B、C、D（每个 32bit）表示。其初始存数以十六进制表示为：$A = 01234567$、$B = 89ABCDEF$、$C = FEDCBA98$、$D = 76543210$。

3）HMD5 运算。对 512bit（16 字）分组进行运算。Y_q 表示输入的第 q 组 512bit 数据，在各轮中参加运算；$T[1, \cdots, 64]$ 为 64 个元素表，分 4 组参与不同的运算。$T[i]$ 为 $2^{23} \times abs[\sin i]$ 的整数部分，i 是弧度，$T[i]$ 可以用 32bit 二进制元素表示；$T[i]$ 是 32bit 随机数源，表 7-1 给出了 $T[i]$ 的所有值。

其中

$$MD_0 = IV \text{（ABCD 缓存器的初始矢量）}$$

$$MD_{q+1} = MD_q + f_1(Y_q, f_H(Y_q, f_G(Y_q, f_F(Y_q, MD_q))))$$

$$MD = MD_{L-1} \text{（最终的散列值）}$$

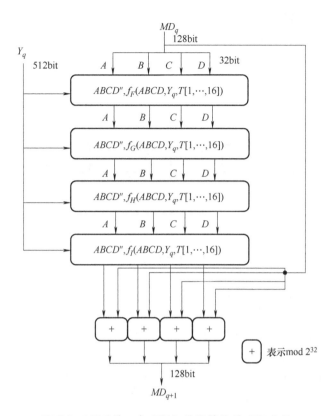

图 7-3 MD5 的一个 512bit 分组的处理（HMD5）

151

表示 mod 2^{32}

表 7-1 由正弦函数构造的 T 值表

$T[1] = D76AA478$	$T[17] = F61E2562$	$T[33] = FFFA3942$	$T[49] = F4292244$
$T[2] = E8C7B756$	$T[18] = C040B340$	$T[34] = 8771F681$	$T[50] = 432AFF97$
$T[3] = 242070DB$	$T[19] = 265E5A51$	$T[35] = 699D6122$	$T[51] = AB9423A7$
$T[4] = C1BDCEEE$	$T[20] = E9B6C7AA$	$T[36] = FDE5380C$	$T[52] = FC93A039$
$T[5] = F57C0FAF$	$T[21] = D62F105D$	$T[37] = A4BEEA44$	$T[53] = 655B59C3$
$T[6] = 4787C62A$	$T[22] = 02441453$	$T[38] = 4BDECFA9$	$T[54] = 8F0CCC92$
$T[7] = A8304613$	$T[23] = D8A1E681$	$T[39] = F6BB4B60$	$T[55] = FFEFF47D$
$T[8] = FD469501$	$T[24] = E7D3FBC8$	$T[40] = BEBFBC70$	$T[56] = 85845DD1$
$T[9] = 698098D8$	$T[25] = 21E1CDE6$	$T[41] = 289B7EC6$	$T[57] = 6FA87E4F$
$T[10] = 8B44F7AF$	$T[26] = C33707D6$	$T[42] = EAA127FA$	$T[58] = FE2CE6EO$
$T[11] = FFFF5BB1$	$T[27] = F4D50D87$	$T[43] = D4EF3085$	$T[59] = A3014314$
$T[12] = 895CD7BE$	$T[28] = 455A14ED$	$T[44] = 04881D05$	$T[60] = 4E0811A1$
$T[13] = 6B901122$	$T[29] = A9E3E905$	$T[45] = D9D4D039$	$T[61] = F7537E82$
$T[14] = FD987193$	$T[30] = FCEFA3F8$	$T[46] = E6DB99E5$	$T[62] = BD3AF235$
$T[15] = A679438E$	$T[31] = 676F02D9$	$T[47] = 1FA27CF8$	$T[63] = 2AD7D2BB$
$T[16] = 49B40821$	$T[32] = 8D2A4C8A$	$T[48] = C4AC5665$	$T[64] = EB86D391$

MD5 是 4 轮运算，各轮逻辑函数不同。每轮都要进行 16 步迭代运算，4 轮共需要 64 步完成。每步的完成如图 7-4 所示。

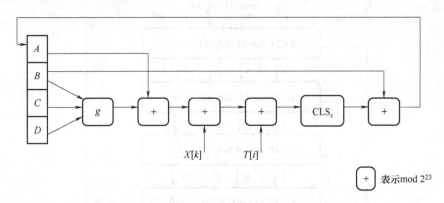

图 7-4　MD5 的基本运算

由图 7-4 可得 MD5 的基本运算：

$$A \leftarrow B + CLS_s(A + g(B,C,D) + X[k] + T[i])$$

式中，A、B、C、D 为缓存器中的四个字，按特定次序变化；g 为基本逻辑函数 F、G、H、I 之一，算法的每一轮用其中一种函数；CLS_s 表示 32bit 存数循环左移 s 位；$X[k]$ 表示消息的第 q 个 512bit 分组的第 k 个字（32bit）；$T[i]$ 表示元素表 T 中的第 i 个字（32bit）。

各轮的逻辑函数见表 7-2。其中，逻辑函数的真值表见表 7-3。每个输入的字（32bit）被采用 4 次，每轮使用 1 次，而元素表 T 中的每个元素只用 1 次。每次，A、B、C、D 中只有 4Byte 更新，共更新 16 次，在最后第 17 次产生此组的最后输出。

表 7-2　各轮的逻辑函数

轮	基本函数 g	$g(B,C,D)$
f_F	$F(B,C,D)$	$(B \cdot C) \vee (\bar{B} \cdot D)$
f_G	$G(B,C,D)$	$(B \cdot D) \vee (C \cdot \bar{D})$
f_H	$H(B,C,D)$	$B \oplus C \oplus D$
f_I	$I(B,C,D)$	$C \oplus (B \cdot \bar{D})$

表 7-3　逻辑函数的真值表

B	C	D	F	G	H	I
0	0	0	0	0	0	1
0	0	1	1	0	1	0
0	1	0	0	1	1	0
0	1	1	1	0	0	1
1	0	0	0	0	1	1
1	0	1	0	1	0	1
1	1	0	1	1	0	0
1	1	1	1	1	1	0

2. MD4 与 MD5 算法的差别

MD5 比 MD4 复杂，并且运算速度比较慢，但安全性较高。两者差别如下：

1）MD4 三轮，每轮 16 步；MD5 四轮，每轮 16 步。

2）MD4 第一轮中不用加常数，第二轮中的每一步用同一个加常数，另外一个加常数用于第三轮中的每一步。MD5 在 64 步中都用不同的加常数 $M[i]$。

3）MD5 采用四个基本逻辑函数，每轮一个；MD4 采用三个基本逻辑函数，每轮一个。

4）MD5 每一步都与前一步的结果相加，可以加快雪崩；MD4 没有 MD5 的这类最后一次相加运算。

3. MD5 的安全性

MD5 是一个在国内外有着广泛应用的散列函数，它曾一度被认为是非常安全的。然而在 2004 年，已被王小云等人破译，他们的方法可以找到 MD5 的"碰撞"，两个文件可以产生相同的"指纹"。这意味着，用户在网络上使用电子签名签署一份合同后，还可能找到另外一份具有相同签名但内容迥异的合同，对这样两份合同的真伪性无从辨别。MD5 算法的碰撞严重威胁信息系统安全，这一发现使目前电子签名的法律效力和技术体系受到挑战。

7.2.5 安全散列算法

安全散列算法（Secure Hash Algorithm，SHA）是由美国 NIST 和 NSA 设计的一种标准算法，用于数字签名标准算法 DSS，也可以用于其他需要用 Hash 算法的情况。SHA 作为联邦信息处理标准（FIPS PUB 180）在 1993 年公布；1995 年又发布了一个修订版 FIPS PUB 180-1，通常称之为 SHA-1。SHA 的基本框架与 MD4 算法类似。

输入消息长度小于 2^{64} 位，输出压缩值为 160 位，而后送给 DSA 计算此消息的签名。这种对消息 Hash 值的签名要比直接对消息进行签名的效率更高。计算接收消息的 Hash 值，并与收到的 Hash 值的签名证实值（即解密后得到的 Hash 值）相比较进行验证。伪造一个消息，其 Hash 值与给定的 Hash 值相同在计算上是不可行的，找到两个不同消息具有相同的 Hash 值在计算上也是不可行的。消息的任何改变将以高概率得到不同的 Hash 值，从而可以验证签名失败。

1. 算法步骤

消息经填充变成 512bit 的整数倍。填充先加"1"后面跟有许多"0"，并且最后 64bit 表示填充前消息长度（故填充值为 1~512bit）。用 5 个 32bit 变量 A、B、C、D、E 作为初始值（以十六进制表示）：$A = 67452301$，$B = EFCDAB89$，$C = 98BADCFE$，$D = 10325476$，$E = C3D2E1F0$。

消息 $Y_0, Y_1, \cdots, Y_L$ 为 512bit 分组，每组有 16 个字（每个字 32bit），每送入 512bit，先将 $A, B, C, D, E \Rightarrow AA, BB, CC, DD, EE$，进行四轮迭代，每轮完成 20 个运算，每个运算对 A、B、C、D、E 中的三个进行非线性运算，然后做移位运算（类似于 MD5），运算如图 7-5 所示。每循环使用一个额外的常数值 K_i，其中 $0 \leqslant t \leqslant 79$ 说明四循环 80 步中的一步。这些值用十六进制和十进制表示见表 7-4。

表 7-4　每个循环中的常数值

步　　数	十 六 进 制	取整数部分
$0 \leqslant t \leqslant 19$	$K_t = 5A827999$	$\lfloor 2^{30} \times \sqrt{2} \rfloor$
$20 \leqslant t \leqslant 39$	$K_t = 6ED9EBA1$	$\lfloor 2^{30} \times \sqrt{3} \rfloor$

步　数	十六进制	取整数部分
$40 \leqslant t \leqslant 59$	$K_t = \text{8F1BBCDC}$	$\lfloor 2^{30} \times \sqrt{5} \rfloor$
$60 \leqslant t \leqslant 79$	$K_t = \text{CA62C1D6}$	$\lfloor 2^{30} \times \sqrt{10} \rfloor$

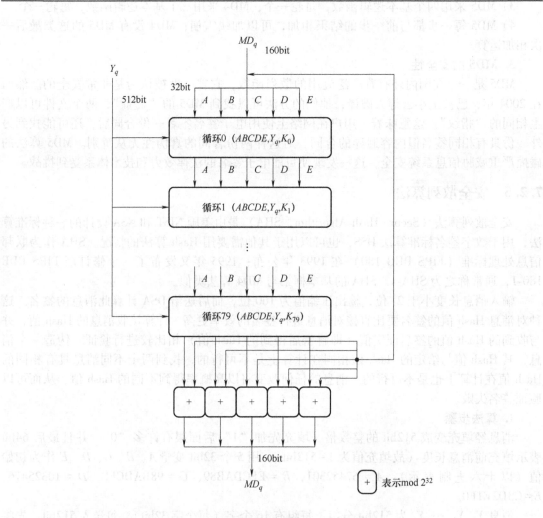

图 7-5　单个 512bit 分组的 SHA-1 处理过程

各轮中的基本运算见表 7-5。

表 7-5　各轮的基本运算

轮数	$f_t(B,C,D)$	轮数	$f_t(B,C,D)$
$0 \leqslant t \leqslant 19$	$(B \cdot C) \vee (\bar{B} \cdot D)$	$40 \leqslant t \leqslant 59$	$(B \cdot C) \vee (B \cdot D) \vee (C \cdot D)$
$20 \leqslant t \leqslant 39$	$B \oplus C \oplus D$	$60 \leqslant t \leqslant 79$	$B \oplus C \oplus D$

SHA 的基本运算过程如图 7-6 所示。每轮的基本运算如下：

$$A,B,C,D,E \leftarrow (\mathrm{CLS}_5(A) + f_t(B,C,D) + E + W_t + K_t), A, \mathrm{CLS}_{30}(B), C, D$$

其中，A、B、C、D、E 为 5 个 32bit 存储单元；t 为轮数，$0 \leqslant t \leqslant 79$；$f_t$ 为基本逻辑函数（见表 7-5）；CLS_s 表示左循环移位 s 位；W_t 由当前输入导出，是一个 32bit 的字；$+$ 表示 mod 2^{32} 加；$W_t = M_t$（输入的相应消息字）（$0 \leqslant t \leqslant 15$），$W_t = M_{t-3}$ XOR M_{t-8} XOR M_{t-14} XOR M_{t-16}（$16 \leqslant t \leqslant 79$）。

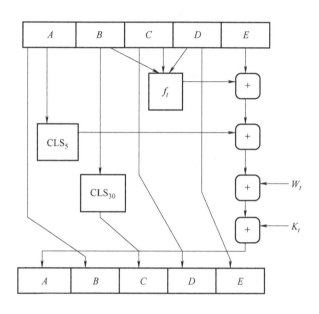

图 7-6 SHA 的基本运算过程

从输入的 16 个字（每个字 32bit）变换处理所需的 80 个字（每个字 32bit），方法如图 7-7 所示。

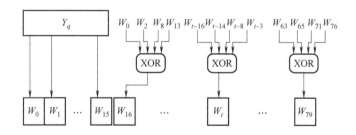

图 7-7 SHA 处理一个输入组时产生的 80 个字

$$MD_0 = IV(ABCD \text{ 缓存器的初始值})$$

$$MD_{q+1} = \mathrm{SUM}_{32}(MD_q, ABCDE_q) \bmod 2^{32}$$

式中，$ABCDE_q$ 是上一轮第 q 消息组处理输出的结果；SUM_{32} 是对输入按字分别进行的 mod 2^{32} 加。

$MD=MD_{L-1}$（L 是消息填充后的总组数，MD 是最后得到的散列值）

2. SHA 与 MD5 的比较

由于二者均由 MD4 导出，SHA 和 MD5 彼此很相似。相应地，它们的强度和其他特性也是相似的。因此，可以从下面几个方面对二者进行比较：

1）对强行攻击的安全性：最显著和最重要的区别是 SHA 的摘要比 MD5 的摘要长 32bit。使用强行技术，产生任何一个报文使其摘要等于给定报文摘要的难度对于 MD5 来说是 2^{128} 数量级的操作，而对于 SHA 来说则是 2^{160} 数量级的操作。另外，使用强行技术产生具有相同报文摘要的两个报文，其难度对于 MD5 来说是 2^{64} 数量级的操作，而对于 SHA 来说则是 2^{80} 数量级的操作。因此，SHA 对强行攻击有更大的强度。

2）对密码分析的安全性：正如前面所讨论的，MD5 的设计容易受到密码分析的攻击；SHA 则不易受这样的攻击，由于有关 SHA 的设计标准几乎没有公开，因此很难判断它的强度。

3）速度：由于两个算法在很大强度上均依赖于模 2^{32} 的加法，因此二者在 32bit 结构的机器上速度都很好。SHA 要处理 160bit 的缓存，相比之下 MD5 仅处理 128bit 的缓存。因此，在相同的硬件上，SHA 的运行速度比 MD5 慢。

4）简单性和紧凑性：两个算法均描述简单、易于实现，并且不需要冗长的程序或很大的替换表。

7.3 RSA 签名体制

1. 体制参数

令 $n=p_1p_2$，p_1 和 p_2 是大素数；消息空间为 Z_n；签名结果的值空间为 Z_n；随机挑选 e，满足并计算出 d，使 $ed=1\bmod \varphi(n)$。公开 n 和 e，将 p_1、p_2 和 d 保密。

2. 签名过程

1）计算消息的散列值 $H(M)$。

2）用私钥 (d,n) 加密散列值：$s=(H(M))^d\bmod n$。签名结果就是 s。

3）发送消息和签名 (M,s)。

如果消息 M 很短时，可以直接对 M 用私钥加密，可以表示为

$$s=Sig(M)=M^d\bmod n$$

3. 验证过程

接收方收到 (M,s) 后，按照以下步骤验证签名的有效性。

1）取得发送方的公钥 (e,n)。

2）解密签名 s：$h=s^e\bmod n$。

3）计算消息的散列值 $H(M)$。

4）比较，如果 $h=H(M)$，表示签名有效；否则，签名无效。

如果消息 M 很短时，可以直接对 M 用公钥解密以验证签名的有效性，可以表示为

$$Ver(M,s)=真\Leftrightarrow M=s^e\bmod n$$

在对短消息进行 RSA 签名的实际系统中，建议不要直接使用私钥加密的方式。

4. 安全性

由于只有签名者知道 d，由 RSA 签名体制可知，其他人不能伪造签名，但容易证实所给任意 (M, s) 对是否是消息 M 和相应的签名所构成的合法对。RSA 体制的安全性依赖于 $n = p_1 p_2$ 分解的困难性。

7.4　厄格玛尔签名体制

该体制由厄格玛尔在 1985 年给出，其修正形式已被美国 NIST 作为数字签名标准（DSS），它是拉宾体制的一种变形。此体制专门为签名而设计，方案的安全性基于求解离散对数的困难性。可以看出，它是一种非确定性的公钥体制，即对同一明文消息，由于随机参数选择的不同而有不同的签名。

1. 体制参数

p：一个大素数，可使 Z_p 中求解离散对数为困难问题；

g：是 Z_p 中乘群 Z_p^* 的一个生成元或本原元素；

M：消息空间为 Z_p^*；

S：签名空间为 $Z_p^* \times Z_{p-1}$；

x：用户密钥 $x \in Z_p^*$，公钥为 $y = g^x \bmod p$；

安全参数：$k = (p, g, x, y)$，其中 p、g、y 为公钥，x 为私钥。

2. 签名过程

给定消息 M，发送端用户进行以下工作：

1）选择秘密随机数 $k \in Z_p^*$。

2）计算 $H(M)$，并计算

$$r = g^k \bmod p$$

$$s = (H(M) - xr) k^{-1} \bmod (p-1)$$

3）将 $Sig(M, k) = (M, r, s)$ 作为签名，将 (M, r, s) 送给对方。

3. 验证过程

收信人收到 (M, r, s)，先计算 $H(M)$，并按下式验证签名：

$$y^r r^s = g^{H(M)} \bmod p$$

证明：因为 $y^r r^s = g^{rx} g^{sk} = g^{(rx+sk)} \bmod p$，由上式有 $(rx + sk) = H(M) \bmod (p-1)$，所以，有 $y^r r^s = g^{H(M)} \bmod p$。

在此方案中，对同一消息 M，由于随机数 k 不同而有不同的签名值 (M, r, s)。

4. 厄格玛尔签名体制的变形

厄格玛尔数字签名体制有很多种变体。将签名过程中的等式

$$s = (H(M) - xr) k^{-1} \bmod (p-1)$$

修改为

$$u = xv + kw \bmod (p-1)（称为签名方程）$$

式中，如果 $u = H(M)$，$v = r$，$w = s$，那么签名方程就是厄格玛尔签名过程中使用的等式。

如果把 u、v、w 分别对应不同次序的 $H(M)$、r、s，就可以得到其他的厄格玛尔数字签

名变体体制。表7-6列举了6种不同的变形。

表7-6　厄格玛尔签名体制的变形方程

序号	u	v	w	签名方程	认证等式
1	$H(M)$	r	s	$H(M)=xr+ks \bmod (p-1)$	$g^{H(M)}=(g^x)^r r^s \bmod p$
2	$H(M)$	s	r	$H(M)=xs+kr \bmod (p-1)$	$g^{H(M)}=(g^x)^s r^r \bmod p$
3	s	r	$H(M)$	$s=xr+kH(M) \bmod (p-1)$	$g^s=(g^x)^r r^{H(M)} \bmod p$
4	s	$H(M)$	r	$s=x H(M)+kr \bmod (p-1)$	$g^s=(g^x)^{H(M)} r^r \bmod p$
5	r	s	$H(M)$	$r=xs+kH(M) \bmod (p-1)$	$g^r=(g^x)^s r^{H(M)} \bmod p$
6	r	$H(M)$	s	$r=x H(M)+ks \bmod (p-1)$	$g^r=(g^x)^{H(M)} r^s \bmod p$

5. 厄格玛尔签名体制的安全性

（1）不知道明文密文对的攻击　由于攻击者不知道用户私钥 x，所以要伪造用户的签名，需要先选定一个 r（或 s），然后试验求取另一个值 s（或 r）。这都属于求解离散对数问题，需要计算 $\log_r g^x s^{-r}$。

（2）已知明文密文对的攻击　攻击者知道 (r,s) 是消息 M 的合法签名。那么，攻击者可以选择整数 h、i、j，满足 $h \geqslant 0, i,j \leqslant p-2$，$\gcd(hr-js,p-1)=1$。攻击者可以计算

$$r'=r^h y^i \bmod p$$

$$s'=s\lambda(hr-js)^{-1}\bmod(p-1)$$

$$M'=\lambda(hM+is)(hr-js)^{-1}\bmod(p-1)$$

那么，M' 的合法签字就是 (r',s')。但是，消息 M' 的内容攻击者是不能被预先确定的，所以，M' 对攻击者是没有利益的。

如果攻击者要预先确定消息 M'，并得到该消息的合法签名，他还是要解决离散对数问题。

如果攻击者知道了两个消息 M_1 和 M_2，及其相应的签字 (r_1,s_1)、(r_2,s_2)，并且这两次签名都是适用的同一个随机数 k，那么

$$M_1=s_1 k+xr_1 \bmod(p-1)$$

$$M_2=s_2 k+xr_2 \bmod(p-1)$$

那么，攻击者可以求解出用户的私钥 x。

所以在签名过程中，要求使用随机数，同时使用的随机数 k 不能泄露，否则攻击者还是有可能求解出用户的私钥参数 x。

7.5　施诺尔签名体制

施诺尔签名体制是厄格玛尔签名体制的一个比较著名的变形，是施诺尔于1989年提出的。

1. 体制参数

p、q：是大素数。$p \mid (p-1)$，q 是位数大于或等于160bit的整数，p 是位数大于或等于

152bit 的整数，以确保在 Z_p 中求解离散对数的困难性；

g：$g \in Z_p^*$，且 $g^q = 1 \bmod p$；

x：用户的私钥，$1 < x < q$；

y：用户的公钥，且 $y = g^x \bmod p$；

M：消息空间为 Z_p^*；

S：签名空间为 $Z_p^* \times Z_q$。

2. 签名过程

需要签名的消息为 M，那么签名的过程如下：

1）选择秘密随机数 $k \in Z_p^*$。

2）分别计算 r、e、s：

$$r = g^k \bmod p$$

$$e = H(r \| M)$$

$$s = k + xe \bmod q$$

3）将 $Sig(M,k) = (M,s,e)$ 作为签名，将 (M,s,e) 送给对方。

3. 验证过程

接收方收到 (M,s,e) 后，可以按照下面的步骤进行验证：

1）分别计算 r' 和 e'：

$$r' = g^s y^{-e} \bmod p$$

$$e' = H(r' \| M)$$

2）比较 e 与 e'：如果 $e = e'$，则表示签名有效；否则，签名无效。

证明：因为

$$r' = g^s y^{-e} = g^s (g^x)^{-e} = g^{s-xe} = g^k \bmod p = r$$

所以，当签名合法时，上面的等式过程才会成立。

4. 施诺尔签名与厄格玛尔签名的区别

1）在厄格玛尔签名体制中，g 为 Z_p 的本原元素；而在施诺尔签名体制中，g 为 Z_p^* 中子集 Z_p^* 的本原元素，它不是 Z_p^* 的本原元素。显然，厄格玛尔的安全性要高于施诺尔。

2）施诺尔的签名结果较短，其长度是由 $|q|$ 和 $|H(M)|$ 确定的。

3）在施诺尔签名体制中，$r = g^k \bmod p$ 可以预先计算，因为使用的随机数 k 与要签名的消息 M 无关，所以可以在 M 到来之前先计算出 r，当消息 M 到来时，仅需要一次模运算和乘法与加法运算就可以完成签名。而厄格玛尔需要一次模运算和加法、两次乘法运算。利用计算量小和速度快的优点，所以可以将施诺尔用于灵巧卡等受限的环境。

7.6 DSS

数字签名标准（Digital Signature Standard，DSS）由美国国家标准技术研究所（NIST）于 1991 年 8 月提出，于 1994 年底正式成为美国联邦信息处理标准（FIPS PUB186），该标准使用的算法简称为数字签名算法（Digital Signature Algorithm，DSA）。DSA 数字签名算法是厄格玛尔、施诺尔等数字签名算法的变体，由克拉维茨（D. W. Kravitz）设计，其安全性基于离散对数问题。

7.6.1 体制描述

1. 体制参数

p：是一个大的素数，$2^{L-1}<p<2^L$（$512 \leq L \leq 1024$，且 L 是 64 的倍数）；

q：是（$p-1$）的素因子，并且其字长为 160bit，即 $2^{159}<q<2^{160}$；

g：$g=h^{(p-1)/q} \bmod p$，其中 h 是一个整数，$1<h<(p-1)$，且要求 $h^{(p-1)/q} \bmod p>1$；

x：用户私钥，$0<x<q$；

y：用户公钥，$y=g^x \bmod p$；

M：消息空间为 Z_p^*；

S：签名空间为 $Z_q \times Z_q$。

2. 签名过程

对消息 M 签名的过程如下：

1）生成随机数 k（$0<k<q$）。

2）计算：

$$r=(g^k \bmod p) \bmod q$$
$$s=(k^{-1}(H(M)+xr)) \bmod p$$

对消息 M 的签名结果就是（r,s），将其发送给接收者。

3. 验证过程

接收者在收到对消息 M 的签名（r,s）后，按下面的步骤验证签名的有效性：

1）计算：

$$w=s^{-1} \bmod q$$
$$u_1=(H(M)w) \bmod q$$
$$u_2=(rw) \bmod q$$
$$v=((g^{u_1}y^{u_2}) \bmod p) \bmod q$$

2）比较 r 和 v：如果 $r=v$，表示签名有效；否则，签名无效。

证明：

$$v = ((g^{u_1}y^{u_2}) \bmod p) \bmod q$$
$$= ((g^{(H(M)w) \bmod q}y^{(rw) \bmod q}) \bmod p) \bmod q$$
$$= ((g^{(H(M)w) \bmod q}g^{(xrw) \bmod q}) \bmod p) \bmod q$$
$$= ((g^{(H(M)w) \bmod q+(xrw) \bmod q}) \bmod p) \bmod q$$
$$= ((g^{(H(M)w)+xrw) \bmod q}) \bmod p) \bmod q$$
$$= ((g^{(H(M)+xr)w \bmod q}) \bmod p) \bmod q$$
$$= (g^k \bmod p) \bmod q$$
$$= r$$

4. DSA 素数的产生

有研究者指出，DSA 签名算法中，有一些特殊的模数 p、q，攻击者可以较容易地破解。但是在实际产生的大素数中，遇到这些特殊模数的概率很小。对于 DSA 算法中的素数，美国国家标准技术研究所在 DSS 中推荐了一种产生素数 p、q 的方法。

在 DSA 算法中：p 是位数为 Lbit 的素数，其中 $512 \leqslant L \leqslant 1024$；$q$ 是（$p-1$）的素因子，q 的位数为 160bit。设 $L-1 = 160 \times n + b$（$0 < b < 160$）。

1）选取一个至少 160bit 的任意序列，称之为 S。设 g 是 S 的位长度。

2）计算 $U = \text{SHA}(S) \oplus \text{SHA}((S+1) \bmod 2^g)$。其中，SHA 是安全的散列算法。

3）将 U 的最高位和最低位置 1，形成 q。

4）检查 q 是否是素数。

5）如果 q 不是素数，返回第 1）步。

6）设 $C = 0$，$N = 2$。

7）对 $k = 0, 1, \cdots, n$，令 $V_k = \text{SHA}((S+N+K) \bmod 2^g)$。

8）令 $W = V_0 + 2^{160} V_1 + \cdots + 2^{160(n-1)} V_{n-1} + 2^{160n} (V_n \bmod 2^b)$，$W$ 为整数，且 $X = W + 2^{L-1}$。注意：X 是 Lbit 长的数。

9）令 $p = X - ((X \bmod 2q) - 1)$。注意：$p$ 同余 1 模 $2q$。

10）若 $p < 2^{L-1}$，转到第 13）步。

11）检测 p 是否为素数。

12）如果 p 是素数，转到第 15）步。

13）令 $C = C+1$，$N = N+n+1$。

14）如 $C = 4096$，转到第 1）步；否则，转到第 7）步。

15）将用于产生 p 和 q 的 S 和 C 的值保存起来。

其中，变量 S 可以称之为"种子"；C 称为"计数"；N 称为"偏差"。

如果有人给出一组数据 p、q、S、C，可以按照上面的过程重新演算该计算过程，以避免他人在 p 和 q 的选择上做手脚。这样做的安全性比 RSA 高，在 RSA 中，素数是秘密保存的。某人可能产生假素数或容易分解的特殊形式的素数，除非知道私钥，否则无法得知这一点。而在这里，即使不知道私钥，也可以确信 p 和 q 是随机产生的。

7.6.2　DSA 的变形

DSA 算法的变形式是把签名在计算上再简化一点，就是签名时不用计算 $k^{-1} \bmod q$，使签名者在计算上变得容易。所有的参数与 DSA 算法一样。

1. DSA 算法的变形式（一）

（1）签名过程　对消息 M 签名过程如下：

1）产生两个随机数 $k(0 < k < q)$ 和 $d(0 < d < q)$。

2）计算 r、s、t：

$$r = (g^k \bmod p) \bmod q$$
$$s = (H(M) + xr) d \bmod q$$
$$t = kd \bmod q$$

签名结果是 (r, s, t)。

（2）验证过程　接收到消息 M 和签名 (r, s, t) 之后，按如下过程验证：

1）计算：

$$w = \frac{t}{s} \bmod q$$

$$u_1 = (H(M)w) \bmod q$$
$$u_2 = (rw) \bmod q$$
$$v = ((g^{u_1} y^{u_2}) \bmod p) \bmod q$$

2）比较 v 和 r：如果 $v=r$，表示签名有效；否则，签名无效。

2. DSA 算法的变形式（二）

（1）签名过程　对消息 M 签名过程如下：

1）产生一个随机数 $k(0<k<q)$。

2）计算 r、s：

$$r = (g^k \bmod p) \bmod q$$
$$s = k(H(M)+xr)^{-1} \bmod q$$

签名结果是 (r,s)。

（2）验证过程　接收到消息 M 和签名 (r,s) 之后，按如下过程验证：

1）计算：

$$u_1 = (H(M)s) \bmod q$$
$$u_2 = (rs) \bmod q$$
$$v = ((g^{u_1} y^{u_2}) \bmod p) \bmod q$$

2）比较 v 和 r：如果 $v=r$，表示签名有效；否则，签名无效。

3. DSA 素数产生的变形

在前面介绍的素数产生方法中，素数 p、q 对应有一个种子参数 S 和一个计数参数 C。本变形方式是把 S 和 C 嵌入到 p、q 中，而不用额外保存。下面介绍产生的步骤：

1）选择一个至少 160bit 的随机序列，记为 S。g 表示 S 的位长度。

2）计算 $U = \text{SHA}(S) \oplus \text{SHA}((S+1) \bmod 2^g)$。其中，SHA 是安全的散列算法。

3）通过设置 U 的最高位和最低位为 1 而形成 q。

4）检验 q 是否为素数。

5）用 p 表示 q、S、C 和 $\text{SHA}(S)$ 的连接。C 是 32 个 0 位。

6）$p = p-(p \bmod q)+1$。

7）$p = p+q$。

8）如果 p 中的 C 为 0x7FFFFFFF，返回第 1）步。

9）检验 p 是否为素数。

10）如果 p 是合数，转到第 7）步。

这种变形的简洁之处是不用存储用来产生 p 和 q 的 C 和 S 值，它们已嵌入 p 中。对于像智能卡这样没有大量存储器的应用，这是一个优势。

7.6.3　利用 DSA 算法完成 RSA 加密解密

在 DSS 公布之初，人们认为 DSA 签名算法不能完成加、解密功能，不过在理论上可以探讨一下其完成 RSA 加、解密功能的可能性。

假定 DSA 算法由单个函数调用来实现：

$$\text{DSAsign}(p,q,g,k,x,h,r,s)$$

其中，输入的参数是 p、q、g、k、h；函数返回签名结果 r 和 s。

1. 用 DSAsign 函数完成加密

使用模数 n、消息 m、公钥 e 和私钥 d，调用：

$$\text{DSAsign}(n,n,m,e,0,0,r,s)$$

返回的 r 值就是密文。因为根据 DSA 签名过程有

$$r=(g^k \bmod p)\bmod q = m^e \bmod n$$

所以密文为 r。

2. 用 DSAsign 函数完成加密

调用 DSAsign 函数：

$$\text{DSAsign}(n,n,m,d,0,0,r,s)$$

返回值 r 就是明文。因为

$$r=(g^k \bmod p)\bmod q = m^d \bmod n$$

所以明文是 r。

通过上面的阐述可知，用 DSA 签名算法完成 RSA 加、解密还是可能的，但是非常烦琐，所以仅存在理论探讨的价值。

7.6.4 利用 DSA 算法完成厄格玛尔加密和解密

1. 用 DSAsign 函数完成加密

用公钥 y 对消息 m 进行厄格玛尔加密时，选择一随机数 k，并调用：

$$\text{DSAsign}(p,p,g,k,0,0,r,s)$$

r 值返回的是厄格玛尔方案中的 c_1，s 弃之不用，然后调用：

$$\text{DSAsign}(p,p,y,k,0,0,r,s)$$

将 r 的值记为 u，s 弃之不用，再调用：

$$\text{DSAsign}(p,p,m,1,u,0,r,s)$$

放弃 r，返回的 s 值即是厄格玛尔方案中的 c_2。这样，就得到了密文 c_1 和 c_2。

2. 用 DSAsign 函数完成解密

使用私钥 x、密文 c_1 和 c_2，调用：

$$\text{DSAsign}(p,p,c_1,x,0,0,r,s)$$

r 值是 $c_1^x \bmod p$，s 弃之不用。然后调用：

$$\text{DSAsign}(p,p,1,y,c_2,0,r,s)$$

s 的值就是明文 m。

这种方法并不是对所有的 DSA 实现都行得通，某些实现可能会固定 p 和 q 的值，或者固定其他一些参数的长度。只要实现具有充分的通用性，就是数字签名函数进行加密的一条途径。

7.6.5 DSA 的安全性

采用 DSA 签名算法处理一些重要信息时，采用的密钥长度为 1024 位为宜，而不是 512 位。虽然当前 512 位密钥是安全的，但是随着计算机处理速度的提高，还是应该着眼于把密钥保留得更长一点。

1. 随机数产生器与攻击随机数

如果攻击者获知了签名时使用的 k，那么他可以计算出签名者的私钥参数 x；如果攻击者获得了两个签名消息，而这两个签名消息使用相同的 k，即使攻击者不知道确切的 k 值，他还是可以计算出签名者的私钥参数 x；如果逆的随机数产生器具有较大的缺点，攻击者可以通过用户的随机数产生器的某些特征，恢复出用户所使用的随机数 k。所以，在 DSA 签名算法的实现中，设计一个好的随机数产生器是非常重要的。

2. 共享模数的危险

在 DSS 公布之初，人们反对其使用共享模数 p、q。确实，如果分析共享模数 p、q 对破解私钥参数 x 有所裨益的话，那将是对攻击者的莫大帮助。但是，经过密码学界多年来的研究，它还没有明显漏洞。

3. DSA 中的潜信道

DSA 算法中的潜信道最早是由西蒙斯（Simmons）发现的，它可以在签名 (r,s) 中传递额外的少量信息。该潜信道是 NSA 预先设下的，还是一种巧合，对此无法考证。但是，如果是使用到重要场所，避免采用非新人团体实现的 DSA 签名系统。

7.7 椭圆曲线数字签名体制

相对于 RSA 等密码体制来说，椭圆曲线加密体制是比较新的技术。椭圆曲线密码技术是密码学界的研究热点之一，已逐渐被人们用作基本的数字签名系统（如 ECDSA）和加解密系统（如 ECDH）。椭圆曲线数字签名算法（Elliptic Curve Digital Signature Algorithm，ECDSA）和 RSA 与 DSA 的功能相同，并且椭圆曲线数字签名的产生与验证的速度要比 RSA 和 DSA 快。

7.7.1 ECDSA 的参数

1. 全局参数的构成

1）有限域的大小为 q。如果基于 F_p，则 $q=p$，为奇素数；如果基于 F_{2^m}，则 $q=2^m$。

2）F_q 中的一个元素 FR。

3）一个至少 160bit 的串 seedE，用于检查其过程是否随机产生。为可选项。

4）$a,b \in F_q$，用于定义曲线方程 $y^2=x^3+ax+b$ 或 $y^2+xy=x^3+ax^2+b$。

5）$x_G, y_G \in F_q$；$G=(x_G, y_G)$，$G \in E(F_q)$；且 G 的阶为素数。

6）G 的阶为 $n, n>2^{160}, n>4\sqrt{q}$。

7）$h=\#E(F_q)/n$。

可以简单表示为 $D=(q,FR,a,b,G,n,h)$。

2. 产生私钥与公钥参数

公钥参数是椭圆曲线上的一个点，其实是点 G 的若干倍，而倍数就是对应的私钥参数。当然每一个私钥-公钥对，都对应有一个全局参数组 (q,FR,a,b,G,n,h)。

ECDSA 的私钥-公钥对产生的算法：

1）选择一个随机数 d，$d \in [1, n-1]$。

2）计算 Q，$Q=dG$。

3）那么公钥为 Q；私钥为整数 d。

7.7.2 ECDSA 的算法描述

1. 签名过程

设待签名消息为 m，全局参数为 $D=(q,FR,a,b,G,n,h)$，签名者的公钥-私钥对为 $(Q,$ $d)$。签名过程如下：

1）选择一个随机数 k，$k\in[1,n-1]$。

2）计算 $kG=(x_1,y_1)$。

3）计算 $r=x_1\bmod n$；如果 $r=0$，则回到步骤1）。

4）计算 $k^{-1}\bmod n$。

5）计算 $e=\text{SHA}(m)$。

6）计算 $s=k^{-1}(e+dr)\bmod n$，如果 $s=0$，则回到步骤1）。

7）对消息 m 的签名为 (r,s)。

最后，签名者就可以把消息 m 和签名 (r,s) 发送给接收者。

2. 验证过程

当接收者收到消息 m 和签名 (r,s) 之后，按如下步骤验证签名的有效性：

1）检查 r、s，要求 $r,s\in[1,n-1]$。

2）计算 $e=\text{SHA}(m)$。

3）计算 $w=s^{-1}\bmod n$。

4）计算 $u_1=ew\bmod n$，$u_2=rw\bmod n$。

5）计算 $X=u_1G+u_2Q$。

6）如果 $X=O$，表示签名无效；否则，$X=(x_1,y_1)$，计算 $v=x_1\bmod n$。

7）如果 $v=r$，表示签名有效；否则，签名无效。

证明：因为

$$s=k^{-1}(e+dr)\bmod n$$

所以

$$k=s^{-1}(e+dr)\bmod n=(s^{-1}e+s^{-1}dr)\bmod n=(we+wrd)\bmod n$$
$$=u(u_1+u_2d)\bmod n$$

再有

$$u_1G+u_2Q=(u_1+u_2d)G=kG$$

其中，KG 的横坐标 $x_1=r$；u_1G+u_2Q 的横坐标为 v，即有 $v=r$。可以说，ECDSA 算法就是在椭圆曲线上实现了 DSA 算法。

7.8 其他数字签名体制

7.8.1 拉宾签名体制

该体制是拉宾（Rabin）在 1979 年提出的一个公钥密码体制，其安全性是基于分解因子的计算困难性，已作为 ISO/IEC 9796 建议的数字签名标准算法。

1. 体制参数

p、q：用户私钥，且是大素数。

n：用户公钥，且 $n = pq$。

M：消息空间。

S：签名空间，且 $M = S = QR_p \cap QR_q$，QR 为二次剩余集。

2. 签名过程

明文消息为 m（$0 < m < n$），设 $m \in QR_p \cap QR_q$（若 m 不满足此条件，可将其映射成 $m' = f(m)$，使 $m' \in QR_p \cap QR_q$）。求 m' 的平方根，作为对消息 m 的签名 s，即

$$s = Sig_k(m) = (m')^{1/2} \bmod n$$

3. 验证过程

1）计算

$$m'' = s^2 \bmod n$$

2）如果 $m'' = m'$，表示签名是有效的；否则，签名是无效的。

4. 安全性

攻击者选一 x，求出 $x^2 = m \bmod n$，送给签名者签名；签名者将签名 s 送给攻击者；若 $s \neq \pm x$，则攻击者有 1/2 的机会分解 n，从而可破解此系统。所以，一个系统若可证明等于大整数分解，则不安全，要谨慎使用；而 RSA 只是"相信等于"大整数分解的困难性（无法证明），因而无上述的缺点。

7.8.2 GOST 签名体制

GOST 签名体制是俄罗斯采用的数字签名体制，自 1995 年启用，正式称为 GOST R34.10-94。该体制与施诺尔模式下的厄格玛尔签名及 NIST 的 DSA 很相似。

1. 体制参数

p：509~512bit 或 1020~1024bit 之间的大素数。

q：$p-1$ 的一个素因子，大小为 254~256bit。p 和 q 由标准给出的素数产生算法生成。

a：小于 $p-1$ 且满足 $a^q = 1 \bmod p$。

x：用户私钥，且 $x < q$。

y：用户公钥，且满足 $y = a^x \bmod p$。

其中，全局参数 p、q、a 是公开的，并且对网络中的所有用户都是公共的。

2. 签名过程

对消息 m 签名的过程如下：

1）计算 m 的散列值 $H(m)$。散列函数 $H(x)$ 由标准给出，散列值是一个 256bit 的串。如果 $H(m) = 0$，那么重新设置散列值为 $H(m) = 1$。

2）选择一随机数 k，$0 < k < q$。

3）计算 r，$r = (a^k \bmod p) \bmod q$。如果 $r = 0$，返回第 2）步重新选择 k。

4）计算 s，$s = (xr + kH(m)) \bmod q$。如果 $s = 0$，返回第 2）步重新选择 k。

(r, s) 就是对消息 m 的签名，将其发送给接收者。

3. 验证过程

当接收者收到消息 m 和签名 (r, s) 之后，按如下步骤验证签名的有效性：

1）计算

$$v = H(m)^{q-2} \bmod q$$

$$z_1 = (sv) \bmod q$$

$$z_2 = ((q-r) \times v) \bmod q$$

$$u = ((a^{z_1} \times y^{z_2}) \bmod p) \bmod q$$

2）比较 u 和 r。若 $u = r$，表示签名是有效的；否则，签名无效。

DSA 与 GOST 签名算法的区别在于：GOST 选择的 q 在 254~256bit 之间，比 DSA 的参数 q 长很多，当然其运算速度就不如 DSA 了；签名时计算 s 的公式与 DSA 不同，所以验证阶段的算法也不相同。

4. 安全性

攻击 GOST 签名算法有三种方式：破译密钥；利用所有已知的公钥参数在所有消息 m 上制作假签名；伪造随机消息 m 的签名。

7.8.3　OSS 签名体制

OSS 数字签名体制是翁·施诺尔和沙米尔于 1984 年提出的，是基于模 n 的多项式的算法。本小节介绍基于二次多项式的 OSS 数字签名算法。

1. 体制参数

n：任选一个大整数 n，不要求 n 是素数。

k：选一个随机整数 k，满足 $\gcd(k,n)=1$。

h：满足 $h = -k^2 \bmod n = -(k^{-1})^2 \bmod n$。

那么私钥为 k，公钥为 (n,h)。

2. 签名过程

对消息 m 签名时：

1）选取随机数 r，满足 $\gcd(r,n)=1$。

2）计算

$$s_1 = \frac{1}{2}\left(\frac{m}{r}+r\right) \bmod n$$

$$s_2 = \frac{k}{2}\left(\frac{m}{r}-r\right) \bmod n$$

3）以 (s_1,s_2) 为消息 m 的签名，送给接收者。

3. 验证过程

当接收者收到消息 m 和签名 (s_1,s_2) 之后，按如下步骤验证签名的有效性：

1）计算

$$m' = s_1^2 + h s_2^2 \bmod n$$

2）比较 m 和 m'。若 $m = m'$，则表示签名有效；否则，签名无效。

4. 安全性

当 OSS 数字签名算法首次被提出时，是基于二次多项式的。1987 年，波拉德（Pollard）和阿德尔曼（Adleman）等人证明它是不安全的。之后，方案设计者推出了基于三次多项式的 OSS，该方案又被人破解；再之后又推出基于四次多项式的方案，还是被破解了。随后，

OSS 的变形、补救措施都有研究者提出。后面的 ESIGN 数字签名体制就是在 OSS 的推动下提出来的方案。

7.8.4 ESIGN 签名体制

ESIGN 数字签名体制是由日本 NTT 实验室（NTT Lab）提出的一个数字签名方案。对同样长度的密钥和签名长度，它的安全性至少和 RSA 与 DSA 的一样，并且其运算速度也比这两个算法快。2001 年，该算法被 IEEE 采纳，作为公钥加密和认证标准，编号为 IEEE P1363；同年，该算法入围了 NESSIE 的第二阶段筛选。

1. 体制参数

p、q：一对大素数，作为用户私钥。

n：用户公钥，且 $n=p^2q$。

k：安全参数。

$H(m)$：消息 m 的哈希函数。

2. 签名过程

对消息 m 签名时：

1）随机选取一个整数 x，$0<x<pq$。

2）计算 w，w 是大于或等于 $((H(M)-x^k \bmod n)/pq$ 的最小整数。

3）计算 s，$s=x+((w/kx^{k-1}) \bmod p)pq$。

4）将 s 作为消息 m 的数字签名发送给接收者。

3. 验证过程

当接收者收到消息 m 和签名 s 之后，按如下步骤验证签名的有效性：

1）计算 t、a：$t=s^k \bmod n$；a 是大于等于 $2n/3$ 的最小整数。

2）检查签名是否有效。

$$H(M) \leq t, \text{并且 } t \leq H(M)+2^a$$

如果 $H(m)$ 满足上面关系式的条件，则表示签名有效。

4. 安全性

最初，ESIGN 算法采用 $k=2$，很快被布里克尔（E. Brickell）、德洛伦提斯（J. Delaurentis）破解；$k=3$ 时也被破解。现在，设计者建议 k 的取值为 8、16、32、64、128、256、512 和 1024；同时，建议 p、q 各自至少为 192bit，使 n 至少为 576bit。分析表明，此体制的加密速度可以和 RSA、厄格玛尔以及 DSS 等相较量。

7.8.5 冈本签名体制

冈本（Okamoto）签名体制是 1992 年由日本人冈本发表的，其安全性基于离散对数问题。

1. 体制参数

p、q：是素数，$q \mid p-1$，q 约为 140bit，p 至少为 512bit。

g_1 和 g_2：与 q 同长的随机数。

s_1、s_2：两个随机数，要求 $s_1<q$、$s_2<q$。

v：$v=g_1^{-s_1}g_2^{-s_2} \bmod p$。

那么，私钥为 (s_1,s_2)，公钥为 v。

2. 签名过程

对消息 m 签名过程如下：

1）选取两个随机数 r_1 和 r_2，且 $r_1<q,r_2<q$。

2）计算单向杂凑函数：

$$e=H\left(g_1^{r_1}g_2^{r_2}\bmod p,m\right)$$

3）计算

$$y_1=\left(r_1+es_1\right)\bmod q$$
$$y_2=\left(r_2+es_2\right)\bmod q$$

对消息 m 的签名结果就是 (e,y_1,y_2)，将其送给接收者。

3. 验证过程

当接收者收到消息 m 和签名 (e,y_1,y_2) 之后，按如下步骤验证签名的有效性：

1）计算 e'。$e'=H\left(\left(g_1^{y_1}g_2^{y_2}v^e\right)\bmod p,m\right)$。

2）比较 e 与 e'。若 $e=e'$，表示签名有效；否则，签名无效。

7.8.6 离散对数签名体制

前面介绍的如厄格玛尔、DSA、GOST、ESIGN、Okamoto 等签名体制都是基于离散对数问题。该类体制很多，统称为离散对数数字签名体制。

1. 体制参数

p：一个大素数。

q：为 $(p-1)$ 或 $(p-1)$ 的大素因子。

g：$g\in Z_p^*$，且 $g^q\equiv1\bmod p$。

x：用户私钥，且 $1<x<q$。

y：用户公钥，且 $y=g^x\bmod q$。

k：一次性随机数，且 $0<k<q$。

2. 签名过程

对给定的消息 m 做如下运算：

1）计算消息 m 的散列值 $H(m)$。

2）生成一个一次性随机数 k，并且计算 r：

$$r=g^k\bmod p$$

3）由签名方程 $ak\equiv(b+cx)\bmod q$，求出另外一个参数 s。

签名结果就是 r 和 s 的串联 $r\|s$。签名者把签名的结果 $r\|s$ 发送给接收者。

签名方程中的系数 a、b、c 可以变通选择，可以根据情况而变化，表 7-7 给出了可能的变化。

表 7-7 签名方程系数的可能置换取值表

$a/b/c$	$a/b/c$	$a/b/c$	$a/b/c$	$a/b/c$	$a/b/c$
$\pm r'$	$\pm s$	$H(m)$	$\pm mr'$	$\pm r's$	1
$\pm r'$	$\pm s$	1	$\pm ms$	$\pm r's$	1
$\pm r'H(m)$	$\pm s\,H(m)$	1	—	—	—

3. 验证过程

接收者收到消息 m 和签名 $r \| s$ 后，利用验证方程：

$$r^a \equiv g^b y^c \bmod q$$

判断。如果等式成立，表示签名有效；否则，签名无效。

4. 各种导出签名方案

可以根据表 7-8 给出多种签名方案，表中每一行可以给出 6 种不同的方案，共 120 种变形，当然有些签名方案是不安全的。例如，将表中第一行的 r'、s、$H(m)$ 赋予 a、b、c 就给出 6 种离散对数签名方案。

表 7-8 导出方案举例

方 案	签 名 方 程	验 证 方 程
1	$r'k \equiv s + H(m)x \bmod q$	$r' \equiv g^s y^{H(m)} \bmod p$
2	$r'k \equiv H(m) + sx \bmod q$	$r' \equiv g^{H(m)} y^s \bmod p$
3	$sk \equiv r' + H(m)x \bmod q$	$r^s \equiv g^{r'} y^{H(m)} \bmod p$
4	$sk \equiv H(m) + r'x \bmod q$	$r^s \equiv g^{H(m)} y^{r'} \bmod p$
5	$H(m)k \equiv s + r'x \bmod q$	$r^{H(m)} \equiv g^s y^{r'} \bmod p$
6	$H(m)k \equiv r' + sx \bmod q$	$r^{H(m)} \equiv g^{r'} y^s \bmod p$

厄格玛尔和 DSA 签名方案基本上和表 7-8 中的第 4 方案相同，施诺尔签名方案与表 7-8 中的第 5 方案相近，表中的方案 1 与方案 2 都有对应的已经提出的签名算法，其他给出的方案是新的。

若将签名过程中计算 r 的方程变为 $r = (g^k \bmod p) \bmod q$，则更接近 DSA 签名算法。在不改变签名方程的条件下，验证方程变为

$$(r \bmod q)^a = g^b y^c \bmod p$$

式中，

$$r = (g^{u_1} y^{u_1} \bmod p) \bmod q$$
$$u_1 = a^{-1} b \bmod q$$
$$u_2 = a^{-1} c \bmod q$$

使用不同的变形方式，可以产生多达 13000 种不同的方案，当然，有些方案是无效的。

在一定条件下，一种签名方案可以转化为另一种签名方案，如果反过来也可，则这两种方案是强等价的。有些研究者给出了一些离散对数签名方案的等价类划分。同一等价类的安全性相同，这时可以选用计算复杂性小的签名方案。

7.9 有特殊用途的数字签名体制

7.9.1 不可否认数字签名

普通的数字签名可以精确地对其进行复制，任何人都可以用复制品来验证签名的有效

性，这对于如公开声明之类文件的散发是必需的。但对另一些文件如个人或公司信件，特别是有价值文件的签名，如果也可以随意复制和散发，就会造成灾难。因此，乔姆（Chaum）和安特卫普（Antwerpen）等人于 1989 年引入了不可否认数字签名。

不可否认数字签名有一些特殊性质，其中最本质的是在无签名者合作条件下不可能验证签名，从而可以防止复制或散布所签文件的可能性，这一性质可以使产权拥有者控制产品的散发。这适用于电子出版系统知识产权保护。

在签名者合作下才能验证签名，这会给签名者一个机会，在对他不利的条件下，他可以拒绝合作以达到否认他曾签署的文件。如果出现此类情况，可以在法庭等第三方的监督下，启用否认协议，以验证签名的真伪。如果签名者拒绝参与执行否认协议，就表明是由他签署的；如果不是他签署的，否认协议可以证明他没有签名。

1. 体制描述

（1）体制参数

p：等于 $2q+1$ 的大素数，其中 q 亦为素数，Z_p^* 中的离散对数求解困难。

q：满足上述条件的素数，所以可构造 Z_p^* 的一个 q 阶乘法子群 G。

g：Z_p^* 中的一个 q 阶元素。

x：$1 \leqslant x \leqslant q-1$，即 $x \in Z_p^*$。

y：$y \equiv g^x \bmod p$。

（2）签名过程　对消息 m 的签名可以表示如下：

$$S = m^x \bmod p$$

其中，S 就是对消息 m 的签名。在没有签名者的配合下，签名 S 不能被验证。

（3）验证过程　下面介绍在签名者的配合下，完成签名的认证过程。

1）接收者收到消息和签名 (m, S)。

2）接收者选取随机数 a_1、a_2，且 $a_1, a_2 \in Z_p^*$。

3）接收者计算

$$c = S^{a_1} y^{a_2} \bmod p$$

并将 c 发送给签名者。

4）签名者计算

$$d = c^{x^{-1} \bmod q} \bmod p$$

再将 d 发送给接收者。

5）接收者验证等式：

$$d = m^{a_1} g^{a_2} \bmod p$$

如果等式成立，表示签名是合法的；否则，签名无效。

下面分析一下验证过程的合理性。

$$d = c^{x^{-1} \bmod q} \bmod p = (S^{a_1} y^{a_2} \bmod p)^{x^{-1} \bmod q} \bmod p = S^{a_1 x^{-1}} y^{a_2 x^{-1}} \bmod p$$

又已知

$$y \equiv g^x \bmod p \Rightarrow y^{x^{-1}} \equiv g \bmod p$$

$$S = m^x \bmod p \Rightarrow S^{x^{-1}} = m \bmod p$$

代入上式有

$$d = m^{a_1} g^{a_2} \bmod p$$

也就是说，该验证过程是合理的。

2. 否认协议

上面描述的验证过程必须在签名者的合作下才能完成。如果签名者拒绝配合验证过程，那么就要执行否认协议来确定签名的有效性。在第三方的监督下使用否认协议，如果签名者拒绝参加否认协议的过程，那么就可以确定签名确实是他签署的。

（1）否认协议

1）接收者选择随机数 a_1、a_2，且 $a_1, a_2 \in Z_p^*$。

2）接收者计算 $c = S^{a_1} y^{a_2} \bmod p$，并将 c 发送给签名者。

3）签名者计算 $d = c^{x^{-1} \bmod q} \bmod p$，并将 d 发送给接收者。

4）接收者验证 $d = m^{a_1} g^{a_2} \bmod p$。如果等式成立，说明签名有效，终止协议。

5）接收者选择随机数 b_1、b_2，且 $b_1, b_2 \in Z_p^*$。

6）接收者计算 $C = S^{b_1} y^{b_2} \bmod p$，并将 C 发送给签名者。

7）签名者计算 $D = C^{x^{-1} \bmod q} \bmod p$，并将 D 发送给接收者。

8）接收者验证 $D = m^{b_1} g^{b_2} \bmod p$。如果等式成立，说明签名有效，终止协议。

9）接收者宣布签名 S 是假的，当且仅当

$$(dg^{-a_2})^{b_1} \equiv (Dg^{-b_2})^{a_1} \bmod p$$

否认协议经过了两个回合，1）～4）和5）～8），都是验证过程的重复；最后，通过9）的一致检验可以使接收者能够确定出签名者是否如实地执行了上述规定的协议。

（2）否认协议的功能　执行否认协议的功能可以实现下述两点：

1）签名人可以有证据说明接收者提供的非法签名是伪造的。

2）接收者提供的签名人所签的字不可能（成功的概率极小）被签名人证明是伪造的。

下面先说明第1）点。该点可以通过否认协议的第9）步得到保证。

$$\begin{aligned}
(dg^{-a_2})^{b_1} &= (c^{x^{-1} \bmod q} g^{-a_2})^{b_1} \bmod p \\
&= (S^{a_1 x^{-1}} y^{a_2 x^{-1}} g^{-a_2})^{b_1} \bmod p \\
&= m^{a_1 b_1} \bmod p
\end{aligned}$$

同理，利用否认协议的第6）和第7）步可以计算出

$$(Dg^{-b_2})^{a_1} = m^{a_1 b_1} \bmod p$$

也就是说，第9）步的等式成立。如果签名合法，那么否认协议在第4）步、第8）步就应该终止，而现在执行到第9）步，因此可以证明签名是伪造的。

下面再来证明第2）点，如果签名者想否认自己的签名，那么他在执行否认协议时可能会采取越轨的行为。例如，他不按协议来构造 d 和 D，即

$$d \neq c^{x^{-1} \bmod q} \bmod p$$
$$D \neq C^{x^{-1} \bmod q} \bmod p$$

亦即签名者所提供的

$$d \neq m^{a_1} g^{a_2} \bmod p$$
$$D \neq m^{b_1} g^{b_2} \bmod p$$

但可以证明，此时不能通过否认协议的第9）步，即不能满足等式

$$(dg^{-a_2})^{b_1} \equiv (Dg^{-b_2})^{a_1} \bmod p$$

则此时可以证明签名是真的。

3. 可变换的不可否认协议

博亚尔（Boyar）于 1990 年提出了一种可变换的不可否认数字签名算法，该算法能验证及否认签名，也能转换成普通的数字签名。该算法基于厄格玛尔数字签名算法。

（1）体制参数

p、q：素数，并且 $q\mid p-1$。

g：$g<q$，$g\in Z_q^*$；

h：一个随机数，$1<h<p$，且有

$$g=h^{(p-1)/q}\bmod p$$

若 $g=1$，则另选 h，再计算。

私钥：(x,z)，且 x 和 z 都小于 q。

公钥：(y,u)，其中，$y=g^x\bmod p$，$u=g^z\bmod p$。

（2）签名过程　对给定消息 m 有

1）选择随机参数 t，$t\in Z_q^*$。

2）计算

$$T=g^t\bmod p$$
$$m'=Ttzm\bmod p$$

3）选择随机数 R，$R\in Z_q^*$，且 $(R,p-1)=1$；

4）计算

$$r=g^R\bmod p$$

并用欧几里得除法计算出 s：

$$m'=rx+Rs\bmod q$$

对消息 m 的签名结果是 (r,s,T)，将其发给接收者。

（3）验证过程

1）接收者产生两个随机数 e_1 和 e_2，并计算 $c=T^{Tme_1}g^{e_2}\bmod p$，将 c 送给签名者。

2）签名者生成一个随机数 k，并计算 $h_1=cg^k\bmod p$、$h_2=h_1^z\bmod p$，将 h_1 和 h_2 发送给接收者。

3）接收者将 e_1 和 e_2 发送给签名者。

4）签名者验证下面的等式：

$$c=T^{Tme_1}g^{e_2}\bmod p$$

如果等式成立，签名者将 k 发送给接收者。

5）接收者验证

$$h_1=T^{Tme_1}g^{e_2+k}\bmod p$$
$$h_2=y^{re_1}r^{se_1}u^{e_2+k}\bmod p$$

若验证成立，表示签名有效。

在上述的签名算法中，当签名者公布参数 z，该签名算法就转化为普通的数字签名方案，任何人可以验证他的签名。后来，研究者还提出了分布式可变换的不可否认数字签名方案，他把不可否认签名与秘密共享体制组合使用，由一组人中的几个参与协议执行来验证某人的签名。

7.9.2 失败-终止数字签名

失败-终止数字签名是由普菲茨曼（Birgit Pfitzmann）和韦德纳（Michael Waidner）于1991年提出的。这是一种经过强化安全的数字签名，用来防范拥有强大计算机资源的攻击者。使用失败-终止数字签名，签名者不能对自己的签名进行抵赖，同时即使在攻击者分析出私人密钥的情况下，也难以伪造签名者的签名。

失败-终止数字签名的基本原理：对每个可能的公开密钥，许多可能的私人密钥和它一起工作，这些私人密钥中的每一个产生许多不同的可能的签名，而签名者只有一个私人密钥，只能计算一个签名，因此，即使攻击者能够恢复出一个有效的私人密钥，而这一私人密钥恰是签名人所持有的私人密钥的概率非常小，可以忽略不计。不同的私人密钥产生的签名是不相同的，以此可以鉴别出伪造者的签名。

下面以海斯特（Van Heyst）和佩德森（Pederson）所提方案为例介绍失败-终止数字签名。该方案是一次性数字签名方案，即给定的密钥只能签署一个消息。其安全性基于求解离散对数困难性。

1. 体制参数

产生参数需要签名者和可信的第三方参与。第三方产生公开的全局参数，签名者自己产生签名用的私钥和公钥。

p、q：都是大素数，且 $q \mid p-1$。要求在 Z_p^* 中求解离散对数困难。

α：$\alpha \in Z_p^*$，α 的阶数为 q。

a_0：随机数，$1 \leqslant a_0 \leqslant q-1$。$a_0$ 作为秘密数，第三方对所有人保密。

β：$\beta = \alpha^{a_0} \bmod p$。

a_1、a_2、b_1、b_2：签名者选取的四个随机数，属于区间 $[0, q-1]$。a_1, a_2, b_1, b_2 是签名者的私钥。

r_1、r_2：签名者的公钥，且 $r_1 = \alpha^{a_1}\beta^{a_2} \bmod p$，$r_2 = \alpha^{b_1}\beta^{b_2} \bmod p$。

2. 签名过程

对给定的消息 m（$m \in Z_q$）签名，计算

$$y_1 = (a_1 + mb_1) \bmod q$$
$$y_2 = (a_2 + mb_2) \bmod q$$

对于消息 m 的签名结果是 (y_1, y_2)。

3. 验证过程

接收者收到消息 m 和签名 (y_1, y_2) 之后，验证过程如下：

1）计算

$$v_1 = r_1 r_2^m \bmod p$$
$$v_2 = \alpha^{y_1}\beta^{y_2} \bmod p$$

2）比较 v_1 和 v_2。相等表示签名有效，否则签名无效。

4. 安全性

对两个密钥 $(r_1, r_2, a_1, a_2, b_1, b_2)$ 和 $(r_1', r_2', a_1', a_2', b_1', b_2')$，当且仅当 $r_1 = r_1'$ 和 $r_2 = r_2'$ 时，称它们彼此等价。由 r 的定义式容易得出，各等价类中恰有 q^2 个密钥。等价密钥具有下述

几个重要的性质：

1）若 k 与 k' 等价，则有 $Ver_k(m,s)=$ 真的充要条件是 $Ver_{k'}(m,s)=$ 真。

2）若 k 是密钥，对消息 m 的签名为 $s=Sig_k(m)$，则恰有 q 个与 k 等价的密钥 k'，满足 $Sig_{k'}(m)$。

3）设 k 是一密钥，相应对消息 m 的签名为 $s=Sig_k(m)$，若对 $m'\neq m$，有 $Ver_k(m',s')=$ 真，则至多有一个与 k 等价的密钥 k'，使 $s=Sig_k(m)$ 和 $s'=Sig_{k'}(m')$ 成立。

性质3）说明，以同一等价类中的密钥签署不同的消息将得到不同的签名。

由上述的性质可知，给定一个签名 $s=Sig_k(m)$，对 $m'\neq m$，攻击者即使攻击了签名者所用密钥 k，要伪造签名 $s'=Sig_k(m')$ 被验证为真的概率仅为 $1/q$。

现在，攻击者对消息 m 产生了伪造的签名 $s'=(y_1',y_2')$，用以下的方法可以判断该签名 s' 的真伪。

1）签名者用上述的签名算法计算出自己真实的签名 $s=(y_1,y_2)$。

2）比较 s 和 s'。若相等，表示签名不是伪造的，终止算法。

3）计算 $a_0=(y_1-y_1')(y_2-y_2')^{-1}\bmod q$。

因为 $s=s'$ 的概率为 $1/q$，所以两者相等的情况可以不用考虑。因为 s 和 s' 的签名验证都是有效的，即

$$r_1 r_2^m \bmod p = \alpha^{y_1}\beta^{y_2}\bmod p = \alpha^{y_1'}\beta^{y_2'}\bmod p$$

又因为 $\beta=\alpha^{a_0}\bmod p$，所以

$$\alpha^{y_1+a_0 y_2}=\alpha^{y_1'+a_0 y_2'}\bmod p$$

即

$$y_1+a_0 y_2 = y_1'+a_0 y_2'\bmod q$$
$$y_1+y_1' = a_0(y_2'-y_2)\bmod q$$

因为 $y_2\neq y_2'\bmod q$，故 $(y_2'-y_2)^{-1}\bmod q$ 存在，所以

$$a_0=(y_1-y_1')(y_2-y_2')^{-1}\bmod q$$

而参数 a_0 是由可信的第三方持有并且保密的秘密数据，签名者是不可能知道的，所以签名 s' 被验证是伪造的。

7.9.3 盲签名

本小节设 Alice（用户 A）为消息拥有者，Bob（用户 B）为签名者。在盲签名协议中，Alice 的目的是让 Bob 对某文件签名，但又不想让 Bob 知道文件的内容，而 Bob 并不关心文件的内容，他只是保证他在某一时刻以公证人的资格证实了这个文件。Alice 从 Bob 处获得盲签名的过程一般来说有如下几个步骤：

1）Alice 将文件 m 乘一个随机数得 m'，这个随机数通常称为盲因子，Alice 将盲消息 m' 送给 Bob。

2）Bob 在 m' 上签名后，将其签名 $Sig(m')$ 送给 Alice。

3）Alice 通过除去盲因子可以从 Bob 关于 m' 的签名 $Sig(m')$ 中得到 Bob 关于原始文件 m 的签名 $Sig(m)$。

盲签名是由乔姆（David Chaum）于 1983 年提出的，他曾经给出一个非常直观的说明：所谓盲签名，就是先将要隐蔽的文件放进信封里，而除去盲因子的过程就是打开这个信封。

当文件在一个信封中时，任何人都不能读它。对文件盲签名就是通过在信封里放一张复写纸，当签名者在信封上签名时，他的签名便透过复写纸签到了文件上。

下面介绍的盲签名方案有些是在厄格玛尔签名方案上构造的，其中，x 和 $y(y = g^x \bmod p)$ 为签名者 Bob 的私钥和公钥，其他参数的选取与 7.4 节中的相同。

1. 盲消息签名

在盲消息签名方案（如图 7-8 所示）中，签名者仅对盲消息 m' 签名，并不知道真实消息 m 的具体内容。这类签名的特征是：$Sig(m) = Sig(m')$ 或 $Sig(m)$ 含有 $Sig(m')$ 中的部分数据。因此，只要签名者保留关于盲消息 m' 的签名，便可以确认自己关于 m 的签名。

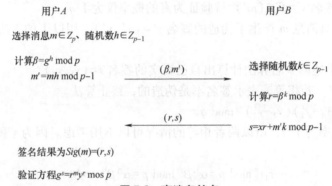

图 7-8　盲消息签名

从上述盲消息签名方案中可以看出，Alice 将 Bob 关于 m' 的签名数据作为 $Sig(m)$，即 $Sig(m) = Sig(m')$。因此，只要 Bob 保留 $Sig(m')$，便可将 $Sig(m)$ 与 $Sig(m')$ 相联系。为了保证真实消息 m 对签名者保密，盲因子尽量不要重复使用。因为盲因子 h 是随机选取的，所以，对一般的消息 m 而言，不存在盲因子 h，使 $m'(m' = mh \bmod p-1)$ 有意义；否则，Alice 将一次从 Bob 处获得两个有效签名，从而使得两个不同的消息对应相同的签名。这一点也是签名人 Bob 最不希望的。盲签名方案的一个实际应用是签名者签署遗嘱。签名者虽然不知道所签遗嘱的内容，但可以确认自己所签发的消息。

2. 盲参数签名

在盲参数签名方案（如图 7-9 所示）中，签名者知道所签消息 m 的具体内容。按照签名协议的设计，接收者可改变原签名数据，即改变 $Sig(m)$ 而得到新的签名，但又不影响对新签名的验证。因此，签名者虽然签了名，却不知道用于改变签名数据的具体参数。

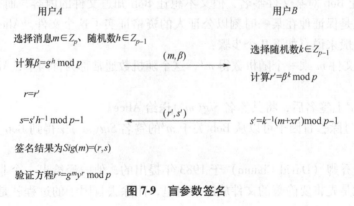

图 7-9　盲参数签名

在上述方案中，m 对签名者并不保密。当 Alice 对签名 $Sig(m)$ 做了变化后，(m,r,s) 和 (m,r',s') 的验证方程仍然相同。盲参数签名方案的这些性质已被用于设计许多口令认证方案。在这些方案中，用户的身份码（ID）相当于 m，它对口令产生部门并不保密。用户从他人为自己产生的非秘密口令得到秘密口令的方法，就是将 (ID,r',s') 转化为 (ID,r,s)。这种秘密口令并不影响计算机系统对用户身份进行的认证。

3. 弱盲签名

在弱盲签名方案（如图 7-10 所示）中，签名者仅知道 $Sig(m')$，而不知道 $Sig(m)$。如果签名者保留 $Sig(m')$ 及其他有关数据，待 $Sig(m)$ 公开后，签名者可以找出 $Sig(m')$ 和 $Sig(m)$ 的内在联系，从而达到对消息 m 拥有者的追踪。

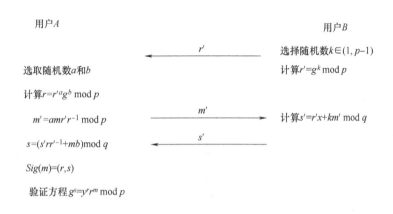

图 7-10　弱盲签名

在上述盲签名方案中，如果签名者 Bob 保留 (m',r',s',k)，则当 Alice 公开 $Sig(m)=(r, s)$ 后，Bob 可求得 $a'=m'm^{-1}r'^{-1}r \bmod q$ 和 $b'=m^{-1}(s-s'r'^{-1}r) \bmod q$。为了证实 $Sig(m)=(r, s)$ 是从 $Sig(m')=(m',r',s')$ 求得，Bob 只需验证等式 $r=r^{a'}g^{b'} \bmod p$ 是否成立。若成立，则可确认 $a'=a, b'=b$，从而确认 $Sig(m)$ 和 $Sig(m')$ 相对应。

弱盲签名方案与盲消息签名方案不同之处在于，前者不仅将消息 m 盲化了，而且对签名 $Sig(m')$ 做了变化；但是两种方案都未能摆脱签名者将 $Sig(m)$ 和 $Sig(m')$ 相联系，只是前者的隐蔽性更大一些。由此可以看出，弱盲签名方案与盲消息签名方案的应用较为类似。

4. 强盲签名

在强盲签名方案（如图 7-11 所示）中，签名者仅知道 $Sig(m')$ 而不知道 $Sig(m)$。即使签名者保留 $Sig(m')$ 及其他的有关数据，仍难以找出 $Sig(m)$ 和 $Sig(m')$ 之间的内在联系，不可能对消息 m 的拥有者进行追踪。在此，介绍一种基于 RSA 的盲签名方案。

强盲签名方案是目前性能最好的方案，电子商务中使用的许多电子货币系统和电子投票系统都采用了这种技术。

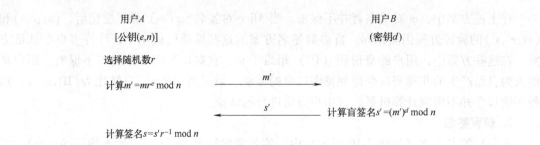

图 7-11　强盲签名

7.9.4　代理签名

代理签名的目的是当某签名人（这里称为授权人）因公务或身体健康等原因不能行使签名权利时，将签名权委托给他人替自己行使签名权。代理签名也称为委托签名。代理签名一般应具有以下特点：

1）可区分性：代理签名与某人的通常签名是可以区分的。

2）不可伪造性：只有原来的签名者和所委托的代理人可以建立合法的代理签名。

3）代理签名的差异：代理签名者不可能制造一个合法代理签名，而不被检查出来其是一个代理签名。

4）可证实性：从代理签名中，验证者能够相信原始的签名者认同了这份签名的消息。

5）可识别性：原始签名者可以从代理签字结果中识别出代理签名者的身份。

6）不可抵赖性：代理签名者不能事后抵赖他所建立的已被认可的代理签名。

下面介绍一个代理签名方案。

设 p 是一个大素数，q 是一个素数，且 $q \mid p-1$，$g \in Z_p^*$ 且阶为 q；假设 A 的私钥为 $x \in Z_q$，其对应的公钥是 $y = g^x \bmod p$。如果 A 打算将自己的签名权委托给 B，则授权人和代理人之间必须建立授权方程。因此，A 和 B 执行如下协议：

1）A 选取随机数 k'，计算 $r' = g^{k'} \bmod p$，并将 r' 送给 B。

2）B 选取随机数 $\alpha \in Z_q$，计算 $r = g^{\alpha} r' \bmod p$，将 r 送给 A。

3）A 计算 $s' = rx + k' \bmod q$，并将 s' 送给 B。

4）B 计算 $s = s' + \alpha \bmod q$。

5）若签名 (r, s) 满足授权方程 $g^s = y^r r \bmod p$，则 B 将 s 作为自己的代理签名密钥，其公钥为 $y_B = g^s \bmod p$。

上述协议描述了授权人 A 向代理人 B 授权的过程。B 可以使用 s 和各种基于离散对数的签名方案，如 DSA 或厄格玛尔等方案进行签名。

7.9.5　多重签名

多重数字签名的目的是将多个人的数字签名汇总成一个签名数据进行传送，签名接收方只需验证一个签名就可以确认多个人的签名。多重数字签名是面对团体而使用的，即一个文件需要多个人进行签名。这在实际生活中最为普通，有时甚至需要在一个文件上加盖十几个印章。下面是对一个多重签名方案的描述。

1）p 是一个大素数，$u_1, u_2, \cdots, u_n$ 为 n 个签名者，他们的私钥分别为 x_i，对应的公钥为 $y_i = g^{x_i} \bmod p (i = 1, 2, \cdots, n)$。

2）设待签名消息为 m，他们所形成的 n 个签名分别是 (r_i, s_i)，其中 $r_i = g^{k_i} \bmod p$、$s_i = x_i m + k_i r \bmod p-1 (i=1,2,\cdots,n)$，这里，$r = \prod_{i=1}^{n} r_i \bmod p$，形成的签名 (r_i, s_i) 满足方程 $g^{s_i} = y_i^m r_i^r \bmod p$。

3）n 个签名人最后形成的多重签名为 $(m,r,s) = \left(m, \prod_{i=1}^{n} r_i \bmod p, \sum_{i=1}^{n} s_i \bmod p-1 \right)$，它满足方程 $g^s = y^m r^r \bmod p$，其中 $y = \prod_{i=1}^{n} y_i \bmod p$。

由上述签名过程可以看出，无论签名人有多少，多重签名并没有过多地增加签名验证人的负担。多重签名在办公自动化、电子金融和 CA 认证等方面有重要的应用。

7.9.6 群签名

1. 群签名的特点

群签名是由乔姆和范海斯特于 1991 年提出的，也称为团体签名，它是一种具有可撤销匿名性的数字签名。群签名具有以下特性：

1）只有该群体内的成员能对消息签名。

2）签名的接收者能够证明消息是该群体的有效签名。

3）签名的接收者不能决定是该群体内哪一个成员的签名。

4）在出现争议时，签名能够被"打开"，以揭示签名者的身份。

群签名的一个典型应用例子是在公司的管理中隐藏公司内部管理层的结构，如用群签名对交易合同或其他文件签名，客户或其他验证者只能验证该文件是该公司签名认可的，而不知道具体是谁签的，因此不可能从签名中得知公司管理层的更详细情况，而公司在必要时又可以利用群签名的打开功能来揭露文件签名人的身份，做到既隐藏管理层结构又可追查责任。

2. 一个简单的群签名协议

该协议使用了一个可信赖的第三方。

1）第三方产生一大批公钥-私钥对，并且给群体中每一个成员一个不同的唯一私钥表。在任何表中密钥都是不同的，若群体中有 n 个成员，每个成员得到 m 个密钥对，那么总共有 $n \times m$ 个密钥对。

2）第三方以随机顺序公开该群体所用的公开密钥主表。第三方持有一个这些密钥属于谁的秘密记录。

3）当群成员想对一个文件签名时，他从自己的密钥表中随机选取一个密钥。

4）当有人想验证签名是否属于该团体时，只需要查找对应公开密钥主表并验证签名。

5）当发生争议时，第三方知道哪个公开密钥对应于哪个成员。

这个协议的缺陷在于需要一个可信的第三方。第三方知道每个人的私钥因而能够伪造签名。而且，m 必须足够长，以避免试图分析出每个成员用的哪些密钥。

 习 题

1. 什么是数字签名？数字签名的作用是什么？

2. 简述数字签名与数据加密在原理与应用方面的不同之处。

3. 设 H_1 是一个从 $(Z_2)^{2n}$ 到 $(Z_2)^n$ 的 Hash 函数，即 H_1 的输入为 Z_2 上的长度为 $2n$ 的字符串，而输出为 Z_2 上的长度为 n 的字符串。这里 $n \geqslant 1$，$Z_2 = \{0, 1\}$。对任意整数 $i \geqslant 2$，从 $(Z_2)^{2^i n}$ 到 $(Z_2)^n$ 的 Hash 函数 H_i，按下述方式定义：

（1）对任意 $x \in (Z_2)^{2^i n}$，设

$$x = x_1 x_2$$

（2）定义

$$H_i(x) = H_1(H_{i-1}(x_1) H_{i-1}(x_2)),$$

其中，$H_{i-1}(x_1) H_{i-1}(x_2)$ 表示 $H_{i-1}(x_2)$ 排在 $H_{i-1}(x_1)$ 的后面。

假设 H_1 是强无碰撞的。试证明对任意 $i \geqslant 2$，H_i 也是强无碰撞的。

4. 比较和分析 RSA 签名和厄格玛尔签名的优缺点。

5. 在厄格玛尔签名方案中，设 $p = 31847$，$g = 5$，$y = 25703$，已知 $(r, s) = (23972, 31396)$ 是对消息 $m = 8990$ 的签名，$(23972, 20481)$ 是对消息 $m = 31415$ 的签名，试求出 k 和 x。

6. 试分析在 DSA 签名算法中，若用户签名时 k（秘密选取的随机数）已泄露，对整个 DSA 签名算法有何影响。

7. 数字签名标准（DSS）中指出，若用户在利用数字签名算法 DSA 对一个消息进行签名时出现 $s = 0$ 的情况，则用户应该秘密随机选取另外一个 k，并重新计算对消息的签名。为什么？

8. 举例说明有特殊用途的数字签名在实际中的应用。

9. 实验题：下载并安装 PGP 软件，使用 PGPkeys 管理密钥环，掌握密钥的生成、传播和废除，并完成对文件的加密和解密。

第 **8** 章 身份证明

在网络环境下，数据传输、存储和处理的各个环节，常常都需要验证个人身份才能获取信息，尤其对计算机的数据存取、访问和使用。对安全服务器、安全数据库的登录和操作，都需要严格的身份验证才能进行。换句话说，通信与数据系统的安全性相当程度上取决于能否正确验证用户或终端的个人身份。

传统的身份证明一般是通过检验"物"的有效性来确认持该物的人的身份。"物"可以分为徽章、工作证、信用卡、驾驶执照、身份证等，卡上含有个人照片（易于换成指纹、视网膜图样、牙齿的 X 光摄像等），并有权威机构签章。这类靠人工的识别工作已逐步由机器代替。在信息化社会中，随着信息业务的扩大，要求验证的对象集合也迅速加大，因而大大增加了身份验证的复杂性和实现的困难性。例如，下一代银行自动转账系统中可能有上百万个用户，若用个人识别号（Personal Identification Number，PIN）至少需要六位十进制数字。如果利用用户个人签名来代替 PIN，需要能区别数以百万计人的签名。

本章将讨论几种可能的技术，如口令认证系统、个人特征的身份证明等，以及 X.509 证书系统。

8.1 概述

8.1.1 身份证明系统的组成和要求

一个身份证明系统一般由三方组成：一方是出示证件的人，称作示证者，又称作申请者，提出某种要求；另一方为验证者，检验示证者提出证件的正确性和合法性，决定是否满足其要求；第三方是攻击者，可以窃听和伪装示证者骗取验证者的信任。认证系统在必要时也会有第四方，即以可信赖者的身份参与调解纠纷。此类技术称为身份证明技术，又称为识别、实体认证、身份证实等。实体认证与消息认证的差别在于，消息认证本身不提供时间性，而实体认证一般都是实时的；另一方面实体认证通常证实实体本身，而消息认证除了证实消息的合法性和完整性外，还要知道消息的含义。

此外，对于一个身份证明系统还具有以下的要求：

1）验证者正确识别合法示证者的概率极大化。

2）不具有可传递性。验证者 V 不可能重用示证者 P 提供给他的消息来伪装示证者 P，骗取其他人的验证，从而得到信任。

3）攻击者伪装成示证者欺骗验证者成功的概率要小到可以忽略的程度，特别是要能抗击已知密文攻击，即要能抗击攻击者在截获到示证者和验证者多次通信下伪装成示证者欺骗验证者。

4）计算有效性，为实现身份证明所需的计算量要小。

5）通信有效性，为实现身份证明所需通信次数和数据量要小。

6）秘密参数能安全存储。

7）交互识别，有些应用中要求双方能互相进行身份认证。

8）第三方的实时参与。

9）第三方的可信赖性。

10）可证明安全性。

最后四条要求是某些身份认证系统需要满足的。

身份认证与数字签名有着密切的关系，数字签名是实现身份认证的一个途径，但在身份认证中消息的意思基本上是固定的，身份验证者根据规定对当前时刻申请者的申请不是接受就是拒绝。身份识别一般不是"终生"的，而数字签名应是长期有效的，未来也可以启用的。

8.1.2 身份证明的基本分类

一般来说，身份证明可分为两大类：第一类是身份证实，只对个人身份做出肯定或否定判断。做法是输入个人信息，经共识或算法运算所得结果与原来存储的信息进行比较，最后判断是与非。第二类是身份识别，主要用来判别身份标识的真伪。做法同样是输入信息，经处理提取模板信息，试着在存储数据库中搜索找出一个与之匹配的模板，而后得出结论，例如检验某人是否有犯罪前科的指纹验证系统。很明显，身份识别要比身份证实难得多。

8.1.3 实现身份证明的基本途径

能证明个人身份的途径大致有三类：

1）个人拥有的所知，表明所知道或所掌握的有效信息，如密码、口令、账号等。

2）个人拥有的所有，表明个人所具有的证件，如身份证、护照、信用卡、图章、标识等。

3）个人拥有的特征，表明个人自然或者习惯存在的东西，如指纹、语音、脸型、血型、视网膜、笔迹等。

目前，与以上三种途径配套的均有各自对应的身份验证系统。例如在"所知"方式中，有口令（通行字）认证系统，它是一种根据已知事物验证身份的方法，也是一种广泛使用和研究的身份验证法。在"所有"方式中，典型的如有源卡，又称灵巧卡或者智能卡。它将微处理芯片嵌在塑料卡上代替无源存储磁条，使存储容量可达几 KB 至几十 KB，甚至更高。这类应用如银行取款机中用到的个人识别号（PIN）。在"特征"方式中，应用个人特征的身份证明技术是一种可信度高而又难以伪造的验证方法，在刑事案件侦破中有大量应用。典型的应用有手书签名验证、指纹验证、语音验证、视网膜验证和 DNA 检验等身份证实系统。这些技术将在下面几节中详细介绍。

身份证明系统的质量指标有两类：第一类是合法用户遭拒绝的概率，即拒绝率（False Rejection Rate，FRR）或虚报率，这是 I 型错误率；第二类是非法用户伪造身份成功的概率，即漏报率（False Acceptance Rate，FAR），这是 II 型错误率。为了保证系统有良好的服务质量，要求它的 I 型错误率要足够小；为了保证系统的安全性要求它的 II 型错误率要足够小。这两个指标常常是相悖的，要根据不同的用途进行折中选择，例如为了安全性，就要牺牲一点服务质量。设计中除了安全性外，还要考虑经济性和用户的方便性。

8.2　口令认证系统

口令是一种根据已知事物验证身份的方法，也是一种被深入研究和广泛使用的身份验证法。例如，阿里巴巴打开宝洞的"芝麻"密语、中国古代调兵用的虎符、军事上采用的各种口令以及现代通信网的接入协议。口令的选择原则为：①易记；②难以被别人猜中或发现；③抵抗分析能力强。在实际系统中，需要考虑和规定选择方法、使用期限、字符长度、分配和管理以及在计算机系统内的保护等。根据系统对安全水平的要求可以有不同的选择。

8.2.1　不安全口令的分析

1. 使用用户名（账号）作为口令

显然，这种方法便于记忆，可是在安全上几乎是不堪一击的。几乎所有以破解口令为手段的黑客，都首先会将用户名作为口令的突破口，而破解这种口令几乎不需要时间。

2. 使用用户名（账号）的变换形式作为口令

这种方法是将用户名颠倒或者加前后缀作为口令，用户感觉这样既容易记忆又可以阻止许多黑客软件。这种方法的确是使相当一部分黑客软件无用武之地，但是那只是一些初级的软件，一个高级黑客软件完全有办法处理这种情况。如著名的黑客软件 John，如果用户的用户名是 fool，那么它在尝试使用 fool 作为口令之后，还会试着使用诸如 foll23、loof、loof123、lofo 等作为口令，凡是用户能想到的变换方法，John 就会想到，它破解这种口令几乎也不需要时间。

3. 使用学号、身份证号、单位内的员工号码等作为口令

使用这种方法对于完全不了解用户情况的攻击者来说，的确不易破解。但是如果攻击者是某个集体中的一员，或者对要攻击的对象有一定的了解，则破解这种口令也不需要花费多少时间。即使身份证号这样多位数的口令，也存在如同上述的情况，即实际上很多位的取值范围是有限的，因此搜索空间将大为减少。

4. 使用自己或者亲友的生日作为口令

这种口令有着很大的欺骗性，因为这样往往可以得到一个 6 位或者 8 位的口令，从数学理论上来说分别有 1000000 和 10000000 的可能性，很难被破解。其实，由于口令中表示月份的两位数只有 1~12 可以使用，表示日期的两位数也只有 1~31 可以使用，而 8 位数的口令作为年份的 4 位数是 19xx 年，经过这样推理，使用生日作为口令尽管有 6 位甚至 8 位，但实际上可能的表达方式只有 $100 \times 12 \times 31 = 37200$ 种，即使再考虑到年月日三者有 6 种排列顺序，一共也只有 $37200 \times 6 = 223200$ 种，而一台普通的计算机每秒可以搜索 3 万~4 万个，仅仅需要 5.58s 就可以搜索完所有可能的口令，如果再考虑实际使用计算机人的年龄，就又可以去掉大多数的可能性，那么搜索需要的时间还可以进一步缩短。

5. 使用常见的英文单词作为口令

这种方法比前几种方法要安全一些。前几种只要时间足够一定能破解，而这一种则未必。如果用户选用的单词十分偏僻，那么黑客软件就可能无能为力了。不过，黑客通常有一个很大的字典库，一般包含 10 万~20 万个英文单词及相应词组。如果你不是研究英语的专家，那么你选择的英文单词很可能在黑客的字典库中。如果是这种情况的话，以 20 万单词的字典计算，再考虑到一些 DES 的加密运算，1800 个/s 的搜索速度也不过是只需要 110s。

8.2.2 口令的控制措施

1）系统消息。一般系统在联机和脱机时都显示一些礼貌性用语，而成为识别系统的线索，因此这些系统应当可以抑制这类消息的显示，口令当然不能显示。

2）限制试探次数。不成功发送口令一般限制为 3~8 次，超过限定试验次数，系统将对该用户 ID 锁定，直到重新认证授权才再开启。

3）口令有效期。限定口令的使用期限。

4）双口令系统。允许联机用一个口令，同时，当接触敏感信息还要发送另外一个不同的口令。

5）最小长度。限制口令至少为 6~8 字节以上，防止猜测成功率过高，可采用掺杂或采用通行短语等加长和随机化。

6）封锁用户系统。可以对长期未联机用户或者口令超过使用期的用户的 ID 进行封锁，直到用户重新被授权。

7）根口令的保护。根口令是系统管理员访问系统所用口令，由于系统管理员被授予的权利远大于对一般用户的授权，因此它自然成为攻击者的攻击目标，所以在选择和使用根口令时要倍加保护。要求必须采用十六进制字符串、不能通过网络传送、要经常更换等。

8）系统生成口令。有些系统不允许用户自己选定口令，而由系统生成、分配口令。系统如何生成易于记忆又难以猜中的口令是要解决的一个关键问题。如果口令难以记忆，则用户往往将其写下来，但是这样做反而增加了暴露危险；另一方面，如果生成算法被窃，则将危及整个系统的安全。UAX IVM S V.4.3 系统能保证所产生的口令具有可拼读性。

8.2.3 一次性口令

对于任何一个系统来说，口令设置无疑是第一道关口，使用口令进行用户鉴别，可以防止非法用户的侵入。如果在进入系统起始处就将非法用户拒之门外，那将是非常成功的。但由于用户在口令的设置上有很多缺陷，例如使用很容易猜测的字母或数字组合、长时间不改变口令、系统口令文件的不安全性、网络传输的不安全性，都会导致口令被盗。特别是在用户远程登录时，口令在网络上传输，很容易被监听程序获取。为了解决这个问题而提出了使用一次性口令。

1. 一次性口令的特点

一次性口令是一种比较简单的认证机制。具体地讲，一次性口令的主要特点有：

1）概念简单，易于使用。

2）基于一个被记忆的密码，不需要任何附加的硬件。

3）算法安全。

4）不需要存储诸如密钥、口令等敏感信息。

2. 一次性口令的原理

一次性口令是基于客户/服务器模式的，操作的有两方：一方是用户端，它必须在一次登录时生成正确的一次性口令；另一方是服务器，一次性口令必须被验证。一次性口令的生成和认证均是基于公开的单向函数，如 MD5、MD4。

一次性口令的多次使用形成了一次性口令序列，序列中各个元素是按以下规律生成的。假设一次性口令序列共有 n 个元素，即有一个可使用 n 次的一次性口令序列。它的第一个口令是使用单向函数 n 次，第二个口令使用单向函数 $n-1$ 次，依次类推。例如 $n=5$，它的第一个口令是 $p(1)=f(f(f(f(f(s)))))$，第二个口令是 $p(2)=f(f(f(f(s))))$，第三个口令是 $p(3)=f(f(f(s)))$，……这样得到的口令，即使窃听者监听到第 i 个口令 $p(i)$，也不能生成第 $i+1$ 个口令，因为这样就需求得单向函数的反函数，而不知道单向函数循环起始点使用的密钥，这一点是不可能实现的。循环起始点使用的密钥只有用户自己知道，这就是一次性口令的安全原理。

在客户端，使用单向函数时所代入的参数就是用户输入的密码和"种子"，循环数即使用单向函数的次数，由服务器端传来的序列号决定。其中的"种子"也是服务器端传过来的，而且是唯一的、用户用于此次登录的一个字符串，它增强了系统的安全性。

用户生成的口令被发送到服务器端后，要得到正确的验证。首先服务器端暂存它所接收到的一次性口令，然后对其使用一次单向函数，若计算结果与上次成功登录所使用的口令相同，则本次登录成功，并用本次使用的口令更新口令文件中的记录，用以作为系统口令文件的新入口点；若不相同，则登录失败。

总之，一次性口令系统对一个用户输入的密码使用单向函数以生成一个口令序列，其安全性基于用户输入的密码只有用户自己知道，而网络上传输的口令只是经过计算而且是一次性这一事实。所以，一次性口令的风险很小，只要用户以最安全的方式记忆这个密码而不被外人所知即可。

3. 一次性口令协议

1）用户输入登录名和相关身份信息 ID。

2）如果系统接受用户的访问，则给用户传送一次性口令建立所使用的单向函数 f 及一次性密钥 k，这种传送通常采用加密的方式。在电子商务系统中，可根据用户交费的多少和实际需要，给出允许用户访问系统的次数 n。

3）用户选择"种子"密钥 x，并计算第一次访问系统的口令 $z=f^n(x)$。向第一次正式访问系统所传送的数据为 (k,z)。

4）系统核对密钥 k，如果正确，则将 $(ID,f^n(x))$ 保存。

5）当用户第二次访问系统时，将 $(ID,f^{n-1}(x))$ 送给系统。系统计算 $f(f^{n-1}(x))$，并将其与存储的数据对照，如果一致，则接受用户的访问，并将 $(ID,f^{n-1}(x))$ 保存。

6）当用户第三次访问系统时，将 $(ID,f^{n-2}(x))$ 送给系统。系统计算 $f(f^{n-2}(x))$，并将其与存储的数据对照，如果一致，则接受用户的访问，并保存新计算的数据。

7）当用户再次想要登录时，函数相乘的次数只需减 1。

通常情况下，系统在口令的输入过程中不会显示，以防旁观者偷窥口令。使用一次性口令就没有这个必要了，因为即使口令被看到，也不能在下一次登录中使用。

美国 Security Dynamics 公司的安全 ID（SecurID）系统就是基于时间的一次性口令系统。

安全 ID 卡片是个带有液晶显示屏的卡片，显示每分钟变换一次。用户使用 Telnet 和 FTP 来登录时，要输入账号和口令，以及当时安全 ID 卡片上的显示码。如果账号名、用户口令和安全 ID 显示码正确，则用户登录成功，否则失败。

8.3 个人特征的身份证明

在安全性要求较高的系统，由口令和证件等所提供的安全保障不够完善。口令可能被泄露，证件可能丢失或者被伪造。更高级的身份认证是根据被授权用户的个人特征来进行的验证，它是一种可信度高而又难以伪造的验证方法。这种方法在刑事案件侦破中早已被采用。

新的、含义更广的生物统计学正在成为自动化世界所需要的自动化个人身份认证技术中的最简单而安全的方法。它利用个人的生理特征来实现。个人特征有很多，如容貌、肤色、指纹、语音、唇印、头盖骨的轮廓、习惯性签名、人体骨骼对物理刺激的反应等。当然，采用哪种方式还要被验证者所接受。有些检验项目，如唇印检查，就必须要求用户亲吻机器上的某个表面，而这将是许多用户所不愿意接受的；用骨骼反应法对用户身份进行认证，将要求用户准备接受机器的某种敲打，显然这也不是广大用户所乐意接受的。有些可由人工鉴别，有些则需借助仪器，当然不是所有场合都能采用。这类物理鉴别还可与报警装置配合使用，可作为一种"诱陷模式"在重要入口进行接入控制，使攻击者的风险加大。个人特征都具有因人而异、不会丢失且难以伪造等特点，非常适用于个人身份证明。

对人体物理特征的测量可能会出现多次测量结果不一致的情况，所以一个实用系统必须考虑到这一点，并且允许测量误差的存在。但由此产生的问题是，随着所允许的误差范围的扩大，不同个人之间产生混淆的概率也越大。若系统错误地拒绝了一个合法用户的请求，那么称这种错误为错误警告或 I 型错误；若系统接受了一个非法用户的请求，就称之为错误接受或非法闯入，也称为 II 型错误。这两种错误是经常交替出现的。

由于在测量时出现误差是正常的，而且是不可避免的，所以当系统收到一个各项参数都非常精确的测量结果时，很可能意味着一个攻击者找到了有关这个用户各方面的材料，而且正利用它想闯入系统，因此，一个非常精确的测量结果并不意味着用户身份的正确。

下面介绍几种研究较多且有实用价值的身份验证系统。

1. 手写签名验证

传统的协议、契约等都以手书签名生效。发生争执时则由法庭判决，一般都要经过专家鉴定。由于签名动作和字迹具有强烈的个性，所以可以作为身份验证的可靠依据。

目前，人们的注意力都集中在如何实现用机器识别签名上，也就是说，要使机器能识别出被鉴别的签名是什么字，更重要的是能根据字体识别出签名人。当把这种机器用于身份识别时，人们所关心的并不是它能否解释签名写的是什么，而是关心它是否能识别出签名人。现在已提出两种识别的方式：一种是根据最后的签名进行识别；另一种是根据签名的书写过程进行识别。目前许多研究都是针对后者的，在银行中，大多数对签名的识别都是采用这种方法的。

在文件或支票上进行伪造签名的有三种类型：自由伪造、模仿伪造及摹写伪造。当某人捡到一本别人遗失的支票簿时，他并不知道失主平时的签名是什么样的，这时他伪造的签名就是自由伪造型的，这种伪造是很容易被识别的。对于模仿和摹写伪造，伪造者事先存有被仿造者的签名并进行模仿。如果把签名的动态书写过程作为识别过程的参数，那么这将使识别工作变得相当简单，同时使伪造者面临更大的困难。另外，签名的书写时间也应作为一个参数存入识别程序中，使用这种技术进行识别的设备能够测试签名的书写节奏，从起笔一直到落笔，能成功地对其执行过程进行测试。

作为使用签名进行身份识别系统的用户，首先要向系统提供一定数量的签名，系统分析用户的这些签名，然后记录下它们各自的特征。向用户要求多个签名是为了能对用户的签名进行多次全面地分析，从而找到能反映用户签名特点的参数。对于一些字体不固定的用户来说，系统或许找不到足够的参数，在这种情况下，系统也许要求用户接受某些特殊的测量，这包括放宽用户签名的误差范围，或允许用户以其他方式接受检查。但是，随着误差范围的扩大，被他人冒名顶替的危险也增加了。

2. 指纹验证

很早以前，人们就发现每个人的指纹及身体其他部位的皮肤纹路是不同的，因此指纹验证已早就被用于契约验证和侦察破案。由于没有两个人的皮肤纹路图样完全相同，相同的可能性不到 10^{-10}，而且它的形状不随时间而变化，提取指纹作为永久记录存档又极其方便，这使它成为进行身体验证的准确而又可靠的手段。每个指头的纹路可分为两大类：环形和涡形；每类又根据其细节和分叉等分成 50~200 个不同的图样。通常由专家来进行指纹鉴别。将计算机自动识别指纹图的指纹验证方法作为接入控制手段会大大提高其安全性和可靠性。但是，许多人们从心理上不愿接受按指纹，不愿意把他们的指纹提供给系统。因此，要使用户乐于接受这种验证方法，就必须使得系统非常可靠，并且使用起来非常方便，只有这样，才能消除人们心中对指纹验证的偏见。

指纹验证技术的发展得益于现代电子集成制造技术和快速可靠的算法研究。虽然指纹只是人体皮肤的一小部分，但用于鉴别的数据量相当大，对这些数据进行比较也不是简单的相等与不相等的问题，而是需要进行大量运算的模糊匹配算法。现代电子集成制造技术使得可以制造相当小的指纹图像读取设备，同时，飞速发展的个人计算机（PC）运算速度提供了在微机甚至单片机上可以进行两个指纹的对比运算的可能。此外，匹配算法可靠性也不断提高，指纹验证技术已经比较成熟。

利用指纹验证技术的应用系统常见的有两种方法：嵌入式系统和连接 PC 的桌面应用系统。嵌入式系统是一个相对独立的完整系统，它不需要连接其他设备或计算机就可以独立完成其设计的功能，如指纹门锁、指纹考勤终端。它的功能较为单一，主要用于完成特定的功能。连接 PC 的桌面应用系统具有灵活的系统结构，并且可以多个系统共享指纹识别设备，还可以建立大型的数据库应用。当然，由于需要连接计算机才能完成指纹识别的功能，从而限制了这个系统在许多方面的应用。

目前，指纹验证系统厂商，除了提供完整的指纹识别应用系统及其解决方案外，还可以提供从指纹取像设备到完整的指纹验证软件开发包，从而使得无论是系统集成商还是应用系统开发商都可以自行开发自己的增值产品，包括嵌入式的系统和其他应用指纹验证的计算机软件。

指纹验证技术可以通过几种方法应用到许多方面。IBM 公司已经开发成功了 Global Sign On 软件，通过定义唯一的口令，或者使用指纹，就可以在公司整个网络上畅行无阻。把指纹验证技术同 IC 卡结合起来，是目前较有前景的一个方向之一。该技术把持卡人的指纹

（加密后）存储在 IC 卡上，并在 IC 卡的读卡机上加装指纹识别系统，当读卡机阅读卡上的信息时，一并读入持卡人的指纹，通过比对卡上的指纹与持卡人的指纹就可以确认持卡人是否是卡的真正主人。在更加严格的场合，还可以进一步同后端主机系统数据库上的指纹做比较。指纹 IC 卡可以广泛地应用于许多行业中，例如取代目前使用的 ATM 卡、制造防伪证件（签证、护照、公费医疗卡、借书卡等）。ATM 加装指纹识别功能在美国已经开始使用，持卡人可以取消密码，或者仍旧保留密码，在操作上按指纹与输入密码的时间差不多。

由于指纹特征数据可以通过电子邮件或其他传输方法在计算机网络上进行传输和验证，通过指纹验证技术，限定只有指定的人才能访问相关信息，可以极大地提高网上信息的安全性，包括网上银行、网上贸易、电子商务的一系列网络商业行为，就有了安全性保障。美国第一安全网络银行（Security First Network Bank，SFNB）就是通过互联网络来进行资金划算的，他们正在实施以指纹验证技术为基础的保障安全性的项目，以增强交易的安全性。

3. 语音验证

每个人的说话声音都各有其特点，人们对语音的识别能力是很强的，即使在强干扰下，也能分辨出某个熟人的语音。在军事和商业通信中常常靠听对方的语音实现个人身份验证。长期以来，人们一直在研究如何用机器识别说话人，也就是说，根据存储的信息对语音进行分析，辨别出是谁说的。非常重要的一点是要能创造一个良好的环境，使系统在语音失真和周围的噪声很大的情况下，也能进行正确识别。在理想的情况下，每次进行识别时，都应使用户处在一个相同的环境下。此外，应该对用户朗读的单词做某些规定，因为有些单词的发音，如 Kim King，只能提供很少的信息，而有些单词的发音如 Paddington Bear 却能提供很多信息。事实上，系统应挑选一些字符组成短语，使之能最大限度地提供信息，通过要求用户读这些短语，系统能提高身份识别的正确率。当然，被挑选的字符也应是一些常用字符。

由美国 Texas 仪器公司研制的语音识别系统，要求用户说的话是从一个包含 16 个单词的标准集中选出的。由这 16 个单词，组成了 32 个句子，在对这些句子进行识别时，利用傅立叶分析，每隔 10ms 进行一次采样，以寻找这个语句中语音变化大的部分，从而找到语音特征。每当识别出一个变化后，就计算该时刻前后 100ms 内频率为 300~2500Hz 声纹的能量，从而得到用户声音的参考样本。当受测者访问系统时，他将被要求说一段由系统指定的话，每隔 10ms，系统将对这段话进行傅立叶分析，并将所得结果与每个参考样本进行比较，从而判别受测者的真伪。

电话和计算机的盗用是相当严重的问题，语音识别技术可用于防止黑客进入语音函件和电话服务系统。

语音识别系统的一个弱点是它往往要求受测者多次重复语音口令，因而分析过程需要更长的时间，并且系统吞吐量也会减少，同时使延时增加。此外，人的身体状况也会影响语音。

4. 网膜图样验证

人的视网膜血管（即视网膜脉络）的图样具有良好的个人特征。网膜图样验证的基本方法是利用光学和电子仪器将视网膜血管图样记录下来（一个视网膜血管的图样可压缩为小于 35B 的数字信息），可根据对图样的节点和分支的检测结果进行分类识别。被识别人必须合作，允许采样。研究表明，其识别验证的效果相当好。如果注册人数小于 200 万，其 Ⅰ型和 Ⅱ型错误率都为 0，所需时间为秒级，在可靠性要求高的场合可以发挥作用，该系统已在军事和银行系统中采用，但其成本比较高。

5. 身份证明系统的选择

选择和设计使用身份证明系统是不容易的。评价这类系统的复杂性，需要从很多方面进行研究。美国国家统计局（NBS）出版了一本书 *Guidelines on Evaluation of Techniques for Automated Personal Identification*，是评估和选择身份证明系统的有用向导，其中列出了 12 点以供参考。

1）对假冒的识别力。

2）伪造赝品的简易度。

3）对欺骗的敏感性。

4）获得识别的时间。

5）用户的方便性。

6）性能价格比。

7）设备提供的接口。

8）调整用的时间和潜力。

9）支持识别过程所需计算机系统的处理。

10）可靠性和可维护性。

11）保护设备的代价。

12）分配和后勤支持的代价。

总之，在选择身份证明系统时要考虑三个方面的问题：一是作为安全设备的系统强度；二是对用户的可接受性；三是系统的成本。

8.4　鉴别方案

8.4.1　Feige-Fiat-Shamir 体制

1. 简化的 Feige-Fiat-Shamir 鉴别体制

可信赖仲裁方选定一个随机模 $n = p_1 p_2$，其中，n 为 512bit 或 1024bit。一组证明者可共享模 n，仲裁方实施公钥和私钥的分配，他产生随机数 v，并且使 $x^2 = v$，即 v 为模 n 的二次剩余，且有 $v^{-1} \bmod n$。以 v 作为公钥，然后计算最小的整数 s

$$s = \sqrt{\frac{1}{v}} \bmod n \tag{8-4-1}$$

作为私钥分发给用户 A。

这样，身份鉴别协议如下进行：

1）用户 A 选取一个随机数 r（$r<n$），接着计算 $x = r^2 \bmod n$，并将 x 发送给仲裁方。

2）仲裁方发送一个随机位 b 给用户 A。

3）若 $b=0$，用户 A 将 r 发送给仲裁方；若 $b=1$，用户 A 发送 $y=rs \bmod n$。

4）若 $b=0$，仲裁方验证 $x = r^2 \bmod n$，从而证明用户 A 知道 $\sqrt{x}$；若 $b=1$，仲裁方验证 $x = y^2 v \bmod n$，从而证明用户 A 知道 $\sqrt{v^{-1}}$。

这个协议是单轮鉴定，叫作一次鉴定合格。用户 A 和仲裁方重复这个协议 t 次，直到仲裁方确信用户 A 知道 s，这是一个分割选择协议。

协议的安全性分析：

1）用户 A 欺骗仲裁方的可能性。如果用户 A 不知道 s，他也可以选择 r 以便在仲裁方送给他 0 时欺骗仲裁方，或选取 r 以便在仲裁方送给 1 时欺骗仲裁方，但他不能同时做到上述两点。他欺骗仲裁方一次成功的可能性为 50%，t 次成功的可能性为 $1/2^t$。

2）仲裁方伪装用户 A 的可能性。仲裁方和其他验证者 C 开始一个协议，第一步用 A 用过的随机数 r，若 C 所选的 b 值恰与以前发给用户 A 的一样，则仲裁可将在第 3）步所发的重发给 C，从而可成功地伪装用户 A，但 C 随机选 b 为 0 或 1，所以这种攻击成功概率仅为 50%，要执行 t 次，可使其降为 $1/2^t$。

2. Feige-Fiat-Shamir 鉴别体制

费热、菲亚特和沙米尔曾在他们的论文中证明：并行构造可以增加每轮鉴定的数量，以减少用户 A 和仲裁方交互的次数。

首先，如上产生 n，n 是两个大素数之积。要产生用户 A 的公钥和私钥，先要选取 k 个不同的数 $v_1, v_2, \cdots, v_k$，这里 v_i 为模 n 的二次剩余。也就是说，$x^2 = v_i \bmod n$ 有一个解，并且 $v_i^{-1} \bmod n$ 存在。$v_1, v_2, \cdots, v_k$ 作为公钥。然后，计算满足 $s_i = \sqrt{1/v_i} \bmod m$，将 $s_1, s_2, \cdots, s_k$ 作为私钥。

协议如下进行：

1）用户 A 选取一个随机数 $r(r<n)$，接着计算 $x = r^2 \bmod n$，并将 x 发送给仲裁方。

2）仲裁方将一个 k 位随机二进制串 $b_1, b_2, \cdots, b_k$ 发送给用户 A。

3）用户 A 计算

$$y = r \prod_{i=1}^{k} s_i^{k_i} \bmod n \qquad (8\text{-}4\text{-}2)$$

4）仲裁方证实

$$x = y^2 \prod_{i=1}^{k} v_i^k \qquad (8\text{-}4\text{-}3)$$

用户 A 和仲裁方重复这个协议 t 次，直到仲裁方确信用户 A 知道 $s_1, s_2, \cdots, s_k$。用户 A 欺骗仲裁方的概率为 $1/2^{kt}$。设计者建议，取 $k=5, t=4$，则作弊者欺骗仲裁方的概率为 $1/2^{20}$。如果想要更安全些，可增大这两个值。

3. 加强方案

可将用户 A 的身份信息 I（包括姓名、住址、社会安全号码、车牌号码等），加上一个随机选的数 j，经过单向散列函数 $H(x)$，计算得 $H(I, j)$，作为用户 A 的识别符。找出 k 个随机数，使 $H(I, j)$ 为模 n 的二次剩余，并将得出的 $v_1, v_2, \cdots, v_k$（各 v_i 在模 n 下有逆）作为公钥。用户 A 将身份信息 I 和 k 个 $H(I, j)$ 发送给仲裁方，仲裁方可由 $H(I, j)$ 生成 v_1, $v_2, \cdots, v_k$。这样，用户 A 和仲裁方就可以完成前述协议。

仲裁方确信某人知道 n 的分解可证实 I 和用户 A 的关系，并将从 I 导出的 v_i 的平方根给了用户 A。费热等人给出下述的实际建议：

1）如果单向散列函数不完善，可用加长随机串 R 来随机化 I，由仲裁选取 R 和 I 一起向仲裁方公布。

2）一般 k 选 $1\sim18$，k 值大可以降低协议执行轮数，从而减少通信复杂性。

3）n 至少为 512bit。

4）若所有用户选用自己的 n 并公布在公钥文件中，从而可以免去仲裁，但这种类似 RSA 的变形使方案很不方便。

8.4.2　Guillou-Quisquater（GQ）鉴别体制

吉洛（Guillou）和奎斯夸特（Quisquater）曾给出一种鉴别方案，即 GQ 鉴别体制，它需要三方参与、三次传送，利用公钥体制实现。可信赖仲裁 T 先选定 RSA 的秘密参数 p 和 q，生成大整数模 $n=pq$；公钥指数 $e\geq3$，其中 $\gcd(\varphi,e)=1$，$\varphi=(p-1)(q-1)$；计算出秘密指数 $d=e^{-1}\bmod\varphi$；公开 (e,n)。各用户选定自己的参数，用户 A 的唯一性身份 I_A，通过散列函数 H 变换得到相应的散列值 $J_A(1<J_A<n)$，其中 $(\varphi,J_A)=1$。仲裁 T 向用户 A 分配秘密数 $S_A=(J_A)^{-d}\bmod n$。

单轮 GQ 协议三次传输的消息如下：

1）$A\rightarrow$ 仲裁方：$x=r^e\bmod n$，其中 r 是 A 选择的秘密随机数。

2）$A\leftarrow$ 仲裁方：仲裁方选取随机数 μ（$1\leq\mu\leq e$）。

3）$A\rightarrow$ 仲裁方：$y=rS_A^\mu\bmod n$。

当用户 A 向仲裁方证实自己的身份时，双方执行下述协议：

1）选择随机数 r（承诺）（$1\leq r\leq n-1$），计算 $x=r^e\bmod n$，用户 A 将 (I_A,x) 送给仲裁方。

2）仲裁方选择随机数 $\mu(1\leq\mu\leq e)$，将 μ（询问）发送给用户 A。

3）计算 $y=rS_A^\mu\bmod n$，将其送给仲裁方。

4）仲裁方收到 y 后，从 I_A 计算 $I_A=H(I_A)$，并计算 $J_A^\mu y^e\bmod n$。如果结果不为 0 且等于 x，则认可；否则，拒绝。

此协议可以执行 t 轮，一般选 $t=1$。

QS 鉴别体制的安全性主要依赖于 RSA 公钥密码体制的安全性。

8.4.3　X.509 证书系统

国际电信联盟（ITU）（前身是国际电报电话咨询委员会，即 CCITT）建议采用 X.509 作为 X.500 系列标准及服务的部分安全鉴别应用。因为 X.509 采用公钥密码体制建立鉴别协议，X.500 又作为分布式网络中储存用户信息的数据库所提供的目录检索服务的协议标准，所以利用 X.509 作为 X.500 的服务所提供的认证服务的一种协议标准。X.509 最初的版本产生于 1988 年，之后于 1993 年和 1997 年做了两次修改。X.509 对具体的加密技术、数字签名、公钥密码及散列算法未做太多限制，也比较容易与这些技术配合使用。

1. X.509 证书文件

X.509 对每个用户选择的公钥提供所谓的"证书文件"（简称"证书"）。证书可作为实体授权的证明、身份证明、公钥合法性和真实性证明的一个依据。用户证书由可信的证书机构（CA）产生，并存放在 X.500 目录中。X.509 证书文件的格式如图 8-1 所示。

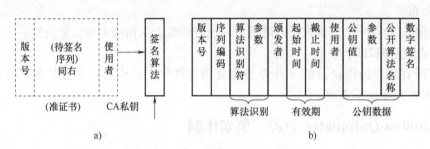

图 8-1 X. 509 证书文件的格式

图 8-1a 左边虚框为待签的序列证，理解为准证书，具有证书的基本内容，但没有授权不能生效。它可由用户产生，也可由证书管理系统产生。只有经可信的 CA 机构用私钥在原来的准证书上加上签名后才能变成真正授权的证书。实用证书格式如图 8-1b 所示，包括以下内容：

1) 版本号（V）：用以区分 X. 509 不同年份版本。

2) 序列编码（SN）：由 CA 赋予每个证书一个特殊编号。

3) 算法识别（AI）：产生证书所用的算法识别符或参数。

4) 颁发者（CA）：CA 的身份名。

5) 有效期（T）：指从起始时间到截止时间。

6) 使用者（A）：证书文件拥有者的识别名。

7) 公钥数据（A_{pkd}）：包括证书的公钥值、有关参数和公钥算法名称。

8) 数字签名（Sign）：先将证书中的数据进行散列处理，然后用 CA 的密钥签名散列值。

标准证书文件经 CA 签名后携带的信息：CA《A》= CA｛V，SN，AI，CA，T，A，A_{pkd}，Sign｝。

2. 证书管理模式

对所有的使用者来说，都要从可信的根 CA 来获取证书。证书文件中的公钥及证书可存放在 X. 500 目录中供大家检索，或用户可将自己公钥随同证书文件传送给对方 C，C 使用 CA 公钥验证证书文件中的拥有者的真实身份，一旦用此公钥加密传给 A 时，只有 A 可解出。

对于多用户情形的证书管理，可通过多个 CA 来颁发证书，但却造成了验证证书真伪性的困难。因此，X. 500 属分布式系统，采用多级管理模式来实现。X. 509 中的分层认证结构如图 8-2 所示。

A 向 X 注册：希望获取公钥证书。相邻两个 CA（如 X、W）相互产生证书，当 A 获取证书链信息 X《W》 W《V》 V《Y》 Y《Z》 Z《B》时，A 可确认 B 的公钥。同理，若 B 从方向路径可获取证书链信息 Z《Y》 Y《V》 V《W》 W《X》 X《A》，B 也可以确认 A 的公钥。

证书文件的有效期限满时，要及时更换证书。对下列情形，虽然有效证书未过期，但可以提前取消证书：①用户密钥已泄漏；②CA 用于签名证书的私钥已泄漏；③某用户与 CA 的关系已解除。对于已取消的证书，要列成清单给予公布，并备案保管，以防伪造。

3. 对用户的鉴别方法

X. 509 对用户的鉴别规定了以下三种不同的鉴别方法，这些不同的鉴别程序都使用了公

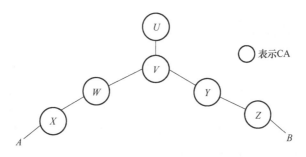

图 8-2 X. 509 中的分层认证结构

布密钥密码技术。这三种识别方法分别为：单向鉴别、双向鉴别和三向鉴别。

（1）单向鉴别 单向鉴别就是把鉴别信息从一个用户 A 传到另一个用户 B，如图 8-3 所示。其中，t_A 为时间戳，防止延误攻击；r_A 为随机数，防止重访攻击；B 为用户 B 的身份；$Sign(data)$ 为 A 的签名，可用 A 的公钥验证真伪；$E_B(K_{ab})$ 是用 B 的公钥加密的共享会话密钥。

图 8-3 单向鉴别

（2）双向鉴别 双向鉴别就是用户 A 和用户 B 之间相互鉴别，这样通信双方相互验证身份，可以达到让 B 认证由 A 产生的消息，让 A 认证由 B 产生的消息，如图 8-4 所示。

图 8-4 双向鉴别

（3）三向鉴别 三向鉴别也叫重向鉴别，比双向鉴别多一轮通信（或重复一次通信），如图 8-5 所示。目的是为了解决鉴别数据的重放威胁，通信双方增加了时钟校验，以减轻对同步要求的压力。

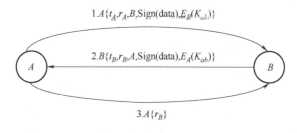

图 8-5 三向鉴别

8.5 智能卡技术及其应用

如前所述，个人持证为个人所有物，可用来验证个人身份。磁卡和智能卡都是用来验证个人身份的，又称为身份卡，简称 ID 卡。早期的磁卡是一种嵌有磁条的塑卡，磁条上有磁道，记录个人相关信息，用于机器读入识别。它由高强度、耐高温的塑料制成，具有防潮、耐磨、柔韧、便于携带等特点。发达国家早在 20 世纪 60 年代就开始将其作为信用卡在各种 ATM 上广泛使用。国际标准化组织曾对卡和磁条的尺寸布局提出建议。卡的作用类似于钥匙，用来开启电子设备，这类卡常与个人识别号（PIN）一起使用。很显然，PIN 最好记忆而不要写出来，但对某些人，如美国人，平均每个人有 11 张不同用途的卡，都要记忆下来也是不容易的。

磁卡易于制造，且磁条上记录的数据不难被转录，因此应设法防止伪制。目前已发明了许多"安全特性"来改进卡的安全性。例如采用水印花纹，即在制造过程中在磁条上加了永久的不可擦除的记录，难以仿制，用以区分真伪。也可以采用夹层带，将高矫顽磁性层和低矫顽磁性层粘在一起，使低矫顽磁性层靠近记录磁头。记录时使用强力磁头，使上下两层都录有信号；读出时，先产生一个去磁场，洗去表面低矫顽磁性层上的记录，但对高矫顽磁性层上记录的信号无影响。这种方案可以防止用普通的磁带伪造塑卡，也可以防止用一般磁头在偷得的卡上记录所需的伪造数据。但其安全性不高，因为高强磁头和高矫顽磁带并非太难得到。由于信用卡缺少有效的防伪和防盗等安全保护措施，全世界的发卡公司和金融系统每年都有巨大损失。人们开始研究和使用更先进、更安全和更可靠的智能卡。

智能卡又称为有源卡、灵巧卡或 IC 卡。它将微处理器芯片嵌在塑卡上代替无源存储磁条。存储信息量远大于磁条的 250B，且有处理功能。卡上的处理器有 4KB 的程序和小容量 EPROM，有的甚至有液晶显示和对话功能。智能卡的工作原理如图 8-6 所示。

以智能卡代替无源卡使其安全性大大提高，因为攻击者难以改变或读出卡中的数据。它还克服了普通信用卡的一些严重缺点，如下所述：

1）透支问题：由于大多数报告活动不会立刻报告给发卡公司，所以持卡人可以多次进行小笔交易或一大笔交易，所需金额大大超过持卡人的存款额。

2）转录信息：用复写纸留下信用卡突出部分的印痕就可将信用卡磁条上存储的信息复制到空白卡上。

3）泄露护字符：监视存取机工作的人可能会在持卡人把护字符输入存取机时窃取其护字符。

在智能卡上有一存储用户永久性信息的 ROM，在断电下信息不会消失。每次使用卡进行的交易和支出总额都被记录下来，因而可确保不能超支。卡上的中央处理器对输入、输出数据进行处理。卡中存储器的某些部分信息只由发卡公司掌握和控制。通过中央处理器、智能卡本身就可检验用卡人所提供的任何暗号，将它同存储于秘密区的正确暗号进行比较，并将结果输出到卡的秘密区中，秘密区还存有持卡人的收支账目，由公司选定一组字母或数字作为卡的编号，用以确定其合法性。存储器的公开区存有持卡人姓名、住址、电话号码和账号，任何读卡机都可读出这些数据，但不能改变它。系统的中央处理器也不会改变公开区内的任何信息。正在研究将强的密码算法嵌入智能卡系统，可完成认证、签名、散列运算、

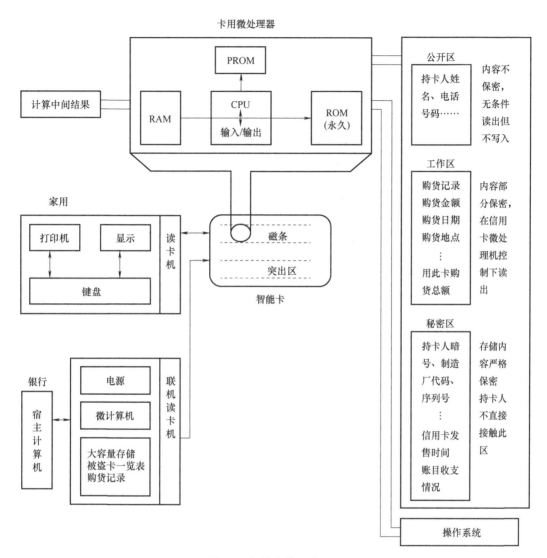

图 8-6　智能卡的工作原理

加/解密运算，从而大大增强系统的安全性，使其用于对安全性要求更高、处理功能要求更强的系统，如电子货币、Internet 上的电子商务、保险、医疗信息等系统中。

20 世纪 80 年代中期，法国就已大量使用智能卡。欧洲已有数以亿计张智能卡，其中大部分是一次性预付款电话卡。1985 年 9 月，Mastercard 这一世界性信用卡公司在美国华盛顿和佛罗里达州的棕榈泉就发行了 5 万张智能卡。除了银行系统外，智能卡在付费电视系统也有广泛应用。付费电视系统每 20s 改变一次加密电视节目信号的密钥，用这类智能卡可以同步地更换解密钥，实现正常接收。智能卡的存储容量和处理功能的进一步加强，会使它成为身份验证的一种更为变通的工具，可进一步扩大其应用范围，如作护照、电话/电视等计费卡、个人履历记录等。不久，个人的签名、指纹、网膜图样等信息就可能存入智能卡，成为身份验证的更有效的手段。未来的智能卡所包含的个人信息将越来越多，将成为高度个人化的特征。

d_ 信息安全与密码学教程

1. 身份证明技术可分为几类？它们各有何特点？

2. 指出指纹识别、语音识别和网膜识别等技术各自的性能与特点。指出上述几种个人特征识别技术在实际中的应用，并说明如何推广应用。

3. 阐述一次性口令的安全原理和协议。

4. 如何选择一个身份证明系统？

5. 在吉洛（Guillou）和奎斯夸特（Quisquater）身份鉴别体制中，已知 $n = 199543$，$b = 523$，$v = 146152$，验证下式是否成立：

$$v^{456}101360^b = v^{257}36056^b (\bmod\ n)$$

6. 1988 版的 X. 509 列举了 RSA 密钥的性质：基于大数因式分解的难度。在当时看来密钥必定是安全的。这个讨论的结论是要对公开的幂和模数 n 进行约束：$e > \log_2(n)$ 将一定确保防止采用第 e 个根模 n 的攻击来获悉明文。

尽管这个约束是正确的，但给出需要它的理由都是不正确的。给出的理由错在何处？正确的理由是什么？

196

第 **9** 章 安全协议

随着网络和信息化的快速发展，Internet 技术的发展超出了人们的想象，它几乎是以"爆炸式"的速度在增长。Internet 以其巨大的魅力，改变了人们的生活。Internet 之所以取得这么大的成功，最大的功臣就是 TCP/IP 协议族。TCP/IP 的开放性，使得 TCP/IP 协议族得到了广泛的实施、开发和支持。

在 20 世纪 80 年代，人们普遍采用的还有另一些网络协议体系，如 ISO（国际标准化组织）的 OSI、IBM 公司的 SNA 以及 DEC 公司的 DECnet 等。但是这些协议太复杂，而且开放性不好，没有得到广泛的支持和使用。

这里要说明的是，不论是哪种网络协议体系都包括下列的基本部件：

1）协议堆栈：由相互通信、高效地传输数据包的各个层组成。

2）定址系统：主要是为目标主机提供一个独一无二的标识，这是实现大规模通信的基础。

3）路由选择：主要是针对传送方面的问题，为了将一个特定的数据包送到目的地，必须选择一条最快、最近的传送路径。

9.1 TCP/IP

Internet 安全标准 IPsec 是为 Internet 量身定做的，所以在介绍 IPsec 之前，很有必要介绍网络的体系结构，熟悉 TCP/IP 的概念，然后再讨论在堆栈的各层实施安全策略的优点和缺点，让大家理解为什么网络安全要在不同的层次上实施安全策略。

9.1.1 TCP/IP 概述

TCP/IP 是 Internet 上使用的网络协议，它实际上是一个网络协议族，包括 TCP、IP、ICMP、IGMP、UDP、ARP 等协议。其中，TCP 和 IP 是最重要的两个协议。

先介绍一下 TCP/IP 参考模型（TCP/IP Reference Model），它的结构如图 9-1 所示。

TCP/IP 协议堆栈一共分为四层，即应用层、传输层、网络层、数据链路层。堆栈中的每一个层都有明确定义的功能和用途。每一层都能导出经准确定义的接口，在它上面或下面的层可通过接口进行通信。下面对每一层的功能做一个简单的介绍。

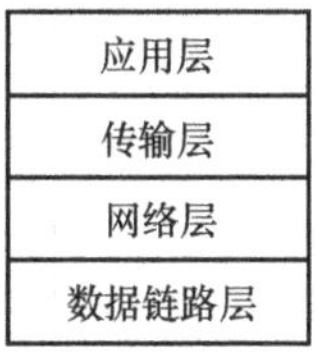

1）应用层。应用层直接为网络应用提供服务，使它们通过网络传输数据成为可能。应用层包含所有的高层应用协议，主要有远程登录（Telnet）协议、文件传输协议（FTP）、域名服务

图 9-1 TCP/IP 参考模型

（DNS）、简单网络管理协议（SNMP）、简单邮件传输协议（SMTP）以及超文本传输协议（HTTP）等。

2）传输层。传输层主要为应用层提供可靠的、面向连接的服务。传输层主要包括两个协议——TCP 和 UDP。TCP 是一种面向连接的、可靠的传输协议，它在端到端之间提供一种高可靠性的数据通信。所谓面向连接，就是在通信的双方之间建立一条虚拟的传输通道，而且发送的数据包都是按顺序发送和接收的。而 UDP 则不是一种面向连接的协议。每一个使用 UDP 的数据分组都单独选择路由，数据分组不是按顺序发送和接收的，传输也没有可靠性。

3）网络层。网络层主要是提供无连接的服务。它主要是处理不同网络的互连、数据包的寻址、分段、路由选择等。网络层的协议主要有 IP（Internet Protocol）、ICMP（Internet Control Message Protocol）和 IGMP（Internet Group Management Protocol）。

4）数据链路层。数据链路层负责数据包在物理媒介中的传输。数据传输在两个物理上连接在一起的设备间进行。从数据链路层的协议来分，现在的网络主要有以太网（Ethernet）、令牌环网（TR）、光纤分布数据接口（FDDI）以及异步传输模式（ATM）等。

TCP/IP 使得各种不同性质的网络互相连接在一起，形成了目前影响巨大的 Internet。这些网络的数据链路层都不尽相同，但是它们可以通过路由器连接在一起。不同性质的网络是不能直接相连的，因为它们的传输方式、数据帧的格式、数据帧的大小等都是不相同的。然而各种网络通过路由器就可以互连到一起，路由器的功能就好比一个转换器，当一个令牌环的数据包要到达以太网中的一个用户时，它会先转换成 IP，然后，再转换成可以在以太网中传输的数据格式。此外，路由器还可以根据数据包的目的地址，将数据包转发到合适的网段上。

9.1.2 IP

IP 是网络之间互连的协议（Internet Protocol）的简称，是一种不可靠的、不提供连接的服务，它不仅提供最好的传输服务，而且是各种不同网络互连的关键协议。IP 的内容包括：基本传输单元（IP 报文的类型和定义）、IP 地址以及分配方法、IP 报文的路由转发、IP 报文的分段与重组。

1. IP 报文格式

IP 报文是 IP 的基本处理单元。IP 报文格式如图 9-2 所示。

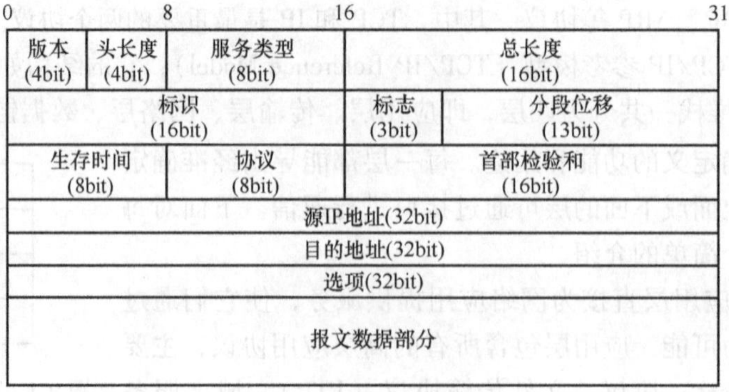

版本 (4bit)	头长度 (4bit)	服务类型 (8bit)	总长度 (16bit)	
标识 (16bit)			标志 (3bit)	分段位移 (13bit)
生存时间 (8bit)		协议 (8bit)	首部检验和 (16bit)	
源IP地址(32bit)				
目的地址(32bit)				
选项(32bit)				
报文数据部分				

图 9-2　IP 报文格式

1）版本（4bit）：该字段用于指出 IP 版本号。

2）头长度（4bit）：主要是指出头的长度，实际上是将 IP 报头的长度限制在 60B。

3）服务类型（Type of Service，TOS）：主要用于指定数据包的通信要求。服务类型主要有四种：最小延迟、最大吞吐量、最高可靠性、最小费用。根据应用程序对通信质量的要求不同，可以选择合适的服务类型。

4）总长度（16bit）：指整个 IP 数据包的长度，该字段用于向接收端的网络层报告一个数据报总长。

5）标识（16bit）：标识字段用来唯一地标识主机发送的每一个数据包。

6）标志（3bit）：在标志段占用的 3 位中，仅有 2 位有定义。第一位用来指出是否对 IP 数据包进行分段。IP 组装的 IP 报文要放在物理帧中传输，不同的物理网络，使用的帧格式以及容许的帧的长度都是不一样的，所以对数据包分段是有必要的，而且有时候是必需的。第二位表示是否是最后一个分段。

7）分段位移（13bit）：指出在一个 IP 数据报中，IP 数据包的偏移量是多少。

8）生存时间（8bit）：防止 IP 数据包在网络中无休止地游荡，具体来说，表示的是 IP 数据包可以经过的路由器的个数。在发送时，主机将生存时间写入该字段，然后该数据包每经过一个路由器，该字段就会减 1。当它变为 0 时，该数据包就会被丢弃，并通过 ICMP 通知发送端。

9）协议（8bit）：此字段用来表示数据区中包含的上层协议的数据包使用哪种协议。常见的上层协议包括 TCP、UDP、ICMP、IGMP，对应的协议号分别为 6、17、1、2。

10）首部检验和（16bit）：此字段用来保证 IP 报头的数据完整性。这里只是对 IP 报头的完整性进行检查，没有对数据部分提供数据完整性的检查。

11）源 IP 地址（32bit）：指出生成这个包的源主机的 IP 地址。

12）目的地址（32bit）：指出目标主机的 IP 地址。

13）选项（32bit）：此字段是对 IP 的一个扩展，很多应用程序使用该字段记录信息，如该数据包通过的路由器地址等。

14）报文数据部分。

2. IP 地址及分配方法

（1）IP 地址分类　IP 地址是 Internet 上主机地址的数字性表述，它是一个 32 位的二进制数。IP 按照第一个字节的前几位将 IP 地址分为 A、B、C、D、E 五类，如图 9-3 所示。

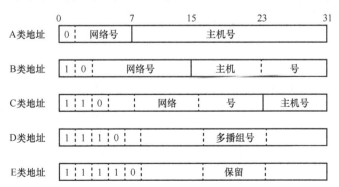

图 9-3　IP 地址分类示意图

从图 9-3 中可以看出，IP 地址包含网络号和主机号两个部分，网络号代表一个子网，而主机号则代表子网中的某一台主机。A 类地址范围是 1.0.0.0~127.255.255.255，前 8 位是网络地址，后 24 位表示主机地址，那么有 2^8 个网络地址，每个子网络中含有 2^{24} 个主机地址。B 类地址范围是 128.0.0.0~191.255.255.255，前 16 位是网络地址，后 16 位是主机地址，那么可以有 2^{16} 个网络地址，每个子网中有 2^{16} 个主机地址。C 类地址范围是 192.0.0.0~223.255.255.255，前 24 位是网络地址，后 8 位是主机地址，那么可以有 2^{24} 网络地址，每个子网络中最多可以有 2^8 个主机地址。D 类地址的范围是 224.0.0.0~239.255.255.255。E 类地址的范围是 240.0.0.0~247.255.255.255。其中 A、B、C 三类地址是分给用户使用的。举个例子来说明网络地址的使用，如果用户使用一个 B 类地址，那么建立这个网络最多可以容纳 2^{16} 台主机。D 类地址是多播地址，E 类地址是保留地址。感兴趣的读者可以自己查阅资料，这里不多做介绍。

（2）IP 地址的表示方法　IP 地址是一个 32 位的二进制数，为方便起见，通常将每个字节用小数点分开写成 4 个十进制数的形式。例如，172.25.12.239、202.222.123.1、212.146.221.233 等。

用十进制数字表示 IP 地址虽然简单，但是对普通人来说，要记住大量的没有语言意义的数字地址，显然是不可能的。并且在实际应用中，IP 地址大多是动态分配的，每次都有可能不同。因此，IP 地址的记忆通常都是没有意义的事情。但是另一方面，网络层能够识别和处理的只能是这种形式的地址。因此，有必要设置一个易于伸缩的系统，将一个名字动态地翻译成 IP 地址。在这种需要下，域名系统（DNS）应运而生。

域名系统是 Internet 中一种简单和易于扩展的目录系统，它最大作用就是将采用 www.xyz.com（例如，www.chinaren.com、www.google.com 等）形式的机器名称翻译成数字形式的 IP 地址。

（3）子网和子网掩码　A 类地址最多可以容纳 $2^{24}-2$ 台主机，B 类地址最多可以容纳 $2^{16}-2$ 台主机。如果在一个网络上连接的主机太多，会严重影响网络的性能。所以在实际网络的应用中，总是把较大的网络，如 A 类、B 类网络，再次划分成为很多的子网，中间用路由器相连。把 IP 地址的主机号部分再分为一个子网号和一个主机号。

较大的网络如何划分子网呢？这个要根据网络的规模、用途来综合决定，不同的网络，划分子网的方法也不同，没有一个规定的标准。较大的网络划分成若干个小的子网后，这里就带来一个问题，即网络中的主机和路由器如何来判断自己的子网号呢？IP 中，解决这个问题是设置子网掩码来决定的。子网和子网掩码的内容与本书的内容相关不是很大，所以不做太多的介绍，有兴趣的读者可以查阅相关的资料。

9.1.3　TCP

TCP 是传输层协议，处于应用层和网络层之间。它是面向连接的端到端的可靠通信，提供可靠的字节流传输和对上层应用层提供连接服务。进行通信的双方在传输数据之前，首先必须建立连接；数据传输完成之后，任何一方都可以断开连接。TCP 建立的是端到端的全双工连接，也就是说，在连接建立后，在两个方向上可以同时传输数据，但是不能使用 TCP 实现多播和广播。

在传输层 TCP 接收到应用层传输的数据，组成分段。在每个分段前，都要加上一个

TCP 头，TCP 包括一个 20B 的固定长度，以及一个变长的选项部分。TCP 报文的头格式如图 9-4 所示。

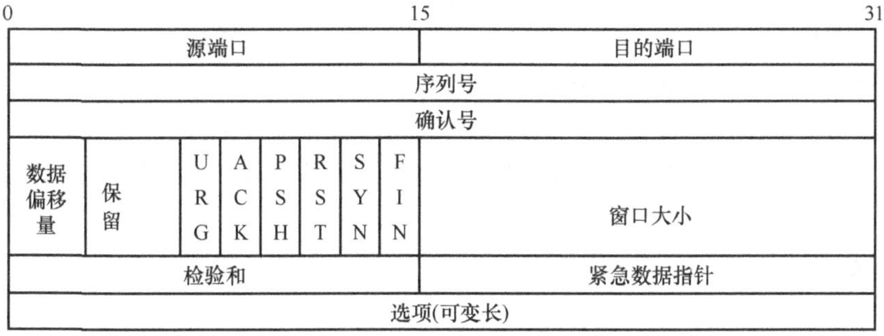

0							15		31

下面是一个表格结构的TCP头格式：

```
0                        15                       31
┌──────────────────────────┬──────────────────────────┐
│         源端口            │         目的端口          │
├──────────────────────────┴──────────────────────────┤
│                    序列号                            │
├─────────────────────────────────────────────────────┤
│                    确认号                            │
├──────┬──────┬─┬─┬─┬─┬─┬─┬─────────────────────────────┤
│数据  │ 保留 │U│A│P│R│S│F│                            │
│偏移  │      │R│C│S│S│Y│I│        窗口大小            │
│量    │      │G│K│H│T│N│N│                            │
├──────┴──────┴─┴─┴─┴─┴─┴─┴─────────────────────────────┤
│         检验和           │        紧急数据指针        │
├──────────────────────────┴──────────────────────────┤
│                  选项(可变长)                        │
└─────────────────────────────────────────────────────┘
```

图 9-4　TCP 报文的头格式

1）源和目的端口：每个 TCP 头中都包含源和目的端口号，用于寻找发送端和接收端应用进程。源和目的端口加上 IP 报头中的 IP 地址就能唯一地确定一个 TCP 连接。

2）序列号：用来标识从 TCP 报文发送端向 TCP 报文接收端发送的数据字节流，它表示在这个报文段中的第一个数据字节。

3）确认号：确认号包含发送确认的一端所期望收到的下一个序号，因此，确认号应当是上次已成功收到的数据字节序号加 1。

4）数据偏移量：数据偏移量表示 TCP 的数据部分在 TCP 报文中的位置，实际上就是 TCP 头的长度。

5）六个标志位：URG 为紧急数据标志。如果 URG 为 1，则表示本数据包中包含紧急数据。此时，紧急数据指针表示的值有效。

ACK 为确认标志。如果 ACK 为 1，则表示确认号是有效的，否则是无效的。

PSH 标志位表示两个应用进程交互通信时，发送方能够及时收到对方的响应。

RST 标志位用来复位一条连接。

SYN 标志位用来建立连接，让连接双方同步序列号。

FIN 标志位表示发送方已经没有数据要求传输了，希望结束连接。

6）窗口大小：窗口大小字段表示接收方想要接收的数据字节数，从应答字段的顺序号开始计。接收方通过设置窗口的大小，可以调节发送方发送数据的速度，从而实现流控。

7）检验和：检验和字段检验 TCP 头部、数据和一个伪头部之和，是 TCP 提供的一种检错机制。

8）紧急数据指针：紧急数据指针指出跟在紧急数据之后的数据相对于该段顺序号的正偏移。

TCP 的其他有关内容与本书的内容无关，这里就不多做介绍了。

9.1.4　在网络层提供保护的优缺点

在实际的 Internet 环境中，存在着大量的特制的协议，专门用来保护网络各个层次的安全。那么究竟在网络协议堆栈的哪个层实施安全措施呢？这是由应用程序的安全要求，以及在铺设网络时的一些具体需要决定的。

互联网络层安全协议（Internet Protocol Security，IPsec）在网络层（而不是在其他各层）提供安全保护。在网络层实施安全措施有很多的优点。首先，在网络层可以提供对数据包的统一保护，不用针对特定的应用程序实施专门的保护，这样可以大大减少密钥协商的开销，因为各种传输协议和应用程序共享由网络层提供的密钥管理框架。其次，在网络层实施安全措施可一劳永逸，不必集中在较高的层实现大量的安全协议。假如安全协议在较高的层实现，那么每个应用都必须设计自己的安全机制，这样做除了极易产生漏洞以外，出现错误的概率也会大大增加。另外，对于任何传送协议，都可为其"无缝"地提供安全保障。

9.2 IPsec

现在广泛使用的 IPv4，最初设计时没有考虑到安全性，随着安全问题的日益突出，Internet 安全标准 IPsec 便应运而生的。IPsec 是一种协议套件，可以"无缝"地为 IP 数据包引入安全特性，并为数据源提供身份验证、数据完整性检查以及机密性保证机制，可以防范数据受到来历不明的攻击。

9.2.1 IPsec 概述

IPsec 被设计成为能够为 IPv4 和 IPv6 提供可交互操作的、高质量的、基于加密技术的安全服务。它提供的安全服务包括访问控制、无链接完整性、数据源认证、防重播、数据保密性和为数据流提供有限的机密性保障。由于这些服务是在网络层提供的，所以可以保护网络层以及上层协议数据单元的安全。

IPsec 是通过两个安全机制——验证头（Authentication Header，AH）和封装安全载荷（Encapsulating Security Payload，ESP）来实现的。AH 用来提供数据源认证、保障数据的完整性以及防止相同数据包的重播。ESP 除了可以提供 AH 提供的数据源验证和数据完整性检验以外，还可以选择地保障数据的机密性。另外，IPsec 提供的安全服务需要用到共享密钥，以执行它所肩负的数据验证以及机密性任务。所以，IPsec 还定义了一套用来动态验证 IPsec 参与各方的身份、协商安全服务以及生成共享密钥的协议，称之为密钥管理协议，亦即 Internet 密钥交换（IKE）。

不管是 AH 还是 ESP 都可以有两种工作模式：传输模式和通道模式。传输模式可以用来保护上层协议，而通道模式用来保护整个 IP 数据报。图 9-5 给出了这两个工作模式的数据包封装格式。在传输模式下，是在 IP 头和上层协议头之间插入一个特殊的 IPsec 头；而在通道模式下，要保护的整个 IP 数据包都需封装到另一个 IP 报文中，同时在外部与内部 IP 头之间插入一个 IPsec 协议头。

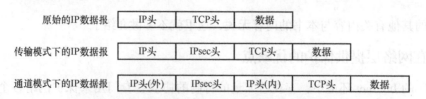

图 9-5 不同传输模式下受 IPsec 保护的 IP 数据包格式

既然要在通信双方之间建立安全的管道，那么在建立安全的通信之前，必须要确定这个安全的通信管道要提供怎样的保护。例如，是否要进行数据加密以及加密的算法和强度等问题。换言之，要解决如何保护通信数据、保护什么样的通信数据以及由谁实行保护的问题。这样的构件方案称为安全关联（Security Association，SA）。

　　SA 是 AH 和 ESP 的实现基础，这个协议包含一套共同确定的安全相关参数。一般来说，包括如下的安全参数：AH 机制的认证算法、工作模式和密钥；ESP 机制的加密算法、工作模式和密钥；密钥和 SA 的生存期；SA 的源地址；数据的敏感度；等等。发送方会根据这些参数，对将要发送的数据进行处理。接收方接收到这些数据后，也需要正确地利用这些参数才能正确恢复数据。接收方如何正确地得到这些参数呢？为此，该协议给了一个指针安全参数索引（SPI），每个 SA 由一个 SPI 和目的地址以及所使用的机制唯一确定。SPI 是一个 32 位的数值，通常在双方进行密钥协商的过程，也就是后面讲到的密钥管理协议执行过程中，由双方共同协商决定。

　　还有一个重要的概念就是安全策略数据库（Security Policy Database，SPD）。SPD 中存储了 IPsec 的安全策略，每个条目都定义了要保护的是什么通信、怎样保护以及和谁共享这种保护。

9.2.2　IPsec 的体系结构

　　IPsec 包括 AH、ESP、IKE 等。为了使大家更易于理解、实施和使用 IPsec，有必要先了解这些组件之间的关系。图 9-6 所示为 IPsec 体系结构。

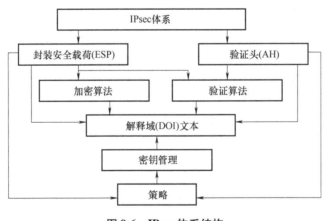

图 9-6　IPsec 体系结构

　　1）ESP 定义了加密 IP 数据报的默认值、头部格式以及和加密封装相关的其他条款。

　　2）AH 定义了 IP 数据报的默认值、头部格式以及与认证相关的其他条款。

　　3）加密算法主要是描述了 ESP 中用到的各种 ESP 封装和加密的算法，例如 DES、3DES 等。

　　4）认证算法描述了各种用于认证的算法，例如 HMAC-MD5、HMAC-SHA、HMAC-RIPEMD 等。

　　5）解释域（DOI）文本是 Internet 统一参数分配机构（Internet Assigned Number Authority，IANA）中数字分配的一部分，包括了 IKE 为其他协议协商的参数。

6）策略定义了通信中要保护的是什么通信、怎样保护它以及和谁共享这种保护。

9.2.3 封装安全载荷

封装安全载荷（ESP）是 IPsec 协议族中的一个协议，它主要是为 IP 提供机密性、数据完整性、数据源验证以及抗重播等安全服务。ESP 有两种工作模式：传输模式和通道模式。采用的工作模式不同，ESP 可以只是为上层协议提供安全或者将整个 IP 数据报封装。ESP 组件中有一个加密器和身份验证器，分别用来完成数据的加密和身份的认证算法。机密器和身份验证器所采用的算法都是由 ESP 安全联盟的相应组件决定的。把基本的 ESP 定义和实际提供安全服务的算法两者分离开来，使得 ESP 成为一个通用的、易于扩展的安全机制。

ESP 可以提供的服务比 AH 可提供的服务更丰富。它除了可以提供 AH 能提供的全部服务之外，还能提供数据的保密性以及一定程度的通信流量保密任务。真正实现时会提供哪些服务，则完全取决于建立 SA 时的选择项和实施协议的位置。例如，用户可以只选择数据的完整性鉴别服务，当然这样选择在实际通信中是不安全的。

1. ESP 封装格式

ESP 的封装格式如图 9-7 所示。

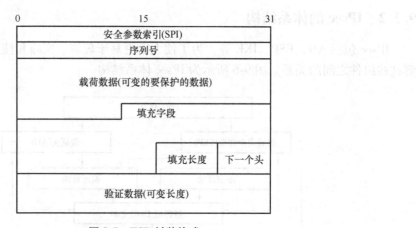

图 9-7　ESP 封装格式

从图 9-7 可以看出，ESP 封装的域包括以下几个部分：

1）安全参数索引（SPI）：这个域和 AH 的安全参数索引功能是一样的，它和 IP 地址、源和目的端口、协议类型的参数一起，就可以决定该数据包的安全关联。安全参数索引是在建立安全关联时建立的。

2）序列号：主要是用来防止数据包的重放攻击的。

3）载荷数据：是一个长度可变的区域，ESP 保护的实际数据包含在载荷数据字段中。如果用来加密载荷的加密算法要求使用密码同步数据，例如初始化向量，载荷数据中也可能包含这个密码同步数据。

4）填充字段：主要是为了在加密的过程中，对齐加密数据而进行的填充。

5）下一个头：是一个 8bit 的字段，它用来说明前面的载荷数据中，所存放的数据的协议类型。这个字段和验证头中的下一个头的含义相同。

6）验证数据：是一个可变长度的字段，包含着完整性验证值。这个完整性验证值计算了包含除这个域本身之外的所有域。验证数据域是一个可选的域，只有在协商过程中选择了验证服务时，才会有这个域。

2. ESP 工作模式

ESP 两种工作模式，即传输模式和通道模式的最大区别就是 ESP 在不同的工作模式下保护的对象是不同的。在传输模式下，ESP 头插在 IP 头和 IP 数据报的上层协议头之间；通道模式下，整个受保护的 IP 数据报都封装在一个 ESP 头中，还增加了一个新的 IP 头。图 9-8 和图 9-9 分别给出了两种工作模式下的数据报封装格式。

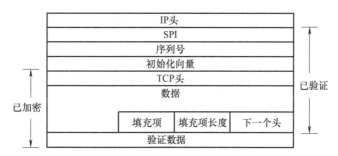

图 9-8　传输模式下受 ESP 保护的一个 IP 数据报

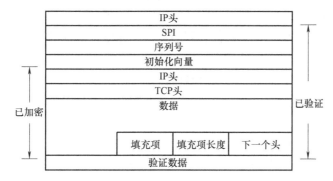

图 9-9　通道模式下受 ESP 保护的一个 IP 数据报

9.2.4　验证头

验证头（AH）用于为 IP 数据报提供数据完整性、数据源认证以及有限的抗重播的服务，这里注意 AH 并不提供数据的机密性服务，所以 AH 要比 ESP 简单。由于 AH 不提供数据的机密性保护，所以它也不需要加密算法。但是，由于提供了数据源的认证功能，所以它需要一个认证器。AH 定义了保护方法、头的位置、身份验证范围、输入/输出处理规则，但没有对所用的身份认证算法定义。另外，AH 还选择性地提供抗数据报重放的功能。AH 可以用来保护上层协议通信或者为一个完整的数据报提供保护。

1. AH 格式

AH 的格式比较简单，如图 9-10 所示。

1）下一个头字段：表示 AH 头之后是什么。在传输模式下，将是处于保护中的上层协

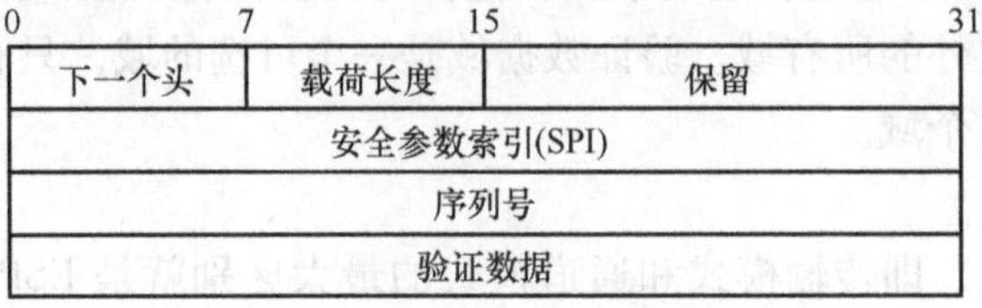

0	7	15	31
下一个头	载荷长度	保留	
安全参数索引(SPI)			
序列号			
验证数据			

图 9-10 AH 的格式

议的值，例如可以是 TCP 或者 UDP 的值。在通道模式下，将是 IPv4 的值 4，或者在 IPv6 时的值 41。

2）载荷长度（8bit）：表示以 32 位字为单位的验证头的长度再减去 2。例如，默认的验证数据字段的长度是 96bit，加上 3 个字长的固定长度，头部共有 6 个字长，再减去 2，所以载荷长度的值是 4。

3）安全参数索引（SPI）：主要用于识别对数据报进行身份验证的安全联盟。安全联盟后面将具体介绍。

4）序列号：是一个单向递增的计数器。

5）验证数据字段：是一个长度不固定的字段，其中包括完整性校验的结果。验证数据是用密码学中的验证算法和相应的密钥以及被保护的数据一起，计算而得到的数值。发送方在把数据发出去之前，先用验证算法、用户数据和密钥一起，计算验证数据；接收方接收到之后对它也要进行同样的运算，然后，对计算得到的结果进行比较和验证，看看两次得到的计算结果是不是一致，这样就可以确保收到的数据的完整性和准确性。

2. AH 工作模式

AH 也有两种工作模式：传输模式和通道模式。它们最大的区别也是保护的对象不同。主要表现是在封装数据时，AH 头的位置不同。在两种模式下，IP 数据报的报文格式如图 9-11 和图 9-12 所示。

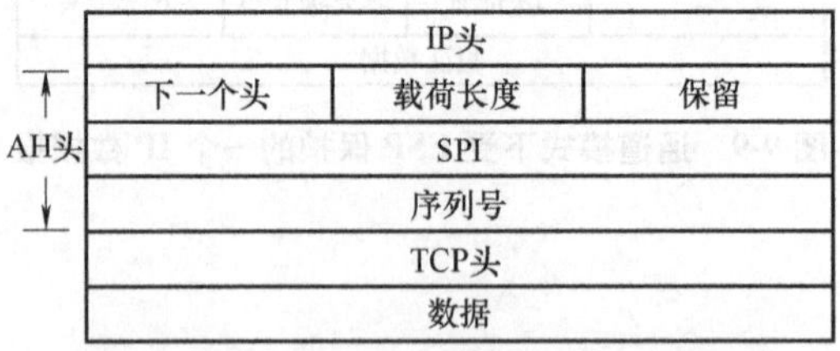

图 9-11 IP 数据报在传输模式下的报文格式

图 9-12 IP 数据报在通道模式下的报文格式

注意：在通道模式下，AH 先将整个 IP 数据报封装起来，然后在 AH 头的前边再加上一个 IP 头。

9.3 Internet 密钥交换协议

从前面的章节已了解到，在保护一个 IP 数据报前，必须先建立一个安全关联（SA）。建立 SA 可以采用这么两种方式：第一种就是手工创建，这种方法的扩展性不好，而且维护也比较麻烦；第二种就是在通信前动态地建立，为此需要建立一个协议来完成这种动态创建 SA 的任务。Internet 密钥交换（Internet Key Exchange，IKE）协议就是来完成这个任务的。IKE 代表 IPsec 对 SA 进行协商，并对 SADB 进行填充。IKE 协议虽然是为 IPsec 量身定做的，但是它的扩展性比较好，可以用在其他进行密钥协商的场合，所以在这里单独进行介绍。

IKE 协议作为基本的密钥交换协议，可以协商和建立密钥，以后通信双方可以使用这个密钥对它们之间交换的数据进行加密，从而保证数据传输的机密性和完整性。IKE 协议是一个混合协议，它是建立在由 Internet 安全关联和密钥管理协议（ISAKMP）定义的一个框架上，然后利用了 Oakley 协议的部分子集和 SKEME 密钥管理协议的部分子集，并把这两者和 ISAKMP 有效地结合起来，所以有时候也认为 IKE 协议是 ISAKMP/Oakley 协议的组合。

9.3.1 ISAKMP

ISAKMP（Internet 安全关联和密钥管理协议）是由美国国家安全局（NSA）的研究人员设计并提出的。ISAKMP 和大多数的协议不同，ISAKMP 提供了对对方的身份进行验证的方法、密钥交换时交换信息的方法，以及对安全服务进行协商的方法。但是，它没有选用一些特定的加密算法和密钥交换技术，只是为进行协商安全关联的属性提供了一个通用的框架。这也是对将来可能出现更多的技术和协议的一种考虑。

1. ISAKMP 报文格式

ISAKMP 报文分为两部分：ISAKMP 首部和一个或者多个有效载荷。首部和有效载荷都携带在传输层协议中，规定实现必须支持 UDP 作为传输协议来使用。

（1）ISAKMP 首部格式　图 9-13 给出了 ISAKMP 报文的首部格式。

图 9-13　ISAKMP 报文的首部格式

1）发起者 cookie 程序和接收者 cookie 程序：这两项借鉴了 SKEME 中的格式，主要是用来防止拒绝服务攻击的。cookie 程序要求每一方在初始报文中都要发送一个伪随机数，而另一方要对其确认。这个确认必须在密钥交换的一个报文中重复。如果源地址被伪造，对手就得不到响应。

2）下一个有效载荷（8bit）：指出报文中的第一个有效载荷的类型，也就是 ISAKMP 首部之后的第一个有效载荷。

3）主要版本和次要版本：指使用的 ISAKMP 的主要版本和次要版本。

4）交换类型（8bit）：指交换的类型。交换类型在下面详细介绍。

5）标志（8bit）：为 ISAKMP 交换设置的特定选项。

6）报文 ID（32bit）：ISAKMP 报文唯一的标志符。

7）整个报文长度（32bit）：此字段指出整个 ISAKMP 报文的长度，其中包括首部和首部后的所有载荷。

（2）ISAKMP 的有效载荷　所有的有效载荷都是放在 ISAKMP 首部之后的，它们的报文格式是一样的，如图 9-14 所示。

下一个有效载荷	保留	有效载荷长度

图 9-14　有效载荷的报文格式

有效载荷的报文格式很简单，由三部分组成：下一个有效载荷字段、保留字段和有效载荷长度字段。下一个有效载荷字段主要是用来标示跟在该载荷之后的下一个有效载荷。如果是报文中的最后一个有效载荷，则下一个有效载荷字段的值为 0；否则，它的值是下一个有效载荷的类型。有效载荷长度字段是以 8bit 为单位指示了这个有效载荷的长度。

ISAKMP 中的有效载荷类型很多，共有 13 种。表 9-1 总结了 ISAKMP 中定义的主要有效载荷的类型，并且列出了每个有效载荷的参数。有些载荷是相互依赖的。例如，一个转码载荷肯定是用一个提案载荷来封装的，后者又肯定是用一个安全关联载荷封装的。有几种载荷也定义了与其类型有关的属性。例如，一个证书载荷规定了它是哪种类型的证书，是一个 X.509 签名证书，还是一个 CRL 证书等。

表 9-1　ISAKMP 主要有效载荷类型

类　　型	参　　数	说　　明
SA	解释域、情况	用来定义一个安全关联——无论是一个 ISAKMP SA，还是一个其他协议的 SA
散列	散列数据	包括一个特定的散列函数的摘要输出
签名	签名数据	包含了一个数字签名
密钥交换	密钥交换信息	该交换支持大量的密钥交换技术，其中最常见的是 Diffie-Hellman
厂商 ID	ID 类型、ID 数据	它实际上是一个独一无二的 ID
证书	证书数据等	用来传输证书和相关信息的
证书请求	证书类型、证书权力等	用来请求证书，指出请求证书的类型以及可接受的证书权力
nonce（现时）	现时信息	包含了一些伪随机数，它们是密钥交换所必需的
建议	建议、协议 ID、SPI 大小等	在 SA 协商时使用，指示使用的协议和变换的数目
通知	DOI、协议 ID、SPI 大小、报文类型等	主要是用来传输通知数据的

这些有效载荷的格式提供了独立于专门密钥交换协议、加密算法和鉴别机制的一种兼容框架。在设计之初，ISAKMP 就是考虑了协议的向后兼容性。

2. ISAKMP 的交换类型

ISAKMP 允许以不同的交换方式建立安全关联和交换密钥信息，这些不同的交换方式被称为交换类型。交换类型定义了在对等双方通信过程中，执行 ISAKMP 的内容和执行的顺序。不同的交换类型之间的主要区别在于，ISAKMP 报文中消息的顺序和每个消息中载荷的顺序不同。在 ISAKMP 中，定义了五种默认的交换类型：基本交换、身份保护交换、鉴别交换、主动交换和信息交换。下面分别讨论这五种交换中所含有的信息。

（1）基本交换　基本交换只是允许传送密钥信息和鉴别信息，不传送身份认证信息。这样，在不提供身份保护代价下可以使得交换的次数减小。这种交换适合用于不需要进行身份认证的场合。前两个报文交换双方的 cookie 程序，并且使用约定的协议和交换建立了 SA，双方使用一个 nonce（现时）来保证对抗重放攻击。后两个报文交换密钥信息和用户 ID，则使用有效载荷来鉴别来自前两个报文的密钥、身份和现时。

（2）身份保护交换　身份保护交换是在基本交换的基础上进行扩展，通过交换来保护用户的身份。前两个报文建立 SA，后面的两个报文完成密钥交换，使用 nonce 进行重放保护。一旦计算出了会话密钥，双方就会交换用会话密钥加密的提供鉴别信息的报文，然后进行安全的通信。鉴别信息包括数字签名和可选的用来验证公开密钥合法性的证书。

（3）鉴别交换　鉴别交换又可以叫作仅仅鉴别交换，顾名思义，这种交换只是用来完成相互的鉴别，不进行密钥交换。前两个报文的作用和上述两种交换的作用一样，主要是用来建立 SA。另外，响应者使用第二个报文来传送它的 ID，并使用鉴别来保护该报文。发起者发送第三个报文来传输它的已鉴别的 ID。

（4）主动交换　主动交换在不提供身份保护的代价下使得交换的次数最小。在第一个报文中，发起者建议一个关联了提供协议和变换选项的 SA，发起者也启动了密钥交换并提供它的 ID。在第二个报文中，响应者表示他接受这个具有特定协议和交换选项的 SA、完成密钥交换以及鉴别传输的信息。在第三个报文中，发起者传输覆盖了以前信息的鉴别结果，使用共享的秘密会话密钥进行加密。

（5）信息交换　信息交换用于单向的 SA 管理信息的传输。

9.3.2　SKEME 协议

1996 年，IBM T. J. Watson 研究所的克劳奇克（Hugo Krawczyk）提出了 SKEME 协议。SKEME 协议提供了多种模式的密钥交换。在 SKEME 基本模式中，提供了基于公开密钥的密钥交换和迪菲-赫尔曼密钥交换。另外，SKEME 并不局限于公钥加密法和迪菲-赫尔曼密钥交换技术，它有很好的扩展性。例如，可以使用基于预先分配的密钥交换技术等。这种良好的扩展性支持能解决很多重要并且实际的需要，其中包括人工分发密钥和预先共享的主密钥方面的要求。

1. SKEME 协议的工作原理

SKEME 协议的执行过程包含四个主要阶段：双方 cookie 程序的交换阶段、共享密钥建立阶段、交换阶段和认证阶段。下面详细讨论各个阶段完成的任务。

（1）双方 cookie 程序的交换阶段　这个阶段主要是完成双方 cookie 程序的交换，这样做的目的是防止拒绝服务攻击。

（2）共享密钥建立阶段　这个阶段主要是为了建立双方通信的共享密钥 K_s。这个阶段需要双方拥有对方的公钥，然后通过对方的公钥将计算共享密钥所用的信息传送给对方。在这个阶段，通信双方先用对方的公钥把随机取得的半个密钥加密，然后用单向散列函数把这两个半个密钥合并成一个共享密钥 K_s。不妨假设通信的双方是 Alice 和 Bob，具体过程如下所示：

$$\text{Alice} \rightarrow \text{Bob}: K_B\{K_a\}$$
$$\text{Bob} \rightarrow \text{Alice}: K_A\{K_b\}$$

这里 K_B 是 Bob 的公钥，K_A 是 Alice 的公钥。这两步是 Alice 和 Bob 分别用对方的公钥将计算共享密钥的信息进行交换，最后，Alice 和 Bob 用事先协商好的一个单向散列函数计算得到 $K_s = h(K_a, K_b)$。

（3）交换阶段　这个阶段是可选的。在支持迪菲-赫尔曼密钥交换的 SKEME 模式中，交换阶段主要是用来进行公开密钥交换的，然后根据迪菲-赫尔曼算法计算出共享密钥。

（4）认证阶段　这个阶段主要是来完成双方的认证过程的。这个阶段会用到共享阶段产生的共享密钥 K_s 来验证从交换阶段得到的迪菲-赫尔曼指数或即时时间值。这里是验证迪菲-赫尔曼指数还是即时时间值是由 SKEME 采用的格式决定的。如果采用了迪菲-赫尔曼密钥交换技术，就验证迪菲-赫尔曼指数；反之，就验证即时时间值。

2. SKEME 的工作模式

SKEME 协议包括四种工作模式：基本模式、共享密钥模式、预先共享密钥模式和快速刷新模式。这些模式的区别体现在进行密钥协商所用到的方法不同，根据不同的需要，各种模式都有其各自的优点。

1）基本模式。基本模式包括了前面的四个阶段，它是 SKEME 默认的设置。

2）共享密钥模式。这种模式支持公钥加密法，但是不支持迪菲-赫尔曼密钥交换技术。在这种模式下，共享密钥是采用公钥来进行分发的。

3）预先共享密钥模式。在这种模式下，双方都预先拥有对方的共享密钥，也就是相当于没有基本模式中的第二步。在这种模式下，通信的双方已经有了共享密钥，它们用这个共享密钥来产生后来用的会话密钥和进行密钥的刷新。这个共享密钥可以是通过人工的方式进行传送，也可以通过 KDC 获得。

4）快速刷新模式。该模式是最快的 SKEME 模式。它既不使用公钥算法，也不使用迪菲-赫尔曼密钥交换技术。

总之，SKEME 协议提供了灵活、多变的工作模式，可以根据实际情况灵活地进行选择；因为它的可扩展性非常好，还可以应用在不同的场合。

9.3.3　密钥管理协议

Internet 密钥管理（IKE）协议是用来动态创建 SA 的，并且负责动态地填充 SAD。一般通信的时候，可以通过两种方式来请求 IKE 服务：一种是 SPD 请求它建立一个 SA；另一种是一个同级要求它建立一个 SA。RFC 2409 所描述的 IKE 是一个混合型的协议，它是由 ISAKMP 和两种密钥交换协议 Oakley 与 SKEME 组成的。

IKE 协议建立在由 ISAKMP 定义的框架上，它使用了两个阶段的 ISAKMP。第一个阶段，在对等的通信双方建立一个用来通信的、安全的、经过验证的通信信道，即建立 ISAKMP SA，为双方进一步的 IKE 通信提供机密性、数据完整性以及数据源的验证服务；第二个阶段，使用已经建立的安全通信信道，通信双方可以安全地建立 IPsec SA。IKE 协议沿用了 Oakley 的密钥交换模式和 SKEME 的共享和密钥更新技术，并且还定义了它自己的两种密钥交换模式。

IKE 协议一共定义了五种交换模式。第一阶段有两种交换模式，即主模式交换和野蛮模式交换；第二阶段有一种交换模式，即快速模式交换。另外，IKE 协议自己定义了两种用于专门用途的交换：一是为通信双方之间协商一个新的迪菲-赫尔曼组类型的新组模式，二是在 IKE 通信双方间传送错误及状态信息的 ISAKMP 信息交换。注意：第一阶段的交换可以对应许多次第二阶段的快速模式交换，因为有时前者的 SA 的生存期可能会比一个 IPsec 的 SA 的生存期长。

主模式用来协商第一个阶段中的 ISAKMP SA。这个交换模式将密钥交换信息与身份认证信息分离，这种分离保护了身份信息。交换的身份信息由迪菲-赫尔曼密钥交换技术建立的共享密钥加密保护，从而有效地保护了身份的信息，但是代价是增加了报文交换的次数。在主模式交换下，共有三个回合的交换，使用了六条 ISAKMP 消息来建立 IKE SA。三个回合的交换分别是：SA 模式交换、迪菲-赫尔曼和 nonce 交换，以及通信双方身份认证。

野蛮模式是 ISAKMP 积极交换的实现。野蛮模式能减少协商的步骤且加快协商的过程。在野蛮模式中，前两个消息用来协商策略，交换迪菲-赫尔曼算法的公开值、辅助数据和身份标志。对于野蛮模式来说，由于很多的数据和消息都是一次性的快速发送，安全关联所协商的内容就会有一些限制。例如，由于消息构造的需要，无法协商执行迪菲-赫尔曼交换时使用的数学结构。这也很容易理解，交换的步骤大大简略，前两个消息就需要传递迪菲-赫尔曼算法的数值，来不及对迪菲-赫尔曼交换所要使用的组进行验证。

无论是主模式还是野蛮模式，都可以采用四种认证方法的一种：数字签名法、两种形式的公钥加密法和预共享密钥。采用不同的认证方法，所传递的消息的内容也是不同的，所以具体交换信息的格式也是不同的。这里不再讲述，具体请查看 RFC 文档。

9.4　传输层安全协议

传输层安全协议主要包括 SSH 协议、安全套接层（Secure Sockets Layer，SSL）协议和 Internet 传输层安全协议（TLS 协议）标准。SSH 协议是由芬兰赫尔辛基大学的伊洛宁（Tatu Ylonen）开发的，SSH 协议有版本 1（SSH v1）和版本 2（SSH v2）两种，以下介绍的是版本 2。

传输层的安全协议是建立在传输层的协议之上的，可以为上层的应用协议提供安全保障。和 IPsec 一样，传输层的安全协议保护数据传输安全的主要办法还是数据加密算法和数据验证算法。因此，协议的执行过程，首先是协商数据验证参数和数据加密参数，然后对通信双方进行认证，包括主机认证和用户认证。认证成功了，才可以开始进行通信。

9.4.1　SSH 协议

SSH 协议是一套基于公钥的认证协议族。使用该协议，用户可以通过不安全网络，从客户端安全地登录到远端的服务器主机上，并且能够在远端主机安全地执行用户的命令，实现在两个主机间安全地传输文件。SSH 协议的基本思想是：用户在客户端下载远程服务器的某个公钥，然后使用该公钥和用户的某些密码证件建立客户端和服务器之间的安全通信。

1. SSH 协议的框架

SSH 协议是一套认证的协议族，主要包括 SSH 传输层协议、SSH 用户认证协议和 SSH 连接协议三部分。其具体在协议堆栈中的逻辑位置如图 9-15 所示。

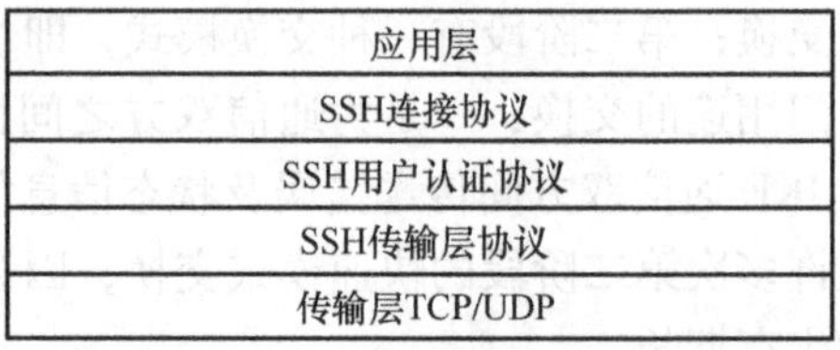

SSH 传输层协议主要提供了加密主机的认证、数据完整性和数据保密性的保护。这里，该协议只提供服务器对用户的认证，而不提供用户的认证。该协议的输出是服务器到客户端的单方认证安全通道。典型情况下，该协议在 TCP/IP 连接上运行，但也可以在其他任何可靠的数据流连接上使用。

应用层
SSH连接协议
SSH用户认证协议
SSH传输层协议
传输层TCP/UDP

图 9-15   SSH 协议在堆栈中的逻辑位置

SSH 用户认证协议运行在 SSH 传输层协议建立的单方认证信道上，主要是提供服务器对用户的单方向的认证。该协议支持使用各种单方认证协议来实现从客户端到服务器端的实体认证。为了使这种单方认证成为可能，远程服务器必须预先知道用户密码证件的相关信息，也就是说，用户必须是远程服务器能够识别的用户。这一部分的认证可以基于公钥，也可以基于用户口令后的其他方式。

SSH 连接协议运行在传输层协议和用户认证协议建立的经过双方认证的安全信道之上。该协议与安全提供无关，它的主要作用是实现具体的安全加密信道，并将其安全信道复用成若干个逻辑信道，供上层的应用协议使用。

2. SSH 传输层协议

SSH 传输层协议是 SSH 协议提供安全功能的主要部分，主要提供加密主机认证、数据保密性和数据完整性的保护，但是该协议不提供用户认证。既然该协议要提供数据的保密和验证，那么就一定会用到加密和验证所需的共享密钥，这就带来一个问题：如何在通信双方建立共享密钥？ SSH 传输层协议很好地解决了这个问题，它支持多种不同的密钥交换方法。

SSH 传输层协议支持多种不同的密钥交换技术、加密算法、散列算法和消息认证算法，这些算法的协商都是在连接过程中完成的。有些算法是协议中默认要求必须实现的算法，而有些算法虽然也在协议中，但是可以根据实际情况决定实现还是不实现，没有强制性的要求。另外，SSH 传输层协议有很好的扩展性。在实际应用中，有的用户希望使用自己设计的专用算法，SSH 传输层协议也考虑到了这一点，原则上来说，任何人都可以通过 name@domain的格式定义自己的 SSH 算法（name 代表算法的名字，domain 代表公司的域名）。

当用 SSH 协议来建立用户和远程主机之间的 TCP/IP 连接时，双方首先要交换标识串，这些标识串中包含着 SSH 协议和软件的版本号，然后再进行后边的密钥交换。简单来说，SSH 协议的交换经过下列四个步骤：

1）相互交换对方的标识串，主要是用来交换 SSH 协议和软件版本等信息。

2）双方交换自己能够支持的算法（压缩、加密、验证），然后根据对方所支持的算法进一步协商本次通信所用到的各种算法。

3）进行密钥交换，主要是为后边的加密和验证提供共享密钥。

4）安全信道建立完毕，开始服务请求。

3. SSH 用户认证协议

SSH 认证包括主机认证和用户认证，可以通过以下一种或者多种方式认证：口令认证、用户公钥认证、赛伯勒斯（Kerberos）认证和基于主机名字的认证。

（1）主机认证　主机认证可以基于预共享密钥和公钥算法，采用挑战/应答的方式来实现。最简单的一种方法是：可以用对方的公钥加密一个随机的数据串，然后传送给对方，如果对方正确解密，返回正确的随机数据串，则可以证明对方的身份，认证通过。主机认证具体可以采用以下两种方式来实现：

1）基于预共享密钥的方式。SSH 服务器有一个主密钥，在密钥交换过程中用于认证客户端，客户端必须事先知道主密钥。采用这种方式，客户端要保留一个本地数据库，用来保存要通信的主机名和对应的主密钥。这种方式简单易行，但是扩张性不好，管理也麻烦，另外，密钥的分配、更新也是很难解决的。

2）基于证书的方式。这里的证书就是数字证书，数字证书必须有 CA 的支持。SSH 服务器和客户端都有 CA 颁发的合法的数字证书。认证可以通过传递双方的数字证书进行。但是，目前的公钥基础设施并不完备，极大地限制了这种认证方式。

（2）用户认证　用户认证是在主机认证的基础上实现的。如果没有主机认证，可能会发生以下情况：用户连接到虚假的服务器，导致口令以及私有信息的泄漏；用户的口令被窃取以后，攻击者可以随便地连接到 SSH 服务器上。

用户认证可以是基于主机的，也可以是基于用户名的。基于主机的用户认证可以通过公钥算法等来实现。基于用户的用户认证可以采用系统口令的方式或者利用用户的公钥来实现。

SSH 用户认证协议运行在 SSH 传输协议之上，用于实现服务器和用户的双向认证。该协议为 SSH 连接协议提供单一的认证通道，说明了 SSH 用户认证协议框架以及公钥认证、口令认证、基于主机认证等方法。

4. SSH 连接协议

SSH 连接协议运行在 SSH 传输协议和 SSH 用户认证协议之上，支持若干安全会话。它提供交互的登录会话、执行远程命令、转发 TCP/IP 连接和 X11 连接。

由于连接协议的目的是把已经加密的安全通道提供给多个应用程序使用，因此，它需要一个能区分不同的应用程序的方法。SSH 连接协议为此引入了通道机制，所有的终端会话、转接、连接都是通过通道来完成。多个通道被复用成一个连接。对于每一端来说，通道用数字来标识。需要注意的是，在两端表明同一个通道的数字可能不同。当一个通道打开时，请求打开通道的消息同时会包含发送方的通道号，接收方也给新的通道分配一个自己的通道号。在以后通信中，只要让这两个通道号一一对应就可以了。

9.4.2　SSL 协议

SSL（Security Socket Layer）协议是由网景（NetScape）通信公司提出的，主要是用来保护 Web 浏览器和服务器之间的 HTTP（超文本传输协议）通信。这个协议的第 3 版 SSL

3.0 的设计经过了评论并且接受了工业界的意见，作为 Internet 草案文档已经出版了。SSL 3.0 是 Internet 传输层安全（TLS）协议标准的初始版本。TLS 的第一版本质上可以看成是 SSL 3.1，并且非常接近并与 SSL 3.0 兼容。

1. SSL 协议的体系结构

SSL 协议是一个用来保证安全传输文件的协议，主要是使用公钥体制和 X.509 数字证书技术保护信息传输的完整性和保密性，但是不能保证信息的不可抵赖性。它主要用于点对点之间的信息传输。

SSL 协议使用 TCP 来提供一种可靠的端到端的安全服务。它不是一个单个的协议，而是一个包括两层的安全协议：记录协议和握手协议。SSL 协议的体系结构如图 9-16 所示。

SSL 握手协议	SSL 修改密文规约协议	SSL 告警协议	HTTP
SSL 记录协议			
TCP			
IP			

图 9-16　SSL 协议的体系结构

SSL 记录协议为不同的更高层协议提供基本的安全服务，特别是为 Web 浏览器和服务器的交互提供传输服务的超文本传输协议（HTTP）提供安全通信。三个更高层协议被定义成 SSL 的一部分：握手协议、修改密文规约协议和告警协议。SSL 握手协议允许服务器和客户端在开始传输数据前，能够通过特定的加密算法相互鉴别。

另外，在 SSL 安全协议中有两个重要的概念：SSL 连接和 SSL 会话。SSL 连接提供一种合适类型服务的传输，它是点对点的关系。连接是暂时的，每一个连接只和一个会话关联。SSL 会话是在客户端和服务器之间的一个关联。会话由 SSL 握手协议创建，会话定义了一组可供多个连接共享的加密安全参数，用以避免为每一个连接提供新的安全参数所需的昂贵的谈判代价。

2. SSL 握手协议

SSL 握手协议是 SSL 协议中的关键部分，这个协议主要是使得服务器和客户端能够相互鉴别对方的身份、协商加密和验证算法，以及保护在 SSL 记录协议中发送的数据的加密密钥。在传输任何应用层数据之前，都需要使用 SSL 握手协议。

SSL 握手协议由一系列在客户端和服务器之间交换的报文组成。表 9-2 列出了握手协议中可能用到的所有报文。

表 9-2　SSL 握手协议报文列表

报文类型	报文参数	说　明
hello_request	空	没有参数
client_hello	版本号、随机数、会话 ID 密文族、压缩方法	随机数用来防止重放攻击；密文族列出客户端所支持的加密算法组合；压缩方法列出客户端所支持的数据压缩方法
server_hello	版本号、随机数、会话 ID 密文族、压缩方法	随机数作用同上；密文族列出服务器支持的加密算法组合；压缩方法列出服务器支持的数据压缩方法

（续）

报 文 类 型	报 文 参 数	说 明
certificate	X.509 证书链	标示了身份、公钥等信息
server_key_exchange	数字签名、参数	数字签名是对参数的签名；参数是指密钥协商参数
certificate_request	类型、授权	类型指证书的类型；授权指证书的授予机构
server_done	空	没有参数
certificate_verify	数字签名	对报文提供数字签名
client_key_exchange	参数、数字签名	参数指密钥协商参数；数字签名指用于对参数签名的方法
finished	散列值	验证报文的散列值

表9-2 显示了在客户端与服务器之间建立逻辑连接所需要的初始交换，这个交换可以分三个阶段。下面的报文传输是在 C/S 模式下进行的（其中，C 代表客户端，S 代表服务器）。

阶段 1：建立安全能力。

  C→S：client_hello

  S→C：server_hello

阶段 2：双方认证和密钥交换。

  S→C：server_hello_done

  S→C：certificate

  S→C：server_key_exchange

  S→C：certificate_request

  C→S：certificate

  C→S：client_key_exchange

  C→S：certificate_verify

阶段 3：连接结束。

  C→S：change_cipher_spec

  C→S：finished

  S→C：change_cipher_spec

  S→C：finished

阶段1用于开始逻辑连接并且建立和这个连接关联的安全能力，主要是用来交换版本、随机数、会话 ID、密文族以及压缩方法等参数，为后面的交换做一个详细的协商。这些协商主要包括：密钥交换算法（迪菲-赫尔曼密钥交换、RSA 密钥交换等）、加密算法（3DES、RC4 等）、验证算法（MD5、SHA-1 等）、加密类型（流加密或者分组加密）、散列值大小、IV 大小等。

阶段 2 主要是服务器和客户端之间进行相互的身份认证，以及建立加密和验证算法所需要的共享密钥。

阶段 3 完成安全连接的建立，经过这个阶段握手完全完成，客户端和服务器可以开始交换应用层的数据。

3. SSL 记录协议

SSL 记录协议为 SSL 连接提供数据保密性和数据完整性的服务。记录协议接收从应用层传输的应用报文，将数据分片成可管理的块、可选的压缩数据、应用 MAC、数据加密以及增加首部，然后在 TCP 报文段中传输结果单元。接收者在接收到数据后，将数据解密、验证、解压缩和重新装配，然后交给更高层的协议处理。

SSL 记录协议包头格式如图 9-17 所示。

包类型	主版本号	辅版本号	段长度
包内容			
MAC(消息认证码)			

图 9-17　SSL 记录协议包头格式

1）包类型。标识 SSL 记录协议中封装的上层协议的类型。一共可以分为四种：SSL 密钥更新协议、SSL 报警协议、SSL 握手协议和上层应用数据。

2）主版本号和辅版本号。标识 SSL 记录协议的主版本号（SSL 3.0 是 3）和辅版本号（SSL 3.0 是 0）。

3）段长度。即包内容的长度，以字节为单位。

4）包内容。取决于不同的包类型。

5）MAC 字段。MAC 是该数据信息的消息认证码。

图 9-18 所示为 SSL 记录协议的完整操作过程。主要分为：数据分片、数据压缩、计算 MAC、数据加密和添加 SSL 记录首部。

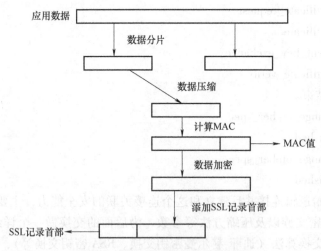

图 9-18　SSL 记录协议的操作过程

数据分片是将应用数据进行分片，分成 2^{14}B 的数据块或者更小的数据块，以便于后面的数据处理。

数据压缩将原始的数据进行压缩，将原始数据中的冗余去掉，以缩短网络的传输时间。注意压缩必须不能丢失信息，并且增加的内容长度不能超过 1024B。

计算 MAC 这一步主要是计算报文的鉴别码 MAC，计算 MAC 需要共享密钥。

数据加密是对附加了 MAC 的报文进行加密，采用的算法是在握手阶段确定的加密算法，例如 IDEA、RC2-40、DES、3DES、RC4-40、RC4-128 等。

4. SSL 协议的应用

SSL 协议在 Internet 上有着广泛的应用，虽然它只是信道加密协议，没有应用层所需的防抵赖和防篡改能力，但是由于其简洁、透明和易于实现等特点，使其在电子商务等需要安全的领域有着广泛的应用。下面简单地介绍一些 SSL 协议的应用。

（1）匿名 SSL 连接　使用 SSL 连接的最基本模式是仅对服务器进行验证，使用户知道自己连接的是可靠的服务器。例如，用户在某一个网站进行注册时，为了不使自己的个人信息泄露，就可以采用匿名 SSL 连接的方式。这样，用户知道连接的是可靠的服务器，但是用户对服务器来说却是不透明的，可确保用户的信息保密。

（2）对等安全服务　对等安全服务是指通信双方的功能是相同的，即通信双方都可以发起和接收 SSL"连接"请求，既是服务器又是客户端。这种通信方式与 VPN 极其类似，内部的双方通信可以不用 SSL 协议，外部的公用网络部分通信用 SSL 协议连接。通信双方都有一个 SSL 协议代理服务器，它相当于一个加密/解密网关，把内部对外部网络的访问转换为 SSL 数据包，接收时对 SSL 包进行解密。

（3）电子商务的应用　在电子商务的应用中，主要会涉及三方（顾客、商家和银行）参与交易。一般的情况是顾客到商家买东西，向商家出示信用卡号码，商家向银行查询信用卡信息，信用卡如果有效，则同意此次交易。在这个过程中，主要涉及三方的信息互换，这里可以采用 SSL 协议来保证信息的安全性。顾客和商家进行信息交换，安全要求不高，可以采用 SSL 协议通信，也可以采用非安全协议通信。但是，商家和银行之间的通信，由于信息重要，必须要采用安全通信的方式，并且在此过程中，商家和银行必须出示各自的数字证书，以证明双方身份的合法性。

 习 题

1. 在网络层提供安全保护的优点是什么？缺点是什么？
2. IPsec 主要提供哪些安全机制和功能？
3. 在 IPsec 中，用户是如何定义安全策略的？安全策略和安全关联之间有什么关系？
4. ESP 和 AH 协议都支持通道传输模式，它们是如何实现通道传输的？
5. ESP 和 AH 协议有什么不同？它们都各自可以提供什么安全功能？
6. IKE 协议是如何实现密钥交换的？其安全性是如何保证的？
7. SSH 协议主要包括哪几个子协议？它们在协议执行过程中，各自完成的任务是什么？
8. SSH 连接协议是如何将已经加密的安全通道提供给多个应用程序使用的？
9. SSL 握手协议经过哪三个阶段？它们分别用来实现什么目的？

第 **10** 章 网络安全技术

10.1 计算机病毒及防范

对病毒大家并不感到陌生，甚至一提到便谈之色变，对之是"恨之入骨"。计算机病毒（Computer Virus）是什么呢？回答有很多种。这里给出一种国内比较流行的定义，此定义出自 1994 年颁布的《中华人民共和国计算机信息系统安全保护条例》第二十八条，即"计算机病毒是指编制者在计算机程序中插入的破坏计算机功能或者毁坏数据，影响计算机使用，并能自我复制的一组计算机指令或者程序代码"。就像生物病毒一样，计算机病毒有独特的复制能力。计算机病毒可以很快地蔓延，又常常难以根除。它们能把自身附着在各种类型的文件上。当文件被复制或从一个用户传送到另一个用户时，它们就随同文件一起蔓延开来。

10.1.1 计算机病毒概论

1. 计算机病毒的历史

要了解病毒，必须要先了解一下它的发展历史，搞清楚它的来龙去脉，这样就会对病毒有一个大概的了解。

计算机病毒并不是一个最近才出现的新鲜事物，它的形成有很长的历史。早在计算机产生之初，"计算机之父"约翰·冯·诺依曼在他的《复杂自动机组织论》一书中便对计算机病毒进行了最早的阐述，提出计算机程序能够在内存中自动复制，即已把病毒程序的蓝图勾勒出来了。

1977 年夏天，托马斯·捷·瑞安的科幻小说《P-1 的青春》成为美国的畅销书。在该书中，作者幻想了世界上第一个计算机病毒，可以从一台计算机复制到另一台计算机，最终控制了 7000 台计算机，酿成了一场大灾难。这种自我复制、自我繁殖的特性，实际上就是计算机病毒的思想基础。"计算机病毒"一词就是在这部科幻小说中提出的。

1983 年，美国计算机安全学家弗雷德·科恩博士研制出了一种在运行过程中可以复制自身的破坏性程序，伦·艾德勒曼将它正式命名为计算机病毒，并在每周一次的计算机安全讨论会上正式提出。8 个小时之后，专家们在 VAX-11/750 计算机系统上运行的一个病毒实验成功，一周后又获准进行了 5 个实验的演示，从而在实验上证明了计算机病毒的存在。

计算机病毒从幻想变成现实，用了大约 10 年时间，然而计算机病毒产生后它的蔓延速度却是十分迅速，而且危害性也极其巨大。最早流行起来的病毒是针对 IBM 公司的 PC 系列微机，PC 系列微机由于其自身固有的弱点，尤其是 DOS 操作系统的开放性，给计算机病毒的制造者提供了机会。因此，装有 DOS 操作系统的微型计算机成为病毒攻击的主要对象。

1986 年，在巴基斯坦的拉合尔，巴锡特和阿姆杰德两兄弟编写了 Pakistan 病毒，即 Brain 病毒。这个病毒一年内传播到了世界各地，这是世界上第一例传播的病毒。此后，针对 DOS 操作系统的病毒如雨后春笋般冒出，像大麻病毒、IBM 圣诞树病毒、黑色星期五病毒等。这些病毒以强劲的势头席卷了计算机世界，给人们带来了很大的损失，使人们第一次真真切切地感受到计算机病毒的危害，充分认识到了防杀计算机病毒的重要性和紧迫性。

1988 年，当年玩"磁芯大战"出名的罗伯特·莫里斯的儿子小罗伯特莫里斯利用 UNIX 操作系统的一个小小的漏洞编写了一个特殊的程序，自动寻找 ARPANET 上的主机，并向新的主机系统不断复制自己，这就是著名的"莫里斯蠕虫"。在短短两天的时间里，莫里斯蠕虫就感染了全美军事、大学、ARPANET 上几乎所有的 UNIX 系统，耗尽了 ARPANET 上所有的资源。这是一次非常典型的计算机病毒入侵计算机网络的事件，迫使美国政府立即做出决定，国防部成立了计算机应急行动小组。这一事件引起了世界的关注。从此，计算机网络病毒作为病毒家族中的一名新成员走进了人们的视线中，它的传播速度更快、危害性更大。

1996 年，出现了针对微软公司 Office 软件的"宏病毒"（Macrovirus）。1997 年被公认为计算机反病毒界的"宏病毒年"。宏病毒主要感染用 Word、Excel 等程序制作的文档。宏病毒自 1996 年 9 月开始在我国出现并逐渐流行起来。如 Word 宏病毒，早期是使用一种专门的 Basic 语言编写的，后来使用 Visual Basic for Application，与其他计算机病毒一样，它能对用户系统中的可执行文件和文档造成破坏。

1998 年，我国中央电视台在《晚间新闻》中播报了公安部要求各地计算机管理监察处严加防范一种直接攻击和破坏计算机硬件系统的新病毒（CIH）的消息，在我国掀起了一股反病毒狂潮。CIH 病毒是继 DOS 病毒、Windows 病毒、宏病毒之后的第四类新型病毒。这种病毒与传统的病毒有很大不同，是第一个直接攻击、破坏硬件的计算机病毒，是破坏性很严重的一种病毒。它主要感染 Windows 95/98 系统中的可执行程序，发作时破坏计算机主板上 Flash BIOS 芯片中的系统程序，导致主板无法启动，同时破坏硬盘中的数据。

随着 Internet 技术的发展，出现了很多针对 Internet 的病毒。这些病毒的特点是传播速度快，危害性极其巨大。例如，美丽莎病毒、爱虫病毒、红色代码、蓝色代码等。这些病毒利用网络中主机和服务器的漏洞迅速传播，造成了很大的经济损失。

计算机病毒从出现到现在，不过短短三十几年的时间，计算机病毒家族的成员却是"人丁兴旺"。据最新资料显示，计算机病毒总数已超过 200 多万种，而且还在快速地增长。现在计算机网络技术的快速发展也间接地推动了计算机病毒的发展，使得计算机病毒的传播速度更加快、潜伏期更短，这就给防杀计算机病毒带来了巨大的挑战。

2. 计算机病毒的特性

计算机病毒在运行机制、产生方式、破坏程度上虽然各不相同，但是其主要特征却是极其相似的。一般来说，计算机病毒通常具有传染性、破坏性、隐藏性、可激活性和针对性等。

计算机病毒像生物病毒一样，有很强的传染特性。计算机病毒和我们熟悉的生物病毒有很相似的特性，同生物病毒一样计算机病毒可以很快地蔓延，而且常常难以清除。它们能把自己附着在各种类型的文件上，当文件被复制或从一个用户传送到另一个用户时，它们就随同文件一起蔓延开来。

计算机病毒有很强的破坏性。计算机病毒的主要目的就是破坏计算机系统，使系统的资源和数据文件遭到干扰甚至被摧毁。根据其破坏系统程度的不同，可以分为良性病毒和恶性病毒。前者的危害性不是很大，它主要是侵占计算机系统资源，使机器运行速度降低，带来不必要的消耗；后者的危害性相对来说很大，它主要是破坏系统文件，因而常常使计算机系统被破坏得无法恢复，其主要表现为破坏数据区、破坏重要参数、破坏引导区、破坏网络正常工作等。

计算机病毒虽然是一种特定的程序，但它并不是一个独立存在的实体。一般来说，它都是隐藏在其他合法文件或程序中，而不容易被发现，使用户不容易察觉。

计算机病毒还有一个很重要的性质，就是它的可激活性，计算机病毒的发作必须要满足一定的条件，例如特定的日期、特定的时间、特定的文件等。只要满足了这些激活条件，病毒就会立即被激活，开始破坏活动。

3. 计算机病毒的分类

计算机病毒的种类繁多，要想对其有一个清楚的认识，将计算机病毒进行分类是很有必要的。计算机病毒如何分类？这个问题的回答可以在任何有关介绍病毒的书籍上查到。但是为了后边的叙述方便，这里给出几种关于计算机病毒的分类方法。计算机病毒根据分类的依据不同，可以有很多种分类方法。按所攻击的操作系统的不同，可以将其分为 DOS 病毒、Windows 病毒、Linux 病毒、UNIX 病毒等；按照病毒破坏程度的不同，可以将其分为良性病毒和恶性病毒；按照感染方式的不同，可以将其分为引导扇区病毒、文件型病毒、混合型病毒；按照攻击对象的不同，可以将其分为单机病毒、计算机网络病毒等。

传统的病毒是按照其感染途径以及所采用的技术不同进行划分的，一般将计算机病毒划分为三大类：文件型病毒、引导扇区病毒、混合型病毒。随着技术的发展，病毒也出现了很多新的种类，例如，宏病毒（Macrovirus）、电子邮件病毒（e-mail Virus）、脚本病毒（Script Virus）、网络蠕虫（Network Worm）、特洛伊木马（Trojan）等。

文件型病毒将自身附着到一个文件当中，通常是附着在可执行的应用程序上，例如一个字处理程序或 DOS 程序。通常，文件型病毒是不会感染数据文件的，然而数据文件可以包含有嵌入的可执行代码，如宏，它可以被病毒使用或被特洛伊木马的作者使用。通用版本的 Microsoft Word 尤其易受到宏病毒的威胁。文本文件，如批处理文件、PostScript 语言文件和可被其他程序编译或解释的含有命令的文件都是恶意软件（Malware）潜在的攻击目标。

引导扇区病毒改变每一个以 DOS 格式格式化的磁盘的第一个扇区里的程序。通常，引导扇区病毒先执行自身的代码，然后再继续计算机的启动进程。大多数情况，如果染有引导扇区病毒的机器对 U 盘进行读/写操作，那么这块 U 盘也就会被感染。

混合型病毒有上面所说的两类病毒的某些特性。当执行一个被感染的文件，它将感染硬盘的引导扇区或分区扇区，并且感染在机器上使用过的 U 盘，或感染在带毒系统上进行格式化操作的 U 盘。

4. 计算机病毒的运行机制

计算机病毒是如何运行的？它的机制是什么？这个问题很难回答，因为各种各样的病毒的运行机制并不同。但是计算机病毒的研究人员为了研究的方便，将计算机病毒的运行机制分为四个步骤：潜伏阶段、繁殖阶段、触发阶段和执行阶段。

1）潜伏阶段：计算机病毒通常都是空闲的，它往往都是什么也不干，一直等待着某一个激活条件的出现。一旦激活条件出现，它就会按照程序的规定动作，对计算机系统进行破坏。

2）繁殖阶段：这个阶段是病毒自我繁殖、自我复制的过程。它通常是将与自身相同的副本放入其程序或者磁盘的特定系统区域。每个受感染的程序将包含一个自身的克隆，也就是说，这个副本也有自我繁殖、自我复制的功能。

3）触发阶段：病毒被激活的过程。计算机病毒可以被不同的系统事件触发，这个阶段主要是为病毒的执行准备必要的条件。

4）执行阶段：这个阶段计算机病毒将按照规定的动作，对计算机系统进行攻击。

这里需要说明的是，每一种病毒的运行机制并不是严格按照这四个步骤进行，这种划分只是为了研究的方便。

10.1.2 计算机病毒的分析

在初步了解了计算机病毒的概念以后，现在对计算机病毒做进一步的分析，主要分析病毒的传播途径、破坏现象以及表现症状。

1. 计算机病毒的传播途径

俗语说"知己知彼，百战不殆"，计算机病毒可以经过各式各样的手段进行传播，分析这些病毒的传播途径可以尽早地、有效地发现计算机病毒。

带病毒的文件在网络中复制、使用或下载是造成病毒感染的直接原因。这里将分几种情况介绍：

1）通过移动存储设备传播。这些设备包括硬盘、U 盘等。另外，盗版光盘上的软件和游戏以及非法复制也是传播病毒的主要途径。

2）通过计算机网络进行传播。计算机网络的快速发展，也给计算机病毒的传播提供了一个免费的"高速列车"。现在，通过网络进行传播已经成为计算机病毒传播的主要途径。

3）通过无线网络进行传播。现在无线技术的快速发展，促进了 WLAN 的快速发展，也给计算机病毒的传播提供了一个新的传播途径。

2. 计算机病毒的破坏现象

计算机病毒的主要目的是破坏计算机系统，使其不能正常工作或瘫痪。计算机病毒攻击计算机系统一定会留下"痕迹"。所谓"痕迹"就是指病毒的破坏现象。计算机病毒的主要破坏现象可以归结为以下几个方面：

1）攻击文件。病毒攻击文件的方式有很多，例如，删除文件、修改文件内容、修改文件名、假冒文件、写入时间空白、内容颠倒等。

2）攻击系统数据库。攻击系统数据库的病毒一般来说是恶性病毒，攻击的部位包括硬盘主引导区、Boot 扇区、FAT、文件目录等。

3）攻击计算机内存。这些病毒的主要目的就是侵占计算机的内存资源，使系统运行时可用的内存资源减少，降低系统的性能，导致一些程序不能正常运行或运行速度降低。

4）干扰系统的正常运行。病毒会干扰系统的正常运行。干扰的方式花样繁多，例如，打不开文件、重新启动、间断死机、内部堆栈溢出、占用特殊数据区、时钟倒转等。

另外还有很多其他的现象，例如，攻击移动存储设备（如磁盘、U 盘等）、扰乱屏幕显示、锁定键盘、攻击 CMOS 等。

3. 计算机病毒的表现症状

计算机病毒发作以前，它的行为主要是以潜伏、传播为主。计算机病毒会以各式各样的手法来隐藏自己，在不被发现的同时又自我复制，以各种手段进行传播。计算机病毒在潜伏阶段是不容易被发现的，因为它并不漏出什么"蛛丝马迹"，所以很难被检测出来。一旦计算机病毒发作，就会有各种各样的表现症状，具体可以归结到以下几个方面：

1）计算机经常性无缘无故地死机。病毒感染了计算机系统后，将自身驻留在系统内并修改中断处理程序等，引起系统工作不稳定，造成死机现象发生。

2）操作系统无法正常启动。关机后再启动，操作系统报告缺少必要的启动文件，或启动文件被破坏，系统无法启动。这很可能是计算机病毒感染系统文件后使得文件结构发生变化，无法被操作系统加载、引导。

3）运行速度明显变慢。在硬件设备没有损坏或更换的情况下，本来运行速度很快的计算机，运行同样的应用程序，速度明显变慢，而且重启后依然很慢。这很可能是计算机病毒占用了大量的系统资源，并且自身的运行占用了大量的处理器时间，造成系统资源不足，运行速度变慢。

4）系统内存被大量的占用。某个以前能够正常运行的程序，程序启动的时候提示系统内存不足，或者使用应用程序中的某个功能时提示内存不足。这可能是计算机病毒驻留后占用了系统中大量的内存空间，使得可用内存空间减小。

5）应用程序运行中经常发生死机或者非法错误。在硬件和操作系统没有进行改动的情况下，以前能够正常运行的应用程序产生非法错误和死机的情况明显增加。这可能是由于计算机病毒感染应用程序后破坏了应用程序本身的正常功能，或者计算机病毒程序本身存在着兼容性方面的问题造成的。

6）系统文件的时间、日期、大小发生变化。这是最明显的计算机病毒感染迹象。计算机病毒感染应用程序文件后，会将自身隐藏在原始文件的后面，文件大小会有所增加，文件的访问和修改日期和时间也会被改成感染时的时间。尤其是对那些系统文件，正常情况下是不会修改日期和时间的，除非是进行系统升级或打补丁。对应用程序使用到的数据文件，文件大小和修改日期、时间是可能会改变的，并不一定是计算机病毒在作怪。

7）磁盘空间迅速减少。如果没有安装新的应用程序，而系统可用的磁盘空间减少得很快。这可能是计算机病毒感染造成的。需要注意的是，经常浏览网页、回收站中的文件过多、临时文件夹下的文件数量过多过大、计算机系统有过意外断电等情况，也可能会造成磁盘的可用空间迅速减少。

8）匿名电子邮件。收到陌生人发来的电子邮件，尤其是那些标题很具诱惑力，如"一则笑话"或者"一封情书"等，又带有附件的电子邮件很可能是电子邮件病毒。当然，这要与广告电子邮件、垃圾电子邮件和电子邮件炸弹区分开。一般来说，广告电子邮件有很明确的推销目的，会有推销的产品的介绍；垃圾电子邮件的内容要么自成章回，要么根本没有价值。这两种电子邮件大多是不会携带附件的。电子邮件炸弹虽然也带有附件，但附件一般都很大，少则几兆字节，多的有几十兆甚至上百兆字节。而电子邮件病毒的附件大多是脚本程序，通常不会超过 100KB。当然，电子邮件炸弹在一定意义上也可以看成是一种黑客程序，一种计算机病毒。

一般的系统故障是有别于计算机病毒感染的。系统故障大多只符合上面的一点或二点现象，而计算机病毒感染所出现的现象会很多。根据上述几点，就可以初步判断计算机和网络是否感染上了计算机病毒。

10.1.3　计算机病毒的防范

计算机病毒防范，是指通过建立合理的计算机病毒防范体系和制度，及时发现计算机病毒的侵入，并采取有效的手段阻止计算机病毒的传播和破坏，恢复受影响的计算机系统和数据。

对于计算机病毒毫无警惕意识的人员，可能当显示屏上出现了计算机病毒信息，也不会去仔细观察一下，麻痹大意，任其进行破坏。其实，只要稍有警惕，根据计算机病毒在传染时和传染后留下的蛛丝马迹，再运用计算机病毒检测软件和 debug 程序进行人工检测，就可以在计算机病毒进行传播的过程中发现它。从技术上采取实施，防范计算机病毒，执行起来并不困难，困难的是持之以恒，坚持不懈。

对于病毒的防范，可以归结为以下原则：思想上重视、管理上得当、措施上有效。要做到思想、管理、措施的有效结合，并且能够时时刻刻提高警惕，随时注意病毒的发展状况，这才是防范计算机病毒的根本措施。

1. 思想上重视

要防范计算机病毒一定要从思想上意识到计算机病毒的巨大危害性和可能造成的损失：轻则影响员工的正常工作、重则损坏计算机硬盘中的数据，造成计算机系统的瘫痪，网络无法使用，直接带来巨大的经济损失。

从事 IT 行业的工作人员，一定要将计算机病毒的防治问题看成是一个很重要的问题。有病毒防治意识的人员和没有这方面意识的人员对病毒的防治采取的措施是截然不同的。没有防治意识的人员，对计算机上由于病毒而出现的问题听之任之，他不会想这是不是感染了病毒而出现的问题。这样，直到最后计算机病毒攻破了系统，破坏了系统的资源，造成了很大的损失，才恍然大悟，此时为时已晚。其实，如果稍微有一点病毒的防范意识，就会察觉到计算机正在受到病毒的攻击，因为无论何种病毒只要是攻击机器就一定会留下"痕迹"。再辅以病毒查杀程序和人工检测，完全可以在病毒造成巨大损失以前，将灾难避免掉，这样总比"亡羊补牢"要有价值得多。

2. 管理上得当

对于一个企业或组织来说，制订一套行之有效的病毒防范管理条例是至关重要的。科学的管理会为计算机系统和网络提供一道人为的"防火墙"，能够有效防范计算机病毒的入侵，并且能在造成损失以前查杀病毒。一般来说，管理措施有以下几方面：

1）加强员工思想教育和宣传工作。这样做是要使员工对防范计算机病毒有一个明确的认识：病毒是以破坏系统、网络为目的的恶意编写的程序代码或文件，它可能会给企业或组织带来很大的损失。

2）建立各种使用网络和计算机系统的规章制度，防止员工错误的操作和不正当的网络使用，从而尽量防范员工的越权操作、误操作、不安全的网络连接等行为。

3）尊重各种软件的知识产权。不要随意复制和使用未经安全检测的软件，拒绝使用盗版软件，这样能够有效杜绝计算机病毒交叉感染，切断其传播途径。

4）安装必要的病毒检测工具，定时更新病毒查杀工具的病毒库，制订完善的管理规则。

5）制订一套关于计算机系统安全问题的评估办法，定时对计算机系统进行评估，从而调整整个安全防御的策略。

上面给出几个管理方面的措施，只是涉及有限的方面。在实际应用中，由于现实环境的复杂性，措施的制订既要有依据可以参考，又要时时根据具体情况进行调节，这样才能形成一套适合自己的安全措施。

3. 措施上有效

计算机病毒主要是通过移动存储设备和网络进行传播的，所以在计算机病毒的防范上要做到以下几点：

1）慎用各种"非正当"的软件。这些软件主要包括：各种盗版的软件、盗版游戏、盗版视频，以及从网络上免费下载的各种小的应用程序。对于这类软件在使用前一定要进行病毒的查杀，在确定没有病毒的情况下再进行使用。

2）建立备份。对于计算机系统上的重要数据、文件等要做好备份，如果计算机系统被病毒攻击，备份将成为挽回损失的"最后一根稻草"。

3）保存硬盘的引导区信息和参数。计算机硬盘的引导区是硬盘的重要参数区，如果这些数据被病毒修改或者破坏，可能导致硬盘中的一些数据丢失，甚至整个硬盘无法使用。

4）对重要的文件进行加密。重要的文件一般要加密存放，并且还要进行数据完整性的鉴别，防止重要文件被窃取、修改和删除等。

5）系统引导要固定。一般来说，系统最好是通过硬盘引导启动，或者通过从固定的已写保护的系统盘引导启动。

6）掌握和熟练运用各种杀毒软件。这是防范计算机病毒最关键的一项措施。杀毒软件一般都能自动监视内存中的异常，并监视是否有病毒正在企图破坏和修改硬盘引导区和数据文件，还能同时侦查来自 Internet、电子邮件、局域网、硬盘数据交换等各种信息，一旦发现病毒就会立即清除，并对出现的有限异常报警。

防范计算机病毒是一个长期而艰难的任务。对于计算机病毒，既要预防，又要治理，要以防为主，防中带治。既要思想上重视，又要管理严格、措施得当，并且还有时时刻刻注意病毒的发展动态，及时调整各项防毒和杀毒的策略。

10.1.4 计算机病毒的清除

任何计算机系统都有可能被感染。如果计算机系统被计算机病毒感染，应该立即设法清除，防止系统被进一步破坏。计算机病毒的清除要依病毒的种类而采取不同的清除措施，不同的病毒运行原理不同，它的清除方法也不同。虽然计算机病毒的清除方法不同，但是清除病毒时都要遵循一定的规则。

1）计算机病毒的清除工作一定要在无毒的环境中进行，以确保病毒清除的有效性。当发现计算机感染病毒后，最好是关掉电源，用已经写保护的系统盘引导启动计算机，然后进行病毒查杀。

2）在将病毒清除之前，一定要确信系统或者文件中存在病毒，并且要准确判断出病毒的种类。否则，不恰当的杀毒方式可能导致系统或者文件的损坏。

3）对可能感染的文件或程序进行细致的分析，尽可能确定病毒的特征和传染的对象。

即搞清楚病毒传染的是引导区还是文件，或者是两者都被感染了，以便找出查杀病毒的最佳方法。

4）查杀病毒一定要干净彻底，防止计算机病毒的重复感染。对检测到的计算机病毒认真研究，要确信将被计算机病毒修改过的文件修改过来，要不然查杀病毒后文件将不可用。

5）对于既感染文件又感染引导区的病毒，在清除文件中的病毒后，还应该清除引导区中的病毒，防止这些病毒代码重新感染计算机。

6）在清除完病毒之后，一定要对系统中的各个文件进行全面检查，防止漏杀病毒已经感染了的其他文件。

7）对于接触过已经感染的计算机的数据存储设备，一定都要进行一遍彻底的病毒清除，防止再次使用时感染计算机。

8）应该有专门的专家支持。对于大多数用户来说，对于计算机病毒的了解不是很多，这样就不可避免地在查杀病毒的过程中，采取错误的操作，这样往往会造成意想不到的损失。如果无法解决病毒问题，就先关掉计算机电源，然后请求专家的支持。

当发现计算机病毒时，千万不要惊慌失措，可以考虑利用现成的反病毒软件进行病毒的查杀。但是由于反病毒软件的研制和开发往往都落后于病毒的产生和传播，所以新出现的病毒往往不能被有效地发现和清除。所以在查杀病毒时，最好是采用以下步骤：

1）关闭计算机，用已经写保护的原版系统盘引导系统启动，然后将重要的个人文件、资料、数据库等备份到其他安全的移动存储设备中。

2）利用现成的反病毒软件进行病毒的查杀，如果反病毒软件不能有效地清除病毒，就采用第 3）步。

3）对感染的硬盘进行格式化，同时对硬盘重新分区，并重装计算机系统。

4）安装各种应用软件，将备份的数据、文件复制到硬盘中。

采取这样的杀毒步骤，一般来说就可以将新出现的病毒查杀干净，保证计算机系统安全，但是这种方法比较浪费时间并损耗资源。

10.1.5　常见的计算机病毒防治产品

计算机病毒防治产品都是通过国家有关部门的检测、取得销售许可证后才可以在市场上销售的，都具有很高的安全性。但是根据各种计算机病毒防治产品防范病毒的对象不同，可以将计算机病毒防治产品分为两大类：单机环境的防病毒产品和网络环境的防病毒产品。下面就分别介绍几种比较有名的防病毒软件。

1. 单机环境的防病毒产品

（1）金辰公司的 KILL　KILL 杀毒软件最初是由公安部计算机安全监察部门开发的、免费向社会发放的杀毒软件。初始时只有 DOS 版本，1999 年底推出了 Windows 版本。

该软件的工作机理是对各种已知病毒结构、感染病毒过程进行详细分析，建立起计算机病毒数据库，因此它能够快速、有效地指出所感染病毒的名称和位置，然后对已经感染病毒的计算机系统和程序文件进行检测和可靠的恢复。该软件最大的优势是具备病毒监测网络和软件销售、升级服务网站，能够实现丰富、高效、快速的病毒监测和快速反应机制。

KILL 软件基本是基于 DOS 平台的，目前仍是英文界面提示，并且还没有引入对未知病毒的判别和预测机制，这是它最大的缺陷。

（2）瑞星杀毒软件　瑞星杀毒软件（Rising Anti-Virus Software，RAV）是由北京瑞星电脑科技开发公司开发研制的计算机病毒清除工具。它是基于瑞星"云安全"计划和"主动防御"技术开发的新一代信息安全产品，该产品采用了全新的软件架构和最新引擎，全面优化病毒特征库，极大提高了运行效率并降低了资源占用。

（3）金山毒霸　金山毒霸是金山公司进入并且立足网络信息安全领域的旗舰。金山毒霸系列产品成功地扮演了用户计算机卫士的角色。金山毒霸融合了经业界证明成熟可靠的反病毒技术，使其在查杀病毒软件种类、查杀病毒速度、未知病毒防治等多方面达到国内领先水平。

（4）诺顿（Norton AntiVirus）　这是很著名的一个反病毒软件，可有效抵挡已知、部分未知病毒、恶意 ActiveX 控制和 Java Applets 和其他危险代码，从而保护用户的计算机，使用户安全地从移动存储设备和网络等媒体上获得所需的文件。每周自动更新一次病毒库。

（5）KV3000 杀毒王　这是国内权威反病毒企业北京江民公司，汇聚国内顶尖反病毒专家，针对用户的实际要求，潜心研究而推出的新一代计算机安全防护产品。该产品秉承了江民 KV 系列反病毒软件的一贯优良品质，并在产品的易用性、人性化、智能化方面有了突破性的进展。产品以其高度的方便性、自动化、后台化、以及超强的病毒防杀能力，为用户的计算机安全提供了坚实的保障。该产品既有卓越的查杀病毒能力，更体现了其在安全领域的精湛技艺。

2. 网络环境的防病毒产品

（1）启明星辰　启明星辰信息技术有限公司成立于 1996 年，是一家由中国留学生创立的、拥有自主知识产权的网络安全高科技企业。启明星辰公司的目标和宗旨是"诚信为先、技术领先、服务本地化、用户第一，成为国际一流的 TSP——诚信的网络安全产品、服务与解决方案提供商。"

公司主要提供以入侵检测、钳制以及阻断技术为核心的网络安全系列产品，并和网络安全管理技术融合，构筑包括入侵检测、漏洞扫描、入侵取证、物理隔离检查、主机保护、安全审计、网络防病毒、安全网管系统、灾难备份等安全设备在内的整体网络安全主动防御体系。

（2）熊猫卫士　熊猫卫士是一款 Panda 软件公司研发的拥有 100% 自有技术的防毒软件，它在查杀病毒的同时还能防止其他恶意程序（黑客、特洛伊木马、蠕虫等）对计算机的威胁。安装快速便捷、体积轻巧、占用系统资源少。它的自我诊断功能和对防病毒软件自身文件及配置的保护功能使用户在浏览网页、玩游戏时无须操作便能对计算机进行自动保护，使用时几乎感觉不到它的存在。

（3）趋势科技　趋势科技是网络安全软件及服务领域的全球领导者，以卓越的前瞻和技术革新能力引领了从桌面防毒到网络服务器和网关防毒的潮流，以独特的服务理念向业界证明了趋势科技的前瞻性和领导地位。

另外，还有很多优秀的杀毒软件，如北信源、McAfee、安全之星 1+e、安博士等。用户可以根据自己的情况选择不同的反病毒软件。

10.2　防火墙技术

防火墙是软、硬件的结合体，是网络中的一个安全监视点，设立在内部网和外部网之间，从而控制、检测内部网和外部网之间流进、流出的数据包，达到保护内部网络的目的。

10.2.1 防火墙的概念及作用

1. 概念

古时候人们在自己居住地的周围修建高高的城墙，甚至还有护城河，以保护城墙里的人不受外来攻击。在现代计算机网络中，采用类似的方法，在内部网络的周围设立安全控制点，保护内部网络中的网络资源。这种使网络及其资源不受网络外侵害的设备称为"防火墙"。

用专业术语说，防火墙就是一个由多个部件组成的集合或系统，设立在一个可信任内部网与外部网之间，对流过的数据包进行控制、检测，加强安全和审计功能。防火墙可以由单独的硬件设备组成，也可以由路由器中的软件模块组成。防火墙大都带有路由部分或者和路由器一起使用，以便于同 Internet 相连，决定哪些 IP 地址可以进入内部网，哪些 IP 地址禁止进入内部网。

2. 作用

顾名思义，防火墙就是给内部网络提供安全的设备。其主要作用有如下几个方面：

1）拒绝未经授权的非法用户（如黑客、入侵者及其一切网络犯罪者）进入内部网络，保护内部网络资源的安全性。

2）防火墙作为内部网的安全监视点，可以记录所有通过它的访问，并且提供统计数据，提供对非法入侵的报警和日志审计功能。

3）保护网络中脆弱的服务。防火墙可以允许内网中的一部分主机被外部网络访问，例如受保护网中的电子邮件、FTP、WWW 服务器等。而内网中的其他主机，防火墙都不允许外部网络访问。

4）防火墙可以作为部署网络地址转换（Network Address Translator，NAT）的逻辑地址，用来缓解地址空间不足的问题，也可以隐藏内部网络的结构。

任何事物都是一分为二的，防火墙可以提高网络的安全性，但是它也有一些缺陷和不足。防火墙的不足主要表现在以下几个方面：

1）限制有用的网络服务。防火墙为了保证被保护网络的安全性，限制和关闭了许多很有用的但存在缺陷的网络服务。

2）防火墙不能防范通过防火墙以外的其他途径的攻击。例如，一个内部网络用户通过拨号上网，绕过防火墙，直接通过 PPP 或 SLIP 和 Internet 建立连接，这就为各种攻击提供了一个可能的攻击后门。

3）防火墙无法防护网络内部用户的攻击。目前商用的防火墙都只提供对外部网络用户攻击的防护。

4）防火墙不能防范数据驱动型的攻击。数据驱动型的攻击从表面看是无害的数据被传送或复制到当地的主机上，但是一旦主机运行就开始攻击。

5）防火墙不能防止传送已感染病毒的软件或文件。现在的病毒种类、压缩格式、加密手段等太多，用户不能期望防火墙都能检查出来。

10.2.2 防火墙的基本类型

自从第一个简单的防火墙问世以来，到现在已经出现了很多应用不同技术的防火墙，但归纳起来大体可分以下四类：包过滤型防火墙（又称网络级防火墙）、应用级网关、电路级网关和混合型防火墙。

1. 包过滤型防火墙

包过滤型防火墙是一种应用最普遍的防火墙技术。该防火墙主要工作在网络层，主要是对网络层传输的 IP 数据包进行检查，从而决定是否让 IP 数据包通过。包过滤型防火墙主要是把判断的信息同规则表进行比较，在规则表中定义了各种规则来表明同意或拒绝 IP 数据包的通过。包过滤型防火墙检查每一条规则，如果发现包中的信息与某规则相符，那么该数据包就会按照规则表中的内容被转发；如果规则拒绝，该数据包就会被丢弃；如果没有规则匹配，则由用户配置的默认参数来决定是转发还是丢弃该数据包。

包过滤型防火墙检查 IP 数据包的主要依据如下：

1）IP 源地址和目标地址。

2）TCP/UDP 目的端口和源端口。

3）内装协议（TCP、UDP、ICMP、IP Tunnel）。

4）ICMP 消息类型。

包过滤型防火墙可以通过 IP 源地址和目的地址控制特定的源和目的主机进/出内部网络，通过协议类型控制特定的协议，通过 TCP/UDP 目的端口和源端口控制特定的网络服务。进一步说，这几种依据组合就可以让某些特定服务必须通过某一特定的 IP 地址的检查。

下面给出某一包过滤型防火墙的访问控制规则。

1）允许网络 172.25.0 使用 FTP（端口 21）访问主机 192.168.23.12。

2）允许任何地址的电子邮件（端口 25）进入主机 192.168.23.10。

3）允许任何 WWW（端口 80）数据包进入网络。

4）允许 IP 地址为 202.72.1.23 的用户 Telnet（端口 23）到主机 150.23.24.23。

5）不允许其他的数据包进入。

包过滤型防火墙简单、工作速度快、费用低，并且对用户通明，但是对网络的保护却是有限，因为它只检查地址和端口，对网络更高协议层的信息无理解能力。因此，包过滤型防火墙虽然能有效地控制网络的通信，且价格相对便宜，但只比较适合对安全性要求比较低的小系统。

包过滤型防火墙在网络中的逻辑位置和物理位置分别如图 10-1 和图 10-2 所示。

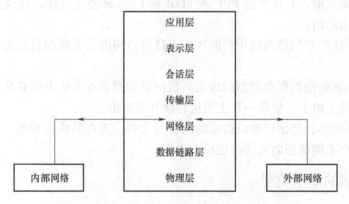

图 10-1　包过滤型防火墙在网络中的逻辑位置

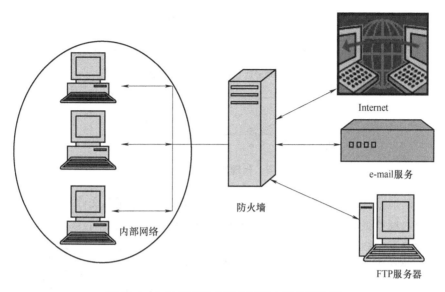

图 10-2　包过滤型防火墙在网络中的物理位置

2. 应用级网关

应用级网关是目前安全级数比较高的防火墙技术，能够检查进/出的数据包，通过网关复制传递数据，防止在受信任服务器和客户端与不受信任的主机间直接建立连接，从而有效地保护了内部网络。应用级网关与包过滤型防火墙最大的不同就是，应用级网关防止内部网络主机与外部网络主机直接相连，而包过滤型防火墙在检查完之后允许内部网络主机与外部网络主机直接相连。应用级网关能够理解应用层上的协议，能够做复杂一些的访问控制，并做精细的注册和稽核。

应用级网关为什么能做到使内部网络主机不直接和外部网络主机相连的呢？是因为应用级网关采用了一种称为代理服务（Proxy Server）的技术。

代理服务实际上就是一些特定的应用程序或服务器程序，这些程序统称为代理程序。当外部用户向内部网络发送连接请求时，就由代理程序依据已制定的安全规则，决定是否向内部真实服务器提交外部用户对内部网络的服务请求。代理程序代替外部用户与真实服务器进行连接，代理程序在用户与服务器之间扮演了一个转发器的角色。反之，当内部用户要求连接外部网络时，首先也是通过代理程序同外部服务器建立连接，转发用户的连接请求。例如，当一个远程用户请求内部服务时，它首先与这个代理程序建立连接，经过认证后，再由代理程序连到目的主机，同时将服务器的响应传递给代理的用户。这个过程可以用图 10-3 来描述。

在这个过程当中，可以看到代理程序扮演双重的角色：对客户机来说，代理程序就是提供服务的服务器；对服务器来说，代理程序就是要求提供服务的客户机。所以，在代理的实现过程当中，必须既有代理服务器程序部分，又有代理客户机的程序部分。

在应用级网关中，代理服务器程序包括 WWW、SMTP、FTP、Telnet 等。这里需要说明的是，每一个代理服务器都是一个简短的程序，专门为网络安全目的而设计，只允许被特定主机访问。代理服务器之间是相互独立的，某个代理服务器出现安全问题，只需卸掉该服务

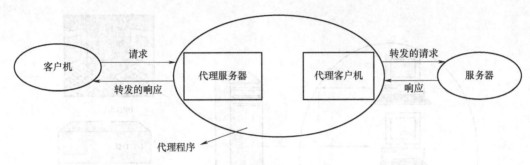

图 10-3　代理服务的工作原理

器，不会影响其他服务器的运行。代理服务器除了读取初始化配置文件外，一般不进行磁盘操作，这使得入侵者很难安装木马程序。图 10-4 是应用级网关逻辑示意图。

应用级网关安全级别比较高，适合比较大的网络环境，是较安全的防火墙技术。但是实现困难，而且有的应用级网关缺乏透明性。在实际使用中，用户在受信任的网络上通过防火墙访问 Internet 时，经常会发现存在延时现象，甚至有时需要进行多次登录才能访问 Internet。

3. 电路级网关

电路级网关用来监控受信任的客户机或服务器与不受信任的主机间的 TCP 握手信息，这样决定该会话（Session）是否合法。它并不针对专门的应用层协议，而是一种传输层的 TCP 连接中继服务。

图 10-4　应用级网关
逻辑示意图

实际上，电路级网关并非作为一个独立的产品存在，它与其他的应用级网关结合在一起工作，为网络提供更高的安全级别。另外，电路级网关还提供一个重要的功能——代理服务。这里代理服务器运行一个称为"地址转移"的程序，将内部网络的 IP 地址映射到一个"安全"的 IP 地址，这个地址是由防火墙使用的。

4. 混合型防火墙

混合型防火墙结合了包过滤型防火墙、应用级网关、电路级网关的特点，同包过滤型防火墙一样，混合型防火墙能够在网络各层过滤进出的数据包。需要说明的是，混合型防火墙允许受信任的主机或服务器同不受信任的主机直接建立连接，混合型防火墙没有采用应用层的有关代理，而是依靠某种算法来识别进/出的应用层数据。这样，混合型防火墙在理论上就比应用级网关过滤数据包更加有效。

目前，市场上流行的防火墙大都属于混合型防火墙，因为该防火墙对用户是透明的，不需要在防火墙上运行额外的代理程序，工作效率高，适合网络即时通信的要求。例如，On Technology 公司生产的 OnGuard 和 Check Point 软件公司生产的 FireWall-1 防火墙，都是混合型防火墙。

10.2.3　防火墙的安全策略

防火墙与其说是一组网络设备，不如说是一种网络安全思想的体现。安全策略对一个防

230

火墙系统来说是至关重要的，它定义了服务、访问控制的实现方法。任何一个组织，在建立防火墙系统之前，必须提出一个完备的安全策略。一个完备的安全策略是构建安全体系结构的基础，如果没有一个总体安全策略，防火墙的设置将是各自为政，即只有片面的保护功能，对总体来说形同虚设。

不同的防火墙侧重点不同，即安全策略不同。防火墙采用的安全策略主要有两个：

1）允许任何服务，除非被明确禁止。

2）禁止一切服务，除非被明确允许。

采用第一种规则的防火墙，默认是允许所有服务通过防火墙，除非这些服务是访问规则不允许的。如果采用第二条规则，防火墙默认将禁止一切服务，当且仅当这些服务获得允许后，才能通过。比较这两种准则可以看出，第一种准则提供的服务较多，比较灵活，但是风险相对来说就比较大。第二种规则提供的服务较少，但是安全性较高，风险相对来说就比较低。现在的防火墙安全策略大多是这两种规则的组合，优化组合这两种规则能提供更高的安全性。

防火墙作为内部网络与外部网络之间的一种访问控制设备，常常安装在内部网络与外部网络的交界点上。防火墙不仅是路由器、堡垒主机，或者任何提供网络安全的设备的组合，更是安全策略的一部分。安全策略建立了全方位的防御体系来保护内部网络的信息资源。安全策略应详细规定网络访问、服务访问、磁盘和数据加密、本地和远程用户的认证、拨入、拨出、病毒防护等安全措施。内部网络中所有可能受到网络攻击的地方都必须以同样的安全级别加以保护。如果仅设立防火墙系统，没有全面的安全策略，那么防火墙系统就形同虚设。

10.2.4　防火墙的体系结构

防火墙可以由单个主机组成，但在实际的网络环境中，一般来说防火墙都是由多个设备组合而成的。根据实际网络的需要，防火墙的配置可以是多种多样的，只要满足实际的需要即可。防火墙的体系结构有很多种，这里给出几种基本的结构。

1. 双宿主主机结构

双宿主主机结构是一种最基本的防火墙体系结构。这种结构的最大特点就是由一个装有两块网卡的主机系统连接内部网络和外部网络，并且这样的主机在连接的过程当中还充当了网络之间的路由器。在这种结构中，一般是将两块网卡分别连接不同的网络，这里指内部网络和外部网络。具体的物理结构如图 10-5 所示。

这种结构的防火墙，使得内部网络和外部网络不能直接通信，从一块网卡上送来的数据包，必须经过防火墙的安全检查模块检查后，才可以由第二块网卡转发到另一个网络。如果数据包不能通过防火墙的检查，则不能进行通信。这种结构的特征就是由双宿主主机控制进/出网络的数据包，所以安全性级别不是很高，一旦双宿主主机被攻破，整个内部网络就暴露在外部攻击者的面前。还有就是，这种结构进/出网络的数据包都由双宿主主机来转发，所以该主机的负载比较大，很容易变成网络的瓶颈。在实际应用中，不推荐单一使用这种结构的防火墙。

2. 主机过滤式结构

堡垒主机（Bastion Host）是一个被强化的、可以防止攻击的计算机。它和外部网络相

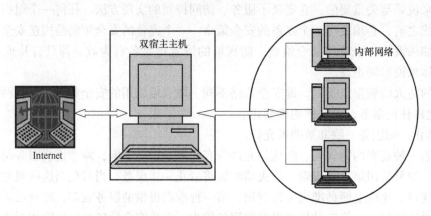

图 10-5　双宿主主机结构

连，作为进入内部网络的一个安全监视点。

主机过滤式结构除了堡垒主机之外，还需要一台路由器。在这种结构中，网络的安全性取决于堡垒主机的安全级别。路由器在这种结构中的主要作用是保证任何外部网络的主机连接内部网络时，都必须先经过堡垒主机，只有通过堡垒主机的安全性检查后才可接入内部网络。这种结构与双宿主主机结构大同小异，具体的结构如图 10-6 所示。

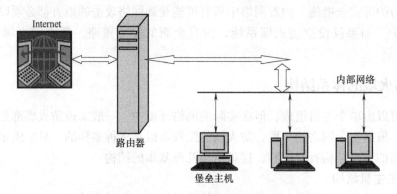

图 10-6　主机过滤式结构

这种结构的防火墙的安全级别也不是很高，不适合作为实际网络中防火墙的体系结构。它最大的缺点就是它的安全性全部依赖于堡垒主机，一旦堡垒主机被攻破，内部网络的安全系统就全部崩溃了，外部攻击者就可以长驱直入。

3. 子网过滤结构

子网过滤结构就是在主机过滤式结构的基础上，在堡垒主机与内部网络之间增加了一层周边网络的安全机制，并且内部网络通过内部路由器与周边网络相连。这种结构的安全级别要比主机过滤式结构的安全级别高，因为攻击者攻破堡垒主机之后，只能与周边网络相连，不能直接进入内部网络。

周边网络又称为缓冲带或非军事区（Demilitarized Zone，DMZ）。周边网络是夹在内部网和外部网之间的又一道防线，周边网络屏蔽掉内部网络的各种信息，即使入侵者成功攻破了防火墙，也不能直接侵入内部网络。在大多数网络中，例如以太网、令牌网等，网络中的任何一台机器都可以看到网络中其他机器的信息传输情况，这样入侵者一旦侵入到内部网络，就可以窃取口令和其他敏感信息。但是采用了周边网络之后，即使入侵者攻破了防火墙，也只能获取在周边网络上传输的信息，而不能轻易获取受保护的内部网络上的敏感信息。但是，周边网络也限制了外部用户在内部网络中和内部用户在外部网络中的漫游能力。

子网过滤结构提供了更高的安全保证，外部路由器保证外部的数据包都要通过堡垒主机，内部路由器保护内部网络免受外部网络和周边网络的入侵，主要通过限制堡垒主机同内部网络之间的互传，减少堡垒主机被攻破时对内部网络的危害性。子网过滤结构如图 10-7 所示。

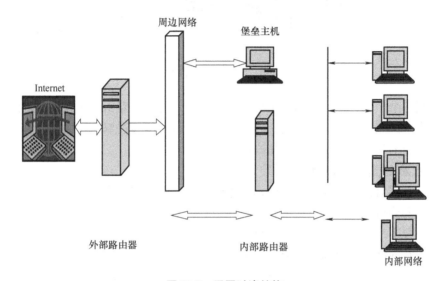

图 10-7　子网过滤结构

10.2.5　一种防火墙结构的设计方案

前面给出了几种防火墙的基本结构，这里结合前面的内容给出一种防火墙的设计方案，仅供大家参考。

在实际的网络中，由于网络的复杂性和攻击的多样性，任何一种防火墙结构都不能说是坚不可摧的，所以必须根据实际情况，尽量提高防火墙的防御能力。图 10-8 所示为一种理论上很安全的防火墙结构。

这个防火墙结构是由两个包过滤路由器、双宿主主机和周边网络组成，它是一种理论上很安全的防火墙体系结构，这种结构支持应用层和网络层的安全功能。把代理服务器（WWW、e-mail、FTP、Telnet 等）、身份认证系统、日志记录系统都设置在双宿主主机中，在内、外路由器中实现对 IP 数据包的过滤功能。下面对各个部分做详细的介绍。

1. 双宿主主机

双宿主主机架设在内部路由器和周边网络之间，为内部网络和外部网络提供唯一的通道。双宿主主机主要实现各种应用程序的代理服务、访问者的身份认证以及日志记录等功能，是整个防火墙系统的核心部分。

双宿主主机的一块网卡与周边网络相连，并且该网卡与周边网络采用相同的子网掩码，

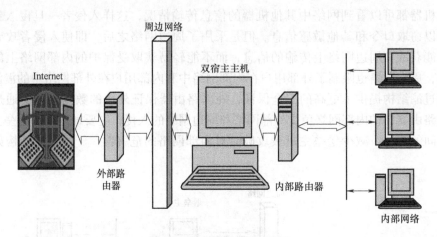

图 10-8 防火墙的结构示例

即它们处于同一个子网当中。双宿主主机的另一块网卡与内部路由器相连，并且配置子网掩码与内部网络子网掩码相同。这样内、外部网络互访就必须通过双宿主主机，这样就给网络提供了一个安全的集中监视点，便于用户配置和维护。

2. 包过滤路由器的配置规则

包过滤路由器对接收到的每一个数据包进行检查，以确定允许数据包通过、还是丢弃该数据包。路由器分析每个数据包的内容，以确定是否与一条包过滤规则匹配。包过滤规则是基于数据包的包头信息制定的，包头信息主要就如前面介绍的四大类信息。包过滤路由器的工作原理是截获网络中的数据包，分析数据包是否与规则表中的某一条规则匹配。如果与某一条规则匹配，那么数据包就会按照路由表中的信息被转发；如果规则拒绝该数据包通过，那么该数据包就会被丢弃；如果没有规则匹配，由用户配置的默认参数来决定是转发还是丢弃该数据包。

值得一提的是，有些攻击很难通过基本的包头信息来识别，对于这样的攻击，通过过滤规则很难指定，因为过滤规则需要附加某些信息，而且这些信息只能通过检查路由器表和特定的 IP 选项才能识别出来。这几种攻击如下：

1）源路由攻击。这种类型的攻击的特点是入侵者指定了数据包在 Internet 上所走的路线，这样可以让数据包旁路掉安全防御措施。对于这种攻击，路由器应该丢弃所有带有源路由选项的数据包。

2）源地址欺骗。这种类型的攻击的特点是外部入侵者向内部网络发送具有内部主机 IP地址的数据包。对于这种攻击，可丢弃所有来自路由器外部端口且 IP 地址为内部网络地址的数据包。

3）极小数据片攻击。这种攻击类型的特点是入侵者使用了 IP 分片的特性，构造极小的IP 数据包，并强行将 TCP 头信息分成多个数据包段。这种攻击可绕过用户定义的过滤规则。对于这种攻击，必须丢弃协议类型为 TCP、IP Fragment Offset 为 1 的数据包。

3. 周边网络

周边网络即不安全网段。由于周边网络是通过外部路由器直接与外部网络相连的，所以周边网络不安全。设置周边网络的作用主要有两个：一是周边网络可以起到屏蔽内部网络的作用，二是外部攻击者不能获得内部网络中传输的敏感信息。

本防火墙的体系结构主要由以下几个优点：首先，入侵者必须突破三个不同的设备才能侵入内部网，即外部路由器、双宿主主机、内部路由器；其次，由于外部路由器只向外部网通告双宿主主机的存在，这样就可以屏蔽内部网络，使内部网络对外来说是不可见的；再次，由于双宿主主机的存在，内部网络用户只有通过双宿主主机上的代理服务器才能与外界通信，这样可以提供很高的安全性。

10.3 入侵检测技术

入侵检测技术（IDS）是一种主动保护网络资源免受攻击的安全技术，为系统提供了实时保护，被称为防火墙之后的第二道安全闸门。詹姆斯·阿德森（James Aderson）在 1980年首先提出了入侵检测的概念，并将入侵尝试或威胁定义为：潜在的有预谋的未经授权的访问信息致使系统不可靠或无法使用的企图。詹姆斯·阿德森还提出审计追踪，可应用于监视入侵威胁。但当时由于所有的系统安全都着重于拒绝未经认证主体对重要数据的访问，这一设想的重要性没有引起注意。1987 年，丹宁（Denning）提出了一个经典的异常检测抽象模型，首次将入侵检测作为一种计算机系统安全的防御措施提出来。1988 年，特蕾莎·伦特（Teresa Lunt）等人进一步改进了丹宁提出的入侵检测模型，并创建了 IDES（Intrusion Detection Expert System），该系统用于对单一主机的入侵检测，提出了与系统平台无关的实时检测思想。1995 年，又开发了 IDES 的完善版本 NIDES（Next-Generation Intrusion Detection System），可以检测多个主机上的入侵。在基于主机检测的入侵系统的研究期间，1990 年，赫伯莱因（Heberlein）等人提出了一个新的概念——基于网络的入侵检测（Network Security Monitor，NSM）。NSM 与此前的 IDS 系统最大的不同在于，它并不检查主机系统的审计纪录，它可以通过检查网络上通过的数据包从而发现入侵行为。从此之后，入侵检测系统就被分为两大类：基于主机的入侵检测系统和基于网络的入侵检测系统。1996 年提出的 GrIDS（Graph-based Intrusion Detection System）的设计思想解决了入侵检测系统伸缩性不足的问题，该系统使得对大规模自动或协同攻击的监测更为便利，这些攻击有时甚至可能跨过多个管理区域。现在的主要研究有将免疫原理运用到分布式入侵检测领域，还有的把遗传算法、遗传编程运用到入侵检测中来。总而言之，入侵检测技术随着网络安全的需求进一步成熟，在网络安全领域占有重要的地位。

10.3.1 入侵检测的重要性

针对网络安全问题，ISS 公司最早提出了一个称为 PDR 的安全策略模型，后来出现了很多的变种，包括 ISS 公司自己也将其改换为 PADIMEE，包括策略（Policy）、评估（Assessment）、设计（Design）、执行（Implementation）、管理（Management）、紧急响应（Emergency Response）、教育（Education）共七个方面的内容。可以看出，这种安全策略模型做了更多、更细的划分，考虑到了实际应用的各个方面。不过这些变化更多的是一种商业策略的反映，其安全的实质内容没有改变。

PDR 模型的全称为 PPDR 模型，包括策略（Policy）、防护（Protection）、检测（Detection）、响应（Response）。策略在这个模型中处于核心地位，是整个模型的灵魂，它明确地

235

说明了网络安全要达到的目标，决定了各种网络安全设备所采取的措施，例如防火墙的配置等。然而随着网络技术的发展，各种攻击层出不穷，所以策略绝对不是一成不变的，要根据实际情况随时更新。然而如何更新？更新的依据是什么呢？这对正确的制定策略是至关重要的。

入侵检测在这个模型中的位置和作用是什么呢？入侵检测就是 PDR 模型中的检测（D），它的作用在于实时检测网络中的攻击和不当行为，承接防护（P）和响应（R）的中间过程。"千里之行，始于足下"，要想实时、动态、及时地更新安全策略，入侵检测为其提供了正确、可靠、及时的参考依据。

一般来说，网络安全只能考虑到已知的安全威胁与有限范围内的未知安全威胁，也就是说各种防护技术只能做到"防患"而对"未然"就无能为力了。更何况，在安全系统的设计过程中不可能做到十全十美，可能留下或多或少的安全漏洞，这些"防患"以外的就可以通过入侵检测手段来加以补偿。在目前典型的网络安全动态防御体系中，传统的防火墙是作为最外围的第一道防线，而基于网络型的入侵检测系统作为安全的第二道闸门，可以作为防火墙的动态补充。从安全角度来说，尽量让入侵事件在更早、更外层的情况下被发现，配合以入侵检测与防火墙互动，再加上认证加密以及审计系统对大量历史数据的定期分析、统计、挖掘，从而可以最大限度降低安全风险。

10.3.2　入侵检测的概念

入侵（Intrusion）是指任何企图危及资源完整性（Integrity）、机密性（Confidentiality）、可用性（Availability）的活动，它可以造成系统数据的丢失和破坏，甚至会造成系统拒绝对合法用户服务等后果。入侵检测是一种增强系统安全的有效方法，是一种阻止入侵或者试图控制用户的系统或网络资源的措施。入侵检测是防火墙的合理补充，帮助系统对付网络攻击，扩展了系统管理员的安全管理能力（包括安全审计、监视、进攻识别和响应），提高了信息安全基础结构的完整性。

入侵检测系统从计算机网络系统中的若干关键点收集信息，并通过分析这些信息来检测网络中是否有违反安全策略的行为和入侵的迹象。之所以在网络中的若干关键点收集信息，这除了有尽可能扩大监测范围的因素外，还有一个很重要的因素就是从一个原来的信息有可能看不出入侵的迹象，但是几个原来信息的不一致却是发现入侵行为的最好标志。在不影响网络性能的情况下对网络进行监测，从而提供对内部攻击、外部攻击和不当行为的实时保护。

对一个成功的入侵检测系统来讲，它不仅能够使系统管理员时刻了解网络系统（包括程序、文件和硬件设备等）的任何改变，还能给网络安全策略的制定提供指南。更为重要的一点是，它应该管理、配置简单，从而使非专业人员也能非常容易地操作。而且，入侵监测的规模还应根据网络威胁、系统构造和安全需求的改变而改变。入侵检测系统在发现入侵后，会及时做出响应，包括切断网络连接、记录事件和报警等。

10.3.3　入侵检测系统的基本结构

图 10-9 给出了一个通用的入侵检测系统的逻辑结构。这个结构是比较粗糙的，其目的是让读者对其有一个大体的了解。

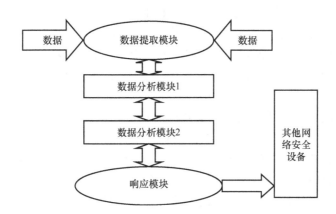

图 10-9 入侵检测系统的逻辑结构

数据提取模块的作用在于为数据分析模块提供数据，这些数据的来源可以是主机上的日志信息、审计记录等，也可以是网络上传输的数据包、流量变化、上网记录等。数据提取模块在获得数据以后进行预处理。预处理的过程首先是去除一些明显无用的信息；其次是进行数据的分类，将同种类型的数据分在一起；然后，再将相关的数据进行合并，在合并的过程中可以再去除一些冗余信息；最后，预处理模块将这些数据进行格式转换，使得这些数据可以被分析模块识别和处理。

数据分析模块是入侵检测系统的核心部分，它负责完成对事件的分析和处理。其主要作用在于对数据进行深入的分析，发现入侵行为并根据分析的结果产生事件，然后传给响应模块。数据的分析方法很多，主要有三种：模式匹配、统计分析和协议分析技术。模式匹配、统计分析是传统的入侵检测技术；协议分析技术是新一代入侵检测系统探测攻击的主要技术，它是利用网络协议的高度规则性快速探测攻击的存在。

响应模块的作用在于报警与反应，其主要措施有切断与入侵有关的会话、通过电子邮件发送报警信息、运行用户指定的应用程序以及防火墙、路由器联动等。它是入侵检测系统的主动进攻武器。

10.3.4 入侵检测的数据来源

入侵检测的第一步是信息收集，内容包括系统、网络、用户活动的状态和行为。入侵检测在很大程度上依赖于收集信息的可靠性和正确性，因此要保证利用所知道的真正的和精确的软件来报告这些信息。这样，就需要入侵检测系统本身应具有相当强的坚固性，防止被篡改而收集到错误的信息。

选取数据必须要做到有的放矢，数据源的选择取决于所想检测的内容。为了检测特定的入侵，必须从各种数据中提取出能够检测出入侵行为的"有用的"信息。举个例子来说，基于网络的入侵检测系统要检测拒绝服务攻击，这种攻击的主要特征就是向目标主机发送海量的、畸形的数据包，使目标系统忙于处理这些海量的、畸形的数据包从而导致系统的崩溃。对于这样的检测，所采用的基于网络的监视器必须获得这些畸形的、海量的数据包，并且能够证明这些数据包是从特定的 IP 地址发送到保护域的特定主机的。另一个方面，入侵检测系统还可以检测被攻击的系统是否由于处理畸形数据包而导致了系统崩溃。

237

目前流行的入侵检测系统获取的数据主要来自三个方面：基于主机的数据源、基于网络的数据源、其他数据源。获取数据的基本规则是：所有可能夹杂入侵行为的数据和所有可能记录入侵行为的文件，都应该得到入侵检测系统的检查。至于这些信息哪些重要，要取决于检测的目标。如果用户只是关心某一台重要主机的安全，那么基于主机的数据源就显得很重要；如果用户需要保障某一段重要网络的安全，那么流经该网络的数据包就更重要。

基于主机的数据源是指从主机系统上获取的数据和信息，主要包括操作系统的审计记录、系统日志文件以及其他应用程序的日志。操作系统的审计记录是由操作系统内部的专门的审计子系统产生，这个子系统是操作系统的一部分。审计记录主要是系统活动的信息集合，系统活动信息以时间顺序存放，然后组成一个或多个审计文件。每个审计文件有审计记录组成，每条审计记录描述了一次单独的系统事件。审计记录比较详尽地记录了系统事件，这些信息为入侵检测系统做细致的检测提供了可靠的依据。系统日志是反映各种系统事件和设置的文件。它反映了系统的运行情况，是操作系统必不可少的一部分，是系统运行顺利的重要保证。系统日志包括很多个文件，它为在系统上运行的大多数程序都建立了日志文件，例如应用程序日志、系统日志、FTP 日志、WWW 日志等。系统日志没有系统审计记录可靠，但是系统日志比较容易浏览，因此系统日志也是一种很有价值的数据源。

基于网络的数据源主要来自于网络上流动的数据包。当数据包在网络中传播时，采用特殊的数据提取技术，收集网络中传输的数据包，作为基于网络的入侵检测系统的数据来源。随着网络规模的不断扩大，现在的攻击多是针对网络的，所以基于网络数据的入侵检测系统成了现在入侵检测系统发展的主流。要分析网络数据包可以提供哪些数据，就不得不对网络结构做一些简单的介绍。现在的网络大都是以 TCP/IP 来传输数据包的，基于 TCP/IP 的网络结构可以分为四层，如图 10-10 所示。

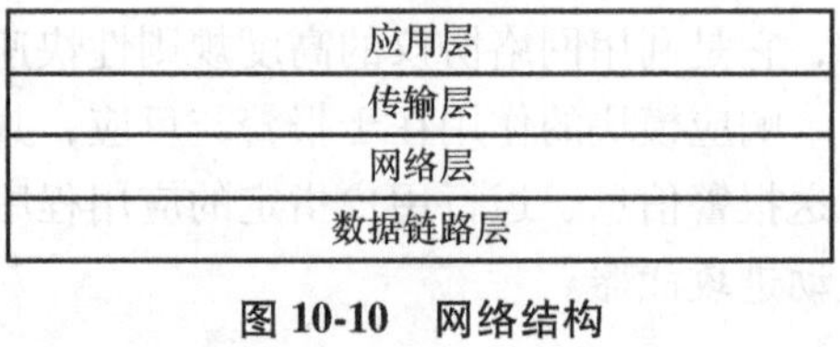

应用层可以获得有关提供服务的应用协议的信息，例如 Telnet、FTP、HTTP、SMTP、POP、DNS 等。传输层的协议主要有 TCP、UDP、ICMP 等，类似可以获得这些协议提供的信息，例如源、目的端口、ICMP 的控制信息等。网络层提供的是不可靠的、无连接的、分组投递服务。它

| 应用层 |
| 传输层 |
| 网络层 |
| 数据链路层 |

图 10-10　网络结构

主要是承接上层的请求，将数据封装在 IP 数据包中，可以提供如 IP 源地址、IP 目标地址、数据包序号、检验和、生命期、服务类型等的信息。数据链路层是对物理通信链路进行管理的设备驱动程序及相关协议。应用比较广泛的网络接口协议有以太网（Ethernet）、令牌环网（Token ring）、综合业务数字网（ISDN）、异步传输模式（ATM）、端对端协议（PPP）、串行线路接口协议（SLIP）等。现在的网络向着大容量、大规模发展，这就使得基于网络的入侵检测系统必须有处理海量数据包的能力，这也是现在基于网络的入侵检测系统研究的热点问题。

10.3.5　入侵检测系统的分类

入侵检测系统要对其所监控的网络或系统的当前状态做出正确的判断，并不是凭空臆测的，是在对大量的数据进行分析的基础上得到的。

入侵检测系统的分类方法有很多种。按照入侵检测数据分析方法的不同，可以将入侵检

测系统分为异常检测系统和误用检测系统。按照系统各个模块运行的分布方式不同，可以将入侵检测系统分为集中式检测系统、分布式检测系统和等级式检测系统。按照原始数据的来源，现在最普遍的是将入侵检测系统分成两大类：基于主机的入侵检测系统和基于网络的入侵检测系统。但是由于这两大类入侵检测系统都有各自的优点和不可克服的缺点，在实际应用中，是将这两种入侵检测系统混合起来使用，即入侵检测系统既有主机检测功能，又有网络检测功能，称之为混合型入侵检测系统。

1. 基于主机的入侵检测系统

它主要是通过分析操作系统的审计记录和系统日志来检测入侵的。日志中包含发生在系统上的不寻常和不期望活动的证据，这些证据就可以说明是否有人正在入侵或者已经成功侵入系统。基于主机的入侵检测系统大多采用"验证记录"的运作模式，即理解以前的攻击形式，并选择合适的方法去抵御未来的攻击。通常基于主机的入侵检测系统可监视系统、事件和 Linux、Windows 等大型通用操作系统下的安全记录以及 UNIX 环境下的系统记录，从中发现可疑行为。当有文件发生改变时，入侵检测系统将新的记录条目与攻击标志比较，看它们是否匹配。如果匹配，系统就会向管理员报警，以便采取适当的控制措施。基于主机的入侵检测系统在发展过程中还融入了其他技术。例如采用了加密、报文鉴别等手段，将结果储存到数据库，当文件发生变化时，校验和也会发生变化，因此检查校验和就可以发现是否发生了意外。

基于主机的入侵检测系统，监控的目标明确、视野集中，可以检测到基于网络的检测系统不能检测的攻击。但是它会占用主机的资源，在服务器上产生额外的负载，缺乏平台支持，可移植性差，因而应用范围受到了很大的限制。

2. 基于网络的入侵检测系统

主要用于实时监控网络关键路径的信息，通过侦听网络上的所有分组来采集数据，分析可疑行为。这种检测系统主要是根据网络中的数据包来发现入侵行为的。它通常利用一个运行在随机模式下的网络适配器来实时监视并分析通过网络的所有通信业务。当然，也可以采用其他的硬件获得原始的数据包。与基于主机的入侵检测系统相比，这类系统检测速度快，对入侵者来说是透明的，入侵者本身并不知道有入侵检测系统的存在，因而也不那么容易遭受入侵者的攻击。由于这种系统不需要主机系统提供数据，因而对主机资源的消耗小，并且由于网络协议的标准性，它可以提供对网络的通用保护而不必考虑异构主机的不同架构。

但是基于网络的入侵检测系统也有很多的缺点：只能监视本网段内的活动，精确度不是很高；在交换环境下的配置困难；防入侵欺骗的能力较差，难以定位入侵者；在高速、大规模的网络环境中，检测系统的工作量太大，容易造成网络延时。

10.3.6　入侵检测的主要技术

入侵检测系统对收集到的有关系统、网络以及用户活动的状态和行为的信息，主要采用以下三种技术分析：模式匹配、统计分析和完整性分析。其中，前面两种应用最广泛，主要用于对系统和网路的实时检测；而后一种技术主要用于事后分析。

前面提到按照入侵检测数据分析方法的不同，可以将入侵系统分为误用检测系统和异常检测系统。为了便于后边对入侵检测技术的分析，这里对误用检测系统和异常检测系统进行简单的介绍。

239

异常检测系统首先学习要检测对象的正常行为，并且通过分析这些行为产生的日志信息来总结出规律，而入侵和滥用行为和总结出的正常行为有很大的差异，通过检查这些差异来检测入侵。这类系统可以发现未知的、可能发生的入侵。

误用检测系统是对不正常的行为进行建模，这些行为是以前已经记录或发现的误用和攻击，然后分析系统的活动，发现那些与预先定义好的攻击特征相匹配的事件，从而检测出入侵行为。

1. 模式匹配

模式匹配就是将收集到的信息与已知的网络入侵和系统误用模式数据库中的记录进行比较，从而发现违背安全策略的行为。这种方法主要用于误用检测系统，它首先建立一个攻击特征库，然后检查提取的数据中是否包含这些攻击特征。这是最传统、最简单的入侵检测技术。这种技术实现简单，检测的准确率很高，对检测已知攻击有很低的漏报、误报率。其缺点是只能检测已知的攻击，模式库需要随时更新；另外，在高速、大规律的网络环境中，由于要分析大量的数据包，它的检测速度是一个很大的问题。

2. 统计分析

统计分析方法首先给系统对象（如用户、文件、目录和设备等）创建一个统计描述，统计正常使用时的一些测量属性（如访问次数、访问的时间间隔、操作失败的次数和延时等）。测量属性的平均值将被用来与网络、系统的行为进行比较，任何测量值超过了预先设定的阈值，就认为有入侵行为发生。统计分析最大的优点就是可以"学习"用户的使用习惯，从而检测出未知的入侵和更为复杂的入侵。但是这类系统的误报率比较高，不适应用户正常行为的突然改变。具体的统计分析的方法如基于专家系统的、基于模型推理的、基于神经网络的分析方法，目前正处于研究的热点和迅速发展之中。

3. 完整性分析

完整性分析主要关注某个文件或对象是否被更改，一般包括文件和目录的内容和属性。它在发现被更改的、被攻击的应用程序方面特别有效。完整性分析主要是利用现在比较成熟的报文鉴别技术，例如常规加密的鉴别、校验码的鉴别、离散函数的鉴别，具体的算法如RSA、MD5、SHA-1等。这些算法能够识别文件细小的改变。不管模式匹配方法和统计分析方法能否发现入侵，只要有攻击导致了文件或其他对象的任何改变，它都能够发现。

4. 其他入侵检测技术

上面已经对传统的入侵检测系统用到的检测技术做了大体的介绍，下面将介绍一些最近发展起来的新的入侵检测技术。基于神经网络的入侵检测系统具有自适应、自组织和自学习的能力，可以处理一些环境信息复杂、背景知识不清楚的问题。还有，将免疫原理运用到分布式入侵检测领域，开发了基于模糊理论、基于遗传算法、基于数据挖掘、基于数据融和的检测系统。这些系统的设计都没有超出误用检测和异常检测的范畴，只是对传统入侵检测技术的丰富和发展。这里值得注意的是，一种称为基于协议分析的入侵检测技术，它主要是利用网络协议的高度规则性，快速探测攻击的存在。协议分析技术的提出弥补了模式匹配技术的一些不足。协议分析技术对协议进行解码，减少了入侵检测系统需要分析的数据量，从而提高了分析的速度。可以说，与传统的模式匹配的分析方法相比，协议分析技术是新一代的入侵检测技术。

10.4　访问控制技术

在商业、金融以及军事领域的网络应用中，保证网络安全是第一位的问题。为此，国际标准化组织（ISO）在网络安全体系的设定标准中，定义了五大安全服务：身份认证服务、访问控制服务、数据保密服务、数据完整性服务和不可否认服务。作为五大服务之一的访问控制服务是不可缺少的安全服务。访问控制是对信息系统资源进行保护的重要措施，理解访问控制的基本概念，有助于信息系统的拥有者选择和使用访问控制手段，对系统进行防护。

10.4.1　访问控制的基本概念

1. 访问控制的定义

访问控制决定了谁能够访问系统，能访问系统的何种资源以及如何使用这些资源。适当的访问控制能够阻止未经允许的用户有意或无意地获取数据。访问控制的手段包括用户识别代码、口令、登录控制、资源授权（如用户配置文件、资源配置文件和控制列表）、授权核查、日志和审计。

访问控制主要是通过操作系统来实现的。除了保护计算机网络安全的硬件之外，网络操作系统是确保计算机网络安全的最基本的部件。网络操作系统安全保密的核心是访问控制技术，即确保主体对客体的访问只能是授权的，未经授权的访问都是非法的访问，都是不允许的，并且操作都是无效的。因此，网络操作系统的访问控制技术是很重要的一道防线。

2. 访问控制系统的组成

访问控制系统一般包括主体、客体、安全访问策略三个元素。

1）主体：是指发出访问请求的主动方，一般是指用户或者用户的某个进程。

2）客体：是指主体要访问的对象。一般是指数据和信息、网络中的一些程序和进程、各种网络服务、网络设备和设施等。

3）安全访问策略：是指一套安全规则，主要是规定用户能够访问系统资源的能力，即主体对客体的访问能力的界定。这些访问策略最早是通过访问控制矩阵实现的。下面用一个简单的例子来说明这个问题，见表 10-1。

表 10-1　一个安全访问策略的例子

文件类型 可执行操作 用户	File1. exe	File2. doc	File3. java	File4. txt	File5. src
wjm	R、W	W	R	R、W、E	R、W、D
zkj	D、R	E、W	W、E	R、E	D、W

表中的 wjm、zkj 是用户，File1. exe、File2. doc、File3. java、File4. txt、File5. src 是用户要访问的各种类型的文件，R、W、E、D 分别用来表示读、写、执行、删除操作。

10.4.2　访问控制的策略

"运筹帷幄之中，决胜千里之外"，中国传统的战略思想在现代社会仍闪烁着夺目光辉。

在做任何事之前，一定要有一个完全的策略，要考虑到各种可能发生的情况。同样，保护系统的资源是访问控制技术首先要考虑的问题，也是访问控制技术的关键所在。访问控制的策略主要有两种：传统的访问控制策略和基于角色的访问控制。传统的访问控制策略又分为自主型访问控制（Discretionary Access Control，DAC）和强制型访问控制（Mandatory Access Control，MAC）。

1. 美国 TCSEC（橘皮书）

美国国防部可信计算机系统评价标准（Department of Defense Trusted Computer System Evaluation Criteria，TCSEC）是世界上第一个关于信息产品安全的评价标准，发布于 1985 年 12 月。

在 TCSEC 中，明确地将计算机系统的安全程度分为 4 个等级（D、C、B、A）7 个类别（D1、C1、C2、B1、B2、B3、A1）。在不同等级的不同类别中，分别规定了计算机系统的不同安全要求。其中，D1 的安全等级最低，D1 系统只给文件和用户提供安全保护。C 类安全等级的能够提供审慎的保护，并提供对用户的行动和责任进行审计的能力。B 类安全等级具有强制性保护功能，强制性保护功能意味着如果用户没有与安全等级相连，系统就不会让用户存取对象。A 类安全等级的安全级别最高。TCSEC 还明确地提出了访问控制技术的重要性，并且每一个等级对访问控制都提出了不同的要求。例如，C 类安全等级要求至少有自主型的访问控制，B 级以上的安全等级必须有强制型的访问控制。

2. 传统的访问控制策略

（1）自主型访问控制 自主型访问控制（Discretionary Access Control，DAC）是一种允许主体对访问控制施加特定限制的访问控制类型，是目前计算机系统实现最多的访问控制技术。它是一种在确定主体身份以及它们所属组的基础上，对访问进行限定的方法。在很多机构中，在没有系统管理员介入的情况下，一个拥有一定访问权限的主体可以直接或者间接地将权限交给一个没有权限的访问者，这使得控制具有任意性，这种任意性也是自主型访问控制命名的来源。在这种环境下，用户对信息的访问能力是动态的，在短期内会有快速的变化。自主型访问控制经常通过访问控制列表实现，访问控制列表难于集中进行访问控制和访问权力的管理。自主型访问控制包括身份型（Identity-based）访问控制和用户。

自主型访问控制在早期计算机系统的访问控制中，显示出了巨大的优越性。但是随着 Internet 的快速发展，对访问控制也提出了更高的要求，传统的自主型访问控制已很难满足要求。

（2）强制型访问控制 强制型访问控制（Mandatory Access Control，MAC）是一种不允许主体干涉的访问控制类型。它是基于安全标识和信息分级等信息敏感性的访问控制。

强制型访问控制实际就是一种"我让你如何，你就如何"的策略。它预先将主体和客体分级，即相当于是给他们设定权限。例如，可以将用户的可信任程度分级别（如绝对信任、授权信任、最小权限信任、毫不信任），将信息的敏感程度分级（如绝密级、机密级、秘密级、无密级等），然后根据主体和客体的级别标识来决定各自的访问方式。用户的访问方式必须与自己的安全级别对应起来，不能越权访问。

在典型的强制型访问控制系统中，一般采用两种访问控制策略：用上读/下写保证数据的完整性和用下读/上写来保证数据的保密性。

所谓下读，指的是低级别的用户不能读取比其级别高的数据，只能读取比他级别更低的数据；所谓上写，指的是不允许级别高的数据写入比其级别低的存储区中，只能写入更高级别的存储区中。采取下读/上写机制之后，信息流可以保证只从低级别区流向高级别区，这样就可以分级保护数据，保证它们各自的机密性。

所谓上读，指的是低信任级别的用户能够读比其级别高的信息；所谓下写，指的是允许高级别的信息写入低级别的存储区中。采用这种方式之后，可以保证数据的完整性。

3. 基于角色的访问控制

基于角色的访问控制（Role Based Access Control，RBAC）是一种新型访问控制模型。它的基本思想是将权限与角色联系起来，在系统中根据应用的需要为不同的工作岗位创建相应的角色，同时根据用户职务和责任指派合适的角色，用户通过所指派的角色获得相应的权限，实现对文件的访问。基于角色的访问控制有效地弥补了传统的访问控制策略的不足之处，可以减少授权管理的复杂性，而且为系统管理员配置安全的管理策略提供了一个好的操作平台，成为现在实施安全策略的一种高效的访问控制技术。

在基于角色的访问控制技术中，角色是一个很重要的概念。在一般业务系统中，角色这个术语指的是业务系统中的岗位、职位或者分工，它是一个权限的抽象集合。举一个简单的例子，一般公司中都有人事部经理、销售部经理等。人事部经理是管理公司职员调动的管理员，他有权招聘新的员工或者解聘某些不合格的员工，这是作为人事部经理所具有的权限。但是人事部经理只是一个职务，当具体的某个人担任了这个职务时，"具体的某个人"也就被赋予了人事部经理这个职务所具有的权限。从这个例子可以清楚地看到，人事部经理就是一个角色，是一个权限的抽象。用户在特定的环境具有特定的角色所具有的执行操作的一切权限，这就是基于角色的访问控制技术的基础。

简单地说，根据基于角色的访问控制策略，系统定义了各种各样的角色，每种角色对应一定的权限，不同的用户根据其职务和责任的不同被赋予了不同的角色，一旦某个用户成为某个角色的成员，那么此用户也就具有了该角色所拥有的各种权限。

传统的访问控制策略 DAC 和 MAC 是直接将主体（发出访问操作、存取要求的主动方）和客体（数据和信息、网络中的一些程序和进程、各种网络服务、网络设备和设施等）联系在一起，而 RBAC 是通过角色将主体和客体联系在一起，这里角色充当了"第三者"。由于主体与客体不能直接联系在一起，只能通过角色才能获得该角色所具有的权限，从而访问相应的客体，因此用户不能自主地将访问控制权限授给别的用户。例如，如果 Alice 担任了公司的人事部经理，他不能将人事部经理这个职务随便让给 Bob 或者 Tom，即使他自己一厢情愿地将职务让给了 Bob 或 Tom，Bob 或 Tom 也不能行使人事部经理的职能，因为公司的董事会只是将人事部经理这个职务给了 Alice，而没有给 Bob 或 Tom。

角色是由系统管理员设定的，角色成员的增减、修改也只能由系统管理员来决定，也只有系统管理员有这个权利。也就是说，系统管理员有权定义和分配角色，而且授权规定是强加给用户的，用户只能被动地接受，不能自主地决定，用户更不可以将权限一厢情愿地给别人，即使给了别人，别人也不能拥有这些权限。

图 10-11 进一步说明了系统管理员、角色、用户三者之间的关系。

可以看出，系统管理员是角色设定和分配的管理者，用户和客体都没有权利去设定和分配角色，这也就克服了 DAC 和 MAC 的缺点。用户和角色是多对多的关系，一个用户可以有不同的角色，角色也可以由不同的用户担任。同样，角色和客体之间也是一个多对多的关

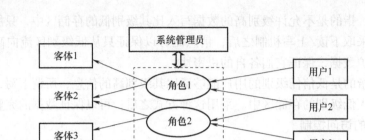

图 10-11　三者关系图

系。角色在主体访问客体的过程中起到了"中间人"的作用，是作为中间媒介将用户和权限连接起来的。

10.4.3　访问控制的实现方法

常见的访问控制的实现方法有访问控制矩阵、访问能力表、访问控制表、访问口令表和授权关系表等。这里仅介绍比较有代表性的访问能力表和访问控制表两种方法。

1. 访问能力表

访问能力表（Capabilities List）方法的基本原理是：只有某个主体对某个客体拥有准许访问的能力"Capabilities"时，主体才能访问这个客体。能力是由一定机制保护的客体标志，标记了客体以及访问者对客体的访问权限。图 10-12 说明了访问能力表的具体实现。

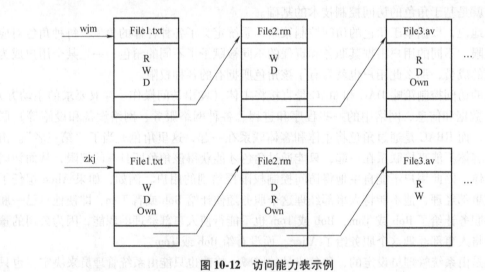

图 10-12　访问能力表示例

表中，wjm 和 zkj 是两个用户，File1. txt、File2. rm、File3. av 是被访问的客体（资源），R、W、D、Own 分别表示读、写、删除、客体的拥有权。

访问能力表就是从主体开始，建立一个主体可以访问的所有客体（资源）的列表，而且说明主体对每个文件的访问权限。这样做最大的好处是，主体不能访问的客体，就不需要为主体建立一个权限列表，可以极大地减少维护系统的开销，克服了访问控制矩阵的缺陷，即为每个主体和每个客体之间都建立了一个权限列表，但在实际系统中，很多的主体和客体之间根本就不存在访问关系或者它们之间的权限关系并不多。

2. 访问控制表

访问控制表（Access Control List，ACL）是较常用的访问控制方法。它的基本原理是：对每个客体（资源）指定任意一个主体的访问权限，还可以将相同权限的用户分组，并授予组的访问权。访问控制表是从客体（资源）开始，为客体（资源）建立一个访问控制表，这个访问控制表中，列出了所有可以访问这个客体（资源）的主体的名称，并且详细地说明了主体对客体的访问权限。图 10-13 给出了访问控制表的一个简单例子。

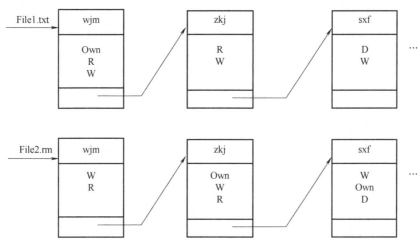

图 10-13　访问控制表示例

从访问控制表可以看出，访问控制表为每一客体（资源）创建一个用户列表，并且说明了用户对该客体的访问权限。访问控制表的优点在于表述直观、易于理解，而且比较容易查出对某一特定资源拥有访问权限的所有用户，有效地实施授权管理。

访问控制表也有缺点，它不适用于网络规模较大、需求复杂的企业的内部网络，主要原因如下：

1）访问控制表需要对每一个客体（资源）指定可以访问的用户或组，以及他们各自的权限。这在网络环境比较小、资源相对比较少的情况下还可以，但是当网络资源很多时，需要在访问控制表中设置很多表项，这个过程不但烦琐、工作量很大，而且当用户的职位、职责发生变化时，为反映这些变化，管理员需要修改用户对所有资源的访问权限。还有就是，在现实的许多应用中，服务器一般都是独立存在的，各自设置自己的访问控制表，为了实现整个组织范围内一致的控制政策，需要各部门的密切合作。所有这些问题都使得访问控制表的管理、授权、维护变得复杂而且费力、费时，并且还易出错。

2）单纯使用访问控制表，不易实现最小权限原则及复杂的安全策略。

10.4.4　访问控制的管理

访问控制管理涉及访问控制在系统中的部署、测试、监控以及对用户访问的终止。虽然不一定需要对每一个用户设定具体的访问权限，但是访问控制管理依然需要大量复杂和艰巨的工作。访问控制决定需要考虑机构的策略、员工的职务描述、信息的敏感性、用户的职务需求等因素。

访问控制的管理模式主要有三种：集中式管理、分布式管理和混合式管理。每种管理都有各自的优缺点，在具体实施时，应该根据情况指定不同的管理模式。

1. 集中式管理

集中式管理就是由一个管理者设置访问控制。当用户对信息的需求发生变化时，只能由这个管理者改变用户的访问权限。由于只有极少数人有更改访问权限的权力，所以这种控制是比较严格的。每个用户的账号都可以被集中监控，当用户离开机构时，其所有的访问权限可以很容易地被终止。因为管理者较少，所以整个过程和执行标准的一致性比较容易达到。但是，当需要快速而大量修改访问权限时，管理者的工作负担和压力就会很大。

2. 分布式管理

分布式管理就是把访问的控制权交给文件的拥有者或创建者，通常是职能部门的管理者。这就等于把控制权交给了对信息负有直接责任、对信息的使用最熟悉、最有资格判断谁需要信息的管理者的手中。但是这也同时造成在执行访问控制的过程和标准上的不一致性。在任一时刻，很难确定整个系统所有的用户的访问控制情况。不同管理者在实施访问控制时的差异会造成控制的相互冲突以致无法满足整个机构的需求。同时，也有可能造成在员工调动和离职时访问权不能有效地清除。

3. 混合式管理

混合式管理就是集中式管理和分布式管理的结合。它的特点是：由集中式管理负责整个机构中基本的访问控制，而由职能管理者就其所负责的资源对用户进行具体的访问控制。这种管理方式的灵活性很大，系统管理员和职能管理员能有效地分别控制自己的访问策略，这对于管理、维护都是很方便的。混合式管理的主要缺点是难以划分哪些访问控制应集中控制，哪些应在本地控制。

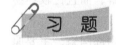 习 题

1. 计算机病毒通常分为几类？它们的运行机制是怎么样的？感染计算机病毒的常见现象是什么？

2. 简述计算机病毒的清除方法。选择你所喜欢的一款杀毒软件，并简述它的功能原理。

3. 传统的防火墙主要分为几大类？简述它们之间的异同。

4. 包过滤型防火墙的原理是什么？它过滤数据包的依据有哪些？

5. 代理型防火墙的原理是什么？它的主要优点有哪些？

6. 防火墙的基本体系结构有哪些？在这些基本结构的基础上，试给出一个 Internet 的防火墙体系结构设计方案。

7. 入侵检测系统的主要数据来源有哪些？

8. 入侵检测系统主要分为几类？简述它们各自的特点。

9. 入侵检测的主要技术有哪些？它们各自的优点是什么？

10. 访问控制系统由哪几部分组成？它们各自完成的功能是什么？

11. 访问控制技术有哪几种策略？简述它们各自的特点。

12. 访问控制表的优点是什么？它有什么缺点？

第 **11** 章 无线局域网安全

近年来，无线通信技术以其无可比拟的优越性，逐渐成为社会应用的新宠，受到全社会的普遍欢迎。无线网络之所以有如此大的吸引力，关键是因为它独特的优点，如一般无线网络的安装相对方便，不受地区的限制，可以连接有线介质无法连接或者建设比较困难的场合。无线通信技术是相当方便的数据传输技术，它的简单存取结构使得用户能够达到"信息随身走、便利走天下"的理想境界。

然而无线网络的安全问题却成为制约无线网络技术发展的"软肋"。无线网络由于传输的开放性，使得其受攻击的可能性比起有线网络更大。针对无线网络通信的安全问题，已经提出了很多的安全标准。为了帮助大家对无线网络的安全标准有一个清楚的认识，本章主要讨论无线局域网（WLAN）安全标准，以及无线局域网系统安全结构、安全机制和实现安全策略的各种途径和方案。

11.1　无线局域网概述

虽然有线局域网的应用非常的广泛，传输速率高，构建成本低，但是其有一些固有的无法克服的缺点：铺设电缆和检查电缆时非常耗时；由于发展的要求，原有的局域网需要扩建，这就需要重新安装网络线路，工程费用很高；最关键的一点就是，有线局域网中的设备使用的位置是固定不变的，不允许在使用中移动设备，这就极大地限制了用户的灵活性。这些缺点导致在很多场合下使用有线局域网非常不方便。无线局域网就能很好地解决这些问题。

无线局域网有其自身的特点，主要包括以下几个方面：构建网络的成本低；有很强的使用灵活性，由于没有电缆的限制，用户可以随心所欲地增加工作站或者重新配置工作站；有很好的移动性，无线局域网允许用户在网络覆盖范围内的任何地点、任何时间访问网络中的资源；无线局域网中的传输信号抗干扰能力强，通信非常可靠；最后，无线局域网也有很高的数据传输率。

无线局域网的应用非常广泛，例如，可以作为有线网络的备份；再如，由于无线局域网有很强的灵活性和移动性，用户可以在无线局域网范围内实现移动上网（漫游），从而易于实现移动通信。

无线局域网的技术标准主要包括：IEEE 802.11 家族标准、蓝牙技术标准、家庭射频、和红外线等。其中，IEEE 802.11 家族包括 IEEE 802.11a、IEEE 802.11b、IEEE 802.11g 和 IEEE 802.11n 等标准。其中，IEEE 802.11a 支持 5G 信道；IEEE 802.11b 和 IEEE 802.11g 都是 2.4G 信道；802.11n 是在 802.11g 和 802.11a 之上发展起来的一项技术，最大的特点是

速率提升，理论速率最高可达 600Mbit/s，802.11n 可工作在 2.4GHz 和 5GHz 两个频段。本章将着重介绍 IEEE 802.11 家族标准的安全性问题。

11.1.1　无线局域网的安全威胁

所谓安全威胁，主要是指用户、物、事件使用某一信息资源，对信息资源的保密性、完整性、可用性、合法性和不可抵赖性等造成的危险。攻击是安全威胁的具体体现形式，攻击分为主动攻击和被动攻击两种。被动攻击主要是信息在传输的过程中被偷听和监视，攻击者的目的是从传输中获得信息。被动攻击只是获取需要的敏感信息，而不会去破坏或者修改所窃听的信息。主动攻击不仅要获得敏感的信息，而且还会修改、删除或者产生一个新的虚假的数据流。主动攻击的危害性要比被动攻击的危害性大。主动攻击可以进一步分为四类：伪装、重放、篡改信息和拒绝服务。无线网络同有线网络面临着许多相同的安全威胁。例如：

1）对网络基础设施的破坏，包括有意的和无意的破坏。

2）针对网络管理的漏洞所引起的各种攻击。

3）网络黑客的攻击。

4）计算机病毒、木马程序和网络蠕虫的攻击。

5）拒绝服务攻击、垃圾邮件等。

6）操作系统、各种上层协议的设计缺陷和漏洞。

与有线网络相比，无线网络有其自身的特点，这些特点往往也是威胁无线网络安全的重要因素。综合而言，无线网络主要有以下几个方面的特点：

1）使用无线介质传输。无线网络的传输方式主要是采用微波和红外线，它们均使用无线传输信道。无线信道的开放性，本身就给无线网络带来了很大的安全威胁，很容易遭受各种攻击，例如，易被窃听、难于检测被动攻击、易受大功率信号的干扰、易受插入攻击、"基站"伪装等。

2）有限的带宽资源。由于可用来通信的无线频谱资源是有限的，因此，如何合理地利用现有的频谱资源就显得异常突出。通常，将某项无线应用要占用的频谱限定在一定的带宽之内，这有利于攻击者进行攻击。

3）移动设备的电源问题。无线网络中的设备，其能量均来自轻型电池。由于电池的能量限制，网络安全机制的设计无疑要受到能耗问题的限制。

11.1.2　无线局域网的安全策略

无线局域网的安全问题不是仅靠各种安全技术就能解决的。现在一个普遍的观点就是：把网络系统的安全问题提升到系统工程的角度上来考虑。下面将从两个方面来讨论无线局域网的安全策略，即分别从技术和管理两个角度提出无线网络应该考虑的安全策略。这里没有涉及网络建设的安全策略。

1. 技术策略

从技术的角度来说，无线网络的安全策略可以从以下几个方面来考虑。这里需要注意一个问题是，网络安全涉及的范围很广，仅采用某几项安全技术，不可能提供全面的、有效的安全保护，所以在设计系统的安全机制时，往往各项安全技术相互配合，整合成为一个整体来提供全面的安全保护。

（1）访问控制　对于无线网络而言，访问控制的目的就是防止网络资源未经授权被访问。访问控制直接支持了数据的保密性及完整性，是网络资源保护的第一道屏障。访问控制是限制和控制经过通信链路对主机系统和应用程序进行访问的能力。为了取得这种控制，每个试图得到访问的实体必须先进行身份识别或被鉴别，因此能为每个人定制访问权。

（2）数据机密性　数据机密性可以防止传输的数据免受攻击，防止信息未经授权被泄漏、篡改和破坏，同时防止对通信业务进行分析。数据机密性可以通过各种加密算法来实现。根据密钥的特点，加密算法可以分为对称密码和非对称密码算法。

在计算机网络中，数据加密通常可以分为三个层次来实现，即链路加密、节点加密和端到端加密。链路加密主要是保护数据链路层信息的安全，实现时，将所有需要加密的消息加密后传输，传输过程中每一个网络节点收到加密后的数据包后，首先将收到的加密数据包解密，然后用该节点的密钥重新加密，再传到下一个网络节点。节点加密主要是在传输层上提供保护，节点加密在操作方式上与链路加密是类似的。但是在节点加密中，路由信息和报头信息是以明文形式传输的，因此这种加密方法对于防止攻击者分析通信业务是脆弱的。端到端加密主要是对源端用户到目的端用户的数据提供保护，每个报文均是独立被加密的，数据从源端到目的端在传输过程中始终是以密文形式存在的。

（3）数据完整性　数据完整性是保证接收到的信息如同发送的消息一样，没有冗余、插入、篡改、重排序或者延迟。因此，数据完整性服务用于处理消息流篡改和拒绝服务。在另一个方面，完整性服务也用于处理任何没有较长内容的单个消息，通常只是保护消息免受篡改。数据完整性可以采用密码学中的消息摘要、消息验证码技术来实现。

（4）身份鉴别　身份鉴别是对网络中的接入主体进行验证的过程。实现身份鉴别的机制很多，例如口令机制、令牌卡机制、生物特征提取验证机制等。在无线网络中，由于带宽等因素的限制，最简单也最实用的身份鉴别方法就是采用口令机制。这些身份鉴别的方法，各有所长，具体采用什么鉴别方法，由系统设计的具体要求来决定。

（5）不可否认和数字签名　不可否认是防止发送方或接收方抵赖所传输的信息，因此，当发送一个消息时，接收方能够证实该消息的确是由所宣称的发送方发送的。类似地，当接收到一个消息时，发送方能够证实该消息的确是由所宣称的接收方接收的。数字签名技术可以实现信息的不可否认特性。数字签名技术不仅在这一方面有很好的应用，同时该技术在身份认证、数据完整性、匿名性等方面也有很好的应用。要实现不可否认性，数字签名必须要满足以下三个条件：

1）接收者能确认发送者对报文的签名，但是不能伪造发送者的签名。

2）发送者事后不能否认对报文的签名。

3）仲裁人能确认收发双方的消息，并在发生纠纷的时候做出仲裁，但是却不能伪造这一过程。

数字签名的实现有很多种方法，总体来说有两类：一类是对整体消息的签名，其结果是消息经过密码变换的被签字的消息整体；另一类是对压缩消息的签名，它是附加在被签字消息之后或者某一特定位置上的一段签字字段。实现数字签名的技术主要有对称密码技术和非对称密码技术。由于非对称密码技术特有的优越性，它在数字签名领域获得了巨大的应用。

2. 安全管理策略

网络安全问题成为制约网络发展的一个重要因素。调查表明，很多网络不安全的因素不在技术方面，而是网络管理方面的问题。现在很多人都存在这么一个误区，以为使用某些新的安全技术就可以解决网络安全问题，但事实上，根本就不存在一劳永逸的网络安全解决方案。所以，网络安全问题不仅与技术和产品有关，还与网络操作者实施的安全管理策略有很大的关系。

（1）有线网络和无线网络的整体安全策略　无线网络一般都是靠无线接入点（AP）接入有线网络的，无线网络要想和有线网络设备进行通信，它就必须支持各种网际协议。因此在制定安全策略时，将无线网络和有线网络作为一个整体来考虑，提出一套完整的网络安全解决方案，将会极大地降低管理的难度，降低管理成本。

（2）完整的操作规范说明书　铺设无线网络的部门、企业或者其他组织要制定完整的操作规范说明书，提高内部使用人员的安全防范意识，明确所承担的各项责任。防止内部人员对无线网络的攻击，最佳的途径是使责任分散，任何一个人都只是享有一部分授权权力。

（3）其他的管理策略　网络维护过程中，要定期修改网络的标识符，并且不能到处使用网络的标识符，防止网络标识符被人窃取。另外，建立无线网络以后，还要建立相对完善的网络审计、网络测试等体制，保证无线网络安全、可靠、稳定的运行。

11.2　无线局域网早期安全技术

近年来随着无线局域网的高速发展，无线局域网的安全技术也得到了快速的发展。但是，在早期无线局域网中也曾采用了一些安全强度不高的安全技术。

1. 服务设置标志符（SSID）匹配

（1）SSID　像其他类型的安全一样，无线局域网安全包括很多层的保护。有些层是可选的，但因为无线局域网采用无线传输，相比于有线无线局域网，它有更多的不安全因素，实现尽可能多的安全保护层是必要的。

第一个安全层就是服务设置标志符（Service Set Identifier，SSID），它是相邻的无线接入设备（AP）区分的标志，无线接入用户必须设定 SSID 才能和 AP 通信。如果客户端传送的 SSID 能匹配访问点上的合法指令，才能建立连接并开始通信。

SSID 也是将无线网络分为若干个子网的好方法。如果设计成用户只能访问网络的特定部分，那么可以在不同的区域使用不同的 SSID，来限制用户对网络特定部分的访问，即设置不同用户的访问权限。

（2）SSID 漏洞　一般来说，像 SSID 这样敏感的信息是要对外界屏蔽的，但是 AP 每隔一定时间会送出一个信标帧（Beacon Frames），包含信标间隔、时间戳和 SSID 等信息，这样非法入侵者就能自动搜寻频道找到合法的 SSID 接入网络。

除此之外，SSID 还有几个与之相关的安全问题，其中最大的问题是多数访问点的默认设置是广播 SSID。本质上，访问点对执行 802.11 标准的任何设备广播它的口令，这首先就违背了使用 SSID 的初衷。即使禁用访问点上的 SSID 广播，SSID 也由网络设备以明文发送。如果网络没有加密，使用无线局域网扫描程序的攻击者，就可以从配置使用密码的设备中嗅探到密码。

许多人在部署新的访问点时不改变 SSID，所以访问点上默认的 SSID 仍然有效。只要访问点和无线局域网以太网卡由同一个制造商制造，SSID 都是一样的，或者网卡可以被配置成接收广播 SSID。

2. 基于 MAC 地址设置访问控制列表（ACL）

限制接入终端的 MAC 地址，以确保只有经过注册的设备才可以接入无线网络。由于每一块无线网卡在出厂时都设有唯一的 MAC 地址，在 AP 内部可以建立一张 "MAC 地址控制表"（Access Control），只有在表中列出的 MAC 地址才是合法可以连接的无线网卡，否则将会被拒绝连接。MAC 地址控制可以有效地防止未经过授权的用户非法接入无线网络。但众所周知，MAC 地址是可以伪造的，因此基于 MAC 地址的安全访问策略也是不安全的。

11.3　IEEE 802.11 家族标准简介

IEEE 802.11 无线局域网标准是电气电子工程师学会（IEEE）提出的一系列无线局域网的技术解决方案。由于当时传输速率最高只能达到 2Mbit/s，所以主要被用于数据的存取。为了突破传输速率和传输距离上的局限，IEEE 小组又相继推出了 IEEE 802.11b、IEEE 802.11a 和 IEEE 802.11g 等传输标准。

IEEE 802.11 无线局域网标准承袭了 IEEE 802 系列，规范了无线局域网的 MAC 层及物理层 PHY（Physical）技术。目前，IEEE 802.11 标准主要有以下一系列协议。

1）IEEE 802.11a。它扩充了 IEEE 802.11 标准的物理层，规定该层使用 5.8GHz 的 ISM 频带。该标准采用正交频分（OFDM）调制数据，最大传输速率为 54Mbit/s。这样的速率既能满足室内的应用，也能满足室外的应用。

2）IEEE 802.11b。它是 IEEE 802.11 标准的另一个扩充，也被 WECA（The Wireless Ethernet Compatibility Alliance）称为 WiFi，使用开放的 2.4GHz 频率，一般采用直接序列扩频（DSSS）和补偿编码键控（CCK）调制技术，最大数据传输速率为 11Mbit/s（理论值）。这为无线局域网应用提供了宽广的平台，因而获得了众多硬件厂商的支持，现在市场上的无线网络产品大都是符合 IEEE 802.11b 无线局域网标准的。IEEE 802.11b 标准只是依赖 SSID、MAC、WEP 来确保无线网络的安全。表 11-1 是 IEEE 802.11、IEEE 802.11b、IEEE 802.11a 的特点比较。

表 11-1　IEEE 802.11、IEEE 802.11b、IEEE 802.11a 的特点比较

	IEEE 802.11	IEEE 802.11b	IEEE 802.11a
频率	2.4GHz	2.4GHz	5GHz
带宽	1~2Mbit/s	可达 11Mbit/s	可达 54 Mbit/s
距离	100m	功率增加可扩展 100m	5~10m
业务	数据	数据、图像	语音、数据、图像

3）IEEE 802.11g。它也被称为 WiFi，该标准也使用 2.4GHz 频段，并将传输速率从现有 IEEE 802.11b 的 11Mbit/s 提高到 54Mbit/s，与 IEEE 802.11a 相当。调制方式遵循英特矽尔（Intersil）公司的 CCK-OFDM 与 TI 公司的 PBCC-22（分组二进制卷积码）。而 PBCC-22 技术使得 22Mbit/s 的速率与现有支持 11Mbit/s 的 IEEE 802.11b 产品相互兼容。

4）IEEE 802.11i。它改善了 IEEE 802.11 标准最明显的缺陷——安全问题。IEEE

802.11i 被认为是无线局域网络安全问题的最终解决方案。

5）WEP 协议。IEEE 802.11 标准发布之初便设置了专门的安全机制，进行业务流的加密和节点的认证，这个安全机制也就是经常说的 WEP 协议（有线对等加密协议）。有线对等加密（Wired Equivalent Privacy，WEP）是用于无线通信的加密算法。虽然 WEP 能加密通信中的每个信息包，但是它所使用的认证方案及 RC4 加密算法由于使用不当有着很大的安全问题。

6）WPA。随着人们发现 WEP 协议在安全方面存在许多的弊端和漏洞，IEEE 系列又推出了 IEEE 802.11i 标准以改善 802.11 标准的安全问题。在 IEEE 802.11i 最终确定前，WPA（WiFi Protected Access）技术成为代替 WEP 的无线安全标准协议，为采用 IEEE 802.11 无线局域网提供更强大的安全性能。WPA 是 IEEE 802.11i 的一个子集。简要地讲，WPA 可以概括为：WPA = 802.1x+EAP+TKIP+MIC。这里 802.1x 是指 IEEE 802.1x 认证协议，EAP 指扩展的认证协议，TKIP 指临时密钥完整性协议，MIC 主要是保证数据的完整性。

人类需求推动技术的发展和应用，新的无线局域网标准将会在新的需求下不断出现。它们将拥有高的数据传输速率、QoS 保证和安全性，将是对有线宽带数据网络的挑战。IEEE 802.11 还在不断改善现有的这些标准，已经推出或即将推出一些新的标准。在无线局域网采用的安全策略中，主要采用了认证、保密和完整性这三个安全机制。后面将从这三个方面进行介绍。这三部分不是相互独立的，它们是一个有机的整体，是相互联系的，共同保证无线局域网的安全。为了叙述的方便，将其分开来介绍，便于大家掌握和理解。

11.4 IEEE 802.1x 认证协议

11.4.1 IEEE 802.1x 认证协议概述

1. 无线局域网认证的意义

对于传统有线网络，数据传输直接送到目的地，这里没有直接控制到端口的方法，也不需要控制到端口，这些固定位置的物理端口构成有线局域网的封闭物理空间。但是，由于无线局域网的网络空间具有开放性和终端可移动性，因此很难通过网络物理空间来界定终端是否属于该网络。随着无线局域网的广泛使用，如何通过端口认证来实现用户级的接入控制就成为一项非常现实的问题。IEEE 802.1x 正是基于这一需求而出现的一种认证技术，然而对于有线局域网，该项认证没有存在的意义。

2. IEEE 802.1x 认证协议简介

IEEE 802.1x 认证协议称为基于端口的访问控制协议（Port Based Network Access Control Protocol），是由 IEEE 于 2001 年 6 月提出的，符合 IEEE 802 协议集的无线局域网接入控制协议，目的是为了解决无线局域网用户的接入认证问题，能够在利用 IEEE 802 无线局域网优势的基础上提供一种对连接到无线局域网用户的认证和授权手段，达到接受合法用户接入，保护网络安全的目的。

IEEE 802.1x 认证协议是基于可扩展认证协议（EAP）的。EAP 是由点对点协议（PPP）扩展而来，它包含四种基本报文：EAP Request、EAP Response、EAP Success、EAP Failure。

IEEE 802.1x 认证协议支持多种认证方式，如智能卡、证书、口令和公共密钥认证等。IEEE 802.1x 认证的最终目的就是为了确定一个端口是否可用。

在 IEEE 802.11 标准里，IEEE 802.1x 身份认证是可选项；在 WPA 里，IEEE 802.1x 身份认证是必选项。

3. IEEE 802.1x 认证协议的作用

IEEE 802.1x 认证协议是一种对用户进行认证的基于端口（这里的端口可以是一个实实在在的物理端口，也可以是一个就像虚拟局域网一样的逻辑端口，对于无线局域网来说"端口"就是一条信道）的方法和策略。IEEE 802.1x 认证系统提供了一种用户授权接入的手段，它仅仅关注端口的打开与关闭。当合法用户接入时，端口打开；而当非法用户接入或没有用户接入时，则使端口处于关闭状态。认证的结果在于端口状态的改变，而不涉及其他认证技术所考虑的 IP 地址协商和分配问题，是各种认证技术中最为简化的实现方案。

IEEE 802.1x 认证的最终目的就是确定一个端口是否可用。对于一个端口，如果认证成功，那么就"打开"这个端口，允许所有的报文通过；如果认证不成功，就使这个端口保持"关闭"，此时只允许 IEEE 802.1x 的认证报文 EAPOL（Extensible Authentication Protocol over LAN）通过。

值得注意的是，在 IEEE 802.1x 认证协议中，"控制端口"和"非控制端口"是逻辑上的理解，设备内部并不存在这样的物理开关。在 IEEE 802.1x 认证协议的认证体系结构中采用了"可控端口"和"不可控端口"的逻辑功能，从而可以实现业务与认证的分离。

11.4.2　IEEE 802.1x 认证协议的体系结构

1. IEEE 802.1x 认证协议的三个逻辑实体

IEEE 802.1x 协议的体系结构包括三个重要的部分：客户端系统（Supplicant System）、认证系统（Authenticator System）和认证服务器系统（Authentication Sever System）。

1）客户端系统，也称作申请者，一般为一个用户终端系统。该终端系统通常要安装一个客户端软件，当用户有上网需求时，通过启动这个客户端软件发起 IEEE 802.1x 协议的认证过程。为了支持基于端口的接入控制，客户端系统支持 EAPOL 协议。为了发起 IEEE 802.1x 协议的认证过程，客户端必须运行 IEEE 802.1x 客户端软件并提供必要的认证信息（身份标识和口令信息等）。

2）认证系统，也称作认证者，在无线局域网中就是无线接入点（Wireless Access Point，WAP），在认证过程中起到"透传"的功能，所有的认证工作在申请者和认证服务器上完成。认证系统根据后台服务器对客户端的认证结果控制客户端的物理接入，它在客户端和认证服务器间充当消息"中介"角色。在无线局域网中使用的接入设备一般是指无线接入点（常用的如 AP）。

3）认证服务器系统，认证服务器通常指采用远程接入用户认证服务（Remote Authentication Dial In User Service，RADIUS）的服务器，该服务器可以存储有关用户的信息，通过检验客户端发送来的信息以判别用户是否有权使用网络系统提供的网络服务。认证服务器系统是整个认证体系结构的核心，它完成对客户端的实际认证。无线局域网中通常用 RADIUS 服务器做后台认证服务器，它接收认证系统传来的客户端认证请求，核查客户端身份，并返回认证结果，认证系统根据结果完成端口控制。认证系统和认证服务器间使用 RADIUS 协议通信，可将 EAP 报文承载在 RADIUS 协议中进行传输，从而使认证时的交互信息可以通过复杂的网络（可以是有线网或无线网）。

实际上可将 EAP 看作一个协议载体，它允许在其基础上开发合适的认证方法。常用的 EAP 方式主要有 EAP-MD5、EAP-Cisco（LEAP）、EAP-TLS 和 EAP-TTLS，它们由不同公司开发来支持各自的产品。EAP 消息包含在 IEEE 802.1x 消息中，被称为 EAPOL，即 EAP over LAN（在无线局域网中称作 EAPOL，也就是 EAP over Wireless），在申请者和认证系统之间传输；认证系统与认证服务器系统间同样采用 EAP，EAP 帧中封装了认证数据，将该协议承载在其他高层协议中，如 RADIUS，以便穿越复杂的网络到达认证服务器，称为 EAP over RADIUS。图 11-1 所示为 IEEE 802.1x 协议体系结构。

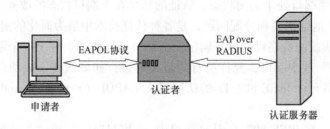

图 11-1 IEEE 802.1x 协议的体系结构

认证系统和认证协议之间的通信可以通过网络实体进行，也可以使用其他的通信通道，例如，认证系统和认证服务器集成在一起，两个实体之间的通信可以不采用 EAP。

2. 端口控制原理简介

（1）逻辑端口的概念　认证者对应于不同用户的端口，可以是物理端口，也可以是用户设备的 MAC 地址、虚拟局域网、IP 等，它有两个逻辑端口：控制端口（Controlled Port）和非控制端口（Uncontrolled Port）。非控制端口始终处于双向连通的状态，不管是否处于授权状态都允许申请者和局域网中的其他机器进行数据交换，主要用来传递 EAPOL 协议帧，可保证随时接收客户端发出的认证 EAPOL 报文；控制端口只有在认证通过的状态下才打开，用于传递网络资源和服务，可配置为双向受控端口。

如图 11-2 所示，对于申请者 1，认证者的控制端口处于未授权状态，因此控制端口对连接在物理端口上的用户 MAC 是关闭的，用户的帧无法通过控制端口访问网络资源；对于申请者 2，控制端口是授权状态，因此连接的端口是开放的，用户可以自由访问网络资源。

值得注意的是，在 IEEE 802.1x 协议中的"控制端口"和"非控制端口"是逻辑上的理解，设备内部并不存在这样的物理开关。对每个用户而言，IEEE 802.1x 协议均为其建立一条逻辑上的认证通道，其他用户无法使用该逻辑通道，因此不存在端口打开后被其他用户利用的问题。这里所说的端口是一个逻辑上的广义端口的概念的统称，并非单指物理端口，应该包含有物理端口、MAC 地址、虚拟局域网、IP 地址等识别用户或用户群的标志。

（2）端口控制的原理　逻辑端口有三种控制状态。端口的控制状态决定了客户端是否能接入网络。

1）Force Authorized：强开，端口一直维持授权的状态。

2）Force Unauthorized：强关，端口一直维持未授权的状态。

3）Auto：激活 IEEE 802.1x 逻辑端口，初始设置端口为未授权状态，并通知设备模块需

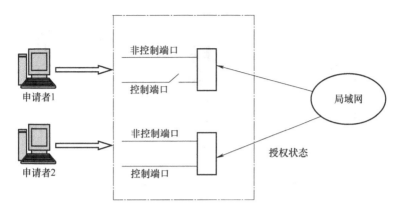

图 11-2 控制端口的状态对访问的影响

要进行端口认证。这也是默认状态，后面的讨论都默认是该状态。

当客户端尝试连接至 AP 时，控制端口被强制进入非授权状态（Unauthorized），在该状态下，除了 IEEE 802.1x 报文外，不允许任何业务输入、输出。当客户端通过认证后，端口状态切换到授权状态（Authorized），允许客户端进行正常通信，可以进行如 DHCP、HTTP、FTP、SMTP、POP3 等协议数据的传输。图 11-3 所示为 IEEE 802.1x 端口的控制原理。

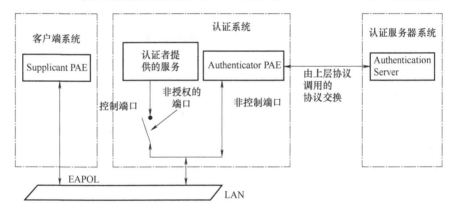

图 11-3 IEEE 802.1x 端口控制原理

非控制端口始终处于双向连通状态，主要用来传递 EAPOL 协议帧。控制端口只有在认证通过的状态下才打开，用于传递网络资源和服务。

由此可见，IEEE 802.1x 的认证过程，就是控制系统的 IEEE 802.1x 逻辑端口认证状态的过程。

11.4.3 IEEE 802.1x 认证协议的认证过程

1. 无线局域网采用 IEEE 802.1x 认证协议的认证过程

图 11-4 所示为无线局域网中 IEEE 802.1x 认证协议的认证全过程。图中三个实体，即接入设备、无线接入点和 RADIUS 认证服务器，分别对应 IEEE 802.1x 协议体系结构定义的三个部分，即客户端系统、认证系统和认证服务器系统。这里使用 RADIUS 服务器作为后台认证服务器。

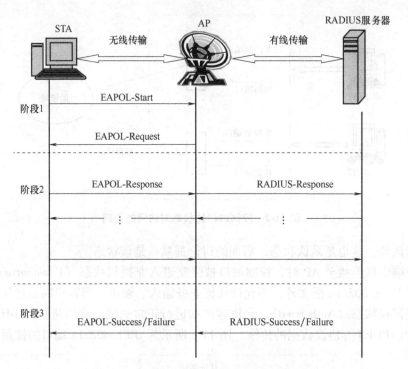

图 11-4 IEEE 802.1x 认证协议的认证过程

如图 11-4 所示，整个认证过程从功能上可分为三个阶段。

阶段 1 主要完成 STA 和 AP 的关联。STA 运行 802.1x 客户端软件，发送 EAPOL-Start 报文给 AP 请求认证，AP 收到请求发出回应 EAPOL-Request，要求 STA 出示自己的认证信息。

在阶段 2 中，STA 收到 AP 的 EAPOL-Request 后发回一个含有自己身份证明的 EAPOL-Response，AP 收到此应答后将其转发给 RADIUS Server。这一阶段主要完成 RADIUS Server 对 STA 的实际认证，其中可选用多种认证方法。此时的 AP 仅起到 STA 和 RADIUS Server 间传输"中介"作用。由于 STA 和 AP 之间使用 EAPOL 协议通信，而 AP 和 RADIUIS Server 之间使用的是 RADIUS 协议，所以要对传输信息进行一定的处理，具体来说就是将 EAP 消息封装为 RADIUS 的一个属性域进行传输。

阶段 3 基于认证结果完成接入控制。当 RADIUS Server 完成对 STA 的认证，就会给 AP 发出认证结果 RADIUS-Success 或 RADIUS-Failure。根据这一结果，AP 或者给 STA 发出 EAP-Success 消息，同时将相应控制端口置为授权状态，将 STA 接入网络；或者给 STA 发出 EAP-Failure 消息，拒绝其接入，此时控制端口保持非授权状态。

在实际应用中，作为接入认证的副产品，阶段 2 和阶段 3 中还可以协商产生初始化密钥，并由 RADIUS 服务器分发给 STA 和 AP，从而完成动态密钥管理。

2. IEEE 802.1x 认证协议的优点

1）IEEE 802.1x 认证协议从逻辑上看，它是属于网络中的二层协议。所以对设备的整体性能要求不高，可以有效降低建网成本。

2）用户身份识别依赖于用户的信息，而不是 MAC 地址。从而可以实现基于用户的认证、授权和计费。

3）支持可扩展的认证协议 EAP，从而可以支持多种认证方式。例如，它支持无口令认证，如公钥证书和智能卡、互联网密钥交换协议（IKE）、生物测定学、信用卡等，同时也支持口令认证，如一次口令认证、通用安全服务应用编程接口（GSS-API）方法。

4）动态密钥生成保证 STA 和 AP 每次的会话密钥各不相同。

5）全局密钥（Global Key）可以在会话密钥的加密下安全地从接入点传给用户。

6）EAP-TLS 相互认证防止了中间人攻击、欺诈服务攻击，还可以防范地址欺骗攻击、目标识别和拒绝服务攻击等。

7）支持针对每个数据包的认证和完整性保护。

8）可以在不改变网络接口卡的情况下，插入新的认证和密钥管理方法，这就保证 IEEE 802.1x 协议有很好的可扩展性。无线局域网使用的 IEEE 802.1x 标准不涉及密钥分发或管理的问题。这一问题将被交给各厂商，由厂商实施其自己的分配或管理方法。

IEEE 802.1x 认证协议有巨大的潜力，它能够大大简化大型无线局域网的安全管理问题。更重要的是，该技术并不是 IEEE 802.11 网络中唯一的安全技术，通过和认证算法以及数据帧加密技术结合使用，可以提供可升级、易管理、移动的网络服务。至于 IEEE 802.1x 认证协议中用到的 EAP、TLS 协议和 RADIUS 协议，这里由于篇幅的问题，不进行详细的叙述，有兴趣的读者可以查阅相关资料。

11.5 无线局域网的加密体制

在介绍无线局域网的加密体制之前，首先要了解有线对等加密（Wired Equivalent Privacy，WEP）协议，该协议是无线局域网标准协议制定之初所采用的安全机制。WEP 协议可以保证无线局域网的数据保密性和数据完整性，但是由于设计的问题，WEP 协议在安全方面有很大的漏洞。下面对 WEP 协议进行详细的叙述和分析。

11.5.1 WEP 协议

WEP 协议是 IEEE 802.11 标准中用来保护无线传输过程中链路级数据的协议。WEP 协议的加密机制采用的是流密码，数据的机密性取决于密钥流的安全性。如果能够使得加密每个数据包的密钥流都互不相关，那么这种加密方式就是安全的。

WEP 协议的核心是 RC4 加密算法。RC4 算法是序列密码，它是对称密码的一种。序列算法的基本原理是用密钥等参数作为种子通过伪随机数生成器（PRNG）产生伪随机密钥序列（PRKS），加密时用该序列和明文"异或"后得到密文序列，解密时用该序列和密文"异或"后恢复出明文。图 11-5 为 WEP 协议加密过程的流程图。

WEP 协议的加密过程如下：

1）计算校验和。设信息为 M，通过 CRC 算法计算完整性校验值 $ICV(M)$，将信息和完整性校验值组合便得到明文数据 $P = (M, ICV(M))$。

2）用 WEP 协议中的 RC4 算法对明文数据进行加密。设初始向量为 IV，共享密钥为 k，则密钥序列用 $RC4(IV,k)$ 表示。由流密码加密的特点可知，相应的密文为 $C = P \oplus RC4(IV,k)$。

3）将初始向量 IV 和密文联合发送到无线链路中去。

解密过程是加密的逆过程。

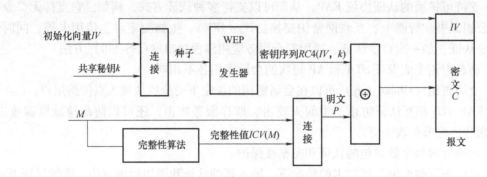

图 11-5　WEP 协议的加密过程

1）接受者用共享密钥 k 和接收到的初始向量同样产生密钥序列 $RC4(IV,k)$，与接收到的密文"异或"，便可恢复初始明文：

$$P = C \oplus RC4(IV,k) = P \oplus RC4(IV,k) \oplus RC4(IV,k) = P$$

2）接收者进行完整性校验。将 P 进行分离得到 $(M, ICV(M))$，利用 CRC 算法重新计算完整性校验值 $ICV'(M)$，与接收到的 $ICV(M)$ 比较，二者相等说明信息 M 在传输的过程中没有被修改、删除、插入等，从而保证了数据帧的完整性。图 11-6 为 WEP 协议解密过程的流程图。

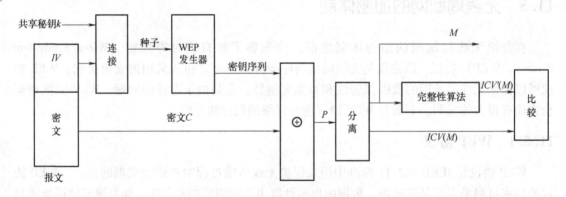

图 11-6　WEP 协议的解密过程

11.5.2　WEP 协议的安全问题

在 WEP 协议中，IV 与共享密钥 k 连接在一起构成 PRNG（RC4）的 8 字节种子密钥，经过 RC4 产生用于加、解密的密钥序列。其中，种子密钥的前 3 字节是 IV，后 5 字节是共享密钥 k。k 在一定的时间内是不变的，因此密钥序列的变化依赖于 IV 的变化，换句话说，如果 IV 不变，经过 RC4 加密后得到的密钥序列也不会改变。当两个 WEP 帧的 IV 相同时，由于加密运算是密钥序列与明文简单地"异或"，这很容易受到已知明文攻击。

$$C_1 = P_1 \oplus RC4(IV \| k)$$
$$C_2 = P_2 \oplus RC4(IV \| k)$$
$$C_1 \oplus C_2 = P_1 \oplus RC4(IV \| k) \oplus P_2 \oplus RC4(IV \| k) = P_1 \oplus P_2$$

如果攻击者已知其中之一，如 P_1，那么他很容易获得另外的一个明文 P_2 的全部（当 P_1 的长度大于或等于 P_2 的长度）或部分（当 P_1 的长度小于 P_2 的长度）。即使攻击者不知道有关明文的任何信息，由于一般情况下传送的信息都是冗余的，所以可以根据字符出现的频率等信息猜测出明文的内容。还可以通过模式识别分辨出两个明文。况且，攻击者可以计算明文的 ICV' 值，与恢复的 ICV 值相比较，如果结果一致，就证明他恢复的明文是正确的。另外，如果攻击者知道对应某个密文的明文，那么他很容易获得相应的密钥序列，通过监听 IV，可以获得所有用该密钥加密的明文（假设这期间密钥 k 没有变化）。

IEEE 802.11 建议每一个 WEP 帧的 IV 都不同。从 IV 的长度可以看出，IV 实际上只有 2^{24} 个不同的密钥序列。大家知道，利用生日攻击，两个数据包具有相同的 IV 的概率为 $P_2 = 2^{-24}$，第 $n(n \geqslant 3)$ 个数据包的 IV 与前面产生的 $n-1$ 个数据包的 IV 有重合的概率为 $p_n = p_{n-1} + 2^{24}(n-1)(1-p_{n-1})$。这样，按照无线局域网的理想流量 11Mbit/s 计算，仅在一二秒之后，IV 的重复概率就会达到 99%。另外，在实际系统中，许多厂家在 IV 的产生办法上没有过多地投入力量，大多数都采用 IV 经过固定的时间段变化或者是通过计数的方法给每个数据包赋值。对于前一种方案，很可能会造成连续发送的几个数据包的 IV 值是相同的；而后者则往往采取初始化时 IV 的初值赋为 0，这样，如果系统经常进行初始化，那么，小数的重复概率会大大高于大数的重复概率，（使得不同数据包的 IV 具有很强的相关性，为攻击者提供了方便）。显然，这两点都会被攻击者利用。24bit 的 IV 空间对于安全来说显然太微不足道了。实际上，通过以上的分析，即使 IV 的空间加大，WEP 协议对于已知明文攻击和选择密文攻击仍然是无能为力的。然而，有一点是可以肯定的，当前的 WEP 协议对于防御大部分攻击者来讲还是有效的。

11.5.3　WEP 协议完整性校验的问题

IEEE 802.11 规定，接收数据的完整性校验是通过校验函数 CRC-32 算法，得出一个校验和 ICV，然后 P 与 $ICV(P)$ 连接在一起经过加密传送给接收者。在接收端，接收者解密密文得到明文 P' 和 ICV'。然后，接收者计算 P' 的校验和 $ICV(P')$，如果 $ICV(P') = ICV'$，就认为恢复的明文就是没有经过篡改的原始的明文 P；反之，认为该数据包已遭到破坏，于是抛弃该数据包。通过下面的论述可以看到，CRC-32 虽然能够检测出传输过程中随机发生的差错，但是它不能检测出恶意篡改。

完整性校验在密码学中也称作单向散列（Hash）函数，它是一种单向函数，即从输入的映射很容易得到其散列值，但要找到特定的散列值所对应的映射却很难。IEEE 802.11 采用了 CRC-32 进行完整性校验，对于传输过程中的随机错误，采用单向散列函数做是有效的，但对于攻击者的有意修改却是无能为力的。这一点著名密码学家巴克（H. Barker）早就指出过。原因在于 CRC 是线性的。

$$CRC(X \oplus Y) = CRC(X) \oplus CRC(Y)$$
$$RC4(X \oplus Y, k) = RC4(X, k) \oplus Y$$
$$RC4(k, CRC(X \oplus Y)) = RC4(CRC(X), k) \oplus CRC(Y)$$

因此，攻击者可以很容易地修改在无线介质中传输的数据，达到攻击的目的。具体来讲，攻击者至少可以采取以下两种方法篡改密文，而不被完整性校验检查出来。

1. 更改密文

攻击者想更改密文 C 的某些位，可以通过 $C \oplus (x \| ICV(x))$ 来实现（其中 x 对应着 C 的改变位置取 1，其余位取 0）。

攻击者篡改密文：

$$C' = C \oplus (x \| ICV(x))$$
$$= (RC4(IV \| k)) \oplus (P \| ICV(P)) \oplus (x \| ICV(x))$$
$$= RC4(IV \| k) \oplus (P \oplus x) \| (ICV(P) \oplus ICV(x))$$
$$= RC4(IV \| k) \oplus (P \oplus x) \| ICV(P \oplus x)$$

接收端解密：

$$RC4(IV \| k) \oplus C = RC4(IV \| k) \oplus RC4(IV \| k) \oplus (P \oplus x) \| ICV(P \oplus x)$$
$$= P' \| ICV(P')$$

通过以上的处理，攻击者可以任意地篡改密文的某些位，从而达到改变明文的目的，但是接收者却不能通过完整性校验来检测到这一动作。

2. 借助 AP 得到明文

攻击者通过前述方案，可以更改加密的数据包的 IP 目的地址，把原来的 IP 目的地址改为自己的 IP 地址，而不被 AP 检测出来。这样，IP 数据包在 AP 被解密后，由 AP 将解密后的 IP 数据包送到攻击者处，攻击者就会轻而易举地得到明文。

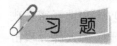 习 题

1. 无线局域网有哪些安全策略？
2. 早期无线局域网有哪些安全技术？它们各自的优缺点是什么？
3. IEEE 802.11 家族标准共包括几个？它们各自的特点是什么？试述它们的异同。
4. IEEE 802.1x 认证协议的体系结构共包括几部分？它们各自的作用是什么？
5. 试述 IEEE 802.1x 认证协议中采用的基于端口的控制原理。
6. IEEE 802.1x 认证协议的优点有哪些？
7. 试叙述 IEEE 802.1x 认证协议的认证过程。
8. 无线局域网有线对等加密协议（WEP）能够提供哪些安全功能？
9. 简叙 WEP 协议的安全问题。

第 **12** 章 信息隐藏与支付安全技术

12.1 信息隐藏技术

在信息化高速发展的今天，随着电子商务以及大量商用多媒体业务的出现，各种多媒体数据的版权保护技术的发展显得尤为重要。这是因为，随着新技术的出现，非法复制和传播多媒体数据变得十分简单和廉价，多媒体信息的知识产权得不到有效的保护；甚至非法者还可以利用各种多媒体处理软件篡改原信息，并宣称对该多媒体数据拥有版权。这些问题极大地影响了电子商务以及商用多媒体业务的发展。这类问题逐渐引起了人们的关注，信息隐藏技术就是在这一背景环境下产生的。

信息隐藏（Information Hiding）技术是 20 世纪 90 年代中期兴起的一门集多学科理论与技术于一身的新兴技术，从诞生之日起，便迅速引起了专业人士的研究兴趣。信息隐藏技术主要是利用人的感觉器官对数字信号的感觉冗余，以数字媒体或者数字文件为掩饰物，用空域隐藏或者变换域隐藏等方式，将需要隐藏的秘密信息隐藏于掩饰信息之中。利用信息隐藏技术，版权所有者可以在多媒体信息中隐蔽地嵌入一些可辨识的标记，用来实现版权声明、控制非法复制等。当然，信息隐藏技术的发展不仅仅是由这些应用引起的，还有其他一些应用也激发了对信息隐藏技术的研究，例如：

1）军事和其他一些情报机构，需要采用低调的通信手段，即对敏感消息的加密保护。在现代战争中，对这些敏感信息的检测可能导致对发报员的快速攻击，从而切断各作战部队之间的联系。基于这个原因，军方通信往往采用诸如大气散射等传递技术，保证信号不易被敌方发现或者干扰，有效地保护通信系统的安全。

2）执法与反情报机构也关注此类技术以及它们的弱点，从而可以发现和跟踪隐藏信息。

3）电子选举和电子货币的应用。

1996 年 5 月，在英国剑桥召开的第一届信息隐藏国际年会上，定义了信息隐藏的几个基本概念。

1）嵌入信息：嵌入信息是指多媒体信息的所有者隐藏在掩饰信息中的数据，也就是可辨识的标记。

2）掩饰信息：掩饰信息是嵌入信息的载体，通常是指掩饰文本、掩饰图像、掩饰音频等。人们通常是利用掩饰信息各自的数据结构特点，在其中隐藏地嵌入希望隐藏的数据信息。

3）隐秘对象：隐秘对象是掩饰信息和嵌入信息的和，当然这里不是指掩饰信息和嵌入信息相加的和，而是指通过某种算法，在隐秘密钥的控制下把嵌入信息隐蔽地插入掩饰信息后产生的混合信息。

4）隐秘密钥：信息隐藏技术采用了加密工程中的柯克霍夫斯原则，即信息隐藏的算法是公开的，对信息隐藏嵌入和嵌入信息读取的控制都是通过隐秘密钥来实现的。

密码学的目的是保护通信的消息内容，而信息隐藏技术则是着眼于掩饰一次通信的存在。信息隐藏和密码学的加密都是为了保护秘密信息的存储和传输，使之免遭敌手的破坏和攻击，但是两者之间存在着明显的区别。加密是利用单钥和双钥密码算法，把明文信息变换成密文，然后通过公开信道传送到接收者手中。这样，密文是一堆毫无意义的乱码。攻击者可以监听这些信道，一旦截获这些密文信息，就可以利用已知的各种方法进行密文的破译。由此可见，加密仅仅是掩盖信息的内容。而信息隐藏则不同，秘密信息被嵌入到从感官上看起来无害的掩饰信息当中，攻击者无法直观地判断所监听的信息是通信的实际内容，还是包含有秘密的掩饰信息。也就是说，隐藏有秘密信息的掩饰信息不会引起通信各方以外的人的注意和怀疑。因此，信息隐藏的目的是使攻击者不确定哪里存在秘密信息，它隐藏的是信息存在的形式。

12.1.1　信息隐藏的特性

信息隐藏不同于传统的加密技术，因为其目的不在于限制正常的资料存取，而在于保证隐藏数据不被侵犯和发现。因此，信息隐藏技术必须考虑正常的信息操作所造成的威胁，即要使机密资料对正常的数据操作技术具有免疫能力。这种免疫力的关键是要使隐藏信息部分不易被正常的数据操作（如通常的信号变换操作或者数据压缩）所破坏。根据信息隐藏的目的和技术要求，信息隐藏技术存在以下特性：

1）鲁棒性（Robustness）。指不因掩饰信息的某种改动而导致隐藏信息丢失的能力。这里所谓"改动"包括传输过程中的信道噪声、滤波操作、重采样、有损编码压缩、D/A 或A/D 转换等。

2）不可检测性（Undetectability）。指隐蔽载体与原始载体具有一致的特性。例如，具有一致的统计噪声分布等，以便使非法拦截者无法判断是否有隐蔽信息。

3）透明性（Invisibility）。利用人类视觉系统或人类听觉系统属性，经过一系列隐藏处理，使目标数据没有明显的降质现象，而隐藏的数据却无法人为地看见或听见。

4）安全性（Security）。指隐藏算法有较强的抗攻击能力，即它必须能够承受一定程度的人为攻击，而使隐藏信息不会被破坏。

5）自恢复性（Self-recoverability）。由于经过一些操作或变换后，可能会使原图产生较大的破坏，如果只从留下的片段数据仍能恢复隐藏信号，而且恢复过程不需要宿主信号，这就是所谓的自恢复性。

12.1.2　信息隐藏技术的分类

信息隐藏技术的分类方法有很多，但从总的方面来说，信息隐藏技术可以按以下四个方面来进行分类：

1）按密钥进行分类。这种分类方法的思想来自于密码技术的分类思想，若嵌入和提取信息采用相同的密钥，则称对称隐藏算法；若嵌入和提取信息这两个过程采用不同的密钥，则称非对称隐藏算法。

2）按掩饰信息进行分类。用作嵌入信息的掩饰信息有很多，例如数字文本、数据、语音、视频和图像等。

3）按嵌入域进行分类。可以分为空域（或时域）方法和变换域方法。空域方法是用待隐藏的信息替换给定载体的最不重要比特位，即载体的冗余部分。变换域方法即把待隐藏的信息嵌入到载体的一个变换域空间去，这里会用到各种不同的变换。目前，大多数的信息隐藏技术都采用变换域的方法。

4）按保护对象分类。这里主要分为信息隐匿技术和数字水印技术。前者用来保密通信，保护对象为隐藏的信息；后者主要用于版权保护及真伪鉴别之类。

12. 2　信息隐藏的两种主要技术

12. 2. 1　信息隐匿技术

信息隐匿技术是信息隐藏技术的一个重要子学科，它可以使秘密消息被难以察觉地嵌入到其他看上去无害的数据中，掩盖或者隐藏真正的秘密信息。信息隐匿技术系统模型如图 12-1所示。

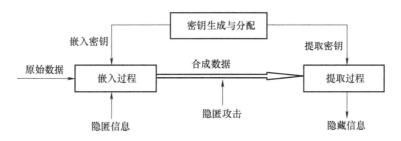

图 12-1　信息隐匿技术系统模型

这里假设通信双方发送者为用户 A 和接收者为用户 B。用户 A 在发送隐匿信息前，利用嵌入密钥，采用信息隐匿算法将隐匿信息嵌入到原始数据中，然后将嵌入隐匿信息的合成数据发送给用户 B。用户 B 接收到从用户 A 传过来的合成数据，利用提取密钥，采用信息隐匿提取算法将隐匿信息从合成数据中提取出来。在这个过程中，如果嵌入密钥与提取密钥相同，那么这个隐匿算法就是对称密钥隐匿算法，否则就是非对称密钥隐匿算法。

信息隐匿技术的主要目的就是将秘密数据嵌入到掩饰数据中，在通信双方之间建立一个成功的通信，使得第三方包括潜在的攻击者在内都无法知道这个通信的存在性。通常，信息隐匿技术分为三大类：纯隐匿技术（Pure-steganography）、密钥隐匿技术（Secret-key-steganography）和公钥隐匿技术（Public-key-steganography）。

需要注意的是，在实际操作中，并不是任意数据都可以用作掩饰数据的。这是因为嵌入操作所造成的掩饰数据的任意变动对于通信参与者之外的人都是难以察觉的。所以，要求选择的掩饰数据具有足够的冗余信息，以便将秘密消息与其置换而达到嵌入的目的。还有就是，一个掩饰数据在同一次通信中是不能重复使用的，如果攻击者两次截获相同的隐秘对象

S_1 和 S_2，S_1 和 S_2 在感官上是没有区别的。但是，攻击者可以分析 S_1 和 S_2 的不同之处，从而容易地检测出其中是否隐藏有秘密信息。

12.2.2　数字水印技术

数字水印技术（Digital Watermark Techniques）是指用信号处理的方法在数字化多媒体数据中嵌入隐蔽标志的技术。这种标志通常是不可见的，只有通过专用检测器或阅读器才能提取。数字水印与钞票水印类似，是一种将特制的标记隐藏在数字产品中的技术，用以证明创作者对数字作品的所有权，从而保护创作者的合法权益。数字水印技术已经成为信息隐藏技术中研究的热点问题。数字水印不像一般的信息隐藏那样强调不可察觉性，但是却强调水印的健壮性，两者的共同点是要求隐藏的信息不可以被篡改。数字水印的基本原理如图 12-2 所示，它由三部分组成：生成水印、嵌入水印和提取水印。这里假定标记数据为 M，原始数据为 I，嵌入水印的数据 I^*，生成的水印为 W，密钥为 K。原理图中的虚线表示在生成水印和提取水印过程中，原始数据因算法的不同，可能会参加运算，也可能不需要参加运算。

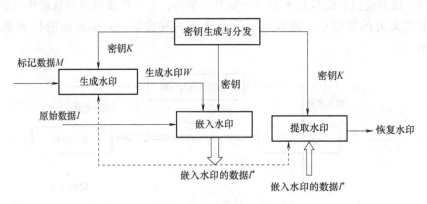

图 12-2　数字水印基本原理图

1. 数字水印技术的实施

（1）生成水印　这一步主要是考虑标记数据 M 的多样性，因此这一步就是预处理各种形式的标记数据，然后使用水印生成算法生成水印 W，这样就可以保证数字水印的唯一性、有效性、不可逆等。数字水印的生成算法应该满足

$$W = f(M, K)$$

或者

$$W = f(M, K, I)$$

（2）嵌入水印　利用某种算法将生成的水印 W 嵌入到原始数据的空间域或者变换域中，从而生成原始数据的数字水印。嵌入水印的算法应该满足

$$I^* = f(I, W, K)$$

（3）提取水印　这个过程既可以得到恢复的数字水印 W，也可以是对由 I^* 中提取出的水印与输入的水印 W 的相似性度量的某种可信度。提取水印的算法应该满足：

$$W \text{ 或者某种可信度} = f(I, I^*, K)$$

2. 数字水印技术的特性

数字水印技术作为信息隐藏技术的一个重要子学科，由于技术侧重点不同，所以有其独立的特性。主要包括以下几个特性：

1）稳健性（Robust）。要求嵌入信息的方法对各种信号处理都有一定的稳健性，不能被轻易覆盖和去除。稳健的数字水印应能够抵抗各种蓄意的攻击和其他的损害，不会被第三方恶意地篡改、销毁和伪造，同时数字水印也很难被发现。

2）不可见性（Imperceptible）。要求嵌入数字水印后不会引起原始信息质量的显著下降和视觉效果的巨大变化。这里的不可见性是以人类感官功能为标准的，数字水印加入后，可能会引起原始信息某些特征的巨大变化，但是这些变化从感官上是不容易察觉的。

3）安全性（Security）。要求嵌入的水印信息不能被未授权的第三方检测、读取和修改。并且水印的安全性不依赖于算法，而是依赖密钥空间的大小。也就是说，即使攻击者知道水印嵌入和提取的算法，在不知道密钥的前提下，他是不可能提取密钥的。

3. 数字水印的分类

任何数字水印方案都有三个基本要素：水印本身的结构、嵌入水印的方法和数字水印的提取方法。水印一般由两部分内容构成：一是水印所含有的具体信息，例如版权所有者、使用者等信息；二是伪随机序列或伪噪声序列，用以标识水印的存在与否。但是，大多数的数字水印方案的水印结构，仅仅包括其中的一项，这与具体应用的情况有关。水印的提取方法相对比较少而且简单，通常都是采用直接检测或者相关检测，也有采用最大后验概率检测。数字水印算法的性能在很大程度上取决于嵌入水印的方法。根据嵌入水印的方法的不同，数字水印可以分为两大类：空间域数字水印和变换域数字水印。

（1）空间域数字水印　早期的数字水印算法从本质上来说都是空间域上的，即数字水印直接加载在数据上。有代表性的几种方法如下：

1）最低有效位法。该方法利用原始数据的最低几位来隐藏信息。此方法的优点是计算速度比较快，而且很多算法在提取水印和验证水印的存在时不需要原始数据，但是嵌入的水印容量也受到了限制。采用此方法实现的水印是很脆弱的，无法经受一些无损和有损的信息处理，抵抗图像的几何变形、噪声和图像压缩的能力较差，而且，如果确切地知道水印隐藏在几位中，则水印也很容易被擦除或绕过。

2）拼凑（Patchwork）法及纹理块映射编码法。这两种方法都是本德尔（Bender）等人提出的。拼凑方法是随机选择 N 对像素点(a_i, b_i)，然后将每个 a_i 点的亮度值加 1，每个 b_i 点的亮度值减 1，这样整个图像的平均亮度保持不变。拼凑法对 JPEG 压缩、FIR 滤波以及图像裁剪有一定的抵抗能力，但该方法嵌入的信息量有限。纹理块映射编码法将一块纹理映射至与其相似的纹理上去，视觉不易察觉。该算法的隐蔽性较好，并且对有损的 JPEG 和滤波、压缩以及扭转等操作具有抵抗能力，但是仅适用于具有大量任意纹理区域的图像，而且不能完全自动完成。

3）文档结构微调法。水印信息通过轻微调整文档中的结构来完成编码，包括竖直移动行距、水平调整字距、调整文字特性等。基于此方法的水印可以抵抗一些文档操作，如照相复制和扫描复制，但是也很容易被破坏，且仅适用于图像文档类。

（2）变换域数字水印　基于变换域的技术可以嵌入大量数据而不会导致可察觉的缺陷。这类技术一般基于常用的图像变换，基于局部或是全局的变换（如 DCT、小波变换、傅里叶变换、分形或其他变换域等）。变换域方法通常都是具有很好的稳健性，对图像压缩、常用的图像滤波以及噪声均有一定的抵抗力，并且一些算法还结合了当前的图像和视频压缩标准，因而具有很大的实际意义。在设计一个好的数字水印算法时，往往还需要考虑图像的局部统计特性和人的视觉特性，以提高水印的稳健性和不可见性。

与空间域的数字水印方法相比，变换域的数字水印方法具有如下优点：在变换域中嵌入的水印信号能量可以散布到空间域的所有像素上，有利于保证水印的不可见性；在变换域，人类视觉系统的某些特性可以更方便地结合到水印编码过程中；变换域的方法可与国际数据压缩标准兼容，从而实现在压缩域内的水印算法，同时，能很好地抵抗相应的有损压缩。

关于数字水印的分类方法有很多。数字水印从外观上可以分为可见水印和不可见水印；数字水印从载体上可以分为静止图像水印、视频水印、声音水印和文档水印；从水印的检测方法上可以分为秘密水印和公开水印，如果检测水印时，需要参考未加水印的掩饰数据，则这类数字水印称为秘密水印，反之则称为公开水印。下面简单介绍一下这几种分类方法。

首先介绍从外观上来分类的可见水印和不可见水印。

1）可见水印。可见水印的主要目的是明确标识版权，防止未授权的用户非法使用。这虽然降低了资料的商业价值，但是却无损所有者的使用。

2）不可见水印。就是将数字水印隐藏起来，从视觉上让人察觉不出来。它的主要目的是为了在起诉非法使用者时作为起诉的证据。当多媒体数据受到未授权的使用或者侵害时，数字水印可以作为起诉证据，用以保护原创者和所有者的版权。不可见水印往往用在商业用的高质量图像上，而且往往配合数据解密技术一同使用。不可见水印根据稳健性可再细分为稳健的不可见水印和脆弱的不可见水印。

① 稳健的不可见水印是指在多媒体数据中插入数字水印后，从视觉上是不能察觉出来的，并且对多媒体数据进行数字信号处理以后，仍然不能破坏插入的数字水印。该数字水印在验证多媒体来源时是非常有用的。

② 脆弱的不可见数字水印从视觉上也是不可察觉的，但是经过数字信号处理后，所加载的水印就会被改变或者破坏。脆弱的不可见数字水印往往用在证明图像的真实性、检测或者确定图像内容的改动等方面。

再来介绍一下从掩饰数据上来分类的静态图像水印、视频水印、声音水印和文档水印等。

1）静态图像水印。静态图像水印主要是利用图像的冗余信息和人类视觉系统（Human Visual System，HVS）的特点来加载水印。这是目前讨论最多的一种数字水印。

2）视频水印。视频水印是加载在视频多媒体数据上的水印，主要是为了保护视频多媒体数据拥有者的合法利益。视频水印从实现算法上来说和静态图像水印并无根本的差别，但对视频水印算法的实时性的要求是必要的，而且算法还能处理连续帧序列，此外还要考虑到视频编码以及人类视觉系统对视频的特性。

3）声音水印。加载在声音媒体上的水印可以保护声音数字产品。声音水印也是利用音频文件的冗余信息和人体音响系统（Human Audio System，HAS）的特点来加载水印的。

4）文档水印。这里的文档是指图像文档，之所以单独列出来是因为文档水印独具特点，而且往往仅适用于图像文档。文档水印基本上是利用文档所独有的特点来加载水印。包括竖直移动行距、水平调整字距等方法。

12.3 电子支付技术

网络应用的普及无疑为人们的生活带来了巨大的便利。早在 20 世纪 70 年代后期和 80 年代早期，人们就提出了多种利用计算机网络来支付账单的方案。然而，由于当时的网络水平太低，上网的人数很少，这些方案也只限于实验室，并没有得到大力的推广使用。随着计算机网络技术的飞速发展，以安全电子支付系统为核心的基于互联网的电子商务活动成为研究应用的热点。

12.3.1 电子支付系统模型

电子商务应用的一个重要问题就是网上支付的安全性问题，这是电子商务是否成功的关键性问题。电子支付技术就是在这样的背景下被提出来的。经过多年的研究，在电子支付的安全性方面取得了很大的进展，一些电子支付技术在实际的网上交易中获得了成功的应用。一般认为，电子支付系统是由参与者及其相互之间的交互协议组成，其目的是在参与者之间进行有效的安全金融交易。从支付的方法来看，电子支付系统由支付手段、支付模式和支付范围三方面决定。其中，支付手段是指支付者采用的支付媒介，常用的支付手段有电子现金、银行卡和电子支票等；支付模式是指用户何时付钱，即预付还是后付，以及账户的设置等；支付范围是指系统应用的领域。在电子支付系统中，参与者一般包括发行银行、支付者和商家等。而交易协议则包括发行和使用支付手段的整个过程以及金融机构进行的结算和清算。图 12-3 所示为电子支付系统模型。

下面对电子支付系统模型中的各个角色的作用进行一下分析。

1）发行银行。该机构为支付者发行有效的电子支付手段，如电子现金、电子支票和银行卡等。即为支付者提供有效的支付媒介，支付者通过这些支付媒介可以进行网上支付。

2）支付者。通过取款协议从发行银行取出电子支付手段，并通过付钱协议从发行银行获得电子支付手段。

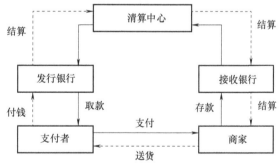

图 12-3 电子支付系统模型

3）商家。接收支付者提供的电子支付手段，并且为支付者提供商品或服务。

4）接收银行。接收银行主要是负责检验电子支付手段的有效性，即接收商家从支付者收到的电子支付手段，验证电子支付手段的合法性。验证通过后，提交给清算中心，将钱从发行银行转到商家的账户上。

5）清算中心。从接收银行收到电子支付手段并验证其有效性，然后提交给发行银行。

12.3.2 电子支付系统的类型

目前，常用的电子支付系统主要为银行卡系统、电子支票系统和电子现金系统三种，这主要是从所采用的电子支付手段上来划分的。

1. 银行卡系统

银行卡是较流行的电子支付手段。在一个典型的银行卡电子支付系统中，用户将自己的银行卡信息提交给商家，商家向接收银行请求授权，接收银行通过银行间的网络，向发卡的发卡银行请求授权，如果反馈结果是正确的话，则接收银行会通知商家计费已经得到批准，于是商家就可以向用户提供商品或者服务，并向接收银行出示计费单。接收银行向发卡银行发送结算请求并对用户的银行卡账户计费，计费额为销售额。每隔一段时间，发卡银行会通知参与交易的用户其累积消费额，用户随后将通过其他途径向银行付费；同时，接收银行已经通过银行间的结算账户取回了销售的现金额，并已经对商家的账户进行处理。

在银行卡电子支付系统中，需要保护交易数据的机密性，这是为了防止攻击者盗取银行卡用户的信息。一般来说，可以通过以下几种方式保护银行卡信息不被窃取或盗用：

（1）采用安全协议 SSL 来保护网络中传输的银行卡信息。

（2）可以通过对银行卡号进行伪随机处理，从而免遭不诚实商家的盗用。

（3）通过加密和双重数字签名，可以保护银行卡号免遭窃听以及不诚实商家的盗用。

2. 电子支票系统

电子支票是传统纸支票的对应物，利用电子支票，可以使支票的支付业务和支付过程电子化。电子支票是付款人向收款人签发的、无条件的数字化支付指令，它可以通过网络和无线接入设备来完成传统支票的所有功能，电子支票的支付流程如图 12-4 所示。由于电子支票为数字化信息，因此处理极为方便，处理的成本也比较低。电子支票通过网络传输，速度极其迅速，大大缩短了支票的在途时间，使付款人的在途资金损失减为零。电子支票采用公钥体系结构，可以实现支付的保密性、真实性、完整性和不可否认性，从而在很大程度上解决了传统支票中大量存在的伪造问题。

图 12-4 电子支票的支付流程

在典型的电子支票交易的过程中，付款人将带有数字签名的电子支票发送到收款人处；收款人将收到的电子支票进行数字签名，然后发送给收款人银行；最后在收款人银行、清算中心和付款人银行三者相互操作下，将销售额数目的现金从付款人的账户取出存入收款人的账户中。在接收到付款人的现金后，收款人将向付款人提供货物或者服务。

3. 电子现金系统

电子现金技术可以说是密码技术和计算机网络技术相结合所产生的新的网络服务项目。通俗来说，就是把日常使用的钱包中的货币，变换成电子数据去应用。电子现金比现有的实际现金有更多的优点：一是可经过网络瞬时把现金送到远处，即它具有极大的移动性。因为电子现金是一种数字信息，所以它和通常数据一样，可以放在计算机中并由网络传送，从消费者终端直接送到商店终端，不必向中间的清算机构支付手续费。二是可实现支付的匿名性（即不知道这笔钱原先是谁的），而电子清算服务（如银行卡）难以实现匿名性。随着各种各样社会系统的电子化，出现了自动收集有关个人秘密信息的倾向。使用电子现金将是实现自卫（保守个人秘密）的有效手段。因此，电子现金在电子商务中作为支付工具将得到重点发展。

电子现金在经济领域起着与普通现金同样的作用，对正常的经济运行至关重要。电子现金应具备以下性质：

1）独立性。电子现金的安全性不能只靠物理上的安全来保证，必须通过电子现金自身使用的各项密码技术来保证电子现金的安全。

2）不可重复花费。电子现金只能使用一次，重复花费能被容易地检查出来。

3）匿名性。银行和商家相互勾结也不能跟踪电子现金的使用，即无法将电子现金与用户的购买行为联系到一起，从而隐藏电子现金用户的购买历史。

4）不可伪造性。用户不能造假币，包括两种情况：一是用户不能凭空制造有效的电子现金；二是用户从银行提取 N 个有效的电子现金后，也不能根据提取和支付这 N 个电子现金的信息制造出有效的电子现金。

5）可传递性。电子现金像普通现金一样，在用户之间任意转让，且不能被跟踪。

6）可分性。电子现金不仅能作为整体使用，还应能被分为更小的部分多次使用，只要各部分的面额之和与原电子现金面额相等，就可以进行任意金额的支付。

图 12-5 所示为电子现金支付系统模型。

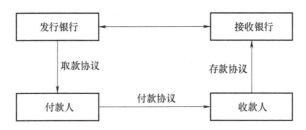

图 12-5 电子现金支付系统模型

下面简单介绍一下电子现金支付的基本流程。

1）付款人从发行银行的账户上提取电子现金，主要是通过取款协议（Withdrawal Protocol）实现的。为了保证用户匿名的前提下获得带有银行签名的合法电子现金，用户将与银行交互执行盲签名协议，同时，银行必须确信电子现金上包含必要的用户身份。一般取款协议分为如下两步子协议：

① 开户协议。这一步通常计算量较大，用于向用户提供包含其身份信息的电子执照。

② 盲签名协议。这一步只是单纯的盲签名过程，用户能够从其账户中提取电子现金。

2）付款协议。此协议使付款人可以用电子现金从收款人处购买商品或者服务，该协议也分为两个子协议：

① 验证协议。验证电子现金的签名，用于确认电子现金是否合法。

② 知识泄露协议。买方将向卖方泄露部分有关自己身份的信息，用于防止买方滥用电子现金。

3）存款协议。付款人和收款人将电子现金存入自己的银行账户上。在这一步中银行将检查存入的电子现金是否被合法使用。如果发现有非法使用的情况发生，银行将使用重用检测协议跟踪非法用户的身份，对其进行惩罚。

12.4 智能卡安全技术

在 Internet 的时代，智能卡正在成为人们生活中必不可少的一部分。我们身边充斥着越来越多的智能卡，如银行卡、手机卡、充值卡、健康医疗卡等，小小的卡片几乎囊括了我们生活的全部。

智能卡的名称来源于英文名词"Smartcard"，又称集成电路卡，即 IC 卡（Integrated Circuitcard）。它将一个集成电路芯片镶嵌于塑料基片中，封装成卡的形式，其外形与覆盖磁条的磁卡相似。它一出现，就以其超小的体积、先进的集成电路芯片技术以及特殊的保密措施和无法破译及仿造的优势受到普遍欢迎。

12.4.1 智能卡概述

智能卡是一个比较模糊的概念，对于什么是智能卡，目前业界人士尚无统一、全面的定义，以下内容综述了常见于各种资料上的智能卡定义。

1）外形和信用卡一样，但卡上含有一个符合国际标准化组织（ISO）有关标准的集成电路芯片（IC）。

2）由一个或多个集成电路芯片组成，并封装成便于人们携带的卡片；具有暂时或永久性的数据存储能力，其内容可供外部读取或供内部处理、判断；具有逻辑运算和数学运算处理能力，用于识别和响应外部提供的信息和芯片本身的处理需求。

3）智能卡就是集成电路卡。它是一种随着半导体技术的发展和社会对信息安全性等要求的日益提高应运而生的，具有微处理器及大容量存储器等的集成电路芯片且嵌装于塑料等基片上制成的卡片。它的外形与普通磁卡做成的信用卡十分相似，只是略厚一些。

智能卡和磁卡一样，都是从技术角度起的名字，不能将其和信用卡、电话卡等从应用角度命名的卡混淆。例如，信用卡是银行等金融部门发行的一种金融卡，它既可以用智能卡制成，也可以由磁卡制成，一般用户没必要了解信用卡是用智能卡技术还是磁卡技术制成的。智能卡上可以印有彩色相片、图案及说明性文字等信息。有的对安全性要求较高的智能卡，在其表面上印有个人签名、全息图像及类似纸币上的回纹等安全标识信息。下面对智能卡进行介绍。

12.4.2 智能卡的结构

根据智能卡内部芯片的功能，可以将智能卡分为两大类：存储智能卡和处理器智能卡。

1. 存储智能卡

存储智能卡是可以用来存储数据的移动存储介质，但是它的存储量很小，一般可以存放十几字节到数千字节不等的信息。存储智能卡的安全性主要取决于读卡设备的安全性，因此，只适合用在对安全要求比较低的应用场合。

2. 处理器智能卡

处理器智能卡的芯片中有内置的 CPU，能够对内存中的信息进行处理，或者下载应用执行。可以把处理器智能卡看成是一个微型的计算机。它和普通计算机的原理是相同的，都包括 CPU、输入/输出（I/O）、操作系统和硬盘等。一个典型的处理器智能卡结构如图 12-6 所示。

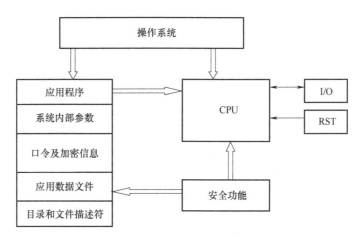

图 12-6　处理器智能卡基本结构

处理器智能卡的价格较高，但是它的安全性好。因此可以用于对安全需求较高的场合，例如存放用户的私钥等。

12.4.3　智能卡的安全

智能卡最大的优点就是它是一个相对独立的系统，对外部的依赖程度较少，因此可以用在一些对安全要求比较高的场合。智能卡极大地方便了人们的生活，也许将来一张卡就会完成各种功能（电子现金、身份识别等）。随着网络应用的进一步普及，智能卡的应用将会越来越广泛。但是，智能卡的安全问题也逐渐地凸现出来了。

智能卡的安全框架已经由欧洲主要芯片生产商开发出来了，并且将被用于未来评估那些使用通用标准的智能卡产品。这个安全框架有两个主要特征：卡中的数据完整性和机密性；可实现安全特性的完整性和机密性，特别是工序间的存储器保护和存储器管理。下面将从三个方面来讨论智能卡的安全性：物理安全、操作系统安全和应用安全。

1. 物理安全

物理安全的基本目标是防止智能卡对外界信号的反应，如智能卡应用环境中的光线、电压、频率、电流等。ISO 标准中说明了智能卡的物理结构，它是由塑料、印制电路和嵌入卡的芯片构成。印制电路提供 5 个连接点，用于供电和数据传输。连接点密封在卡的凹陷处，与芯片焊接在一起，外面覆盖导电材料，并用突出的接触点封住，可防止机械力挤压和静电。为了防止卡弯曲时损坏芯片，芯片的尺寸要求只有几毫米。

智能卡中的操作系统放在 ROM 中，包括厂商标识、序列号、加密信息。芯片在出厂时会生成一个出厂密钥，它是唯一的，由厂商生成，防止芯片被伪造、修改。智能卡制造商在制作卡的时候，会写入一个唯一的密钥，并写相应的锁定位，防止对 KP 的进一步写，然后提供给智能卡发行者。智能卡发行者写入持卡人身份、PIN、解锁 PIN 等信息，然后写相应的锁定位，锁定对这部分内容进一步写。

智能卡与读卡设备之间采用串行传输线，通信时采用半双工传输，这样可以防止对智能卡的大量数据流攻击。智能卡和读卡设备之间的通信要能够抵抗第三方的攻击，在通信时采用挑战/应答方式彼此认证。智能卡先产生一个随机数作为挑战，发送给读卡设备，读卡设备用共享密钥加密后，返回给智能卡，智能卡完成认证后，读卡设备再对其进行认证。为了防止数据传输时被篡改，互相发送的所有信息都要带消息认证码。

2. 操作系统安全

智能卡操作系统（COS）的安全可以从几个方面来考虑，主要包括：数据接入控制、文件管理、命令管理、安全嵌入和数据传输管理。数据接入控制是关于个人领域的操作接入以及如何操作等，文件管理是关于访问文件的规则，命令管理主要是解释命令，并且检验命令在这次操作中是否有效。安全嵌入主要是为提供读卡机和卡之间交换交换数据时的认证和机密性，最后传输管理提供低级的通信功能。

智能卡操作系统的安全机制主要有如下几个：

1）基于初始化时的校验以及硬件、软件和存储器操作测试。

2）操作系统设计的模块化和结构分层，这样可使差错传播达到最小。

3）硬件支持严格地分别属于不同应用的存储区域。

4）基于 PIN 的访问控制机制，保护智能卡不被未授权的访问和使用。

3. 应用安全

智能卡支持很多的加密算法，常用的加密算法如 DES、3DES、RSA 等。智能卡应用的安全性取决于使用的算法和密钥的强度。

传统的身份认证手段，例如身份证、护照/签证、驾照等，都比较容易伪造，安全强度很低。但是智能卡却能很好地解决这个问题，将个人身份信息如名字、照片、生理特征等存入智能卡，只有指定部门才有权限读取，并与实际持卡人进行比较。访问控制也是智能卡应用的一个重要领域，例如目前对计算机的访问控制是通过开机密码或者操作系统的用户密码来进行的，通过使用智能卡，则可以提高其安全程度。

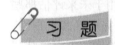

1. 什么是信息隐藏技术？它主要用在哪些地方？

2. 信息隐藏技术有哪些安全特性？它们的分类是怎么样的？

3. 试述数字水印技术的原理。

4. 数字水印有哪些特性？从加入方式上来分，数字水印可以分为哪两大类？

5. 电子支付系统中包括哪几个角色？每个角色的作用是什么？

6. 电子支付系统通常分为哪三个系统？试述它们各自的工作过程。

7. 电子现金支付系统模型中采用了哪几个协议？各个协议都完成什么工作？

8. 什么是智能卡？智能卡可以分为哪两大类？它们各自的特点是什么？

9. 智能卡用途很广泛，但是却存在安全隐患，试分析智能卡存在的安全问题。

第 **13** 章 物联网信息安全

13.1 物联网概述

随着信息化带动工业化的发展，网络、信息无处不在，一种能够实现人与人、人与物、物与物之间信息沟通的网络——物联网应运而生，它存在于人们的生活中，推动经济社会快速发展。"物联网"已经成为人类生活、社会发展的热词。实际上，这个概念早在 1995 年，比尔·盖茨在《未来之路》一书中就提出了；1998 年，美国麻省理工学院创造性提出电子产品编码（Electronic Product Code，EPC）系统；1999 年，在美国召开的移动计算和网络国际会议上，提出了传感网是下一个世纪人类面临的又一个发展机遇，同时中国科学院启动了传感网的研究，建立了一些实用的传感网；2003 年，美国《技术评论》把传感网络技术列为未来改变人们生活的十大技术之首；2005 年，国际电信联盟正式提出物联网的概念，随后各国都提出了物联网的发展规划；2008 年，美国提出"智慧地球"战略；2009 年，日本提出"i-Japan"计划；同年，我国提出"感知中国"计划。物联网成为继计算机、互联网之后世界信息产业的第三次浪潮，世界各国都大力支持物联网关键技术的研究和开发，在高校设立物联网工程专业，积极进行人才培养，2020 年十大热搜专业之一就是物联网工程专业，也是强基计划专业之一。

13.2 物联网安全

物联网安全离不开对物联网概念的理解。一般认为，物联网是一个基于互联网、传感网等信息技术，实现所有物互连的网络，具有全面感知、可靠传送、智能处理的基本特征。不同专家对物联网有不同的理解，给出了不同的概念，主要体现在对物联网本质的认识。目前，普遍引用的物联网定义是百度百科和互动百科给出的定义。所谓物联网是指通过 RFID、红外感应器、全球定位系统、激光扫描器等信息传感设备，按约定的协议，把任何物品与互联网连接起来，进行信息交换和通信，以实现智能化识别、定位、跟踪、监控和管理的一种网络。这个概念从感知层面、网络层面、应用层面全面地刻画描绘了物联网，如图 13-1 所示，对人们研究物联网提供了很好的基础。

感知层是物联网信息和数据的来源，主要包括传感器、RFID 标签和读写器、GPS 定位设备、智能终端等；网络层包括各类通信网络、服务器终端等，网络层是物联网信息和数据的传输层，也包括信息存储查询和网络管理；应用层是物联网信息和数据的融合处理和利用，范围特别广泛、内容十分丰富，包括各种特定服务，真正体现到物联网的价值。

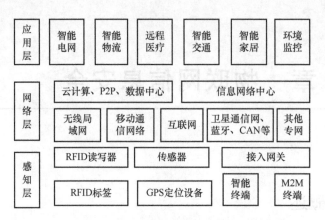

图 13-1　物联网三层体系架构

　　物联网安全可以根据物联网的三层结构分为感知层安全、网络层安全和应用层安全。由于物联网是基于互联网之上的网络，所以其安全性就离不开网络信息安全技术，在前面相关章节已经介绍了很多，包括密码算法的安全性分析等，但是物联网安全也有一些特殊性，需要具体分析一下感知层安全、网络层安全和应用层安全的特殊性。物联网安全的基本概况如图 13-2 所示。

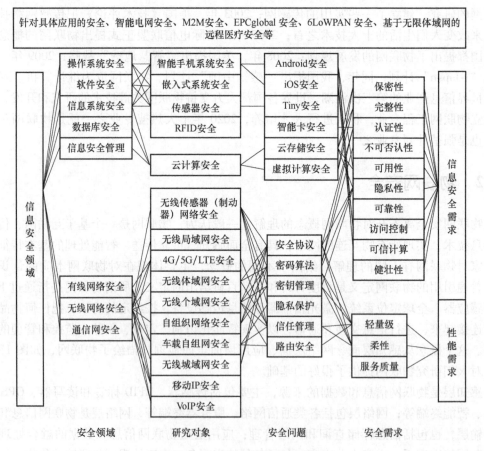

图 13-2　物联网安全的基本概况

274

1. 感知层安全

感知层主要介绍一下 RFID 的安全，RFID 系统的基本组成如图 13-3 所示。RFID 技术是物联网关键技术之一，主要解决对物体的识别，是一种非接触式自动识别技术，体现为无线射频方式识别标签信息，可以识别一个或者多个标签，应用非常广泛，进入物联网系统内的有标签的物都可以被识别，必须具有高可靠性、很强的保密性和安全性，当然成本很低，便于使用。因此，作为 RFID 安全性应该包括标签、读写器和数据库整体安全。

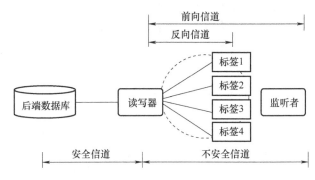

图 13-3　RFID 系统的基本构成

标签是用芯片、天线和线圈等通过电感耦合或电磁反射原理与读写器进行通信的，一般分为被动式标签、主动式标签和半被动式标签三类。而读写器是带有天线的无线发射设备，数据处理和存储量很大，包括手持或固定形式，如手机、专制读写器等。数据库系统很重要，具有强大的数据存储和处理能力。标签和读写器之间的通信属于无线通信，其安全性依赖于无线网安全以及协议的安全性，读写器与数据库之间的安全性主要涉及数据库的安全，采用相应的安全技术，保障整体 RFID 的安全应用。

2. 网络层安全

网络层安全主要包括无线局域网安全、无线移动通信的安全（第 11 章做了详细介绍），还包括有线网络接入安全以及卫星通信接入安全。有线网络接入安全主要是指工业控制领域的网络安全。由于网络接入方式多种多样，如公网接入、专网接入，有电信网、有线电视网、互联网等，所有这些接入形式主要应用于工业领域，主要带动传统工业的改造升级，本质上就是不断推动物联网的应用，所以有线网络接入的安全性，对工业信息化发展十分重要。其安全性主要有病毒问题、信息安全管理等。卫星通信接入安全主要包括卫星电视、遥感卫星以及各类通信卫星的安全，如中国广电总局组织研发的手机电视的安全性，我国自主发展、独立运行的北斗卫星导航系统的安全等。

同时，网络层安全还包括云计算安全，主要是指云存储的保密性、可靠性和完整性，以及安全的访问控制、可信任管理、鉴别与认证、密钥管理、数据库安全、电子支付安全等。相关内容可以阅读前面有关章节的知识，也可以参考阅读相关参考书。

3. 应用层安全

应用层涉及的内容复杂而广泛，安全性研究和应用很重要。针对不同的应用，要进行整体的安全方案设计，如智能交通、环境治理、政府管理、公共管理、智能消防、工业监控、农业管理、智能家居居家养老、健康管理等，这样就会得到不同应用的安全方案。目前，物联网应用领域在不断扩大，已经形成了一些完整的物联网安全解决方案，可以参考阅读相关参考书。

13.3　物联网信息安全发展

物联网是 21 世纪全球共同研究和使用的泛在网络。我国物联网的基本框架主要包括国家层、区域/行业以及企业层，是一个三级结构。实施方式是由国家统一规划，由点到面逐步推广，以典型应用为先导，提倡自主创新，获得具有自主知识产权的关键技术，同时与国际化技术发展与应用相结合，在各个行业中推广应用物联网技术，根据我国物联网建设的目标，不断获得成功经验，促进我国物联网新兴战略性产业持续发展。

在 2018 年 12 月的中央经济工作会议上，把 5G、人工智能、工业互联网、物联网定义为"新型基础设施建设"，充分体现了国家十分重视物联网的发展。新型基础设施主要的研究内容之一就是指基于新一代信息技术演化生成的基础设施，例如，以 5G、物联网、工业互联网、卫星互联网为代表的通信网络基础设施，以人工智能、云计算、区块链等为代表的新技术基础设施，以数据中心、智能计算中心为代表的算力基础设施等。这样，结合新型基础设施大力建设和发展，物联网信息安全显得更为重要。

物联网信息安全发展离不开互联网信息安全技术的研究。信息安全的研究内容包括密码学、网络安全、信息系统安全和信息内容安全等，这些内容直接关系到物联网信息安全技术的发展。同时，对信息安全造成威胁的人、物或者事件，依然威胁着物联网信息安全，而且在网络环境下对无线网络的威胁尤为可怕。需要深入研究无线或者有线链路上存在的安全威胁，分析网络体系结构、业务范围、系统的信任模型、攻击模型等，建立整体的安全防护体系，紧密结合具体实际应用，进行安全需求分析，建立安全体系架构和方案。

物联网信息安全技术的研究和发展，不仅与网络信息安全技术有直接关系，如数据安全、加密与解密、安全协议、通信安全、入侵防范、病毒防范等，同时，物联网信息安全还具有特殊性，防止信号的干扰、恶意入侵、通信系统安全也十分重要，根据物联网体系架构，研究射频识别系统、中间件、对象名称解析服务、实体标记语言等方面的安全问题。从发展角度来看，物联网信息安全管理也是很重要的，以及各种标准和规范，可以参考阅读相关参考书。

低成本 RFID 认证协议的研究是物联网信息安全关键技术之一。为了在保障安全性的前提下，进一步降低标签成本，使无线射频识别技术得到更广泛的应用，通过在加密算法的基础上引入伪随机数、标签 ID 动态更新、密钥矩阵三种安全机制，设计新型认证协议十分重要。新协议采用同一轻量级算法进行加密与伪随机数生成操作，同时标签引入保护数来取代伪随机数，进一步降低标签计算复杂度；新协议不要求读写器与后端数据库为可信信道，使 RFID 系统具有更强的灵活性。经过安全性分析，新协议对常见的重传攻击、跟踪定位攻击、去同步化攻击等都有良好的抵抗性，因此与同等安全程度的其他协议相比，新型协议具有明显的成本优势。基于 Hash 链的 RFID 安全双向认证协议的研究具有很好的应用价值，针对应用于射频识别系统中的 Hash 链协议在可扩展性和安全性方面的缺陷，研究并提出一种高效可扩展的改进协议。该协议提供了标签与读写器之间的双向认证，通过利用标签 ID 的唯一性建立数据索引，并引入用于标识标签访问次数的访问计数器来提高后台数据库的检索效率，降低系统计算载荷，利用共享密值与访问计数器的自更新特性以及哈希函数的单向性使协议能够抵抗重放攻击和标签伪装等安全威胁。分析结果表明，该协议在运算效率及安全性方面都有所提高，具有较好的可扩展性，适用于标签数目较多的 RFID 系统。

　　总之，物联网信息安全技术的研究内容很多，涉及密码学、网络信息安全、计算机科学、通信系统等，也有物联网自身固有的技术研究。物联网信息安全问题十分重要，信息安全就是国家安全。

参 考 文 献

[1] 北京启明星辰信息技术有限公司. 网络信息安全技术基础 [M]. 北京：电子工业出版社，2002.

[2] 蔡立军. 计算机网络安全技术 [M]. 北京：中国水利水电出版社，2001.

[3] 谢高淇，卫宏儒. ARIA 分组密码算法的不可能差分攻击 [J]. 计算机研究与发展，2018，55（6）：1201-1210.

[4] 冯登国. 国内外信息安全研究现状及其发展趋势 [J]. 网络安全技术与应用，2001，1：8-13.

[5] 冯登国. 国内外密码研究现状以及发展趋势 [J]. 通信学报，2002，23（5）：18-26.

[6] 王育民，刘建伟. 通信网的安全：理论与技术 [M]. 西安：西安电子科技大学出版社，1999.

[7] 吴文玲，冯登国，张文涛. 分组密码的设计与分析 [M]. 2 版. 北京：清华大学出版社，2009.

[8] 宋震. 密码学 [M]. 北京：中国水利水电出版社，2002.

[9] 陈鲁生，沈世镒. 现代密码学 [M]. 北京：科学出版社，2002.

[10] 冯登国，裴定一. 密码学导引 [M]. 北京：清华大学出版社，2004.

[11] 卿斯汉. 密码学与计算机网络安全 [M]. 北京：清华大学出版社，2001.

[12] 杨波. 现代密码学 [M]. 3 版. 北京：清华大学出版社，2015.

[13] 陈恭亮. 信息安全数学基础 [M]. 北京：清华大学出版社，2004.

[14] 胡予濮，张玉清，肖国镇. 对称密码学 [M]. 北京：机械工业出版社，2002.

[15] 胡向东，魏琴芳. 应用密码学教程 [M]. 北京：电子工业出版社，2005.

[16] 秦志光. 密码算法的现状和发展研究 [J]. 计算机应用，2004，24（2）：1-4.

[17] 王育民. 分组密码算法及一种分类法 [J]. 通信保密，1997，（2）：4-17.

[18] 德门，赖伊曼. 高级加密标准（AES）算法：Rijndael 的设计 [M]. 古大武，徐胜波，译. 北京：清华大学出版社，2003.

[19] 毛光灿，何大可. 3G 核心加密算法 KASUMI 算法 [J]. 通信技术，2002（11）：92-94.

[20] 郭宁. 高校信息安全评估的新策略 [J]. 计算机教育，2005（5）：47-49.

[21] 闫强，陈钟，段云所，等. 信息系统安全度量与评估模型 [J]. 电子学报，2003，31（9）：1351-1355.

[22] 曲成义，陈晓桦. 信息系统安全评估概念研究 [J]. 信息安全与通信保密，2003（9）：16-20.

[23] 萨洛马. 公钥密码学 [M]. 丁存生，单炜娟，译. 北京：国防工业出版社，1998.

[24] 沈戎芬. 公钥密码算法及其安全性分析 [J]. 宁波教育学院学报，2001，3（3）：36-38.

[25] 林德敬，林柏钢. 三大密码体制：对称密码、公钥密码和量子密码的理论与技术 [J]. 电讯技术，2003，3：6-12.

[26] 施奈尔. 应用密码学 [M]. 吴世忠，祝世雄，张文政，译. 北京：机械工业出版社，2000.

[27] 杨义先，钮心忻. 网络安全与理论技术 [M]. 北京：人民邮电出版社，2003.

[28] 林柏钢. 网络与信息安全教程 [M]. 北京：机械工业出版社，2004.

[29] 张世永. 网络安全原理与应用 [M]. 北京：科学出版社，2003.

[30] 姚顾波，刘焕金. 黑客终结：网络安全完全解决方案 [M]. 北京：电子工业出版社，2003.

[31] 弗莱格 C P. 弗莱格 S L. 信息安全原理与应用：第 3 版 [M]. 李毅超，蔡洪斌，谭浩，等译. 北京：电子工业出版社，2004.

[32] 斯托林斯. 密码编码学与网络安全：原理与实践 第 5 版 [M]. 王张宜，杨敏，杜瑞颖，等译. 北京：电子工业出版社，2012.

[33] 戴宗坤，罗万佰，等. 信息系统安全 [M]. 北京：电子工业出版社，2002.

［34］施奈尔. 应用密码学：协议、算法与 C 源程序　2 版 ［M］. 吴世忠，祝世雄，张文政，等译. 北京：机械工业出版社，2013.

［35］祁明. 电子商务安全与保密 ［M］. 北京：高等教育出版社，2003.

［36］刘克龙，冯登国，石文昌. 安全操作系统原理与技术 ［M］. 北京：科学出版社，2004.

［37］戴英侠，连一峰，王航. 系统安全与入侵检测 ［M］. 北京：清华大学出版社，2002.

［38］韩东海，王超，李群. 入侵检测系统实例剖析 ［M］. 北京：清华大学出版社，2002.

［39］罗守山. 入侵检测 ［M］. 北京：北京邮电大学出版社，2004.

［40］桑林，郝建军，刘丹谱. 数字通信 ［M］. 北京：北京邮电大学出版社，2003.

［41］金纯，陈林星，杨吉云. IEEE 802. 11 无线局域网 ［M］. 北京：电子工业出版社，2004.

［42］袁超伟，陈德荣，冯志勇. CDMA 蜂窝移动通信 ［M］. 北京：北京邮电大学出版社，2003.

［43］金纯，郑武，陈林星. 无线网络安全：技术与策略 ［M］. 北京：电子工业出版社，2004.

［44］徐胜波，马文平，王新梅. 无线通信网中的安全技术 ［M］. 北京：人民邮电出版社，2003.

［45］张飞舟，杨东凯，陈智. 物联网技术导论 ［M］. 北京：电子工业出版社，2010.

［46］任伟. 物联网安全 ［M］. 北京：清华大学出版社，2012.

［47］刘一，卫宏儒，潘伟. 低成本 RFID 双向认证协议 ［J］. 计算机应用，2013，33（A1）：130-133.

［48］裴小强，卫宏儒. 基于 Hash 链的 RFID 安全双向认证协议 ［J］. 计算机应用，2014，34（S1）：47-49；54.

［49］郑东，赵庆兰，张应辉. 密码学综述 ［J］. 西安邮电大学学报，2013，6：1-10.

［50］李超，孙兵，李瑞林. 分组密码的攻击方法与实例分析 ［M］. 北京：科学出版社，2010.

［51］李海峰，马海云，徐燕尔. 现代密码学原理及应用 ［M］. 北京：国防工业出版社，2013.